全国高职高专院校药学类与食品药品类专业"十三五"规划教材

有机化学

第 3 版

（供药学类、药品制造类、食品药品管理类、食品类专业用）

U0293634

主　编　张雪昀　宋海南
副主编　郑国金　杨智英　卫月琴　李彩云
编　者　（以姓氏笔画为序）

卫月琴（山西药科职业学院）　　　　　王　欣（天津生物工程职业技术学院）

申扬帆（湖南食品药品职业学院）　　　吕　玮（河南应用技术职业学院）

刘　华（江西中医药大学）　　　　　　江冬英（福建生物工程职业技术学院）

许玉芳（安徽医学高等专科学校）　　　杨智英（长沙卫生职业学院）

李彩云（天津医学高等专科学校）　　　李靖柯（重庆医药高等专科学校）

宋海南（安徽医学高等专科学校）　　　张彧璇（廊坊卫生职业学院）

张爱华（首都医科大学燕京医学院）　　张雪昀（湖南食品药品职业学院）

郑国金（楚雄医药高等专科学校）　　　崔汉峰（江西中医药大学）

燕来敏（长江职业学院）

中国健康传媒集团
中国医药科技出版社

内容提要

本教材为全国高职高专院校药学类与食品药品类专业"十三五"规划教材之一。本教材结合高职高专院校药学类与食品药品类专业的特点和药学、食品药品行业对从业人员的要求，考虑现阶段高等职业教育学生的认知水平和理解能力，吸收近年来药学类与食品药品类高等职业教育化学教学改革的新成果编写而成。本书分为理论知识和实训两大部分。理论知识部分分为十六章，分别为有机化合物概述，饱和链烃，不饱和链烃，环烃，卤代烃，醇、酚、醚，醛、酮、醌，羧酸及其衍生物，取代羧酸，对映异构，含氮有机化合物，杂环化合物和生物碱，氨基酸和蛋白质，糖类，脂类、萜类和甾体化合物，药用合成高分子化合物。教材内容紧密联系行业实际，设置"学习目标""案例导入""拓展阅读""课堂互动"等模块，内容精练并与药学、食品药品或日常生活联系紧密，旨在拓展学生的视野，增强教材的趣味性和实用性。全书叙述浅显明了，图文并茂。本书同时配套有"爱慕课"在线学习平台（包括电子教材、教学大纲、教学指南、视频、课件、题库等），从而使教材内容立体化、生动化，便教易学。

本教材主要供全国高职高专院校药学类、药品制造类、食品药品管理类、食品类各专业师生使用。

图书在版编目（CIP）数据

有机化学／张雪昀，宋海南主编. —3 版. —北京：中国医药科技出版社，2017.1

全国高职高专院校药学类与食品药品类专业"十三五"规划教材

ISBN 978-7-5067-8803-8

Ⅰ.①有…　Ⅱ.①张…②宋…　Ⅲ.①有机化学-高等职业教育-教材　Ⅳ.①O62

中国版本图书馆 CIP 数据核字（2016）第 305520 号

美术编辑　陈君杞
版式设计　锋尚设计

出版　**中国健康传媒集团**｜中国医药科技出版社
地址　北京市海淀区文慧园北路甲 22 号
邮编　100082
电话　发行：010-62227427　邮购：010-62236938
网址　www.cmstp.com
规格　787×1092mm ¹⁄₁₆
印张　20¾
字数　475 千字
初版　2008 年 7 月第 1 版
版次　2017 年 1 月第 3 版
印次　2021 年 3 月第 7 次印刷
印刷　三河市百盛印装有限公司
经销　全国各地新华书店
书号　ISBN 978-7-5067-8803-8
定价　49.00 元

获取新书信息、投稿、为图书纠错，请扫码联系我们。

版权所有　盗版必究

举报电话：010-62228771

本社图书如存在印装质量问题请与本社联系调换

全国高职高专院校药学类与食品药品类专业
"十三五"规划教材

出 版 说 明

　　全国高职高专院校药学类与食品药品类专业"十三五"规划教材（第三轮规划教材），是在教育部、国家食品药品监督管理总局领导下，在全国食品药品职业教育教学指导委员会和全国卫生职业教育教学指导委员会专家的指导下，在全国高职高专院校药学类与食品药品类专业"十三五"规划教材建设指导委员会的支持下，中国医药科技出版社在2013年修订出版"全国医药高等职业教育药学类规划教材"（第二轮规划教材）（共40门教材，其中24门为教育部"十二五"国家规划教材）的基础上，根据高等职业教育教改新精神和《普通高等学校高等职业教育（专科）专业目录（2015年）》（以下简称《专业目录（2015年）》）的新要求，于2016年4月组织全国70余所高职高专院校及相关单位和企业1000余名教学与实践经验丰富的专家、教师悉心编撰而成。

　　本套教材共计57种，均配套"医药大学堂"在线学习平台。主要供全国高职高专院校药学类、药品制造类、食品药品管理类、食品类有关专业〔即：药学专业、中药学专业、中药生产与加工专业、制药设备应用技术专业、药品生产技术专业（药物制剂、生物药物生产技术、化学药生产技术、中药生产技术方向）、药品质量与安全专业（药品质量检测、食品药品监督管理方向）、药品经营与管理专业（药品营销方向）、药品服务与管理专业（药品管理方向）、食品质量与安全专业、食品检测技术专业〕及其相关专业师生教学使用，也可供医药卫生行业从业人员继续教育和培训使用。

　　本套教材定位清晰，特点鲜明，主要体现在如下几个方面。

1.坚持职教改革精神，科学规划准确定位

　　编写教材，坚持现代职教改革方向，体现高职教育特色，根据新《专业目录》要求，以培养目标为依据，以岗位需求为导向，以学生就业创业能力培养为核心，以培养满足岗位需求、教学需求和社会需求的高素质技能型人才为根本。并做到衔接中职相应专业、接续本科相关专业。科学规划、准确定位教材。

2.体现行业准入要求，注重学生持续发展

　　紧密结合《中国药典》（2015年版）、国家执业药师资格考试、GSP（2016年）、《中华人民共和国职业分类大典》（2015年）等标准要求，按照行业用人要求，以职业资格准入为指导，做到教考、课证融合。同时注重职业素质教育和培养可持续发展能力，满足培养应用型、复合型、技能型人才的要求，为学生持续发展奠定扎实基础。

3. 遵循教材编写规律，强化实践技能训练

遵循"三基、五性、三特定"的教材编写规律。准确把握教材理论知识的深浅度，做到理论知识"必需、够用"为度；坚持与时俱进，重视吸收新知识、新技术、新方法；注重实践技能训练，将实验实训类内容与主干教材贯穿一起。

4. 注重教材科学架构，有机衔接前后内容

科学设计教材内容，既体现专业课程的培养目标与任务要求，又符合教学规律、循序渐进。使相关教材之间有机衔接，坚持上游课程教材为下游服务，专业课教材内容与学生就业岗位的知识和能力要求相对接。

5. 工学结合产教对接，优化编者组建团队

专业技能课教材，吸纳具有丰富实践经验的医疗、食品药品监管与质量检测单位及食品药品生产与经营企业人员参与编写，保证教材内容与岗位实际密切衔接。

6. 创新教材编写形式，设计模块便教易学

在保持教材主体内容基础上，设计了"案例导入""案例讨论""课堂互动""拓展阅读""岗位对接"等编写模块。通过"案例导入"或"案例讨论"模块，列举在专业岗位或现实生活中常见的问题，引导学生讨论与思考，提升教材的可读性，提高学生的学习兴趣和联系实际的能力。

7. 纸质数字教材同步，多媒融合增值服务

在纸质教材建设的同时，还搭建了与纸质教材配套的"医药大学堂"在线学习平台（如电子教材、课程PPT、试题、视频、动画等），使教材内容更加生动化、形象化。纸质教材与数字教材融合，提供师生多种形式的教学资源共享，以满足教学的需要。

8. 教材大纲配套开发，方便教师开展教学

依据教改精神和行业要求，在科学、准确定位各门课程之后，研究起草了各门课程的《教学大纲》（《课程标准》），并以此为依据编写相应教材，使教材与《教学大纲》相配套。同时，有利于教师参考《教学大纲》开展教学。

编写出版本套高质量教材，得到了全国食品药品职业教育教学指导委员会和全国卫生职业教育教学指导委员会有关专家和全国各有关院校领导与编者的大力支持，在此一并表示衷心感谢。出版发行本套教材，希望受到广大师生欢迎，并在教学中积极使用本套教材和提出宝贵意见，以便修订完善，共同打造精品教材，为促进我国高职高专院校药学类与食品药品类相关专业教育教学改革和人才培养作出积极贡献。

中国医药科技出版社

2016年11月

教材目录

序号	书 名	主 编	适用专业
1	高等数学（第 2 版）	方媛璐　孙永霞	药学类、药品制造类、食品药品管理类、食品类专业
2	医药数理统计 *（第 3 版）	高祖新　刘更新	药学类、药品制造类、食品药品管理类、食品类专业
3	计算机基础（第 2 版）	叶　青　刘中军	药学类、药品制造类、食品药品管理类、食品类专业
4	文献检索	章新友	药学类、药品制造类、食品药品管理类、食品类专业
5	医药英语（第 2 版）	崔成红　李正亚	药学类、药品制造类、食品药品管理类、食品类专业
6	公共关系实务	李朝霞　李占文	药学类、药品制造类、食品药品管理类、食品类专业
7	医药应用文写作（第 2 版）	廖楚珍　梁建青	药学类、药品制造类、食品药品管理类、食品类专业
8	大学生就业创业指导	贾　强　包有或	药学类、药品制造类、食品药品管理类、食品类专业
9	大学生心理健康	徐贤淑	药学类、药品制造类、食品药品管理类、食品类专业
10	人体解剖生理学 *（第 3 版）	唐晓伟　唐省三	药学、中药学、医学检验技术以及其他食品药品类专业
11	无机化学（第 3 版）	蔡自由　叶国华	药学类、药品制造类、食品药品管理类、食品类专业
12	有机化学（第 3 版）	张雪昀　宋海南	药学类、药品制造类、食品药品管理类、食品类专业
13	分析化学 *（第 3 版）	冉启文　黄月君	药学类、药品制造类、食品药品管理类、食品类专业
14	生物化学 *（第 3 版）	毕见州　何文胜	药学类、药品制造类、食品药品管理类、食品类专业
15	药用微生物学基础（第 3 版）	陈明琪	药品制造类、药学类、食品药品管理类专业
16	病原生物与免疫学	甘晓玲　刘文辉	药学类、食品药品管理类专业
17	天然药物学	祖炬雄　李本俊	药学、药品经营与管理、药品服务与管理、药品生产技术专业
18	药学服务实务	陈地龙　张　庆	药学类及药品经营与管理、药品服务与管理专业
19	天然药物化学（第 3 版）	张雷红　杨　红	药学类及药品生产技术、药品质量与安全专业
20	药物化学 *（第 3 版）	刘文娟　李群力	药学类、药品制造类专业
21	药理学 *（第 3 版）	张　虹　秦红兵	药学类，食品药品管理类及药品服务与管理、药品质量与安全专业
22	临床药物治疗学	方士英　赵　文	药学类及食品药品类专业
23	药剂学	朱照静　张荷兰	药学、药品生产技术、药品质量与安全、药品经营与管理专业
24	仪器分析技术 *（第 2 版）	毛金银　杜学勤	药品质量与管理、药品生产技术、食品检测技术专业
25	药物分析 *（第 3 版）	欧阳卉　唐　倩	药学、药品质量与安全、药品生产技术专业
26	药品储存与养护技术（第 3 版）	秦泽平　张万隆	药学类与食品药品管理类专业
27	GMP 实务教程 *（第 3 版）	何思煌　罗文华	药品制造类、生物技术类和食品药品管理类专业
28	GSP 实用教程（第 2 版）	丛淑芹　丁　静	药学类与食品药品类专业

序号	书 名	主 编	适用专业
29	药事管理与法规*（第3版）	沈 力　吴美香	药学类、药品制造类、食品药品管理类专业
30	实用药物学基础	邸利芝　邓庆华	药品生产技术专业
31	药物制剂技术*（第3版）	胡 英　王晓娟	药学类、药品制造类专业
32	药物检测技术	王文洁　张亚红	药品生产技术专业
33	药物制剂辅料与包装材料	关志宇	药学、药品生产技术专业
34	药物制剂设备（第2版）	杨宗发　董天梅	药学、中药学、药品生产技术专业
35	化工制图技术	朱金艳	药学、中药学、药品生产技术专业
36	实用发酵工程技术	臧学丽　胡莉娟	药品生产技术、药品生物技术、药学专业
37	生物制药工艺技术	陈梁军	药品生产技术专业
38	生物药物检测技术	杨元娟	药品生产技术、药品生物技术专业
39	医药市场营销实务*（第3版）	甘湘宁　周凤莲	药学类及药品经营与管理、药品服务与管理专业
40	实用医药商务礼仪（第3版）	张 丽　位汶军	药学类及药品经营与管理、药品服务与管理专业
41	药店经营与管理（第2版）	梁春贤　俞双燕	药学类及药品经营与管理、药品服务与管理专业
42	医药伦理学	周鸿艳　郝军燕	药学类、药品制造类、食品药品管理类、食品类专业
43	医药商品学*（第2版）	王雁群	药品经营与管理、药学专业
44	制药过程原理与设备*（第2版）	姜爱霞　吴建明	药品生产技术、制药设备应用技术、药品质量与安全、药学专业
45	中医学基础（第2版）	周少林　宋诚挚	中医药类专业
46	中药学（第3版）	陈信云　黄丽平	中药学专业
47	实用方剂与中成药	赵宝林　陆鸿奎	药学、中药学、药品经营与管理、药品质量与安全、药品生产技术专业
48	中药调剂技术*（第2版）	黄欣碧　傅 红	中药学、药品生产技术及药品服务与管理专业
49	中药药剂学（第2版）	易东阳　刘 葵	中药学、药品生产技术、中药生产与加工专业
50	中药制剂检测技术*（第2版）	卓 菊　宋金玉	药品制造类、药学类专业
51	中药鉴定技术*（第3版）	姚荣林　刘耀武	中药学专业
52	中药炮制技术（第3版）	陈秀瑷　吕桂凤	中药学、药品生产技术专业
53	中药药膳技术	梁 军　许慧艳	中药学、食品营养与卫生、康复治疗技术专业
54	化学基础与分析技术	林 珍　潘志斌	食品药品类专业用
55	食品化学	马丽杰	食品类、医学营养及健康类专业
56	公共营养学	周建军　詹 杰	食品与营养相关专业用
57	食品理化分析技术△	胡雪琴	食品质量与安全、食品检测技术、食品营养与检测等专业用

*为"十二五"职业教育国家规划教材。

2

全国高职高专院校药学类与食品药品类专业 "十三五" 规划教材

建设指导委员会

主 任 委 员　　姚文兵（中国药科大学）

常务副主任委员　（以姓氏笔画为序）

王利华（天津生物工程职业技术学院）

王潮临（广西卫生职业技术学院）

龙敏南（福建生物工程职业技术学院）

冯连贵（重庆医药高等专科学校）

乔学斌（江苏医药职业学院）

刘更新（廊坊卫生职业学院）

刘柏炎（益阳医学高等专科学校）

李爱玲（山东药品食品职业学院）

吴少祯（中国健康传媒集团）

张立祥（山东中医药高等专科学校）

张彦文（天津医学高等专科学校）

张震云（山西药科职业学院）

陈地龙（重庆三峡医药高等专科学校）

郑彦云（广东食品药品职业学院）

柴锡庆（河北化工医药职业技术学院）

喻友军（长沙卫生职业学院）

副 主 任 委 员　（以姓氏笔画为序）

马　波（安徽中医药高等专科学校）

王润霞（安徽医学高等专科学校）

方士英（皖西卫生职业学院）

甘湘宁（湖南食品药品职业学院）

朱照静（重庆医药高等专科学校）

刘　伟（长春医学高等专科学校）

刘晓松（天津生物工程职业技术学院）

许莉勇（浙江医药高等专科学校）

李榆梅（天津生物工程职业技术学院）

张雪昀（湖南食品药品职业学院）

陈国忠（江苏医药职业学院）

罗晓清（苏州卫生职业技术学院）

周建军（重庆三峡医药高等专科学校）

昝雪峰（楚雄医药高等专科学校）

袁　龙（江苏省徐州医药高等职业学校）

贾　强（山东药品食品职业学院）

郭积燕（北京卫生职业学院）

曹庆旭（黔东南民族职业技术学院）

葛　虹（广东食品药品职业学院）

谭　工（重庆三峡医药高等专科学校）

潘树枫（辽宁医药职业学院）

委　　员　（以姓氏笔画为序）

王　宁（江苏医药职业学院）

王广珠（山东药品食品职业学院）

王仙芝（山西药科职业学院）

王海东（马应龙药业集团研究院）

韦　超（广西卫生职业技术学院）

向　敏（苏州卫生职业技术学院）

邬瑞斌（中国药科大学）

刘书华（黔东南民族职业技术学院）

许建新（曲靖医学高等专科学校）

孙　莹（长春医学高等专科学校）

李群力（金华职业技术学院）

杨　鑫（长春医学高等专科学校）

杨元娟（重庆医药高等专科学校）

杨先振（楚雄医药高等专科学校）

肖　兰（长沙卫生职业学院）

吴　勇（黔东南民族职业技术学院）

吴海侠（广东食品药品职业学院）

邹隆琼（重庆三峡云海药业股份有限公司）

沈　力（重庆三峡医药高等专科学校）

宋海南（安徽医学高等专科学校）

张　海（四川联成迅康医药股份有限公司）

张　建（天津生物工程职业技术学院）

张春强（长沙卫生职业学院）

张炳盛（山东中医药高等专科学校）

张健泓（广东食品药品职业学院）

范继业（河北化工医药职业技术学院）

明广奇（中国药科大学高等职业技术学院）

罗兴洪（先声药业集团政策事务部）

罗跃娥（天津医学高等专科学校）

郝晶晶（北京卫生职业学院）

贾　平（益阳医学高等专科学校）

徐宣富（江苏恒瑞医药股份有限公司）

黄丽平（安徽中医药高等专科学校）

黄家利（中国药科大学高等职业技术学院）

崔山风（浙江医药高等专科学校）

潘志斌（福建生物工程职业技术学院）

有机化学是高职高专院校药学类与食品药品类专业非常重要的一门基础学科，熟悉和掌握有机化学的基本理论、基本知识和基本技能，能为学好专业课程打下坚实的基础。

本教材为全国高职高专院校药学类与食品药品类专业"十三五"规划教材之一，系在教育部新颁布的《普通高等学校高等职业教育（专科）专业目录（2015年）》指导下，根据本套教材编写总原则和《有机化学》教学大纲的基本要求、课程特点以及行业对从业人员的知识、技能需求编写而成。

本教材内容紧密联系行业实际，以药学、食品药品实践案例设计"案例导入"，以分析案例所必需的有机化学知识构建教材内容，并根据内容需要适当穿插"课堂互动""拓展阅读"，使学生能在实际案例情景下更好地理解有机化学的基础知识，并能与实际问题结合起来加以解决，提高学生解决实际问题的能力，增强教材的趣味性和实用性。在教材内容的选取上，删除了一些与专业联系不密切，实用性不强的内容及过深的纯理论知识，降低了学生学习的难度。本教材突出职业能力培养，以学生为本，结合社会对药学类食品药品类职业人才的要求，以"应用"为目的，以"必需、够用"为度，注重教材的针对性、实用性、职业性和创新性，不盲目苛求基础理论的深度；注重构建有机化学与相关专业课程之间的桥梁。本教材同时配套有"医药大学堂"在线学习平台（包括电子教材、教学大纲、教学指南、视频、课件、题库等），从而使教材内容立体化、生动化，便教易学。

本教材主要供全国高职高专院校药学类、药品制造类、食品药品管理类及食品类各专业教学使用，也可供行业从业人员继续教育和培训使用。

本教材由张雪昀、宋海南担任主编，郑国金、杨智英、卫月琴、李彩云担任副主编，全书共十六章，编写具体分工如下（按章节顺序排列）：吕玮编写第一章及实训六，卫月琴编写第二章，王欣编写第三章第一节及实训一，刘华编写第三章第二、三节及实训四，江冬英编写第四章及实训五，宋海南编写第五章，申扬帆编写第六章、实训八及教学大纲，郑国金编写第七章及实训九，许玉芳编写第八章及实训十，燕来敏编写第九章及实训七，张雪昀编写第十章、实训二及实训室规则，李彩云编写第十一章及实训十二，李靖柯编写第十二章，张爱华编写第十三章及实训十三，杨智英编写第十四章及实训十一，崔汉峰编写第十五章，张彧璇编写第十六章及实训三。

在编写本教材过程中，参考了大量的文献资料，同时得到了各位编者及相关院校领导、专家的大力支持与帮助，在此一并表示衷心感谢。由于编者水平有限，加之时间仓促，疏漏之处在所难免，恳请广大师生批评指正，以便修订完善。

编 者
2016 年 11 月

上篇 理论知识

下篇　实训部分

上篇 理论知识

第一章

有机化合物概述

学习目标

知识要求 **1. 掌握** 有机化合物和有机化学的概念；有机物特性；有机物结构理论要点；官能团的概念。

2. 熟悉 共价键的键参数；共价键的断裂方式和有机化合物的分类。

3. 了解 有机化学的发展简史、与药学、食品药品的联系。

案例导入

案例： 1953 年，美国芝加哥大学研究生米勒（S. Miller）在导师尤利（H. C. Urey）的指导下，完成了一个震惊世界的实验（图 1-1）。他把地球原始大气的主要成分甲烷、氨气、氢气和水蒸气按比例注入一个密闭装置，以加热、放电模拟原始地球的环境条件，通过连续一周的循环处理，发现生成了多种氨基酸（如甘氨酸、丙氨酸、天冬氨酸）、有机酸（如乙酸、乳酸）以及尿素等生命物质。

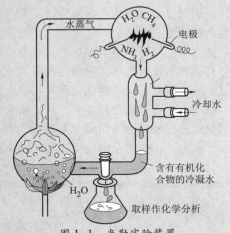

图 1-1 米勒实验装置

这是生命起源研究的一次重大突破。人们通过实验证实地球生命起源的一个假说：在早期地球环境中，原始大气中的无机物可以形成有机物，有机物可以发展为生物大分子。

后来，科学家们仿效米勒的模拟实验，合成出大量与生命有关的有机分子。如嘌呤、嘧啶、核糖核苷酸、脱氧核糖核苷酸、脂肪酸等多种重要的生物大分子。越来越多的实验证据支持化学进化论：地球上的生命是由非生命物质经过长期演化而来的。

讨论： 1. 米勒实验中涉及的化合物甲烷、氨气、氢气、水蒸气、甘氨酸、丙氨酸、天冬氨酸、乙酸、乳酸等，有些是无机化合物，有些是有机化合物，你能对它们进行分类吗？

2. 请阐述你对无机化合物和有机化合物的认识。

在大千世界里，物质的种类众多，人们常把自然界的物质分为无机化合物和有机化学物两大类。有机化合物与工业、农业、国防、交通及人们的衣食住行关系极为密切。木材、煤炭、石油、棉花、羊毛是有机化合物；三大合成材料合成纤维、合成橡胶、塑料是有机化合物；脂肪、蛋白质和糖类化合物这三类重要的营养物质也是有机化合物。目前用于预防与治疗疾病的药物 90% 以上是有机化合物，例如对乙酰氨基酚、阿司匹林、头孢氨苄、青霉素等，特别是中草药的有效成分，几乎全是有机化合物。

一、有机化合物和有机化学

化学是研究物质的组成、结构、性质及其变化规律的科学。当人们不能从本质认识物质之前，简单地把来源于矿物界的物质称为无机化合物，简称无机物，例如金属、矿石、盐类等；而把来源于动植物体内的物质称为有机化合物，简称有机物，例如胰岛素、蛋白质、脂肪、糖类等，其原意是指有生机之物。

有机化合物的研究只是在近代才有较多的发展，人们对有机化合物的认识，经历了漫长的历史过程。人类为了生存和满足生活需要，在长期的辛勤劳动中积累了许多宝贵的经验，从利用有机物，逐步到制造有机物。早在殷商时期，我国的蚕丝生产已相当发达，到了汉唐时期，我国已被称为"丝绸之国"。西周时代人们就掌握了酿酒的方法。我国古代医药学家对动植物进行了治疗疾病的调查研究，先后总结出《神农本草经》和《本草纲目》两本药物大全书。其他如在染料、造纸和制糖等方面也有卓越的成就。在新中国成立以后，我国的有机化学得到了迅速发展，在当今重大前沿课题上，我国化学家在蛋白质化学、核酸化学等方面做出了重大贡献。如 1965 年，我国在世界上首先合成了有生物活性的蛋白质结晶牛胰岛素。1981 年，我国在世界上首先合成了酵母丙氨酸转移核糖核酸。牛胰岛素和酵母丙氨酸转移核糖核酸的全合成，意味着我们已踏上探索生命奥秘的征程。

人们通过对有机化合物的分析，发现所有的有机化合物均含有碳元素，含"碳"是有机化合物的组成特点。而碳元素大多数又与氢相结合，有的还含有氧、氮、卤素、硫、磷和某些金属元素等。绝大多数的有机化合物中除了含碳之外，还含有氢元素，称碳氢化合物，其他有机化合物可以看成是由碳氢化合物中的氢原子被其他原子或原子团所取代而衍变过来的。所以，将碳氢化合物及其衍生物称为有机化合物，简称有机物。

由于有机化合物数目庞大，其结构和性质等方面又与无机物存在着明显的差异，因此有机化学自然地成为一门独立的基础学科，它是研究有机化合物的组成、结构、性质、分离、合成方法、应用及内在规律的一门学科。

拓展阅读

有机化合物与"生命力"学说

有机化合物早期的定义是"来自生命机体内的物质"，简称有机物。这是因为在化学发展的前期，无机物被大量合成，而有机物只能从动植物体内获得。如 1769 年从葡萄汁中取得酒石酸；1773 年从尿中取得尿素；1780 年从酸奶中取得乳酸；1805 年从鸦片中取得吗啡等。因此，人们认为有机物是与生命现象密切相关的。1806 年，当时世界上著名的瑞典化学家贝齐里斯（J·Berzelius）提出了"生命力"学说，即有机物只能从有"生命力"的动、植物体中提取，而不能用人工方法合成的观点，给有机物蒙上了一层神秘的色彩。由于当时人们认识的局限性和对权威的迷信，"生命力"学说统治化学界长达半个世纪之久，严重阻碍了有机化学的发展。

但是，新的实验材料证明，"生命力"学说是站不住脚的：1828 年德国化学家武勒（F·Wöhler）在加热无机物氰酸铵的实验中，得到了有机化合物尿素。

$$NH_4OCN \xrightarrow{\triangle} NH_2-\overset{\overset{\displaystyle O}{\|}}{C}-NH_2$$

氰酸铵   尿素

尿素的合成，是有机化学发展的一个重大转折，它动摇了"生命力"学说的基础，开辟了有机合成化学的新领域。继而，一系列新的人工有机合成实验不断取得成功，1845 年法国化学家柯尔贝（H·Kolbe）合成了醋酸，1854 年法国化学家柏塞罗（M·Berthelot）又合成了脂肪等。紧接着化学家们又合成了酒石酸、柠檬酸、琥珀酸等一系列有机酸。合成有机物的不断出现，彻底推翻了流行许久的"生命力"学说。学术界逐步确信，不但可以用人工方法将简单的无机物合成与天然有机物完全相同的物质，而且还可以合成有机体不能产生的、性能比天然有机物更加优良的物质。

19 世纪下半叶，有机合成工作取得了迅猛的发展，在此基础上，于 20 世纪初开始建立了以煤焦油为原料，生产合成染料、药物和炸药为主的有机化学工业。现在，以合成纤维、合成橡胶、合成树脂和制造塑料为代表的有机化学工业已极大地影响了人们的日常生活。

课堂互动

图 1-2 缤纷多彩，种类繁多的物质

如图 1-2 所示，请说出以上物质的名称，它们属于有机化合物吗？

二、有机化合物的特性

有机化合物都含有碳元素。碳元素位于周期表的第 2 周期、第 IV 主族（电子构型为 $1s^2 2s^2 2p^2$），因为碳原子最外层有 4 个电子，既不容易失去电子，也不容易得到电子，因此，往往和其他原子通过共用电子对的方式以共价键与其他元素的原子相结合。碳元素的结构特点决定了有机化合物的性质特点。一般说来，有机化合物具有以下特性。

1. 大多数易燃烧 由于有机化合物大都含有碳、氢元素，因此大多数有机物都容易燃烧，例如汽油、酒精、木材、布匹等都易燃烧。而大多数无机物都不能燃烧，如矿石、玻璃、盐类等。

2. 熔点低 很多无机物是固体，它们是由带正、负电荷的离子间静电引力结合而成的，需要较高的能量才能破坏它的晶格，因此熔点一般较高，例如氯化钠熔点为 800℃，氧化铝的熔点高达 2050℃。而有机化合物在常温下，一般为气体、液体或低熔点固体，因为有机化合物的组成单元为分子，分子间的作用力比较弱，所以有机化合物的熔点都比较低，例如萘的熔点为 80.5℃，无水葡萄糖熔点为 146.5℃。在实验室易于测定，因此在鉴定有机物时，熔点是一个非常重要的物理常数。

3. 一般难溶于水 有机化合物分子中的化学键多为共价键，分子多为非极性或弱极性，而水是一种极性很强的溶剂。根据"相似相溶"这个物质溶解的经验规则，绝大多数有机化合物不溶或难溶于水，而易溶于非极性或弱极性的有机溶剂。例如油脂不溶于水，但易溶于汽油、乙醚等有机溶剂中。

4. 一般不导电、是非电解质 有机化合物中的化学键基本上是非极性或弱极性的共价键。在水溶液中或熔化状态下难以电离成离子，所以有机化合物一般为非电解质，在水溶液中或熔化状态下不导电。

5. 反应速度慢，产物复杂 无机化合物的反应一般为离子反应，反应速度快。而有机化合物的反应是以共价键结合的分子参加反应，需经历某些旧键断裂和新键形成的全过程。因此反应速度较慢，需要数小时，甚至更长的时间才能完成。为加快反应速度，常采用加热、加催化剂或搅拌等措施。

有机化合物结构较复杂，和某一试剂反应时，不只限于分子中某个原子或原子团，分子中的其他部位也可能受到影响，所以在发生主要反应的同时，还常伴随着一些副反应，产物较复杂。因此在书写有机反应方程式时，可只写主要产物不写副产物。反应生成符号使用箭号代替等号，以表示反应方向。

$$\text{反应物} \xrightarrow[\text{条件}]{\text{试剂}} \text{产物}$$

必须指出，有机化合物的这些特性，同无机化合物相比，仅是相对的，不是绝对的；是从整体意义上讲的。如四氯化碳不但不能燃烧反而可用作灭火剂；乙醇不但溶于水而且还能无限混溶；2,4,6-三硝基甲苯在一定条件下反应迅速，是一种优良的炸药。

三、有机化合物的结构

（一）有机物中的共价键

1. 共价键的价数 碳原子的最外层有 4 个电子，可以与其他碳原子或其他原子共用 4 对电子形成 4 个共价键。因此，在有机物中，碳原子总是四价。H、O、N 等原子的最外层的电子数分别为 1、6、5 个，分别可以与其他原子形成 1 个、2 个、3 个共价键，因此，在有机物中，氢、氧、氮原子分别为一价、二价、三价。

$$H-\overset{\overset{\displaystyle H}{|}}{\underset{\underset{\displaystyle H}{|}}{C}}-H \qquad H-\overset{\overset{\displaystyle H}{|}}{\underset{\underset{\displaystyle H}{|}}{C}}-O-H \qquad H-\overset{\overset{\displaystyle H}{|}}{\underset{\underset{\displaystyle H}{|}}{C}}-\overset{\overset{\displaystyle H}{|}}{N}-H$$

2. 共价键的类型

（1）单键、双键和叁键　在有机物中，碳原子与碳原子之间，碳原子与其他原子之间可以共用一对电子形成单键，也可以共用两对电子形成双键，还可以共用三对电子形成叁键。

$$-\overset{|}{\underset{|}{C}}-\overset{|}{\underset{|}{C}}- \qquad -\overset{|}{\underset{|}{C}}-O- \qquad -\overset{|}{\underset{|}{C}}-\overset{|}{N}- \qquad 单键$$

$$-\overset{|}{C}=\overset{|}{C}- \qquad -\overset{|}{C}=O \qquad -\overset{|}{C}=N- \qquad 双键$$

$$-C\equiv C- \qquad -C\equiv N \qquad 叁键$$

（2）σ键和π键　共价键的形成既可以用共用电子对来说明，也可以用电子云的重叠来说明。根据电子云的重叠情况及键的稳定性，可将共价键分为σ键和π键。σ键和π键的比较如表1-1所示。

表1-1　σ键和π键的比较

	σ键	π键
重叠	电子云重叠较多	电子云重叠较少
性质	键能大，较稳定	键能小，不够稳定
	不易极化	易被极化
	成键原子可沿键轴自由旋转	不能自由旋转
存在	单键、双键或叁键中都有	仅存在于双键或叁键中

在有机物分子中，单键都是σ键，双键和叁键中只有一个是σ键，其余均为π键。如碳碳双键（C=C）中含有一个σ键和一个π键，碳碳叁键（C≡C）中含有一个σ键和两个π键。

3. 碳原子的连接方式　有机物中，碳原子与碳原子除以碳碳单键、碳碳双键、碳碳叁键连接外，还可以在此基础上与不同数目的碳原子连接成链状结构或环状结构。如：

$$C-C-C-C \qquad C-\overset{\overset{\displaystyle C}{|}}{C}-C-C \qquad C=C-C-C \qquad C\equiv C-C-C$$

碳原子多种成键方式和复杂的连接方式，是有机化合物种类繁多的一个重要原因。

（二）有机物的结构式

1. 碳骨架　碳原子是有机物中最基本的元素，碳原子与碳原子之间相互连接，形成开放的链状或闭合的环状，构成了有机化合物的基本骨架。如：

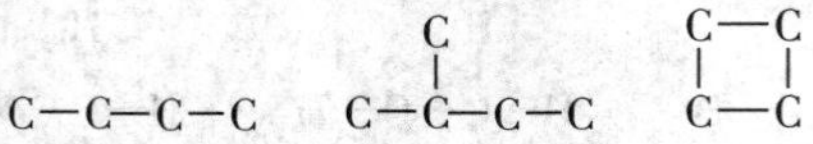

C—C—C—C   C—C—C—C   C—C
                    | | |
                    C   C—C

碳骨架是有机物分子的基本结构，又称碳骼、碳架或碳干。

2. 有机物的结构表示式　用短线表示共价键，将有机物中各原子按一定次序和一定方式连接起来所形成的表示有机物结构的式子称为结构式或构造式。例如：

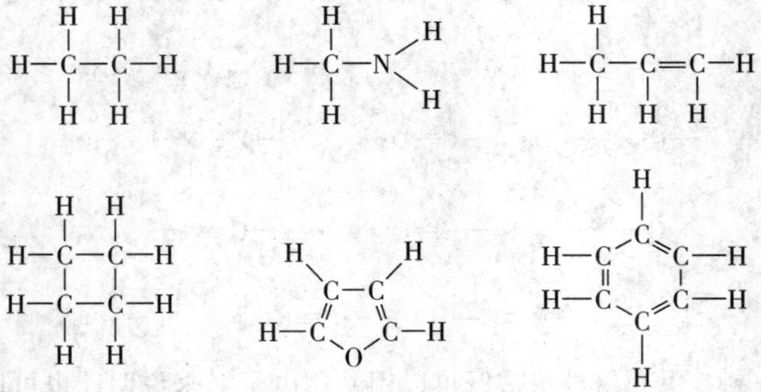

将上述结构式中的碳碳单键、碳氢键等单键的短线略去，得到一种较简单的表示有机物结构的式子称为结构简式或构造简式。上述开链结构的有机物结构简式可表示为：

$$CH_3CH_3 \qquad CH_3NH_2 \qquad CH_3CH{=\!=}CH_2$$

在表示环状有机物的结构时，常将分子中的碳原子和与碳原子相连的氢原子略去，而用线段的折点或端点来代表碳原子的式子称为键线式。上述环状结构物质的键线式可表示为：

（三）　有机物的同分异构现象

分子式为 C_2H_6O 的化合物可以有两种不同的结构式，他们分别是两种性质不同的物质。

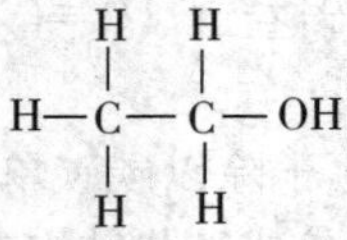

乙醇(沸点78.3℃) 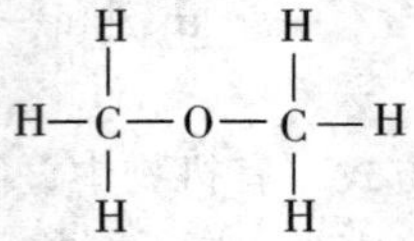　　　　　　　甲醚(沸点−23.5℃)

像乙醇和甲醚这样，分子组成相同而结构不同的化合物，互称为同分异构体，这种现象称为同分异构现象。同分异构现象在有机物中普遍存在，它是有机物种类繁多的又一个重要原因。同分异构体的物理性质和化学性质都不同，是不同的物质。正因如此，在表示某种有机物时，通常不能像表示无机物那样，只写出其分子式，而至少应写出其结构简式或键线式。

课堂互动

写出下列有机化合物的结构简式和键线式。

(1)
```
    H   H   H   H   H
    |   |   |   |   |
H — C — C — C — C — C — H
    |   |   |   |   |
    H   H   H   H   H
```

(2)
```
    H   H   H
    |   |   |
H — C — C — C = C — H
    |   |       |
    H   H       H
```

(3)
```
    H
    |
H — C — C ≡ C — H
    |
    H
```

(4)
```
        H   H
         \ /
          C
     H   / \   H
      \ //   \\ /
   H — C       C — H
       |       |
   H — C       C — H
      / \\   // \
     H   \   /   H
          C
         / \
        H   H
```

四、共价键的键参数

在各类化合物中，共价键都有一些键参数，如键长、键角、键能和键的极性等，根据这些参数，可进一步了解化合物的各种性质和分子的基本结构。

1. 键长 以共价键结合的两原子的核间距离称为键长。单位为 nm（$1nm = 10^{-9}m$）。不同的共价键具有不同的键长，见表 1–2。共价键的键长越长，越容易受外界电场的影响而发生极化，所以有时可根据键长的长短来估计化学键的稳定性。

2. 键角 键角是指两个相邻共价键之间的夹角。键角决定着分子的立体形状。键角的大小与成键的原子特别是成键的中心原子的杂化方式有关。如甲烷、乙烯、乙炔中的碳原子分别是 sp^3 杂化、sp^2 杂化、sp 杂化，轨道轴夹角基本决定了碳原子上两个键之间夹角分别为 109.5°、121.6°、180°，如图 1–3 所示。

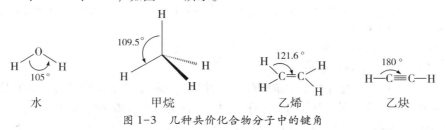

水　　　　　甲烷　　　　　乙烯　　　　　乙炔

图 1–3　几种共价化合物分子中的键角

3. 键能 两个原子（气态）结合成分子（气态）时所放出的能量或分子（气态）分解成两个原子（气态）时所吸收的能量，称为键能。键能的单位是 kJ/mol。键能是共价键强度的量度，一般说来，键能越大说明键的强度越大，断裂时所需能量也越多，因此键也越牢固。一些共价键的键能和键长见表 1–2。

表 1–2　部分共价键的键长和键能

共价键	键长（nm）	键能（kJ/mol）	共价键	键长（nm）	键能（kJ/mol）
C—H	0.109	415.3	C≡C	0.120	835.1
C—C	0.154	345.6	C—O	0.143	357.7
C=C	0.134	610.0	C=O	0.122	748.9

续表

共价键	键长（nm）	键能（kJ/mol）	共价键	键长（nm）	键能（kJ/mol）
C—N	0.147	304.6	C—I	0.214	217.6
C—Cl	0.176	338.9	N—H	0.103	390.8
C—Br	0.194	284.5	O—H	0.097	462.8

4. 键的极性和极化性 当两个相同的原子形成共价键时，由于它们的电负性相同，电子云在两个原子间对称分布，这种键没有极性，称为非极性共价键或非极性键。例如 H—H 键和 Cl—Cl 键等。但当两个不同的原子形成共价键时，由于成键的原子的电负性不同，电子云在两原子间分布不对称，或多或少地靠近电负性较大的原子一方，使共价键呈现极性，这种共价键称为极性共价键或极性键。常用符号 δ+ 和 δ− 表示极性键两端的带电状况。例如：

$$\overset{\delta+}{H} \longrightarrow \overset{\delta-}{Cl}$$

键的极性是共价键的重要性质之一，其大小与成键原子的电负性有关。两个成键原子的电负性差值越大，键的极性也越大。

在外界电场的影响下，共价键的电子云分布发生改变，即分子的极化状态发生了改变，但当外界电场消失后，共价键的电子云分布即分子的极化状态又恢复原状。这种在外界电场作用下的共价键极性的改变称为共价键的极化性。

键的极性和键的极化性不同，键的极性取决于两个成键原子的电负性，是键本身固有的性质，是永久性的，所以又称为永久偶极。而键的极化性是在外界电场影响下产生的极性，是一种暂时现象，一旦外界电场消失，键的极化性也随之消失，所以又称为暂时偶极。

键的极化性与原子核对成键电子的束缚能力有关，成键原子的体积越小，电负性越大，原子核对成键电子束缚力越大，受外界电场的影响越小，键就越难极化。例如 C—X 键的极性和极化性大小顺序如下：

极性：C—Cl>C—Br>C—I

极化性：C—I>C—Br>C—Cl

共价键的极性和极化性都是共价键的重要性质，有机反应的实质就是旧的共价键断裂和新的共价键形成的过程。而这两个过程都和共价键的极性和极化性密切相关。

五、共价键的断裂方式与有机化学反应类型

有机化合物的化学反应，实际上是反应物分子化学键的断裂和生成物分子化学键的形成，即所谓旧键的断裂和新键的形成。共价键的断裂有均裂和异裂两种方式。

1. 共价键的均裂 组成共价键的两个电子，平均分给成键的两个原子或基团，形成具有单电子、活性高的中间体——游离基（或自由基）。这种断键方式称为共价键的均裂。凡由游离基引发的反应称为游离基（或自由基）反应。

$$A \overset{\curvearrowleft}{:} B \longrightarrow A \cdot + B \cdot$$

自由基非常活泼，可以继续引发一系列的反应。自由基反应是连锁反应，反应一旦发生，将连续进行，直到反应结束。这类反应一般在光、热或自由基引发剂的作用下进行。

2. 共价键的异裂 共价键断裂时，共用电子对为某一原子或基团一方所占有，生成正、负离子。这种断键方式称为共价键的异裂。共价键的异裂是在外界供给能量的影响下产生

的中间体，它非常活泼，一般不能稳定存在。

凡有共价键异裂而引起的反应称为离子型反应。这类反应往往在酸、碱或极性物质催化下进行。

$$A\!\!:\!\!B \longrightarrow A^+ + B^- \quad 或 \quad A\!\!:\!\!B \longrightarrow A^- + B^+$$

离子型反应根据反应试剂的类型不同，又可分为亲电反应与亲核反应两类。

（1）亲电反应 对电子具有亲和力的试剂称为亲电试剂（E^+）。亲电试剂一般是带正电的试剂或具有空的 p 轨道或者 d 轨道，能够接受电子对的中性分子。常见的亲电试剂主要有 H^+、Cl^+、Br^+ 等带正电荷的试剂或 BF_3、$AlCl_3$、FeF_3 等路易斯酸。

亲电试剂由于缺少电子，容易进攻反应物上带部分负电荷的部位，由这类亲电试剂进攻而发生的反应称为亲电反应。

（2）亲核反应 对原子核具有显著亲和力的试剂称为亲核试剂（$:\!Nu^-$）。亲核试剂是具有孤对电子的中性分子或负离子，是电子对的给予体。亲核试剂通常是路易斯碱，如 HO^-、RO^-、Cl^-、Br^-、CN^-、R_3N、H_2O、ROH 等。

亲核试剂能提供电子，容易进攻反应物上带部分正电荷的位置，由这类亲核试剂进攻而发生的反应称为亲核反应。

六、有机化合物的分类

有机化合物数目众多，种类繁杂，为了便于学习和研究，有必要将它们进行科学的分类。常用的分类方法有以下两种。

（一）按碳架分类

根据碳原子连接方式（碳的骨架）的不同，有机化合物可分为：

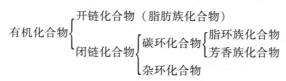

1. 开链化合物 这类化合物的特征是碳原子之间相互连接成链状。由于这类化合物最初是从脂肪中发现的，所以又称为脂肪族化合物。例如：

$$CH_3CH_2CH_2CH_2CH_3 \qquad CH_3CH_2CH_2CH_2OH$$
正戊烷 正丁醇

2. 闭链化合物 碳原子与碳原子之间或碳原子与其他原子之间连接形成闭合的环状化合物称闭链化合物。例如：

A　　　　　　　B　　　　　　　C

闭链化合物又可分为碳环化合物和杂环化合物。碳环化合物是指分子中环上的原子都是由碳原子构成的化合物，如化合物 A 和 B。杂环化合物中构成环的原子除了碳原子之外，还含有 O、N、S 等其他元素的原子，如化合物 C。

碳环化合物又可分为脂环族化合物和芳香族化合物。脂环族化合物指与脂肪族化合物性质相似的碳环化合物，如化合物 A。芳香族化合物大多含苯环或稠合苯环的结构，这类化合物具有特殊的性质，与脂肪族化合物截然不同。因最初是从香树脂或其他具有芳香气味的有机物中获得，所以称为芳香族化合物。化合物 B 为最简单的芳香族化合物苯。

（二）按官能团分类

官能团是指有机化合物中比较活泼、容易发生化学反应的原子或基团。官能团决定有机化合物的主要性质，含有相同官能团的有机化合物性质也相似，因此将它们归为一类，便于学习和研究。根据含有官能团的不同，把有机化合物分为若干类。常见有机化合物的类别及其官能团见表 1-3。

表 1-3 常见有机化合物的类别及其官能团

有机化合物类别	官能团结构	官能团名称	实例
烯烃	$>C\!=\!C<$	双键	$CH_2\!=\!CH_2$ 乙烯
炔烃	$-C\!\equiv\!C-$	叁键	$CH\!\equiv\!CH$ 乙炔
卤代烃	$-X$	卤基	CH_3CH_2Br 溴乙烷
醇	$-OH$	醇羟基	CH_3CH_2OH 乙醇
酚	$-OH$	酚羟基	⬡$-OH$ 苯酚
醚	$-\overset{\mid}{C}-O-\overset{\mid}{C}-$	醚键	$CH_3CH_2OCH_2CH_3$ 乙醚
醛	$-\overset{O}{\overset{\parallel}{C}}-H\ (-CHO)$	醛基	CH_3CHO 乙醛
酮	$-\overset{O}{\overset{\parallel}{C}}-\ (-CO-)$	酮基（羰基）	$CH_3-\overset{O}{\overset{\parallel}{C}}-CH_3$ 丙酮
羧酸	$-\overset{O}{\overset{\parallel}{C}}-OH\ (-COOH)$	羧基	CH_3COOH 乙酸
酰卤	$-\overset{O}{\overset{\parallel}{C}}-X\ (-COX)$	酰卤基	$CH_3-\overset{O}{\overset{\parallel}{C}}-Cl$ 乙酰氯
酯	$-\overset{O}{\overset{\parallel}{C}}-OR\ (-COOR)$	酯基	$CH_3COOCH_2CH_3$ 乙酸乙酯
腈	$-C\!\equiv\!N\ (-CN)$	氰基	CH_3CH_2CN 丙腈
硝基化合物	$-NO_2$	硝基	⬡$-NO_2$ 硝基苯
胺	$-NH_2$	氨基	$CH_3CH_2NH_2$ 乙胺
磺酸	$-SO_3H$	磺酸基	⬡$-SO_3H$ 苯磺酸

七、有机化学与药学、食品药品的关系

近百年来，有机化学的面貌日新月异，目前，已知的有机物已达 700 多万种。有机化学与人类的衣、食、住、行关系非常密切，有机化学的发展促进了各行各业的发展。在与民生息息相关的医药、食品药品行业中，有机化学所发挥的作用也是不可估量的。

　　早在公元前 1600 年，古埃及人就记载了糖类药物强心苷的使用，小剂量能使心肌收缩作用加强，脉搏加速；大剂量能使心脏中毒而停止跳动。当今用于防治疾病的药物中，绝大多数是有机化合物，特别是中草药的有效成分，几乎全是有机化合物。我国有着丰富的中草药资源，长期以来中草药一直被用于治疗各种疾病，有机化学工作者通过提取、分离，弄清其有效成分，再根据有效成分的化学结构和理化性质，分析和寻找其他动植物中是否含有此成分，从而扩大药源。再者就是根据有效成分的结构特点进行人工合成或结构改造，以扩大药源和创制出高效低毒的新药物。所有这些研究都需要有机化学知识作基础。

　　学好有机化学还可以帮助我们认识药物的结构，从而帮助我们了解药物在体内的药理及毒理作用，指导我们合理用药。而新药开发、药物合成、药物含量分析及质量控制、药物的储存保管、学习专业课程等都需有机化学知识。绝大多数食品和营养物质都是有机化合物。食品的生产、储存、保管、质量保证也离不开有机化学知识。所以，有机化学是药学类与食品药品类专业重要的专业基础课。

📊 重点小结

　　1. 有机化合物是指碳氢化合物及其衍生物。

　　2. 大多数有机化合物具有易燃烧，熔点低，难溶于水、易溶于有机溶剂，不导电、是非电解质，反应速度慢、产物复杂等特性。

　　3. 在有机化合物中，碳原子总为 4 价、氢原子为 1 价、氧原子为 2 价、氮原子为 3 价、卤素原子为 1 价。

　　4. 在有机化合物中，碳原子之间可以通过碳碳单键、碳碳双键、碳碳叁键的方式形成碳链或碳环。

　　5. 根据电子云的重叠情况及键的稳定性，可将共价键分为 σ 键和 π 键。

　　6. 分子组成相同而结构不同的化合物，互称为同分异构体，这种现象称为同分异构现象。有机化合物普遍存在同分异构现象。

　　7. 有机化合物分子中的化学键大多是共价键。共价键键长越短，共价键越牢固；共价键的键能越大，共价键越牢固；共价键的键角决定分子的立体形状。

　　8. 共价键分为极性共价键和非极性共价键。极性共价键的极性大小，取决于成键原子的电负性差值。成键原子的电负性差值越大，其极性越大。

　　9. 共价键的断裂有均裂和异裂两种方式。

　　10. 有机化合物可按照按碳架分为开链化合物和闭链化合物，闭链化合物又分为碳环化合物和杂环化合物，碳环化合物还可分为脂环族化合物和芳香族化合物。

　　11. 官能团是指有机化合物中比较活泼、容易发生化学反应的原子或基团。官能团决定有机化合物的主要性质，含有相同官能团的有机化合物性质也相似。可按照官能团的不同把有机化合物进行分类。

目标检测

1. 填空

（1）有机化合物中碳原子总是 _____ 价，碳原子和碳原子之间可以以 _____、_____、_____连接成_____或_____。

（2）有机化合物的共价键键长越_____，键能越_____，其共价键越稳定。

（3）共价键极性的大小取决于成键原子的_____；如电负性差值越大，共价键的极性_____。

（4）共价键的极性是共价键的_____，而共价键的极化性是共价键的_____。

（5）共价键的断裂方式分为 a _____和 b _____两种方式；其中 a 断裂方式产生_____，b 断裂方式产生_____。

（6）有机物按碳架分为_____，_____两大类。另一种是以官能团分类，因为官能团是有机化合物分子中比较活泼且容易发生反应的_____，具有相同官能团的化合物，其_____相似。

2. 写出下列化合物的结构简式

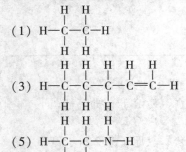

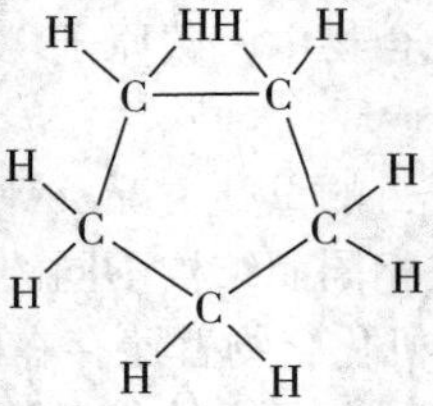

3. 把下列各组共价键按其极性大小排列成序

（1）H—F　　　　H—N　　　　H—C　　　　H—O

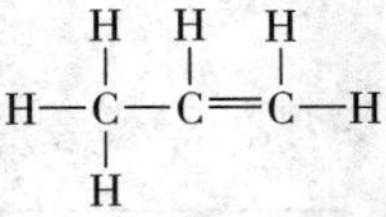

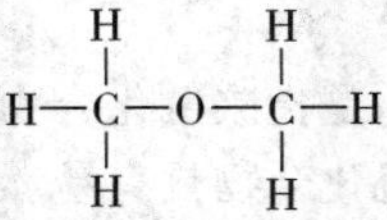

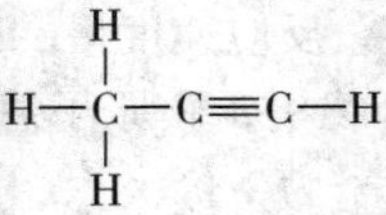

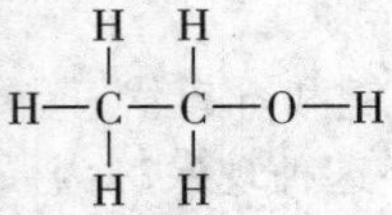

（2）C—Cl　　　　C—F　　　　C—O　　　　C—N

4. 指出下列化合物所含的官能团名称和该化合物所属的类别（按官能团分）

（1）$CH_3—CH\!=\!CH—CH_3$

（2）$CH_3—COOH$

（3）$CH_3—\overset{\displaystyle CH_3}{CH}—CH_2CH_2—OH$

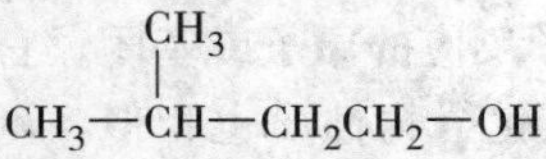

（4）$CH_3—\!\bigcirc\!—OH$

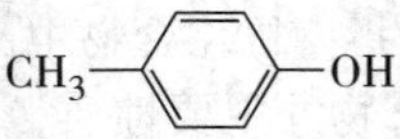

（5）$CH_3CH_2—NH_2$

（6）CH_3Cl

（7）$\bigcirc—CH_2—\overset{O}{\overset{\|}{C}}—CH_3$

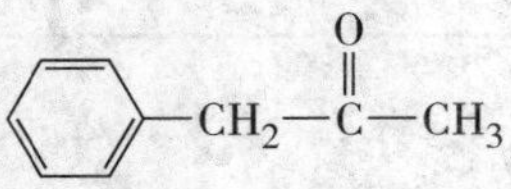

（8）$\bigcirc—CH_2—\overset{O}{\overset{\|}{C}}—H$

（9）$\bigcirc—OH$

（10）$\bigcirc—SO_3H$

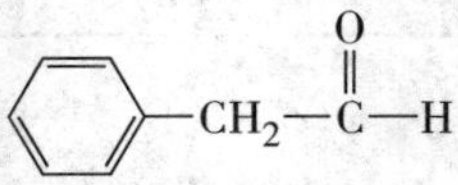

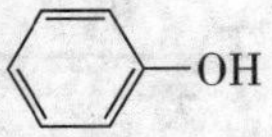

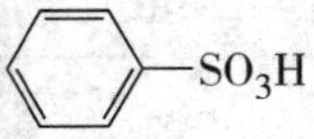

（11）$CH_3—O—CH_3$

（12）$CH_3—C\!\equiv\!CH$

（吕　玮）

第二章

饱和链烃

学习目标

知识要求　**1. 掌握**　烷烃的命名和主要的化学性质；有机化合物中碳原子的类型；σ 键的形成和特点。

　　　　　2. 熟悉　烷烃的同分异构、物理性质；有机物中碳原子的 sp^3 杂化。

　　　　　3. 了解　烷烃的来源和重要的烷烃。

技能要求　1. 能熟练应用系统命名法给烷烃命名，又能根据烷烃的名称写出其结构式。

　　　　　2. 会识别烷烃分子中的四种不同类型的碳原子。

案例导入

案例：压疮系身体局部组织长期受压，使血液循环受阻而引起的皮肤及皮下组织缺血、缺氧、营养不良而发生水疱、溃疡或坏疽，是康复治疗、护理中常见的并发症之一。患者一旦发生压疮，不仅给其带来痛苦，也同时增加了感染的几率，进一步可引起全身炎症，甚至危及生命。经临床大量试验和观察，采用液体石蜡涂抹受压部位，可减少受压部位皮肤与接触面的摩擦，增大接触受力面，降低受压部位皮肤压力，对预防压疮的发生有一定的效果。

讨论：1. 液体石蜡的主要成分是什么？

　　　　2. 液体石蜡在医药上还有哪些用途呢？

　　仅由碳和氢两种元素组成的化合物称为碳氢化合物，简称为烃。烃分子中的氢原子被其他原子或原子团取代后，可得到一系列的有机化合物，因此，通常把烃看作是有机化合物的母体。根据烃的结构和性质的不同，烃可分为下列几类。

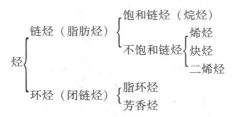

　　烷烃主要存在于自然界的石油和天然气中，主要用作燃料以及有机化工和医药产品的基本原料。医药中常用作缓泻剂的液体石蜡及各种软膏基质的凡士林都是烷烃的混合物。在药物分子中引入烷基可提高其脂溶性和疗效。如普鲁卡因分子中引入丁基后形成丁卡因，丁卡因药效为普鲁卡因的 10 倍。

普鲁卡因　　　　　　　　　　　　　　丁卡因

一、烷烃的结构

烃分子中，碳和碳都以单键（C—C）结合成链状，碳原子的其余价键都与氢原子（C—H）结合，即被氢原子所饱和，这种烃称为饱和链烃，又称烷烃。烷烃的分子组成可用通式 C_nH_{2n+2}（$n \geq 1$）表示，即当碳原子个数为 n 时，则氢原子个数一定是 $2n+2$。

甲烷是最简单的烷烃，分子式为 CH_4。经过大量的科学实验证明，甲烷分子中的碳原子和 4 个氢原子并不在同一个平面上，而是形成了 1 个正四面体的空间结构，碳原子位于正四面体的中心，4 个氢原子分别位于正四面体的 4 个顶点上，4 个碳氢键的键长完全相等，所有的键角均为 109.5°。甲烷分子的分子结构可用分子模型表示，见图 2-1。

（a）正四面体结构　　　（b）凯库勒（球棍）模型　　　（c）斯陶特（比例）模型

图 2-1　甲烷的分子结构

现代价键理论认为，甲烷分子中的碳原子采用 sp^3 杂化轨道成键。碳原子 sp^3 杂化过程为：在成键时，碳原子的 2s 轨道上的 1 个电子吸收能量受到激发，跃迁到 2p 的空轨道中，形成 $2s^1 2p_x^1 2p_y^1 2p_z^1$ 的电子排布，然后 1 个 2s 轨道和 3 个 2p 轨道互相混合，重新组合形成 4 个能量相同的成键能力更强的新轨道，称为 sp^3 杂化轨道。每个杂化轨道中含有 1/4s 成分，3/4p 成分。其杂化过程可表示为：

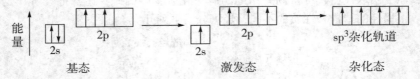

sp^3 杂化轨道的形状为不对称的葫芦形，一头大一头小，大的一头表示电子云偏向的一端，这样可增加与其他原子轨道重叠成键的能力，使轨道成键时重叠程度增大，形成的共价键更加稳固。4 个 sp^3 杂化轨道在碳原子核周围对称分布，相邻 2 个轨道的对称轴间夹角均为 109.5°，相当于由正四面体的中心伸向 4 个顶点，见图 2-2。

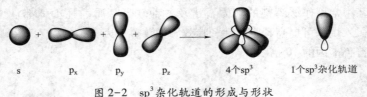

s　　　　p_x　　　　p_y　　　　p_z　　　　4个sp^3　　　1个sp^3杂化轨道

图 2-2　sp^3 杂化轨道的形成与形状

甲烷分子中碳原子的 4 个 sp³ 杂化轨道分别与 4 个氢原子的 1s 轨道沿对称轴方向以"头碰头"最大程度重叠，形成 4 个相同的 C—H（sp³-s）σ 键，见图 2-3（a）。它们之间的夹角即键角为 109.5°，因此，甲烷分子的空间结构为正四面体，见图 2-3（c）。

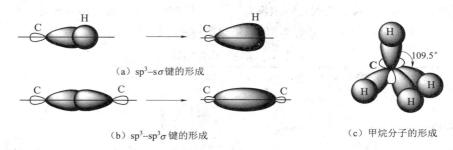

（a）sp³-sσ 键的形成 （b）sp³-sp³σ 键的形成 （c）甲烷分子的形成

图 2-3　σ 键的形成与甲烷分子的形成

其他烷烃分子中的碳原子也均为 sp³ 杂化，相邻的 2 个碳原子的 sp³ 杂化轨道沿对称轴方向以"头碰头"最大重叠形成 C—C（sp³-sp³）σ 键，见图 2-3（b）。其余 sp³ 杂化轨道则与氢原子形成 C—H σ 键，键角近似为 109.5°。因此，烷烃分子中碳链的空间结构不是直线型，而呈曲折的锯齿状。例如，正己烷的键线式结构为：＜＜＜＞。

σ 键存在于任何含有共价键的有机分子中。有机分子中的单键均为 σ 键，可独立存在；双键和叁键中含有 1 个 σ 键，其余都是 π 键。由于 σ 键是轨道在对称轴的方向上以"头碰头"最大程度重叠而成，σ 电子云沿键轴呈圆柱状对称分布，电子云密集于两原子核之间，因此，σ 键有 2 个特点：键能高，键较稳固；成键的原子之间可绕键轴自由旋转。

二、烷烃的同系列、同分异构现象

（一）烷烃的同系列、同系物

根据烷烃的结构特点，可以写出一系列简单烷烃的结构式。见表 2-1。

表 2-1　一些简单烷烃的结构式

名称	分子式	结构式	结构简式
甲烷	CH_4	H—C—H (H上下)	CH_4
乙烷	C_2H_6	H—C—C—H	CH_3CH_3
丙烷	C_3H_8	H—C—C—C—H	$CH_3CH_2CH_3$
正丁烷	C_4H_{10}	H—C—C—C—C—H	$CH_3CH_2CH_2CH_3$

从表中可以看出：从甲烷开始每增加 1 个碳原子，就相应增加 2 个氢原子，烷烃分子与分子之间相差 1 个或多个"CH₂"基团，所以烷烃的分子通式为 C_nH_{2n+2}（$n \geq 1$）。这种结构相似，具有同一通式，且在组成上相差 1 个或多个"CH₂"基团的一系列化合物，称为同系列。同系列中的各化合物之间互称为同系物，"CH₂"称为同系差。

同系物结构相似，化学性质相近，物理性质随碳原子个数的增加而呈现规律性的变化。因此，只要掌握了同系物中典型的、具有代表性的化合物，便可推知其他同系物的一般性质。

（二）同分异构现象

在烷烃中，除了甲烷、乙烷和丙烷没有同分异构体外，其他烷烃都有同分异构体，并且随着碳原子数目的增加，同分异构体的数量急剧增多。见表 2-2。

表 2-2 烷烃异构体的数目

分子式	数目	分子式	数目	分子式	数目
C_6H_{14}	5	C_9H_{20}	35	$C_{12}H_{26}$	355
C_7H_{16}	9	$C_{10}H_{22}$	75	$C_{15}H_{32}$	4374
C_8H_{18}	18	$C_{11}H_{24}$	159	$C_{20}H_{42}$	366319

C_4H_{10} 的 2 种异构体为：$CH_3CH_2CH_2CH_3$

$$CH_3CHCH_3$$
$$| \atop CH_3$$

C_5H_{12} 的 3 种异构体为：$CH_3CH_2CH_2CH_2CH_3$

$$CH_3CHCH_2CH_3$$
$$| \atop CH_3$$

$$CH_3 \atop | \atop CH_3CCH_3 \atop | \atop CH_3$$

显然，以上 5 个异构体是由于碳原子与碳原子的连接次序和排列方式不同而产生，这种同分异构现象称为碳链异构。将只有 1 条碳链即没有分支的烷烃称为直链烷烃；有 2 条或 2 条以上碳链，即有分支的烷烃称为支链烷烃。

（三）烷烃分子中碳原子的类型

根据烷烃分子中碳原子直接相连的碳原子数目不同，可将碳原子分为 4 类：只与 1 个碳原子直接相连的碳原子称为伯碳原子或一级碳原子，用 1° 表示；与 2 个碳原子直接相连的碳原子称为仲碳原子或二级碳原子，用 2° 表示；与 3 个碳原子直接相连的碳原子称为叔碳原子或三级碳原子，用 3° 表示；与 4 个碳原子直接相连的碳原子称为季碳原子或四级碳原子，用 4° 表示。例如：

$$\begin{array}{c} \overset{1°}{CH_3} \\ | \\ \overset{1°}{CH_3} - \overset{3°}{CH} - \overset{4°}{C} - \overset{2°}{CH_2} - \overset{1°}{CH_3} \\ | \quad | \\ \underset{1°}{CH_3} \ \underset{1°}{CH_3} \end{array}$$

与此相对应，将连接在伯、仲、叔碳原子上的氢原子分别称为伯（1°）氢原子、仲（2°）氢原子、叔（3°）氢原子。氢原子的类型不同，受周围环境影响就不同，则反应活性表现出相对差异性。

课堂互动

汽油辛烷值是衡量汽油在气缸内抗爆震燃烧能力的一种数字指标，其值越高表示汽油抗爆性能越好，质量越好。汽油辛烷值的测定是以异辛烷和正庚烷作为测定的标准燃料。

异辛烷和正庚烷的结构式如下，请判断这 2 个结构式是直链烷烃还是支链烷烃？并指出其中各个碳原子的类别。

$$CH_3CCH_2CHCH_3$$

$$\begin{array}{c} CH_3 \\ | \\ CH_3CCH_2CHCH_3 \\ | \quad\;\; | \\ CH_3 \;\; CH_3 \end{array}$$

$$CH_3CH_2CH_2CH_2CH_2CH_3$$

异辛烷

正庚烷

（四）烷基

烷基是烷烃分子去掉 1 个氢原子后所剩下的原子团，用—C_nH_{2n+1} 或 R—（也可代表脂肪烃基）表示。甲烷和乙烷分子中只有一种氢原子，相应的烷基只有一种即甲基和乙基。从丙烷开始，相应的烷基就不止一种了。表 2-3 列出了一些常见的烷基。

表 2-3　常见烷基的结构式及名称

烷烃	烷基	烷基名称
CH_4（甲烷）	CH_3—	甲基
CH_3CH_3（乙烷）	CH_3CH_2—或 C_2H_5—	乙基
$CH_3CH_2CH_3$（丙烷）	$CH_3CH_2CH_2$—	正丙基
	$CH_3\overset{\textstyle |}{\underset{\textstyle CH_3}{CH}}$— 或 $(CH_3)_2CH$—	异丙基
$CH_3CH_2CH_2CH_3$（正丁烷）	$CH_3CH_2CH_2CH_2$—	正丁基
	$CH_3CH_2\overset{\textstyle |}{\underset{\textstyle CH_3}{CH}}$—	仲丁基
$CH_3\overset{\textstyle |}{\underset{\textstyle CH_3}{CH}}CH_3$（异丁烷）	$CH_3\overset{\textstyle |}{\underset{\textstyle CH_3}{CH}}CH_2$— 或 $(CH_3)_2CHCH_2$—	异丁基
	$CH_3\overset{\textstyle CH_3}{\underset{\textstyle CH_3}{C}}$— 或 $(CH_3)_3C$—	叔丁基

三、烷烃的命名

有机化合物的命名是有机化学的重要内容之一，正确的名称不仅能表示有机物的分子组成，而且能简便、准确地反映出分子结构，用以区分不同的有机物，为研究有机物的理化性质带来便利。烷烃的命名是命名其他各类有机物的基础，尤为重要。

（一）普通命名法（习惯命名法）

普通命名法适用于命名结构较简单的烷烃，基本原则如下。

（1）根据分子中所含碳原子的数目称为"某烷"。含 1~10 个碳原子的烷烃依次用甲、乙、丙、丁、戊、己、庚、辛、壬、癸表示；含 10 个以上碳原子的烷烃用中文汉字十一、十二……表示。例如：

$$CH_4 \qquad C_5H_{12} \qquad C_8H_{18} \qquad C_{14}H_{30} \qquad C_{20}H_{42}$$

甲烷　　　　戊烷　　　　辛烷　　　　十四烷　　　　二十烷

（2）为区分烷烃的同分异构体，在"某烷"前冠以词头"正""异""新"。"正"表示直链烷烃；"异"表示碳链一端第 2 位碳原子上只连有 1 个甲基支链，此外再无其他支链的烷烃；"新"表示碳链一端第 2 位碳原子上连有 2 个甲基支链，此外再无其他支链的烷烃。例如，C_5H_{12} 的 3 个异构体的普通命名分别为：

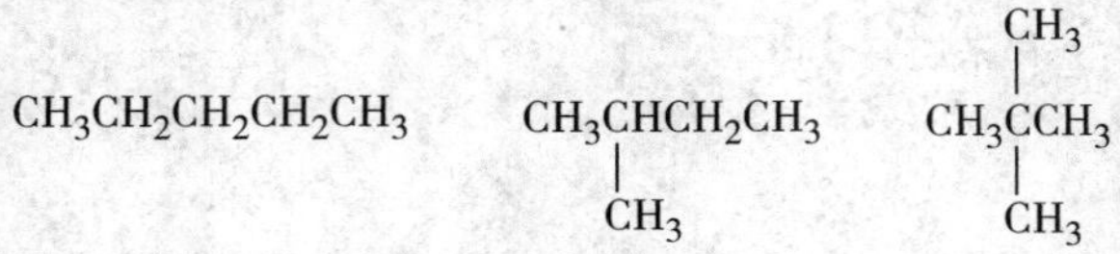

$$CH_3CH_2CH_2CH_2CH_3 \qquad CH_3\overset{|}{\underset{|}{C}HCH_2CH_3} \qquad CH_3\overset{CH_3}{\underset{CH_3}{\overset{|}{C}CH_3}}$$

正戊烷　　　　　　　异戊烷　　　　　新戊烷

普通命名法应用范围有限，对于含 6 个碳原子以上的烷烃便不能完全适用。为了保证所有有机化合物名称和结构式的一一对应，国际纯粹和应用化学联合会（International Union of Pure and Applied Chemistry）制定了通用的系统命名法（IUPAC）。

（二）系统命名法

结合我国汉字的特点，系统命名法命名原则如下。

1. 直链烷烃　直链烷烃的系统命名法类似于普通命名法，只需将"正某烷"的"正"字去掉即可。例如：

$$CH_3CH_2CH_2CH_3 \qquad CH_3CH_2CH_2CH_2CH_3 \qquad CH_3(CH_2)_9CH_3$$

丁烷　　　　　　　　　己烷　　　　　　　十一烷

2. 支链烷烃　支链烷烃可看作直链烷烃的烷基取代衍生物，把支链烷基作为取代基。在整个名称中包括母体和取代基两部分，取代基名称在前，母体名称在最后。

（1）选主链　选取最长的碳链为主链，根据其所含的碳原子数目称为"某烷"，并以它作为母体，支链作为取代基。如有相等的几条最长碳链时，应选择含取代基最多的碳链作为主链。例如：

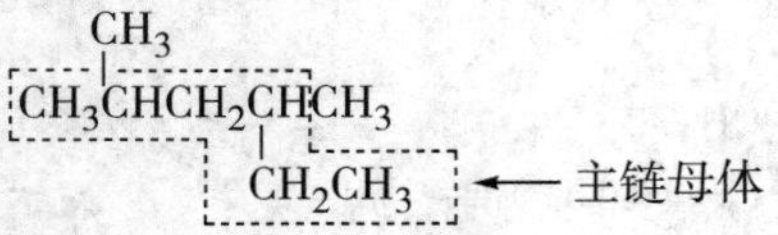

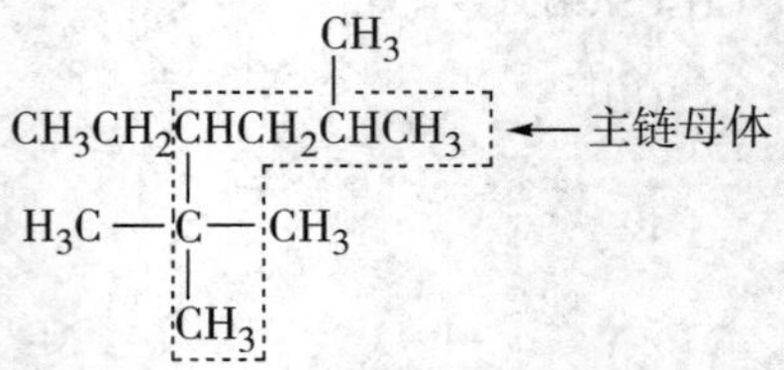

（2）编号　用阿拉伯数字对主链碳原子依次编号，以确定取代基的位次。编号原则是：从靠近取代基的一端开始，使取代基的位次为最低。如果碳链两端等距离处有 2 个不同的取代基时，则应从靠近较小取代基的一端开始编号。常见烷基的优先（即大小）顺序为：异丙基>丙基>乙基>甲基。例如：

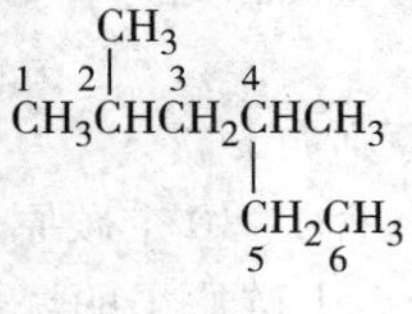

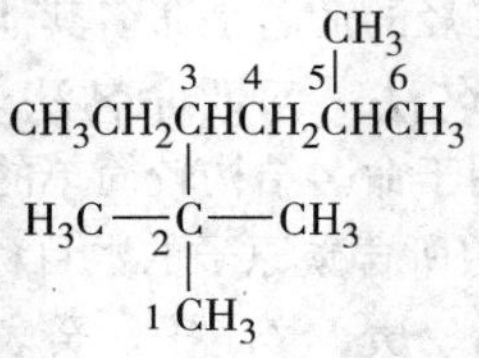

（3）写出名称　将取代基的位次、名称依次写在母体名称前面，取代基的位次与名称

之间用半字线"−"隔开。如果有多个取代基，相同的取代基进行合并，将其位次逐个按从小到大顺序写出（位次相同时也必须重复写出），位次之间用逗号","隔开，并在取代基名称前用中文数字"二、三、四…"等标明其数目；取代基不相同时，按较小到较大取代基顺序写出。例如：

$$\begin{array}{cccc} \overset{1}{C}H_3 & \overset{2}{C}H & \overset{3}{C}H_2 & \overset{4}{C}H_3 \\ & | & & \\ & CH_3 & & \end{array}$$

2-甲基丁烷

$$\begin{array}{cccc} \overset{1}{C}H_3 & \overset{2}{C}H & \overset{3}{C}H_2 & \overset{4}{C}H \\ & | & & | \\ & CH_3 & & \overset{5}{C}H_2 \\ & & & \overset{6}{C}H_3 \end{array}$$

2,4-二甲基己烷

$$\begin{array}{cccccc} & & & & CH_3 & \\ & & & & | & \\ \overset{3}{C}H_3 & \overset{4}{C}H_2 & \overset{5}{C}H_2 & \overset{6}{C}H & \overset{6}{C}H \\ & & | & & \\ H_3C & \underset{|}{C} & CH_3 & \\ & \overset{1}{C}H_3 & \end{array}$$

2,2,5-三甲基-3-乙基己烷

系统命名法适用于各类有机物的命名，根据系统名称能写出有机分子的结构式。系统名称与结构为一一对应关系，系统名称相同，结构相同。

课堂互动

请判断下列烷烃的命名是否正确？若不正确，说出错误原因并加以改正。

$$(CH_3)_3C—C(CH_3)_3 \qquad \begin{array}{c} CH_3 \\ | \\ CH_3CH_2CHCH_2CHCH_2CH_3 \\ | \\ CH_2CH_2CH_3 \end{array}$$

2,3-四甲基丁烷 　　　　　3-丙基-5-甲基庚烷

四、烷烃的物理性质

有机化合物的物理性质通常是指物质的状态、熔点、沸点、相对密度、溶解度、旋光度等，这些物理常数在有机物的鉴定、贮存、分离和提纯等方面具有重要意义。不同系列有机物的物理性质有所差异；同系列因结构相似，则具有某些相同物理性质，并随着碳原子数目的增多而呈现规律性变化。

在室温下，直链烷烃中 $C_1 \sim C_4$ 是气体，$C_5 \sim C_{17}$ 是液体，C_{18} 以上是固体。直链烷烃的熔点、沸点随相对分子质量的增大而升高；同分异构体之间，一般直链烷烃沸点大于支链烷烃，支链越多，沸点越低。相对密度也随着相对分子质量的增加而增大，但增加的值很小，所有烷烃的密度都小于1，比水轻。烷烃是非极性或弱极性分子，不溶于水，能溶于四氯化碳、三氯甲烷、苯、乙醚等非极性或弱极性的有机溶剂。

拓展阅读

液体石蜡的主要成分是 $C_{16} \sim C_{20}$ 烷烃的混合物。它是一种无臭无味，不溶于水，无刺激性的物质，具有化学性质稳定，不酸败，能与多种药物配伍，在体内不易被吸收的特点，在临床上常用作润滑剂，对皮肤没有不良损伤。在医药中常用于肠道润滑的缓泻剂或滴鼻剂的溶剂及软膏剂中药物的载体（基质）。

五、烷烃的化学性质

烷烃为饱和链烃，分子中所有的价键都是较牢固的 σ 键。因此，在常温下，烷烃的性质是比较稳定的，一般不与强酸、强碱、强氧化剂和强还原剂发生反应。但烷烃的稳定性是相对的，在适当的条件下，如光照、加热、催化剂的作用下，烷烃也可以发生某些反应。

（一）氧化反应

烷烃在常温常压下不与氧化剂（如高锰酸钾）反应，与空气中的氧气也不反应，但在空气中很容易燃烧，在氧气充足的情况下，被完全氧化为二氧化碳和水，并放出大量的热。

$$CH_4 + 2O_2 \xrightarrow{\text{点燃}} CO_2 + 2H_2O + 890kJ/mol$$

甲烷是无色、无味、无毒且比空气轻的可燃气体，它是天然气、油田气、沼气和瓦斯的主要成分。纯净的甲烷在空气中可安静的燃烧产生淡蓝色的火焰，但与空气的混合物遇到火花就会发生爆炸。因此，煤矿里必须采取通风、严禁烟火等安全措施，以防发生瓦斯爆炸。

汽油、柴油的主要成分是含不同碳原子数的烷烃混合物，燃烧时放出大量的热能，它们都是重要的燃料。但如果氧气不足则会不完全燃烧而产生有毒气体一氧化碳，汽车所排放的废气中就有一定量的一氧化碳等有毒物质，能使空气受到污染。

（二）卤代反应

有机物分子中的原子或原子团被其他原子或原子团取而代之的反应称为取代反应。被卤素原子取代的反应称为卤代反应。在光照或高温条件下，烷烃可发生卤代反应：卤素原子取代烷烃分子中的氢原子。卤素的反应活性顺序为：$F_2>Cl_2>Br_2>I_2$，因氟代反应特别剧烈难以控制，而碘代反应非常缓慢且有副产物，所以卤代反应常指氯代和溴代反应。

在日光（或紫外光）照射或加热到 250℃ 以上时，甲烷能和氯气剧烈反应，甲烷分子中的 4 个氢原子可以逐个被氯原子取代而生成一氯甲烷、二氯甲烷、三氯甲烷（即氯仿）、四氯甲烷（四氯化碳）4 种混合物：

$$CH_4 + Cl_2 \xrightarrow{\text{光照}} CH_3Cl + HCl$$

$$CH_3Cl + Cl_2 \xrightarrow{\text{光照}} CH_2Cl_2 + HCl$$

$$CH_2Cl_2 + Cl_2 \xrightarrow{\text{光照}} CHCl_3 + HCl$$

$$CHCl_3 + Cl_2 \xrightarrow{\text{光照}} CCl_4 + HCl$$

以上氯代产物均是重要的溶剂和试剂，其中三氯甲烷和四氯化碳是常用的有机溶剂，但因反应得到的是混合物不易分离，所以也常把混合物直接作为溶剂使用。

其他烷烃的氯代反应与甲烷类似，但产物更为复杂。在同一烷烃分子中，氢原子的类型不同，被卤原子取代的难易程度不同，一般由易到难的次序为：$1°H>2°H>3°H$。

拓展阅读

正构烷烃在制药领域的应用

正构烷烃是没有支链的直链烷烃。以正构烷烃作为发酵底物，经过微生物的专一氧化反应可生成相应碳数的长链二元酸（DCA）。此发酵生产 DCA 的工艺与传统的化学合成法相比，具有原料来源广、反应专一性强、反应条件温和等优点，是生物技术在石油化工领域的应用。而近年来长链二元酸逐渐在合成医药中间体、乳腺癌检测试剂、治疗皮肤癌和艾滋病的药物等方面显露出特殊作用和广阔前景。如十五碳二酸可用于合成十五酮、环十五内酯和人造麝香，可以替代天然麝香配制各种名贵中成药，具有抗菌消炎、通经活血等疗效。

六、烷烃的来源和重要的烷烃

（一）烷烃的主要来源

1. 天然气 主要成分是甲烷，还有少许乙烷、丙烷和丁烷等气体。

2. 石油 主要是烷烃、环烷烃和芳烃的混合物。根据各种烃的沸点不同，可分馏得到不同的馏分：天然气 $C_1 \sim C_4$；汽油 $C_4 \sim C_8$；煤油 $C_{10} \sim C_{16}$；柴油 $C_{15} \sim C_{20}$；润滑油 $C_{18} \sim C_{22}$；沥青 C_{20} 以上。

（二）重要的烷烃

1. 固体石蜡 简称石蜡，它的主要成分是 $C_{18} \sim C_{30}$ 烷烃的混合物，为白色蜡状固体。在医药上，石蜡可用于蜡疗、中成药的密封材料和药丸的包衣等。在工业上，用于制造蜡烛、蜡纸、防水剂和电绝缘材料等。

2. 凡士林 是液体石蜡和固体石蜡的混合物，一般为黄色，经漂白脱色后为白色，呈软膏状的半固体，不溶于水，易溶于石油醚和乙醚。在医药上，凡士林同液体石蜡一样，用于各种软膏的基质。

3. 石油醚 又称石油精。主要为戊烷和己烷的混合物，无色透明液体，有煤油气味。不溶于水，溶于无水乙醇、苯、三氯甲烷、油类等有机溶剂。易燃易爆，与氧化剂作用可强烈反应。主要用作有机溶剂及色谱分析溶剂；用作有机高效溶剂、医药萃取剂、精细化工合成助剂等。

重点小结

1. 烷烃为饱和链烃，分子通式为 C_nH_{2n+2}（$n \geq 1$）。烷烃分子中所有的价键都是单键，有碳碳和碳氢 2 种单键。碳原子与碳原子连接顺序和排列方式不同可形成碳链异构。

2. 烷烃分子中碳原子成键时采取 sp^3 杂化，由 sp^3 杂化轨道形成的 C—C σ 键和 C—H σ 键，是沿轨道对称轴"头碰头"最大程度重叠而形成，结合较为牢固，不易断裂，因此烷烃性质比较稳定。

3. 烷烃命名主要采用系统命名法：①选主链；②编号；③写名称。

4. 烷烃的熔点、沸点一般随碳原子数目的增加而升高，同碳原子数支链越多沸点越低；烷烃难溶于水，易溶于有机溶剂；密度都小于 1。

5. 烷烃在空气中完全燃烧生成二氧化碳和水；在高温或光照下与卤素反应生

成卤代烷。

　　6. 有机物分子中碳原子根据其直接相连的碳原子数目可分为 1℃、2℃、3℃、4℃ 四类；氢原子有 1°H、2°H、3°H 三类。

目标检测

1. 填空题

（1）烷烃的分子通式是_____，含有 12 个氢原子的烷烃分子中有_____个碳原子。

（2）结构相似，具有同一通式，且在组成上相差 1 个或多个"CH_2"基团的一系列化合物，称为_____。同系列中的各化合物之间互称为_____，"CH_2"称为_____。

（3）σ 键的特点有_____、_____。

（4）甲烷的空间构型为_____，键角为_____。

（5）乙烷分子中碳原子的类型为_____。

2. 单项选择题

（1）烷烃分子中的碳原子采用的轨道杂化方式是
　　A. sp^2　　　　　　B. sp^3　　　　　　C. sp　　　　　　D. dsp

（2）含有 6 个碳原子的烷烃的分子式是
　　A. C_6H_{10}　　　　B. C_6H_{12}　　　　C. C_6H_6　　　　D. C_6H_{14}

（3）下列烷烃沸点最高的是
　　A. 正戊烷　　　　B. 正己烷　　　　C. 异己烷　　　　D. 新己烷

（4）下列各组化合物互为异构体的是
　　A. 丁烷和 2-甲基丁烷　　　　　　B. 丁烷和 2,2-二甲基丙烷
　　C. 丁烷和 2-甲基丙烷　　　　　　D. 2,2-二甲基丙烷和 2-甲基丙烷

（5）烷烃分子中碳原子的 4 个 sp^3 轨道的空间几何形状是
　　A. 正方形　　　B. 直线型　　　C. 平面三角形　　　D. 正四面体

（6）$(CH_3)_2CHCH(CH_3)CH_2CH_3$ 的系统名称为
　　A. 异庚烷　　　　　　　　　　　B. 二甲基庚烷
　　C. 2,3-二甲基戊烷　　　　　　　D. 3,4-二甲基戊烷

（7）2,3-二甲基丁烷的正确结构式是

A.
$$CH_3-CH_2-CH_2-CH_3$$
$$\qquad | \qquad\quad |$$
$$\qquad CH_3 \quad\ CH_3$$

B.
$$CH_3-C-C-CH_3$$
$$\qquad\quad | \quad |$$
$$\qquad\ CH_3\ CH_3$$

C. $(CH_3)_4CH-CH$

D.
$$CH_3-CH-CH-CH_3$$
$$\qquad\qquad | \qquad |$$
$$\qquad\quad CH_3\ \ CH_3$$

（8）下列描述中与甲烷无关的是
　　A. 天然气的主要成分　　　　　　B. 石油催化裂化及裂解后的主要产物
　　C. "西气东输"中气体　　　　　　D. 煤矿中的瓦斯爆炸

（9）下列烷烃分子中只含有伯氢原子的是
　　A. CH_4　　　B. $CH_3CH_2CH_2CH_3$　　　C. $(CH_3)_2CHCH_3$　　　D. $(CH_3)_4C$

（10）石油醚是实验室中常用的有机溶剂，它的成分是

    A. 醚类　　　　　　　　　　B. 烷烃和醚的混合物

    C. 一定沸程的烷烃混合物　　D. 一定沸程的芳烃混合物

3. 命名下列化合物或写出结构简式

（1）$(CH_3)_3CCH_2CH(CH_3)_2$

（2） 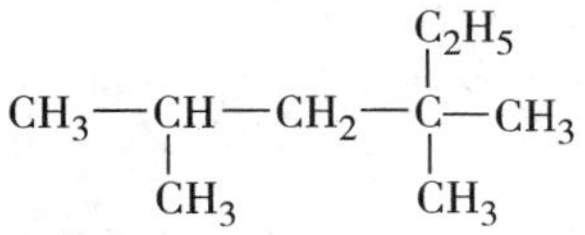
$$CH_3\underset{\underset{CH_3}{|}}{-}CH-CH_2\underset{\underset{CH_3}{|}}{\overset{\overset{C_2H_5}{|}}{-}}C-CH_3$$

（3）
$$CH_3\underset{\underset{CH_3}{|}}{\overset{\overset{CH_3}{|}}{C}}HCH_2\underset{\underset{CH_3}{|}}{\overset{\overset{CH_3}{|}}{C}}CH_3$$

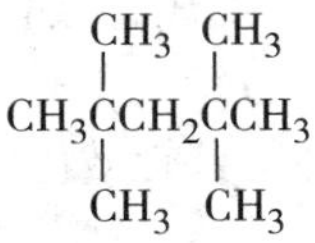

（4）
$$CH_3\underset{\underset{CH_3}{|}}{\overset{\overset{CH_3}{|}}{C}}HCH_3$$

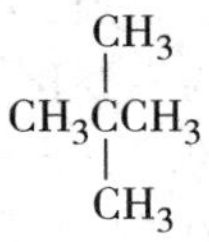

（5） 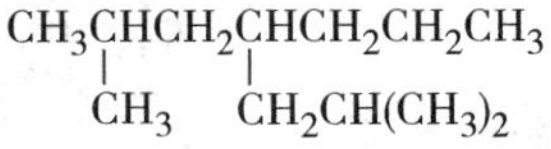
$$\underset{\underset{CH_3}{|}}{CH_3}CHCH_2\underset{\underset{CH_2CH(CH_3)_2}{|}}{CH}CH_2CH_2CH_3$$

（6）2,3-二甲基-3-乙基己烷

（7）3,3-二甲基戊烷

（8）2-甲基-3-乙基戊烷

4. 简答题

（1）某烷烃 A 分子式为 C_6H_{14}，只有 1 个甲基侧链，试写出 A 可能的结构式，并用系统命名法命名。

（2）经测定某烷烃的相对分子质量为 72，

①试写出该烷烃的分子式；

②试写出该烷烃的所有异构体，并分别用普通和系统命名法命名；

③指出各个异构体中碳原子和氢原子的类别。

（卫月琴）

第三章

不饱和链烃

学习目标

知识要求　**1. 掌握**　烯烃、炔烃、共轭二烯烃的结构和命名；烯烃、炔烃、共轭二烯烃的主要化学性质。

　　　　　2. 熟悉　烯烃的同分异构；烯烃的诱导效应；共轭二烯烃的共轭效应。

　　　　　3. 了解　重要的烯烃、炔烃、共轭二烯烃。

技能要求　1. 能熟练地对烯烃、炔烃、二烯烃进行命名。

　　　　　2. 会运用烯烃、炔烃、共轭二烯烃的性质鉴别相关物质。

　　　　　3. 能熟练书写烯烃、炔烃和共轭二烯烃的典型反应方程式。

　　不饱和链烃是指分子中含有双键、叁键等不饱和键，且碳原子相互连接成链状的烃。烯烃、炔烃和二烯烃同属不饱和链烃，它们的通式如下：

不饱和链烃
$$\begin{cases} 烯烃 & 通式：C_nH_{2n}（含有一个双键）\quad CH_2{=}CH{-}CH_3 \\ 炔烃 & 通式：C_nH_{2n-2}（含有一个叁键）\quad CH{\equiv}C{-}CH_3 \\ 二烯烃 & 通式：C_nH_{2n-2}（含有两个双键）\quad CH_2{=}CH{-}CH{=}CH_2 \end{cases}$$

　　烯烃、炔烃和二烯烃都是非常重要的不饱和链烃，在医药合成、石油化工、高新材料等诸多领域都发挥着不可替代的作用。

第一节　烯烃

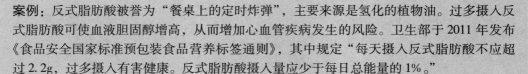

案例导入

案例：反式脂肪酸被誉为"餐桌上的定时炸弹"，主要来源是氢化的植物油。过多摄入反式脂肪酸可使血液胆固醇增高，从而增加心血管疾病发生的风险。卫生部于 2011 年发布《食品安全国家标准预包装食品营养标签通则》，其中规定"每天摄入反式脂肪酸不应超过 2.2g，过多摄入有害健康。反式脂肪酸摄入量应少于每日总能量的 1%。"

讨论：反式脂肪酸为什么被称为"反式"？该化合物中含有什么特征官能团？

　　烯烃是指分子中含有碳碳双键（C＝C）的链烃。根据分子中碳碳双键的数目，可分为单烯烃、二烯烃和多烯烃。通常说的烯烃是指单烯烃，通式是 C_nH_{2n}（$n \geqslant 2$）。碳碳双键是烯烃的官能团。

一、烯烃的结构和命名

（一）烯烃的结构

1. 碳原子的 sp^2 杂化　以乙烯为例。杂化轨道理论认为，在形成乙烯分子之前，碳原子的 1 个 2s 轨道和 2 个 2p 轨道进行 sp² 杂化, 组成 3 个能量相等的 sp² 杂化轨道, 另有 1 个 2p 轨道未参与杂化。3 个 sp² 杂化轨道及 1 个 2p 轨道各填充 1 个电子 (图 3-1)。

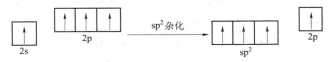

图 3-1　碳原子的 sp² 杂化

sp² 杂化轨道的形状与 sp³ 杂化轨道相似, 为不对称的葫芦形, 一头大一头小。碳原子的 3 个 sp² 杂化轨道对称分布, 处于同一平面上, 轨道对称轴之间的夹角为 120°。未参与杂化的 p 轨道其对称轴垂直于 sp² 杂化轨道对称轴所在的平面 (图 3-2)。

(a) 3 个 sp² 杂化轨道在一个平面上　　(b) p 轨道垂直于 3 个 sp² 杂化轨道的平面

图 3-2　sp² 杂化碳原子的形状

2. 碳碳双键的形成　在乙烯分子中, 每个碳原子各以 2 个 sp² 杂化轨道分别与 2 个氢原子形成 C-H σ 键, 2 个碳原子又各以另 1 个 sp² 杂化轨道 "头碰头" 结合形成 C—C σ 键, 形成的 5 个 σ 键的键轴在同一平面 (图 3-3)。与此同时, 每一个碳原子上未参与杂化的 p 轨道垂直于乙烯分子 σ 键键轴所在的平面, 它们互相平行, 能从侧面相互 "肩并肩" 重叠形成 π 键 (图 3-4)。处于 π 轨道的电子称为 π 电子, π 键的电子云分布在分子平面的上方和下方。因此, 碳碳双键不是由两个相同的单键组成, 而是由 1 个 σ 键和 1 个 π 键所组成的。

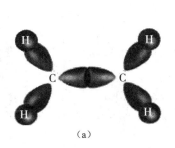

图 3-3　乙烯分子的 σ 键

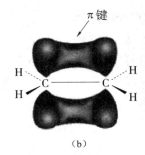

图 3-4　乙烯分子的 π 键

碳碳双键的平均键能为 610.9kJ/mol, 而 C—C σ 键的平均键能为 347.3kJ/mol, 双键的键能小于 C—C σ 键的平均键能的 2 倍, 这说明 π 键键能小于 σ 键能。π 键的电子云平行分布在分子平面的上方和下方, 使得双键碳原子不能围绕碳碳 σ 键键轴自由旋转, 若双键碳原子上连接不同的原子或基团时, 就会产生几何异构体。

3. π 键的特点　与 σ 键相比, π 键具有自己的特点, 由此决定了烯烃的化学性质。

(1) 不能自由旋转。

(2) 不如 σ 键牢固, 易断裂。

（3）π电子有较大的流动性，在外界试剂电场的诱导下，电子云易变形，被破坏而发生化学反应。

（4）不能独立存在，只能在双键或叁键中与 σ 键共存。

（二）烯烃的命名

烯烃的命名采用 IUPAC 命名法，方法与烷烃类似，但由于烯烃的结构中含有碳碳双键官能团，命名时要以双键为主。命名原则如下。

1. 选主链　选择含有碳碳双键在内的最长碳链作为主链，根据主链上的碳原子数目称为"某烯"。碳原子数在 10 个以上的用中文汉字十一、十二等表示，并在数字后加"碳"字，如十一碳烯。

2. 编号　从靠近双键的一端开始编号，在此基础上使取代基的位次尽可能小。

3. 命名　取代基的位次、数目和名称写在双键位号之前，排列顺序与烷烃命名的原则相同。例如：

$$CH_3CH_2C\!=\!CH_2 \qquad CH_3C\!=\!CCH_3 \qquad CH_3CH_2CH_2CH\!=\!CHCH_2CH_3$$

$$\underset{CH_3}{|} \qquad \overset{CH_3}{\underset{CH_2CH_3}{|}}$$

2-甲基-1-丁烯　　　　　2,3-二甲基-2-戊烯　　　　　3-庚烯

$$CH_3CH\!=\!CHCHCH_3 \qquad CH_3CHCH\!=\!CHCHCH_3$$

$$\underset{CH_3}{|} \qquad \underset{CH_2CH_3}{|}\quad\underset{CH_3}{|}$$

4-甲基-2-戊烯　　　　　　2,5-二甲基-3-庚烯

烯烃分子中去掉一个氢原子后剩余的基团称为烯基。几个常用烯基的名称如下：

$$CH_2\!=\!CH\!- \qquad\qquad CH_3CH\!=\!CH\!- \qquad\qquad CH_2\!=\!CHCH_2\!-$$

乙烯基　　　　　　　　　　丙烯基　　　　　　　　　　烯丙基

二、烯烃的同分异构

（一）碳链异构

乙烯和丙烯分子没有异构体。C_4 以上的烯烃，由于碳原子可以有不同方式进行排列，故存在碳链异构体，如烯烃 C_4H_8 有两种碳链异构体。

$$CH_2\!=\!CHCH_2CH_3 \qquad\qquad CH_2\!=\!\overset{CH_3}{\underset{|}{C}}\!-\!CH_3$$

（二）位置异构

由于双键在碳链中的位置不同而产生的同分异构体称为位置异构。如烯烃 C_4H_8 有两种位置异构：

$$CH_2\!=\!CHCH_2CH_3 \qquad\qquad CH_3CH\!=\!CHCH_3$$

课堂互动

试写出烯烃 C_5H_{10} 的 5 种同分异构体的名称。

（三）顺反异构

顺反异构，属于立体异构的构型异构，产生的原因是原子或基团在含双键或脂环结构的分子中存在不同的空间排列方式（构型）。一个化合物存在顺反异构体，必须满足两个条件：①分子中存在限制分子自由旋转的因素，如双键或脂环等；②两个不能相对自由旋转的原子中的每一个都必须连接有两个不同的原子或基团。

当双键上其中一个碳原子上连有两个相同的原子或基团时，则不存在顺反异构。

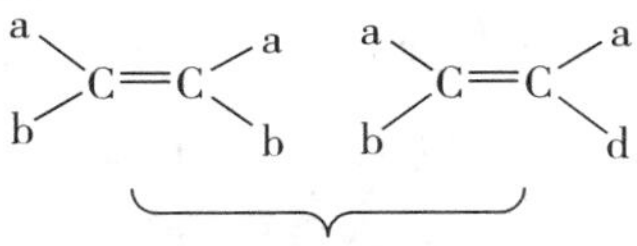

有顺反异构的类型 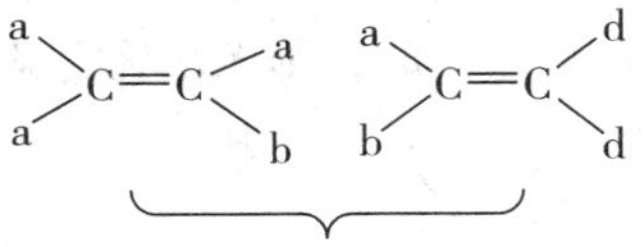 无顺反异构的类型

顺反异构体的物理性质有差别，如 2-丁烯的一些物理性质：

异构体	沸点/℃	熔点/℃	相对密度
顺-2-丁烯	3.5	−139.3	0.621
反-2-丁烯	0.9	−105.5	0.604

顺反异构体的化学性质基本相同，但与空间排列有关的性质差别很大。

顺反异构体不仅在理化性质上有差别，而且他们的生理活性也有很大不同，因而药理作用差别也很大。例如，顺巴豆酸味辛辣，而反巴豆酸味甜；顺丁烯二酸有毒，而反丁烯二酸无毒。

拓展阅读

顺反异构与人工激素

研究发现雌激素雌二醇的两个羟基是活性官能团，是生理作用所必需的。己烯雌酚为人工合成的非甾族雌激素，己烯雌酚有顺反异构，在反式己烯雌酚中，两个羟基的距离是 1.45nm，这与雌二醇两个羟基的距离近似，表现出较强的药理作用，反式己烯雌酚的口服药效为雌二醇的 2~3 倍；而顺式己烯雌酚两个羟基的距离是 0.72nm，与雌二醇两个羟基的距离相差较大，药理作用大大减弱。

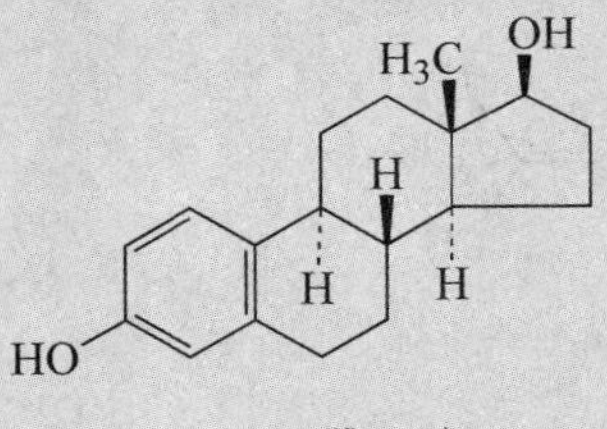

雌二醇 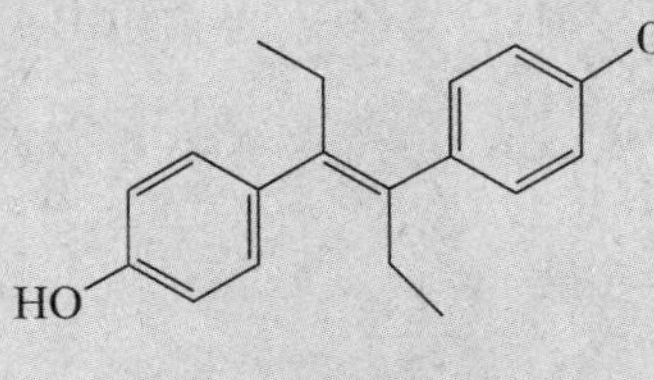 反式己烯雌酚 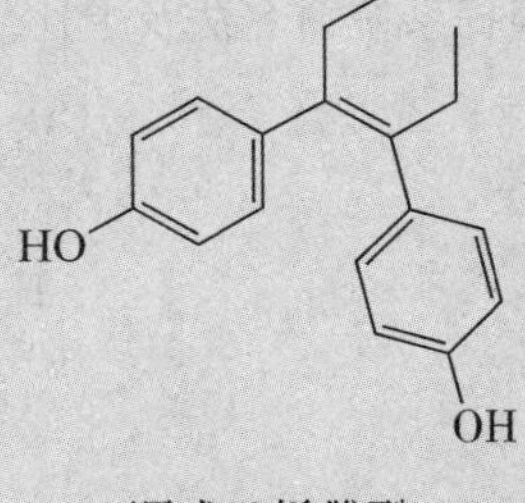 顺式己烯雌酚

1. 顺、反命名法 在顺反异构体中，两个相同原子或基团在双键的同侧的为顺式异构体，用"顺"来表示。两个相同原子或基团在双键的异侧的为反式异构体，用"反"来表示。例如：

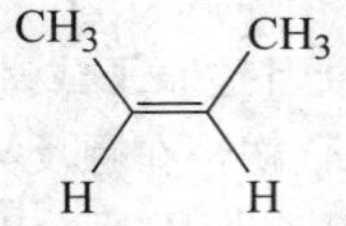

　　顺-2-丁烯 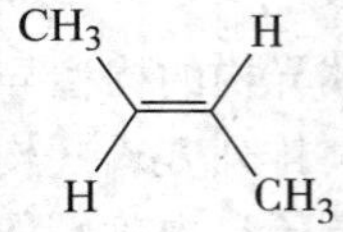　　　　　　　　　　反-2-丁烯

　　顺、反命名法有局限性，即在两个双键碳原子上所连接的两个基团彼此应有一个是相同的，彼此无相同基团时，则无法确定其是顺式或反式。例如：

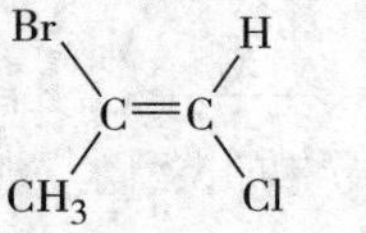

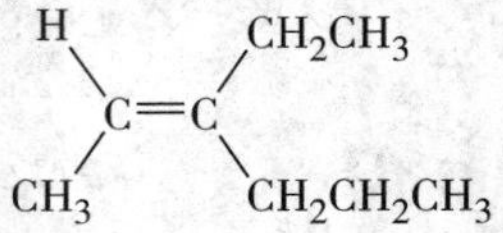

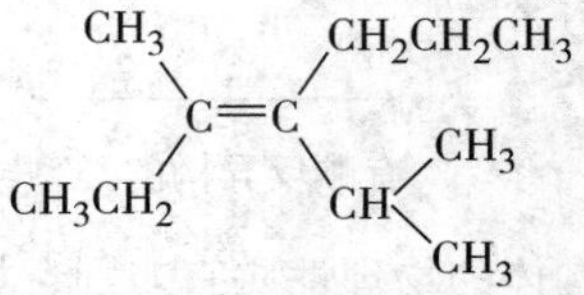

　　2. Z、E 命名法　为解决上述构型难以用顺反将其命名的难题，IUPAC 规定，用 Z、E 命名法来标记顺反异构体的构型。Z 是德文 Zusammen 的字头，是"共同"的意思；E 是德文 Entgegen，是"相反"的意思。

　　Z、E 命名法的具体内容是：按"次序规则"分别比较两个双键碳原子上各自连接的两个原子或基团的次序大小，如果两个次序比较大的原子或基团位于双键的同侧，称为 Z 构型，反之称为 E 构型。次序规则的要点如下。

　　（1）比较与双键碳原子直接连接的原子的原子序数，序数大的为"大"，序数小的为"小"。如 I＞Br＞Cl＞O＞C＞H。若两个原子为同位素时，则比较相对原子质量数大小，相对原子质量数大的为较大基团。如 T＞D＞H。

　　（2）若与双键碳原子直接相连的第一个原子相同，要依次比较第二个甚至第三个原子，依此类推，直到比较出大小顺序为止。例如：CH_3CH_2— ＞ CH_3—；

　　$(CH_3)_3C$— ＞ $CH_3CH_2(CH_3)CH$— ＞ $(CH_3)_2CHCH_2$— ＞ $CH_3CH_2CH_2CH_2$—。

　　（3）对于含有双键和叁键的基团，把双键看成连有两个相同原子，把叁键看成连有三个相同原子来进行次序大小比较。例如：

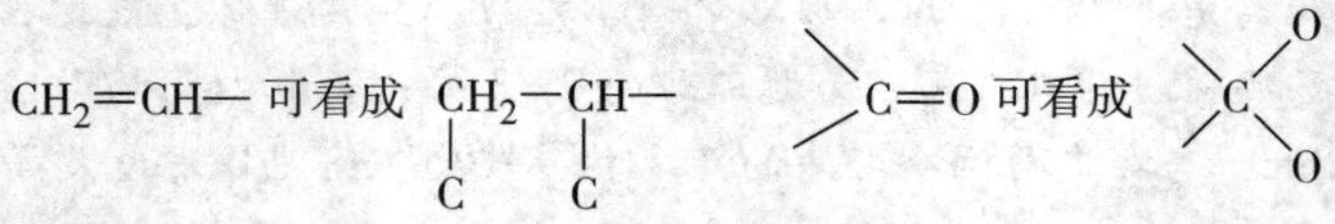

　　根据系统命名法及上述次序规则，将（E）、（Z）写在系统命名前。例如：

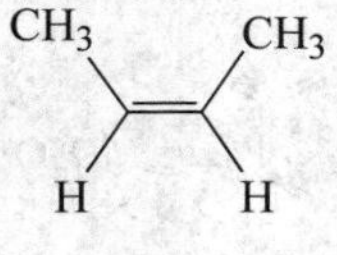

　　(Z)-2-丁烯 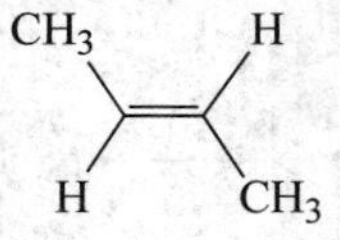　　　　　　　　　　(E)-2-丁烯

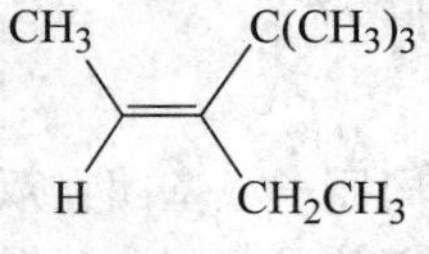

　　(Z)-4,4-二甲基-3-乙基-2-戊烯 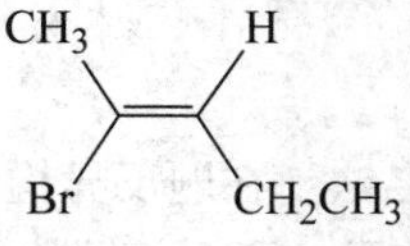　　　　　(Z)-2-溴-2-戊烯

课堂互动

写出下列化合物的顺反异构体，并分别用顺反命名法和 **Z**、**E** 命名法命名。
2-戊烯　　　　　　　3-甲基-2-戊烯

三、烯烃的物理性质

在常温、常压下 $C_2 \sim C_4$ 的烯烃为气体，$C_5 \sim C_{18}$ 的烯烃为液体，C_{19} 以上的烯烃为固体。端烯的沸点低于双键在碳链中间的异构体。直链烯烃的沸点略高于带有支链的异构体。顺式异构体的沸点一般高于反式异构体，但是熔点却低于反式异构体。

烯烃的密度比相应烷烃略高，但都小于 $1g/cm^3$。烯烃一般难溶于水，易溶于有机溶剂。

四、烯烃的化学性质

烯烃分子中碳碳双键的存在使烯烃具有很大的化学活性。这是由于碳碳双键是由 1 个 σ 键和 1 个 π 键组成的，而 π 键键能低，不稳定，又易被极化，易断裂。因此，烯烃易发生加成反应、氧化反应和聚合反应等反应。此外，与双键相连的 α-C 原子上的 α-H，受 π 键的影响，也显示出一定的活性，能发生 α-H 取代反应。

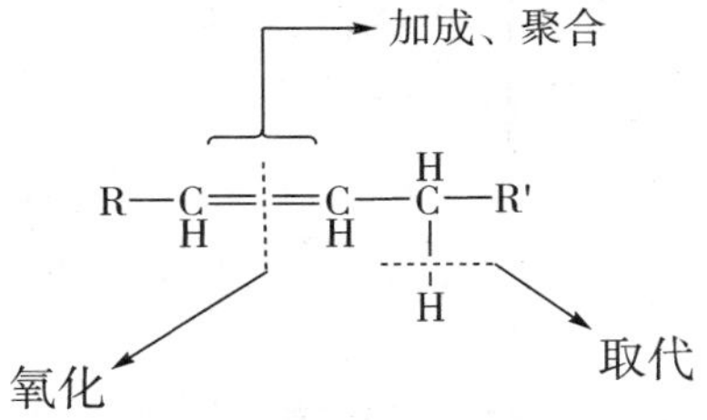

（一）加成反应

烯烃和某些试剂作用时，双键中的 π 键断裂，试剂中的两个一价的原子或原子团，分别加到双键的两个碳原子上，形成两个新的 σ 键，这种反应称为加成反应。可用下式表示：

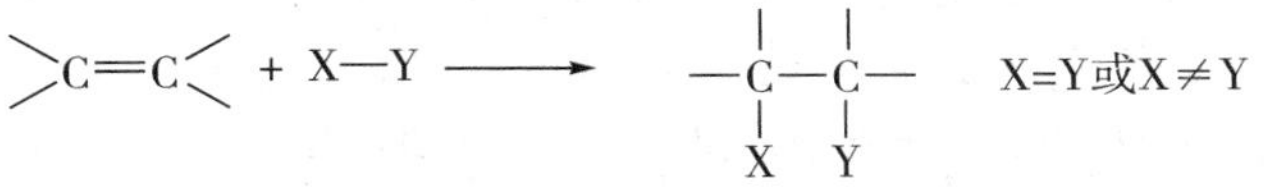

1. 催化加 H_2　常温、常压时，烯烃与 H_2 加成能力较弱，但是加入适宜的金属催化剂可以大大提高反应速度。常用的催化剂有 Pt（铂）、Pd（钯）、Ni（镍）等金属，其中 Ni 活性较高，制备方便，是工业上常用的催化剂。如：

$$CH_2\!\!=\!\!CH_2 + H_2 \xrightarrow{\text{Pt}} CH_3CH_3$$

$$CH_2\!\!=\!\!CHCH_3 + H_2 \xrightarrow{\text{Ni}} CH_3CH_2CH_3$$

2. 与卤素加成　烯烃与卤素可以发生加成反应，其中烯烃与 F_2 反应太过剧烈难以控制，与 I_2 反应则太慢，最常用到的是与 Cl_2、Br_2 反应。常温、常压下，将烯烃加入到溴的四氯化碳溶液中，溴的红棕色消失，此法可用于鉴定结构中的碳碳双键。

$$CH_2\!=\!CH_2 + Br_2 \longrightarrow \underset{\underset{Br}{|}}{CH_2}\!-\!\underset{\underset{Br}{|}}{CH_2}$$

$$CH_2\!=\!CHCH_3 + Br_2 \longrightarrow \underset{\underset{Br}{|}}{CH_2}\!-\!\underset{\underset{Br}{|}}{CHCH_3}$$

3. 与卤化氢加成 烯烃与卤化氢发生加成反应，生成相应的卤代烷烃。烯烃相同，而卤化氢不同时，反应活性顺序为：$HI > HBr > HCl$。HF 由于性质特殊，不用于此加成反应。

$$CH_2\!=\!CH_2 + HCl \longrightarrow \underset{\underset{H}{|}}{CH_2}\!-\!\underset{\underset{Cl}{|}}{CH_2}$$

双键两端结构不同的烯烃称为不对称烯烃。不对称烯烃与卤化氢加成时，则可能生成两种产物。关于不对称烯烃的加成反应，俄国化学家马尔可夫尼可夫根据大量的实验资料，得出一条经验规律：不对称烯烃与不对称试剂加成时，不对称试剂中带负电的部分主要加到含氢较少的双键碳原子上，这一规律称为马尔可夫尼可夫规则（简称马氏规则）。

$$CH_2\!=\!CHCH_3 + HBr \longrightarrow$$

$$\underset{\underset{H}{|}}{CH_2}\!-\!\underset{\underset{Br}{|}}{CHCH_3} \quad （主要产物）$$

$$\underset{\underset{Br}{|}}{CH_2}\!-\!\underset{\underset{H}{|}}{CHCH_3} \quad （次要产物）$$

不对称烯烃与溴化氢加成时，如有过氧化物（$R\!-\!O\!-\!O\!-\!R$）存在，则主要生成反马氏规则的产物。如：

$$CH_3CH\!=\!CH_2 + HBr \xrightarrow{ROOR} CH_3CH_2CH_2Br$$

这种现象称为过氧化物效应。过氧化物效应仅限于溴化氢，氯化氢和碘化氢与不对称烯烃加成一般不存在过氧化物效应。

4. 与硫酸加成 将烯烃与浓硫酸在低温下混合，即可生成加成产物烷基硫酸氢酯，烷基硫酸氢酯在水中加热可以水解生成醇。如：

$$CH_2\!=\!CH_2 + H_2SO_4(98\%) \longrightarrow CH_3CH_2OSO_3H \xrightarrow[H_2O]{\triangle} CH_3CH_2OH + H_2SO_4$$

不对称烯烃与硫酸加成时，符合马氏规则。烷基硫酸氢酯容易水解生成相应的醇，这是工业上制备醇的方法之一，称为烯烃的间接水合法。由于生成的烷基硫酸氢酯溶于硫酸，实验室中还可用此法除去烷烃中混有的少量烯烃杂质。

5. 与 H_2O 加成 在无机酸催化下，烯烃可以与 H_2O 发生加成反应，生成醇。此反应产物也符合马氏规则。这是工业上生产醇的一种常用方法，称为烯烃水合法。

$$CH_2\!=\!CH_2 + H_2O \xrightarrow{H_2SO_4} \underset{\underset{H}{|}}{CH_2}\!-\!\underset{\underset{OH}{|}}{CH_2}$$

$$CH_2{=}CHCH_3 + H_2O \longrightarrow$$

$$\underset{\underset{H}{|}\quad\underset{OH}{|}}{CH_2{-}CHCH_3} \quad \text{(主要产物)}$$

$$\underset{\underset{OH}{|}\quad\underset{H}{|}}{CH_2{-}CHCH_3} \quad \text{(次要产物)}$$

（二）氧化反应

烯烃的双键很容易被氧化。随氧化剂和反应条件的不同，烯烃的氧化产物不同。

烯烃与中性（或碱性）高锰酸钾的冷溶液反应，双键中的 π 键断裂，氧化生成邻二醇，$KMnO_4$ 的紫红色褪去生成褐色的 MnO_2 沉淀。

$$\underset{\underset{R}{|}\quad\underset{R}{|}}{\overset{R\quad R}{C{=}C}} + KMnO_4 \xrightarrow{H_2O} \underset{\underset{OH}{|}\ \underset{OH}{|}}{R{-}\overset{R}{\underset{}{C}}{-}\overset{R}{\underset{}{C}}{-}R} + MnO_2$$

当在较强的反应条件下氧化，如用酸性 $KMnO_4$ 溶液或在加热条件下氧化，则反应很难停留在生成邻二醇阶段。在此情况下，烯烃的碳碳双键发生断裂，最终反应产物为酮、羧酸、二氧化碳或它们的混合物，而紫红色的 $KMnO_4$ 溶液褪为无色溶液。这也是鉴定不饱和键常用方法之一。

$$RCH{=}CH_2 \xrightarrow[H_2SO_4]{KMnO_4} RCOOH + CO_2 + H_2O$$

$$\underset{R'}{\overset{R}{C}}{=}CHR'' \xrightarrow[H_2SO_4]{KMnO_4} R''COOH + \underset{R'}{\overset{R}{C}}{=}O$$

不同结构烯烃的氧化产物不同，通过分析氧化产物的结构可以确定烯烃分子结构。

课堂互动

完成下列反应方程式：

1. $CH_2{=}CHCH_3 \xrightarrow{\text{稀、冷}KMnO_4}$

2. $CH_2{=}CHCH_3 \xrightarrow[H_2SO_4]{KMnO_4}$

（三）聚合反应

烯烃分子中的碳碳双键除了可以和其他分子加成外，在合适的条件下，可以自身分子间发生加成反应。反应在链转移试剂的辅助下，不断地与烯烃本身加成，从而形成分子量较大的化合物。这种由小分子合成大分子，由单体合成聚合物的反应过程称为聚合反应。例如丙烯的聚合：

$$n\,CH_2{=}CHCH_3 \xrightarrow[50℃,\ 10Mpa]{TiCl_4 - Al(C_2H_5)_3} {\left[\!\!\begin{array}{c} CH_2{-}\underset{\underset{CH_3}{|}}{CH} \end{array}\!\!\right]}_n$$

拓展阅读

适合于食品包装的塑料

常见的适合于食品包装的塑料是以乙烯或丙烯为单体经聚合而形成的高分子化合物，称为聚乙烯或聚丙烯塑料。聚乙烯塑料可分为高压聚乙烯（低密度聚乙烯，LDPE）和低压聚乙烯（高密度聚乙烯，HDPE）。高压聚乙烯主要用于食品塑料袋、保鲜膜等，低压聚乙烯主要用于制造食品塑料容器、管线、砧板等。聚丙烯塑料薄膜的强度和透明性较高，主要用于制造食品塑料袋，也可加工成既耐低温又耐高温的食品容器，如保鲜盒和供微波炉使用的容器等。

由于聚乙烯和聚丙烯的化学稳定性较高，生物学活性较低，经检测也未见明显毒性作用，所以聚乙烯和聚丙烯是较为安全的食品包装材料。但低分子聚乙烯易溶于油脂，故聚乙烯容器不宜长期盛放食用油，以免油脂变味。

而由聚氯乙烯制成的塑料袋是不能用来包装食品的。因为单体氯乙烯有毒，而且在制作这种塑料袋时经常加入大量的增塑剂也对人体健康不利的。在国家下达了"限塑令"的今天，我们应尽量少用或不用一次性塑料薄膜袋，为保护人类生存的环境出一点力。

五、诱导效应

当氯原子取代烷烃分子中的氢原子后，由于氯的电负性大，使分子中相邻共价键的电子云分布发生如下变化：

$$H-\overset{\overset{\textstyle H}{|}}{\underset{\underset{\textstyle H}{|}}{C}}_{\gamma}\overset{\delta\delta\delta^+}{\longrightarrow}\overset{\overset{\textstyle H}{|}}{\underset{\underset{\textstyle H}{|}}{C}}_{\beta}\overset{\delta\delta^+}{\longrightarrow}\overset{\overset{\textstyle H}{|}}{\underset{\underset{\textstyle H}{|}}{C}}_{\alpha}\overset{\delta^+}{\longrightarrow}Cl^{\delta^-}$$

首先 C—Cl 键的电子云偏向氯原子，使氯原子带有部分负电荷（δ^-），α-C 上带有部分正电荷（δ^+），从而吸引其与 β-C 共价键上的电子云也偏向 α-C，使 β-C 也带有比 α-C 更少一些的正电荷，依次下去，β-C 又使 γ-C 带有比 β-C 更少的正电荷。这种由于成键原子（或原子团）电负性不同，引起分子中的电子云沿碳链向某一方向偏移的现象，称为诱导效应，常用 I 表示。诱导效应是一种静电作用，是永久存在的电子效应。这种效应沿碳链的影响随距离的增加而迅速减弱，一般到第三个碳原子后就很微弱可忽略不计。

为了比较不同原子和基团诱导效应的大小，通常以有机化合物中最多的碳氢键作为比较标准。

$$—\overset{|}{\underset{|}{C}}\rightarrow X \qquad —\overset{|}{\underset{|}{C}}—H \qquad —\overset{|}{\underset{|}{C}}\leftarrow Y$$

X吸电子 　　　　比较标准 　　　　Y供电子

X 的电负性大于 H，取代 H 后使 C—X 键的电子云偏向 X，X 称为吸电子基，吸电子基引起的诱导效应称为吸电子效应（-I 效应）；相反，Y 的电负性小于 H，取代 H 后使 C—Y 键的电子云偏向 C，称 Y 为供电子基（或斥电子基），供电子基引起的诱导效应称供电子诱导效应（+I 效应）。

一些常见的吸电子基和供电子基，及诱导效应的相对强弱顺序如下。

吸电子诱导效应：

$$—NO_2 > —CN > —COOH > —F > —Cl > —Br > —I > —OR > —COR > —OH > —C_6H_5 > —CH=CH_2 > —H$$

供电子诱导效应：

$$O^- > COO^- > (CH_3)_3C— > (CH_3)_2CH— > CH_3CH_2— > CH_3— > —H$$

诱导效应可以很好地解释不对称烯烃与不对称试剂加成时的马氏规则。以丙烯和卤化氢的加成为例：由于丙烯中甲基是一个供电子基团，其供电子诱导效应使碳碳双键的 π 电子云发生偏移，结果使碳碳双键上含氢较多的碳原子带有部分负电荷（δ⁻），而含氢较少的碳原子带有部分正电荷（δ⁺）。当卤化氢与丙烯进行亲电加成时，HX 中带正电荷的 H⁺ 首先加到带部分负电荷的双键碳原子上形成碳正离子，然后卤素负离子加到带正电荷的碳原子上。

$$CH_3 \xrightarrow{\quad} \overset{\delta^+}{C}H=\overset{\delta^-}{C}H_2 + \overset{\delta^+}{H}—\overset{\delta^-}{X} \xrightarrow{\text{慢}} [CH_3\overset{+}{C}HCH_3]$$

$$[CH_3\overset{+}{C}HCH_3] + X^- \xrightarrow{\text{快}} CH_3CHXCH_3$$

六、重要的烯烃

1. 乙烯　乙烯是合成高分子材料的重要单体，其产量的大小标志着一个国家化工产业的发展水平。乙烯由石油炼制热裂解气中分离得到。在农业上，乙烯可做催熟剂；在工业上，乙烯是制备乙醇、苯乙烯等的化工原料。

2. 丙烯　常温下为无色、稍带有甜味的气体。易燃，爆炸极限为 2% ~ 11%。不溶于水，溶于有机溶剂，属低毒类物质。丙烯是三大合成材料的基本原料，主要用于生产聚丙烯、丙烯腈、异丙醇、丙酮和环氧丙烷等，另外丙烯可制丙烯酸及其脂类以及制丙二醇、环氧氯丙烷和合成甘油等。

3. 苯乙烯　苯乙烯是用苯取代乙烯的一个氢原子形成的有机化合物，不溶于水，溶于乙醇、乙醚中，暴露于空气中逐渐发生聚合及氧化。工业上是合成树脂、离子交换树脂及合成橡胶等的重要单体。

第二节　炔烃

案例导入

案例：2011 年 1 月 29 日，上海浦东新区某户发生一起惨祸，由于操作不当，室内正在进行电焊切割的乙炔瓶发生爆炸，一栋两层高的民宅楼体被炸塌三分之二，事故造成 2 人身亡，3 人受伤。

讨论：1. 乙炔为什么容易发生爆炸？怎样防止乙炔爆炸？

　　　2. 乙炔有哪些用途？

炔烃是分子中含有碳碳叁键（C≡C）的不饱和烃。炔烃比相应的烯烃少两个氢原子，因而炔烃通式为 C_nH_{2n-2}。

一、炔烃的结构

1. 碳原子的 sp 杂化　碳碳叁键中碳原子采用 sp 杂化。碳原子的 1 个 2s 和 1 个 2p 轨道杂化，形成 2 个能量相等的 sp 杂化轨道，如图 3-5 所示。

sp 杂化轨道形状与 sp^2、sp^3 杂化轨道相似，这两个 sp 杂化轨道的对称轴形成 180°，处于同一条直线上，在空间呈直线分布，如图 3-6 所示。

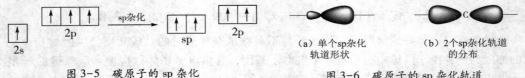

图 3-5　碳原子的 sp 杂化

(a) 单个 sp 杂化
轨道形状

(b) 2个 sp 杂化轨道
的分布

图 3-6　碳原子的 sp 杂化轨道

每个 sp 杂化碳原子还余下 2 个未参与杂化的 p 轨道，这 2 个 p 轨道的对称轴互相垂直，并都垂直于 sp 杂化轨道对称轴所在的直线（图 3-7）。碳原子的 4 个电子分别填充在 2 个 sp 杂化轨道及 2 个 p 轨道上。

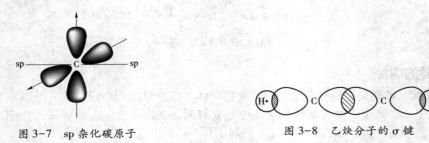

图 3-7　sp 杂化碳原子

图 3-8　乙炔分子的 σ 键

2. 乙炔结构及碳碳叁键的组成　在乙炔分子中，2 个碳原子的 sp 杂化轨道沿对称轴"头碰头"重叠形成碳碳 σ 键，同时每个碳原子的另一个 sp 杂化轨道分别与氢原子的 1s 轨道重叠，形成 2 个碳氢 σ 键，这 3 个 σ 键的对称轴在同一条直线上（图 3-8）。

在这些 σ 键形成的同时，2 个碳原子余下的 2 对 p 轨道分别"肩并肩"平行重叠，生成互相垂直的 2 个 π 键，2 个 π 键的电子云对称地分布在 2 个碳原子核连线的上下左右，呈圆筒形（图 3-9）。

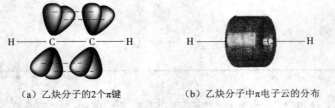

（a）乙炔分子的2个π键

（b）乙炔分子中π电子云的分布

图 3-9　乙炔分子形成示意图

因此，碳碳叁键不是简单的 3 个单键的加合，而是由 1 个 σ 键和 2 个 π 键组成，这两个 π 键和烯烃中的 π 键类似，易起化学反应。

二、炔烃的同分异构现象和命名

（一）炔烃的同分异构现象

炔烃的叁键碳上只能有一个取代基，且为直线型结构，因此，炔烃无顺反异构现象。四个以上碳的炔烃主要存在下列几种同分异构现象。

1. 碳链异构　例如：

$$CH_3—CH_2—CH—C\equiv CH \qquad\qquad CH_3—CH—CH_2—C\equiv CH$$
$$\underset{CH_3}{|} \qquad\qquad\qquad\qquad\qquad \underset{H_3C}{|}$$
3-甲基-1-戊炔   4-甲基-1-戊炔

2. 位置异构　由于叁键在碳链上位置不同而引起的异构现象。例如：

$$CH_3—CH_2—CH_2—C\equiv CH \qquad\qquad H_3C—CH_2—C\equiv C—CH_3$$
1-戊炔   2-戊炔

3. 官能团异构　炔烃可以和碳原子数相同的二烯烃及环烯烃互为同分异构体。例如：

$$CH_3—CH_2—CH_2—C\equiv CH \qquad CH_2=CH—CH=CH—CH_3$$
1-戊炔   1,3-戊二烯   环戊烯

（二）炔烃的命名

1. 炔烃的命名　与烯烃相似，只需将"烯"改为"炔"即可。例如：

$$CH_3CHC\equiv CCH_3 \qquad\qquad\qquad CH_3C\equiv C(CH_3)_2CH_3$$
$$\underset{CH_2CH_3}{|}$$
4-甲基-2-己炔   4,4-二甲基-2-戊炔

$$CH_3—CH_2—CH—CH_2—C\equiv C—CH—CH_3$$
$$\underset{CH—CH_3}{|} \qquad\qquad \underset{CH_2—CH_3}{|}$$
$$\underset{CH_3}{|}$$
3,8-二甲基-7-乙基-4-壬炔

2. 烯炔的命名　如果一个化合物分子中同时含有碳碳双键和碳碳叁键，这一类烃称为烯炔。命名原则如下。

（1）首先选择含有两者在内的最长碳链为主链，按其碳原子数称为某烯炔。

（2）编号时遵循最低系列原则，即从靠近双键或叁键一端开始编号。如果双键和叁键离两端距离相等，则按先烯后炔的顺序编号。

（3）书写全称的方法和其他烃的基本相同，但母体要用"a-某烯-b-炔"表示，其中a 表示双键位次，b 表示叁键位次。如：

$$CH_3—CH=C—C\equiv CH \qquad CH_3—C\equiv C—C=CH_2 \qquad CH_3=CH—\underset{|}{\overset{CH_3}{\underset{CH_3}{C}}}—C\equiv CH$$
$$\underset{CH_3}{|} \qquad\qquad\qquad\qquad \underset{CH_3}{|}$$
3-甲基-3-戊烯-1-炔   2-甲基-1-戊烯-3-炔   3,3-二甲基-1-戊烯-4-炔

三、炔烃的物理性质

炔烃的物理性质与烯烃相似，在常温下，$C_2 \sim C_4$ 的炔烃为气体，$C_5 \sim C_{17}$ 的炔烃为液体，C_{18} 及其以上的高级炔烃为固体。它们的熔点、沸点和相对密度都随着碳原子数目的增加而呈现规律性的变化。炔烃都是弱极性分子，难溶于水，易溶于丙酮、石油醚及苯等有机溶剂。

四、炔烃的化学性质

炔烃分子中含有 π 键，其化学性质与烯烃类似，可发生加成、氧化、聚合等反应。但炔烃叁键碳发生 sp 杂化，两个 π 键的 p 轨道重叠程度比双键重叠程度大，碳原子结合得更紧密，不易被极化。所以，碳碳叁键的活泼性不如碳碳双键。此外，端基炔（$—C\overset{\delta-}{\equiv}C\overset{\delta+}{—H}$）还可发生一些特有的反应。

（一）加成反应

1. 催化加氢　在镍、铂或钯等催化剂的作用下，炔烃可发生催化加氢反应。但由于烯烃比炔烃更容易氢化，反应通常不能停留在生成烯烃阶段，而是直接生成烷烃。例如：

$$H_3C—C\equiv C—CH_2CH_3 + H_2 \xrightarrow{Pt} \overset{H_3C}{\underset{H}{}}C=C\overset{CH_2CH_3}{\underset{H}{}} \xrightarrow[Pt]{H_2} H_3C—CH_2—CH_2—CH_2CH_3$$

若使用活性较低的林德拉（Lindlar）催化剂（将金属钯的细粉末沉淀在碳酸钙上，再用醋酸铅或喹啉溶液处理以降低其催化活性），则可使反应停止在烯烃阶段，产物为顺式烯烃，且收率较高。

$$H_3C—C\equiv C—CH_2CH_3 + H_2 \xrightarrow[\text{(Lindlar催化剂)}]{Pd-CaCO_3\ 喹啉} \overset{H_3C}{\underset{H}{}}C=C\overset{CH_2CH_3}{\underset{H}{}}$$

若在液氨中用钠或锂还原炔烃，主要得到反式烯烃。

$$H_3C—C\equiv C—CH_2CH_3 \xrightarrow[液氨]{Na} \overset{H}{\underset{H_3C}{}}C=C\overset{CH_2CH_3}{\underset{H}{}}$$

上述两种还原方法，可分别将炔烃还原为顺式或反式烯烃，在制备具有一定构型的烯烃时非常有用。

2. 加卤素　与烯烃一样，炔烃也可与卤素（Br_2 或 Cl_2）进行加成反应。反应也是分两步进行，先生成二卤代烯烃，再生成四卤代烷烃。例如：

$$H_3C—C\equiv C—CH_2CH_3 + Br_2 \longrightarrow H_3C—\underset{Br}{C}=\underset{Br}{C}—CH_2CH_3 \xrightarrow{Br_2} CH_3—\underset{\underset{Br}{|}}{\overset{\overset{Br}{|}}{C}}—\underset{\underset{Br}{|}}{\overset{\overset{Br}{|}}{C}}—CH_2CH_3$$

由于叁键的活性不如双键，炔烃的加成反应比烯烃慢，炔烃需要几分钟才能使溴的四氯化碳溶液褪色。所以如果分子中同时存在双键和叁键时，双键优先发生加成反应。

$$HC\equiv C—CH_2—CH=CH_2 + Br_2 \longrightarrow HC\equiv C—CH_2—\underset{Br}{CH}—\underset{Br}{CH_2}$$

炔烃和溴水发生加成反应，可见溴水的红棕色褪去，此反应可用于炔烃的鉴别。

3. 加卤化氢　炔烃与卤化氢（氯化氢、溴化氢或碘化氢）的加成反应也分两步进行，第一步生成单卤代烯烃，进一步加成生成偕二卤化烷烃（偕表示两个卤素是连在同一个碳原子上）。生成的产物遵循马氏规则。

$$CH_3—C\equiv CH \xrightarrow{HX} CH_3—\underset{X}{C}=\underset{H}{CH} \xrightarrow{HX} H_3C—\underset{\underset{X}{|}}{\overset{\overset{X}{|}}{C}}—CH_3$$

与烯烃类似，在与 HBr 发生加成反应时，如有光照或过氧化物存在，则得到反马氏规则的加成产物。例如：

$$H_3CH_2C—C\equiv CH + HBr \xrightarrow{ROOR'} H_3CH_2C—\underset{\underset{H}{|}}{C}=\underset{\underset{Br}{|}}{C}—H$$

4. 加水 炔烃在酸催化下直接加水要比烯烃困难，但在催化剂（硫酸汞的硫酸溶液）存在下很容易与水加成，生成不稳定的烯醇式中间体，然后立即发生分子重排。

所谓烯醇是指羟基直接连在双键碳原子上的化合物。烯醇很不稳定，会很快发生异构化形成稳定的羰基化合物（酮式结构），烯醇式和酮式的这种异构现象称为互变异构。

$$\underset{烯醇式}{\overset{>C=C<}{H—O}} \rightleftharpoons \underset{酮式}{\overset{—C—C—}{H—O}}$$

如果炔烃是乙炔，则最终产物是乙醛；其他炔烃与水加成时遵循马氏规则且最终产物都是酮。

$$CH\equiv CH + H_2O \xrightarrow{HgSO_4 \atop H_2SO_4} \left[\underset{H—O}{H_2C=CH}\right] \xrightarrow{重排} \underset{O}{CH_3—CH}$$

$$R—C\equiv CH + H_2O \xrightarrow{HgSO_4 \atop H_2SO_4} \left[\underset{烯醇式}{\overset{R—C=CH_2}{O—H}}\right] \xrightarrow{重排} \underset{酮式}{\overset{CH_3—C—R}{O}}$$

（二）氧化反应

炔烃能被高锰酸钾氧化，叁键全部断裂，得到相应的羧酸或二氧化碳。同时高锰酸钾溶液褪色，可用此反应鉴定炔烃。例如：

$$H_3C—C\equiv CH \xrightarrow{KMnO_4 \atop H^+} CH_3COOH + CO_2$$

$$H_3C—C\equiv C—CH_2CH_3 \xrightarrow{KMnO_4 \atop H^+} CH_3COOH + CH_3CH_2COOH$$

炔烃如果被酸性高锰酸钾、酸性重铬酸钾等氧化剂氧化，连有烷基的炔碳端被氧化为羧酸，连有炔氢的炔碳端被氧化为二氧化碳。可以根据所得的产物推测原炔烃的结构。

课堂互动

若某一炔烃经酸性高锰酸钾氧化后的产物为二氧化碳和2-甲基丙酸，你能推断原来炔烃的结构吗？

（三）聚合反应

乙炔可以发生聚合反应，与烯烃不同的是，炔烃一般发生二聚或三聚反应而不是聚合成高分子化合物。在不同催化剂作用下，乙炔可以分别聚合成链状或环状化合物。例如：

$$2CH \equiv CH \xrightarrow[NH_4Cl]{Cu_2Cl_2} CH \equiv C - CH \equiv CH_2$$

$$3CH \equiv CH \xrightarrow[\text{金属羰基化合物}]{\text{高温}} \bigcirc \quad \text{苯}$$

（四）炔氢的反应

因 sp 杂化的叁键碳原子表现出较大的电负性，使与叁键碳原子直接相连的氢原子显示出微弱酸性（$pK_a = 25$），可与强碱、碱金属或某些金属离子反应生成金属炔化物。

乙炔和端基炔烃在液态氨中与强碱氨基钠作用生成炔化钠。

$$HC \equiv CH + NaNH_2 \xrightarrow{\text{液氨}} HC \equiv CNa \xrightarrow[NaNH_2]{\text{液氨}} NaC \equiv CNa$$
$$\qquad\qquad\qquad\qquad\qquad \text{乙炔一钠} \qquad\qquad\qquad \text{乙炔二钠}$$

$$RC \equiv CH + NaNH_2 \xrightarrow{\text{液氨}} RC \equiv CNa$$

在有机合成中，炔化钠是很有用的中间体，它可与卤代烷作用合成高级炔烃。

含有炔氢的炔烃与硝酸银的氨溶液或氯化亚铜的氨溶液反应，则分别生成白色的炔化银或棕红色的炔化亚铜的沉淀。

$$HC \equiv CH + [Ag(NH_3)_2]^+NO_3^- \longrightarrow AgC \equiv CAg \downarrow + NH_4NO_3 + H_2O$$
$$\qquad\qquad\qquad\qquad\qquad\qquad\quad \text{乙炔银（白色）}$$

$$HC \equiv CH + [Cu(NH_3)_2]^+Cl^- \longrightarrow CuC \equiv CCu \downarrow + NH_4Cl + H_2O$$
$$\qquad\qquad\qquad\qquad\qquad\qquad\quad \text{乙炔亚铜（棕红色）}$$

$$RC \equiv CH + [Ag(NH_3)_2]^+NO_3^- \longrightarrow RC \equiv CAg \downarrow + NH_4NO_3 + H_2O$$
$$\qquad\qquad\qquad\qquad\qquad\qquad\quad \text{炔化银（白色）}$$

$$RC \equiv CH + [Cu(NH_3)_2]^+Cl^- \longrightarrow RC \equiv CCu \downarrow + NH_4Cl + H_2O$$
$$\qquad\qquad\qquad\qquad\qquad\qquad\quad \text{炔化亚铜（棕红色）}$$

上述反应灵敏，现象明显，可用来鉴定乙炔和端基炔烃。

金属炔化物在湿润时比较稳定，干燥时受热或震动时易发生爆炸生成金属和碳。所以，实验完毕，应立即加硝酸或盐酸将炔化物分解，以免发生危险。

课堂互动

用简单的化学方法鉴别下列各组化合物。

（1）1-己炔和 4-甲基-2-戊炔　　　　　（2）乙烷、乙烯、乙炔

五、乙炔

乙炔是最简单和最重要的炔烃。纯乙炔为无色无臭的气体，沸点 −84℃，微溶于水，易溶于乙醇、苯、丙酮等有机溶剂。由电石制得的乙炔因混有硫化氢、磷化氢、砷化氢而产生难闻的气味。乙炔属易燃易爆气体，在空气中爆炸极限为 2.3% ~ 72.3%，受热、震动、

电火花等因素都可以引发爆炸。但在15℃和1.5MPa时，乙炔在丙酮中的溶解度为237g/L，溶液是稳定的。

1. 乙炔的制备 乙炔的制法除用电石法制得外，工业上也常用甲烷裂解法。

（1）碳化钙水解（电石法） 用焦炭和生石灰在电炉中加热，生成碳化钙（俗称电石），碳化钙遇水迅速生成乙炔。

$$CaO + 3C \xrightarrow[\text{电炉}]{2500℃ \sim 3000℃} \underset{\text{碳化钙}}{CaC_2} + CO \uparrow$$

（2）甲烷裂解法 天然气（CH_4）在1500℃电弧中裂解可生产乙炔。

$$2CH_4 \xrightarrow{1500℃电弧} HC \equiv CH + 2H_2$$

甲烷裂解法的优点是原料非常低廉易得。天然气和石油裂化气中都含有大量的甲烷，天然气已成为乙炔的主要来源。

2. 乙炔的用途 乙炔可用以焊接及切断金属（氧炔焰），也是制造乙醛、醋酸、苯、合成橡胶、合成纤维等的基本原料。乙炔燃烧时能放出大量的热，氧炔焰的温度可以达到3000℃左右，用于切割和焊接金属。乙炔化学性质活泼，能与许多试剂发生加成反应。乙炔是有机合成的重要基本原料之一，如与水、氯化氢、氢氰酸加成，制备得到的乙醛、氯乙烯、丙烯腈等均可成为高聚物的原料。

拓展阅读

聚乙炔

聚乙炔是一种结构单元为 $\{CH \!=\! CH\}_n$ 的聚合物材料。这种聚合物经溴或碘掺杂后导电性可以达到金属所具有的高电导性（$\sim 10^3 S/cm$），因此被称为"合成金属"，并成为人们竞相研究的导体材料。白川英树、艾伦·黑格和艾伦·麦克迪尔米德因"发现和发展导电聚合物"获得了2000年诺贝尔化学奖。

聚乙炔是最简单的聚炔烃，有顺式聚乙炔和反式聚乙炔两种立体异构体。在聚乙炔中存在着巨大的离域大 π 键"—C $=$ C—C $=$ C—C $=$ C—C $=$ C—"，所以聚乙炔能导电。通过深入研究聚乙炔的物理和化学特性，人们发现其在能源、光电子器件、信息、传感器、分子导线和分子器件，以及电磁屏蔽、金属防腐和隐身技术方面也有着广阔、诱人的应用前景。例如，聚乙炔可以用来制作防静电材料，把它铺在计算机房、集成电路工厂、火药厂、医院手术室、药厂净化室等，可避免因静电所带来的危害。其次，它可以作为屏蔽材料，吸收电辐射而且还能起到抗腐蚀作用，能排除引起腐蚀的电荷。还可以用来制作塑料电池。可反复充电1000次，可取代镍镉电池，特别适用作计算机、摄像机的电源。

自从聚乙炔问世以来，其科学和技术已有了很大的发展。作为一种新材料，它的研究和应用都还有很大的空间。随着对其聚合和掺杂研究的深入，聚乙炔必将成为人们日常生活中不可或缺的有用材料。

第三节 二烯烃

案例导入

案例：维生素 A & β-胡萝卜素

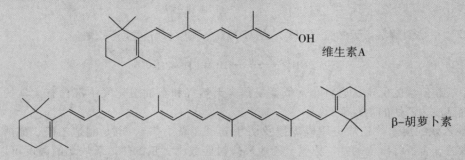

维生素A

β-胡萝卜素

维生素 A 和 β-胡萝卜素都是具有共轭多烯类结构的化合物。维生素 A 是维持正常视觉功能和机体生长及骨骼正常生长发育的必需物质。而 β-胡萝卜素是自然界中最普遍存在和最稳定的天然色素，也是维护人体健康不可缺少的营养素，β-胡萝卜素的分子结构相当于 2 个分子的维生素 A，进入机体后，在肝脏及小肠黏膜内经过酶的作用，可转变成维生素 A，有补肝明目的作用，可治疗夜盲症；还有助于增强机体的免疫功能，在预防上皮细胞癌变的过程中具有重要作用。

讨论：1. 你知道 β-胡萝卜素与维生素 A 共有的官能团是什么吗？
2. 这类化合物有什么独特的化学性质呢？

分子中含有两个或两个以上碳碳双键的不饱和烃称为多烯烃，多烯烃最简单的是含有两个碳碳双键的二烯烃，二烯烃和单炔烃具有相同的通式 C_nH_{2n-2}（$n \geqslant 3$）。

一、二烯烃的分类和命名

（一）二烯烃的分类

根据两个碳碳双键的相对位置不同，二烯烃可分为以下三类。

1. 聚集二烯烃（又称累积二烯烃） 两个双键与同一个碳原子相连接，即含有 C=C=C 结构的二烯烃。例如丙二烯：$CH_2\text{=}C\text{=}CH_2$。这类化合物两个 π 键相互垂直，导致其稳定性较差，一般很少见。

2. 隔离二烯烃（又称孤立二烯烃） 两个双键被两个或两个以上单键隔开，即含有 $\text{C=C-(C)}_n\text{-C=C}$（其中 $n \geqslant 1$）结构的二烯烃。例如 1,4-戊二烯：$CH_2\text{=}CH\text{—}CH_2\text{—}CH\text{=}CH_2$。隔离二烯烃分子中两个双键距离较远，相互影响小，其性质与单烯烃相似。

3. 共轭二烯烃 两个双键被一个单键隔开，即含有 C=C-C=C 结构的二烯烃。例如 1,3-丁二烯：$CH_2\text{=}CH\text{—}CH\text{=}CH_2$。共轭二烯烃具有特殊的结构和性质，是一类最重要的二烯烃，也是本节讨论的重点。

课堂互动

下列化合物中属于共轭二烯烃的是：

(1) $CH_2\!=\!CH\!-\!CH_2\!-\!CH\!=\!CH_2$　　　(2) $CH_2\!=\!CH\!-\!CH\!=\!CH\!-\!CH\!=\!CH_2$；

(3) $CH_2\!=\!CH\!-\!CH\!=\!CH_2$　　　(4) $CH_2\!=\!C\!=\!CH\!-\!CH_3$

（二）二烯烃的命名

二烯烃的系统命名原则与烯烃相似，首先应选取含有两个双键的最长碳链作主链，称为"某二烯"，并标注双键的位次；其次将取代基的位次和名称写在母体名称的前面。例如：

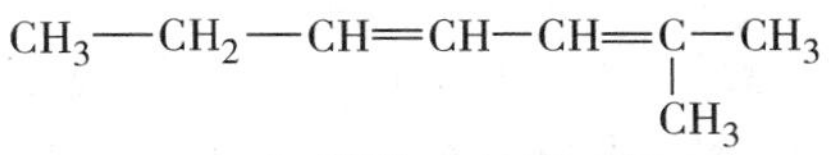

$CH_3\!-\!CH_2\!-\!CH\!=\!CH\!-\!CH\!=\!\underset{\underset{CH_3}{|}}{C}\!-\!CH_3$

2-甲基-2,4-庚二烯

$CH_3\!-\!\underset{\underset{CH_3}{|}}{\overset{\overset{CH_3}{|}}{C}}\!-\!CH\!=\!CH\!-\!CH\!=\!CH_2$

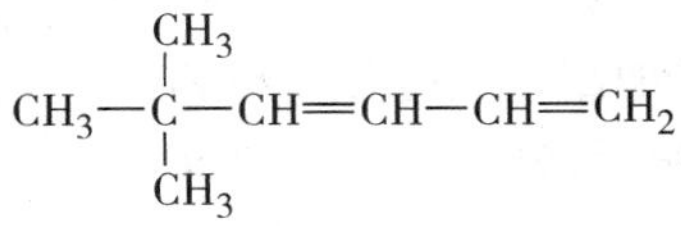

5,5-二甲基-1,3-己二烯

若有顺反异构体，还需标明其构型。例如：

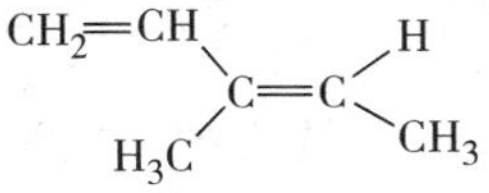

$\underset{H_3C}{\overset{CH_2=CH}{\diagdown}}C\!=\!C\underset{CH_3}{\overset{H}{\diagup}}$

3E-3-甲基-1,3-戊二烯

二、共轭二烯烃的结构和共轭效应

（一）共轭二烯烃的结构

最简单的共轭二烯烃是1,3-丁二烯，在其分子中，四个碳原子都是sp^2杂化，它们彼此各以一个sp^2杂化轨道结合形成 C—C σ 键，其余的sp^2杂化轨道分别与氢原子结合形成 C—H σ 键。由于sp^2杂化轨道是平面分布的，所以，三个 C—C σ 键和六个 C—H σ 键都在同一平面上，键角都接近于120°。此外，每个碳原子上各有一个未参与杂化的 p 轨道，它们与 σ 键所构成的平面垂直。四个 p 轨道互相平行从侧面"肩并肩"重叠，形成两个 π 键。这两个 π 键靠得很近，不仅在 C_1—C_2、C_3—C_4 之间"肩并肩"重叠形成 π 键，C_2 与 C_3 之间也有一定程度的重叠，形成了包含四个碳原子的四电子 π-π 共轭体系。在这个体系中，π 电子不再局限（定域）在 C_1—C_2、C_3—C_4 间，而是将运动范围扩展到整个分子，这种现象称为 π 电子的离域。这种包括多个（至少3个）原子的 π 键称为大 π 键，1,3-丁二烯分子中的大 π 键如图 3-10 所示。

（二）共轭效应

共轭体系中这种由于相邻 p 轨道的重叠而产生的电子间的相互流动，致使体系能量降低，键长平均化，分子趋于稳定的电子效应称为共轭效应，用符号 C 表示。

最简单的共轭二烯烃是1,3-丁二烯，其分子中碳碳单键的键长（0.148nm）比一般烷烃中单键的键长（0.154nm）短，而碳碳双键的键长（0.137nm）比普通碳碳双键的键长（0.134nm）稍长。键长有平均化的趋势。其键角和键长数据如图 3-11 所示。

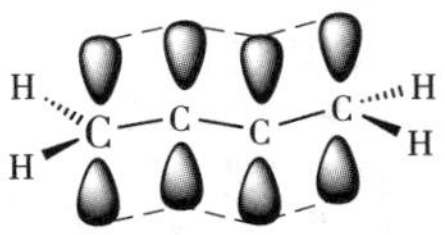

图 3-10　1,3—丁二烯的共轭大 π 键 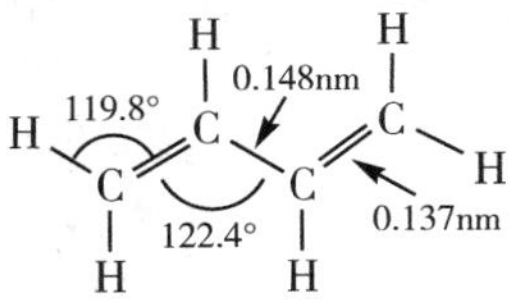　　　图 3-11　1,3-丁二烯分子的结构

共轭效应具有以下特征：键长趋于平均化；体系能量降低，比较稳定；沿共轭链传递不减弱，其影响是远程的；能出现极性交替现象等。如：

$$\overset{\delta+}{H_2C}=\overset{\delta-}{CH}-\overset{\delta+}{CH}=\overset{\delta-}{CH_2}$$

像 1,3-丁二烯这种双键和单键交替排列的共轭体系，称为 π-π 共轭体系。另外，还有 p 轨道与双键 π 轨道平行并侧面"肩并肩"重叠形成的共轭体系称为 p-π 共轭体系。如：

$$CH_2=\overset{\ddot{C}-\ddot{C}l}{\underset{H}{|}} \qquad CH_2=\overset{+}{\underset{H}{C-CH_2}} \qquad CH_2=\overset{\cdot}{\underset{H}{C-CH_2}}$$

π-π 共轭和 p-π 共轭是最典型的共轭效应。此外，还有 σ-π，σ-p 等超共轭效应。

三、共轭二烯烃的化学性质

共轭二烯烃具有一般单烯烃所有的化学性质，如能发生加成、氧化、聚合等反应。除此之外，由于共轭体系的存在，共轭二烯烃还能发生一些特殊的反应。

（一）1,2-加成与 1,4-加成

共轭二烯烃含有大 π 键，由于分子的极性交替现象，与一分子卤素或卤化氢进行亲电加成反应时，通常得到两种加成产物。例如 1,3-丁二烯与溴加成，得到两种加成产物。

$$CH_2=CH-CH=CH_2 + Br_2$$

1,2-加成
$$\underset{Br}{\overset{}{CH_2}}-\underset{Br}{\overset{}{CH}}-CH=CH_2$$

1,4-加成
$$\underset{Br}{\overset{}{CH_2}}-CH=CH-\underset{Br}{\overset{}{CH_2}}$$

这说明当共轭烯烃和试剂加成时，有两种加成方式：一种是试剂的两部分加到一个双键的两个碳原子上，这称为 1,2-加成，得到的产物为 1,2-加成产物；另一种是试剂加到共轭烯烃两端的碳原子上，原来的两个双键消失，同时在中间两个碳上形成一个新的双键，这称为 1,4-加成，得到的产物为 1,4-加成产物。1,2-加成和 1,4-加成在反应中同时发生，是共轭烯烃加成的特征。

1,4-加成又称共轭加成，是共轭二烯烃的特殊反应。共轭二烯烃的 1,2-加成和 1,4-加成是竞争反应，哪一种加成占优势，取决于反应条件。一般在低温及非极性溶剂中以 1,2-加成为主，高温及极性溶剂中以 1,4-加成为主。

（二）双烯合成反应

共轭二烯烃可与含碳碳双键或碳碳叁键的不饱和化合物发生 1,4-加成，生成具有六元环状结构化合物的反应称为双烯合成反应，又称狄尔斯——阿尔德（Diels-Alder）反应。

一般把共轭二烯烃称为双烯体，另一个含有碳碳不饱和键的化合物称为亲双烯体。当亲双烯体中连有—COOH，—CHO，—CN 等吸电子基时，有利于反应的进行。如：

共轭二烯烃与顺丁烯二酸酐的反应是定量进行的，且生成了白色固体，常用于鉴别共

轭二烯烃。

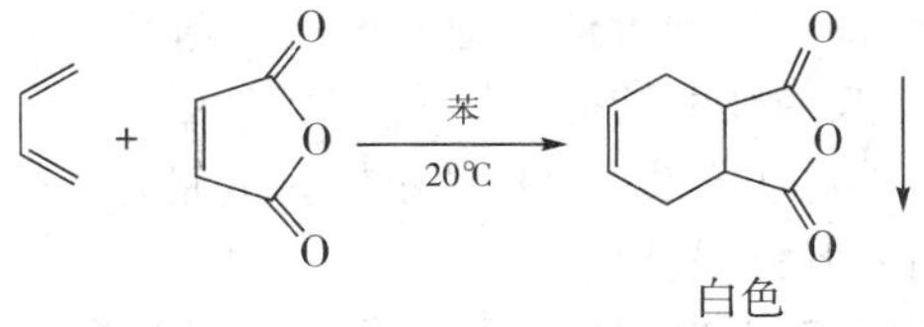

白色

通过双烯合成可以将链状化合物转变为环状化合物，这是合成六元环状化合物的重要方法。

拓展阅读

狄尔斯-阿尔德（Diels-Alder）反应

狄尔斯-阿尔德反应又名双烯合成反应，是由共轭双烯与烯烃或炔烃反应生成六元环的反应，是 1928 年由德国化学家奥托·迪尔斯（Otto Paul Hermann Diels）和他的学生库尔特·阿尔德（Kurt Alder）发现的，他们因此获得 1950 年的诺贝尔化学奖。

狄尔斯-阿尔德反应是有机化学合成反应中非常重要的形成碳碳键的手段之一，也是现代有机合成里常用的反应之一。该反应有丰富的立体化学呈现，兼有立体选择性、立体专一性和区域选择性等。由于该反应一次生成两个碳碳键和最多四个相邻的手性中心，所以在合成中很受重视。如果一个合成设计上使用了狄尔斯-阿尔德反应，则可以大大减少反应步骤，提高了合成的效率。很多有名的合成大师都擅长运用狄尔斯-阿尔德反应于复杂天然产物的合成。

📊 重点小结

1. 碳碳双键的碳原子为 sp^2 杂化，每个碳原子的三个 sp^2 杂化轨道的对称轴在同一平面上，轨道间的夹角为 120°。碳碳叁键的碳原子为 sp 杂化，每个碳原子的两个 sp 杂化轨道的对称轴在同一直线上，轨道间的夹角为 180°。

2. 与 σ 键相比，π 键具有自己的特点：旋转受阻；键能小，易断裂；不能独立存在。

3. 烯烃、炔烃、二烯烃的命名采用 IUPAC 命名法，方法与烷烃类似，但由于其结构中含有碳碳双键、碳碳叁键官能团，命名时要以官能团为主。

4. 烯烃存在顺反异构体，必须满足两个条件：分子中存在限制分子自由旋转的因素，如双键或脂环等；两个不能相对自由旋转的原子中的每一个都必须连接有两个不同的原子或基团。

5. 按"次序规则"分别比较两个双键碳原子上的取代基的大小，如果两个双键碳上较大的基团位于双键的同侧，为 Z 构型，反之为 E 构型。

6. 烯烃、炔烃、二烯烃都能与卤素发生加成反应，都能使溴水或溴的四氯化碳溶液褪色，可用于鉴定结构中的碳碳双键、碳碳叁键。

7. 不对称烯烃、炔烃与不对称试剂加成，遵循马氏规则。在过氧化物存在时，HBr 与不对称烯烃、炔烃进行加成反应时，遵循反马氏规则。

8. 烯烃、炔烃、二烯烃都能使高锰酸钾溶液褪色。可用于鉴定结构中的碳碳双键、碳碳叁键。酸性高锰酸钾可使不饱和键完全断裂，生成不同的化合物，可以根据反应的产物推测反应物的结构。

9. 由于成键原子（或原子团）电负性不同，引起分子中的电子云沿碳链向某一方向偏移的现象，称为诱导效应。

10. 炔氢因有酸性而表现出独特的化学性质，可被金属取代，形成炔化物的沉淀而用于鉴别末端炔。

11. 由于相邻多个 p 轨道的重叠而产生的电子间的相互流动，致使体系能量降低，键长平均化，分子趋于稳定的电子效应称为共轭效应。

12. 共轭二烯烃有 π,π-共轭效应，除能发生 1,2-或 1,4-加成外，还能发生双烯合成反应，形成六元环状化合物。

目标检测

1. 选择题

（1）一个国家化工水平的发展标志是下列哪种物质的产量
   A. 甲烷   B. 乙醇   C. 乙烯   D. 石油

（2）下列物质中，存在顺反异构体的是
   A. 丙烯   B. 1-丁烯   C. 2-丁烯   D. 乙烯

（3）下列物质中，能使溴水褪色的是
   A. 乙烷   B. 乙醚   C. 乙烯   D. 乙醇

（4）某液态烃和溴水发生加成反应生成 2,3-二溴-2-甲基丁烷，则该烃是
   A. 3-甲基-1-丁烯   B. 2-甲基-2-丁烯
   C. 2-甲基-1-丁烯   D. 1-甲基-2-丁烯

（5）下列说法中不正确的是
   A. 乙烯的化学性质比乙烷活泼
   B. 乙烯分子中碳碳双键键能小于乙烷分子中碳碳单键键能的 2 倍
   C. 乙烯和乙烷分子中所有的原子都处于同一平面内
   D. 聚乙烯的化学式可表示为 $+CH_2-CH_2+_n$，不能使溴水褪色

（6）下列化合物中，碳原子既有 sp^3 杂化又有 sp 杂化的是
   A. $CH_3CH_2CH_3$ B. $CH_3CH=CH_2$
   C. $CH_2=CH_2$ D. $CH_3C\equiv CH$

（7）下列化合物与水反应，可生成醛的是
   A. 乙烯   B. 乙炔   C. 丙炔   D. 丙烯

2. 给下列化合物命名或写出结构简式

（1）
$$CH_3CH_2\underset{CH_3}{\overset{}{C}}=\underset{CH_3}{\overset{CH_3}{C}}$$

（2）
$$CH_3CH_2CH_2CH\underset{CH_2CH_3}{\overset{CH=CH_2}{CHCH_3}}$$

$$\begin{array}{ll}
(3)\ \underset{\underset{CH_2CH_3}{|}\ \underset{CH_3}{|}}{CH_3-C=CH-CH-C\equiv CH} &
(4)\ \underset{\underset{CH_2CH_3}{|}\ \underset{CH_3}{|}}{CH_2=C-CH_2-CH-C\equiv CH}
\end{array}$$

$$\begin{array}{ll}
(5)\ \underset{\underset{C\equiv CH}{|}}{CH_3CH_2-\overset{H}{\underset{|}{C}}-CH(CH_3)_2} &
(6)\ \underset{\underset{CH(CH_3)_2}{|}}{CH_2=CH-CH-CH=CHCH_3}
\end{array}$$

（7）3,3,4-三甲基-1-戊烯　　　　　（8）2,3-二甲基-2-丁烯

（9）（E）-2-己烯　　　　　　　　　（10）（Z）-3-甲基-2-戊烯

3. 下列化合物有无顺反异构现象？若有，写出顺反异构体，并用系统命名法命名

（1）2-甲基-2-己烯　　　　　　　　（2）2-戊烯

（3）2-氯-1-溴丙烯　　　　　　　　（4）2,4-二甲基-3-乙基-3-己烯

4. 经酸性高锰酸钾氧化后得到下列产物，请写出原烯烃结构式

（1）CO_2 和丙酮

（2）丁酮和丙酸

（3）CO_2 和乙酸

5. 完成下列反应方程式

（1）$(CH_3)_2C=CHCH_2CH_3 \xrightarrow{KMnO_4,\ H^+}$

（2）$(CH_3)_2C=CHCH_2CH_3 \xrightarrow{KMnO_4,\ OH^-}$

（3）$\underset{\underset{CH_3}{|}}{CH_3CH_2C=CH_2} \xrightarrow[(2)H_2O]{(1)H_2SO_4}$

（4）$\underset{\underset{CH_3}{|}}{CH_3\overset{\overset{CH_3}{|}}{CH}CHCH=CH_2} \xrightarrow{HCl}$

（5）$CH_3-C\equiv CH+HBr \longrightarrow$

（6）

6. 用化学方法鉴别下列各组化合物

（1）丁烷、1-丁烯、1-丁炔

（2）丙烷、乙炔、2-丁炔

（3）1,3-丁二烯、1-丁炔

7. 具有相同的分子式 C_5H_8 的两种化合物 A、B，催化加氢后都生成 2-甲基丁烷。它们都可与两分子溴加成，但只有 A 能与硝酸银的氨溶液反应产生白色沉淀。试推测这两种异构体的结构，并写出相关的反应式。

（王　欣　刘　华）

第四章

环 烃

学习目标

知识要求　**1. 掌握**　单环脂环烃、芳香烃的命名和主要化学性质；苯的结构和芳香性；苯环上取代基的定位效应。

　　　　　　2. 熟悉　桥环烃与螺环烃的命名；萘的结构和性质；芳香烃的同分异构现象。

　　　　　　3. 了解　脂环烃的结构及其稳定性；蒽、菲等稠环芳香烃；休克尔规则。

技能要求　1. 能判断脂环烃和芳香烃的结构并能将其分类；熟练地对脂环烃和芳香烃进行命名。

　　　　　　2. 会书写脂环烃和芳香烃的典型化学反应方程式；会用脂环烃和芳香烃的性质鉴别相关有机物；会根据休克尔规则判断有机物是否具有芳香性。

　　环烃是指碳架为环状，由碳氢两种元素组成的化合物。根据其结构和性质不同，环烃分为脂环烃和芳香烃两类。

第一节　脂环烃

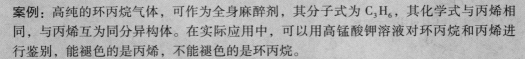

案例导入

案例：高纯的环丙烷气体，可作为全身麻醉剂，其分子式为 C_3H_6，其化学式与丙烯相同，与丙烯互为同分异构体。在实际应用中，可以用高锰酸钾溶液对环丙烷和丙烯进行鉴别，能褪色的是丙烯，不能褪色的是环丙烷。

讨论：1. 能否用溴的四氯化碳溶液对环丙烷和丙烯进行鉴别呢？

　　　　2. 环状的烷烃与直链烷烃化学性质有哪些异同点？

　　脂环烃是指性质与脂肪链烃相似，含碳环结构的烃类。脂环烃及其衍生物数目众多，广泛存在于自然界中。例如，某些地区所产的石油中含有大量的环烷烃；从动植物体内提取的香精油、胡萝卜素、樟脑、薄荷、胆固醇以及各类激素，其成分大多是环烯烃及其含氧衍生物。

一、脂环烃的分类和命名

（一）分类

　　脂环烃根据分子中碳环的数目，可分为单环脂环烃和多环脂环烃。

　　单环脂环烃根据环上有无不饱和键，可分为环烷烃、环烯烃和环炔烃。

　　单环脂环烃根据成环碳原子的数目，又可分为小环（三元环、四元环）、常见环（五元环、六元环）、中环（七元环至十二元环）及大环（大于十二个碳原子所形成的环）脂环烃。

　　多环脂环烃分子中含有两个或两个以上碳环，主要包括螺环烃和桥环烃。两个碳环共用一个碳原子的脂环烃称为螺环烃，两个碳环共用两个或两个以上碳原子的脂环烃称为桥环烃。

（二）命名

　　1. 单环脂环烃　　其命名与相应的链烃类似，在相应链烃名称前加个"环"字即可。如：

环丙烷　　　　环己烷　　　　环戊二烯　　　　环辛炔

　　若环上有取代基，则给碳环编号时应使取代基位次最小；如果是不饱和脂环烃，则编号时应首先使不饱和键位次最小，同时尽可能使取代基位次小。如：

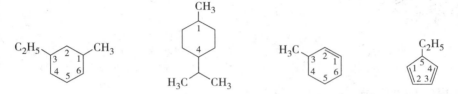

1-甲基-3-乙基环己烷　　1-甲基-4-异丙基环己烷　　3-甲基环己烯　　5-乙基-1,3-环戊二烯

　　2. 多环脂环烃

　　（1）螺环烃　　螺环烃中两环共用的碳原子叫螺原子。命名规则如下。

　　母体：按螺环所含碳原子总数称为"螺［　］某烃"。

　　编号：从与螺原子相邻的小环碳原子开始编号，经螺原子到大环，并尽可能使不饱和键或取代基位次最小。

　　命名：螺字后的方括号中，用阿拉伯数字标出两个碳环除螺原子外的碳原子数目，由小到大列出，各数字之间以下角圆点"."隔开。例如：

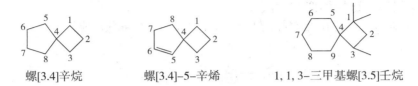

螺[3.4]辛烷　　　　螺[3.4]-5-辛烯　　　　1, 1, 3-三甲基螺[3.5]壬烷

　　（2）桥环烃　　桥环烃中两环共用的碳原子称为桥头碳原子。常见的桥环烃为二环桥环烃，二环桥环烃中两个桥头碳原子之间可形成三条"桥"。命名规则如下。

　　母体：按照成环碳原子总数称为"二环［　］某烃"。

　　编号：从一个"桥头"碳原子开始编号，沿最长"桥"经第二个"桥头"碳原子到次长"桥"，再回到第一个"桥头"碳原子，最后编最短的"桥"，并尽可能使不饱和键或取代基位次最小。

命名：方括号中用阿拉伯数字注明各桥由大到小所含碳原子数（桥头碳原子除外），各数字之间用圆点隔开。例如：

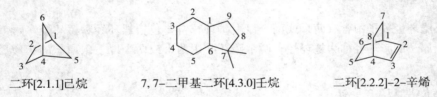

二环[2.1.1]己烷　　　　　7,7-二甲基二环[4.3.0]壬烷　　　　　二环[2.2.2]-2-辛烯

课堂互动

命名下列化合物或写出下列化合物的结构简式。

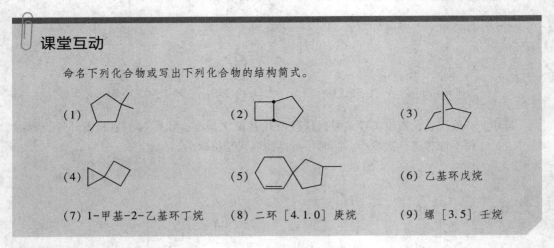

(6) 乙基环戊烷

(7) 1-甲基-2-乙基环丁烷　　(8) 二环〔4.1.0〕庚烷　　(9) 螺〔3.5〕壬烷

二、脂环烃的物理性质

在环烷烃中，常温下，环丙烷、环丁烷是气体；环戊烷、环己烷等为液体；高级环烷烃为固体。同烷烃一样，环烷烃的熔点、沸点随分子中碳原子数增加而升高，但高于同碳数的开链烷烃。环烷烃的相对密度比水轻，都小于1。不溶于水，易溶于有机溶剂。

三、脂环烃的化学性质

脂环烃的化学性质与相应的链烃类似，即环烷烃能与烷烃一样发生卤代反应；环烯烃、环炔烃与烯烃、炔烃一样主要起加成氧化反应。但是，由于分子中含有碳环，所以脂环烃尤其是小环脂环烃也有一些特殊性质。

（一）与相应链烃相似的性质

环烷烃与烷烃相似，在光照或加热的情况下，也能发生取代反应。

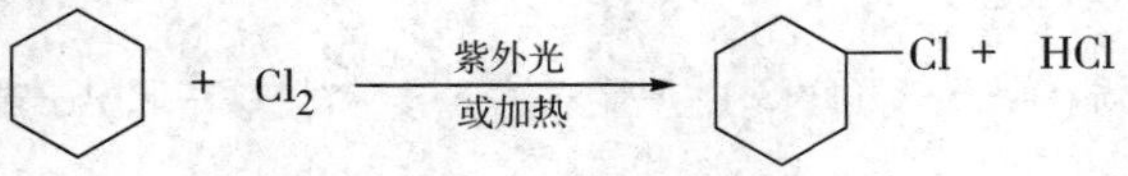

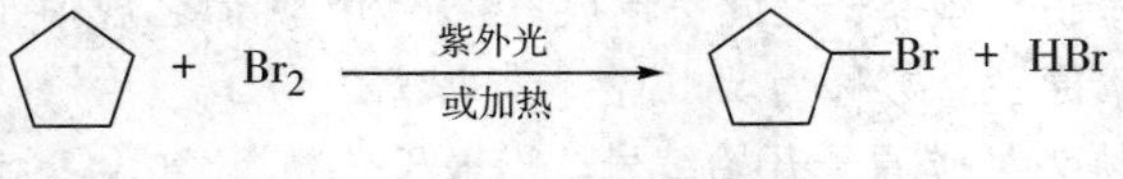

环烯烃和环炔烃中的不饱和键具有一般不饱和键的性质。环烯烃、环炔烃与烯烃、炔烃性质类似，能发生加成、氧化等反应。

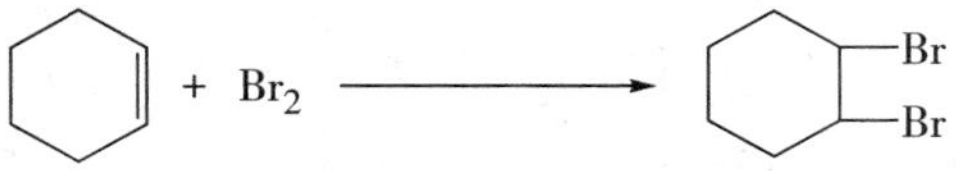

$$\text{环己烯} + Br_2 \longrightarrow \text{1, 2-二溴环己烷}$$

1, 2-二溴环己烷

环烷烃不同于烯烃, 对氧化剂较稳定, 不与高锰酸钾水溶液或臭氧作用, 所以可用高锰酸钾溶液来区分环烷烃和烯烃。

（二）环烷烃的开环加成反应

大环环烷烃性质与烷烃相似, 比较稳定, 但小环化合物性质活泼, 类似烯烃, 能发生开环加成反应, 且环越小, 越易发生反应。一般来说, 环烷烃的反应活性是: 三元环＞四元环＞五、六元环。

1. 催化加氢 在催化剂（如 Ni）的存在下, 环烷烃可进行催化加氢反应, 生成开链烷烃。

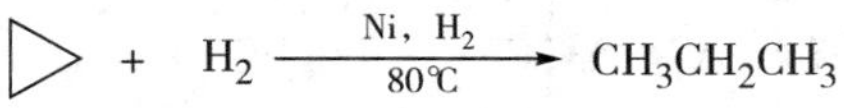

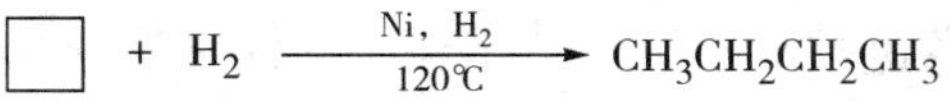

$$\triangleright + H_2 \xrightarrow[80℃]{Ni, H_2} CH_3CH_2CH_3$$

$$\square + H_2 \xrightarrow[120℃]{Ni, H_2} CH_3CH_2CH_2CH_3$$

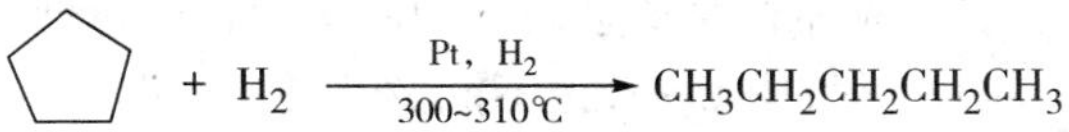

$$\pentagon + H_2 \xrightarrow[300\sim310℃]{Pt, H_2} CH_3CH_2CH_2CH_2CH_3$$

2. 加卤素 室温下, 环丙烷可与卤素分子发生加成反应, 环丁烷与卤素的加成则需要加热才能发生。

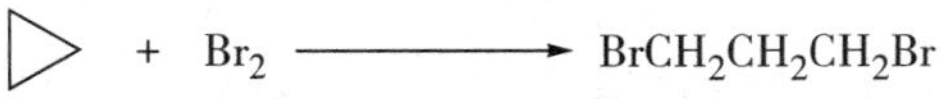

$$\triangleright + Br_2 \longrightarrow BrCH_2CH_2CH_2Br$$

1, 3-二溴丙烷

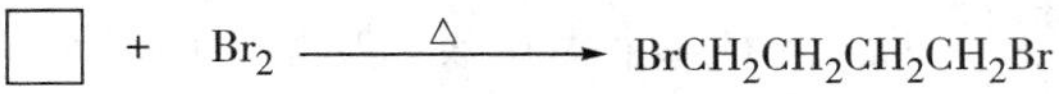

$$\square + Br_2 \xrightarrow{\triangle} BrCH_2CH_2CH_2CH_2Br$$

1, 4-二溴丁烷

环戊烷以上的环烷烃很难与卤素发生加成反应, 会随着温度的升高而发生取代反应。

3. 加卤化氢 环丙烷及其烷基衍生物容易与卤化氢发生开环加成反应。

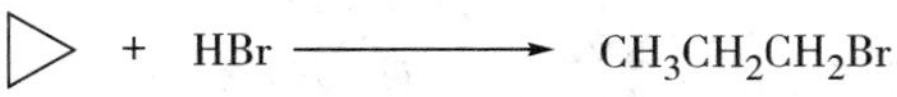

$$\triangleright + HBr \longrightarrow CH_3CH_2CH_2Br$$

1-溴丙烷

环丙烷衍生物与卤化氢加成时, 碳环的断裂一般发生在含氢最少和最多的两个碳原子之间, 反应遵循马氏规则, 即氢加到含氢较多的碳原子上。

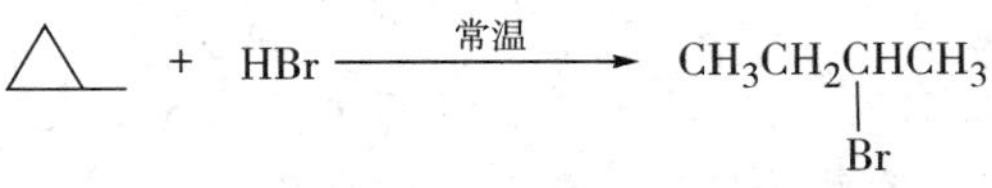

$$\triangle + HBr \xrightarrow{常温} CH_3CH_2\underset{\underset{Br}{|}}{C}HCH_3$$

2-溴丁烷

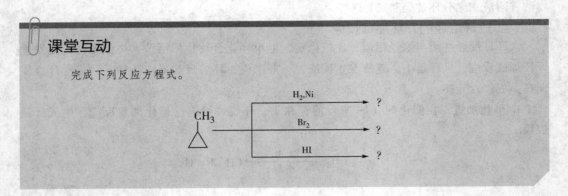

2,3-二甲基-2-溴丁烷

课堂互动

完成下列反应方程式。

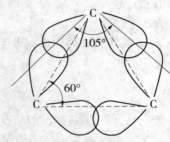

四、脂环烃的结构及稳定性

杂化轨道理论认为环烷烃的碳原子也是 sp^3 杂化，其杂化轨道之间的夹角应为 $109°28'$。形成环丙烷分子时，由于三个成环碳原子必须在同一平面，C—C 间夹角为 $60°$，所以环丙烷中 C—C 键不能像开链烷烃那样沿轴向重叠，而是形成一种"弯曲键"，因其形似香蕉，又称香蕉键，键角约为 $105°$。这种弯曲键存在较大的角张力，使得环丙烷分子内张力大，体系内能高，结构不稳定，容易开环。

图 4-1 环丙烷结构示意图

环丁烷的结构与环丙烷相似，但是环丁烷四个碳原子并不在一个平面上，环中 C—C 键的弯曲程度不如环丙烷那样强烈，角张力没有环丙烷大，所以比环丙烷稳定。随着成环碳原子数的增加，成环碳原子不在同一个平面内，C—C 键的夹角基本保持在 $109°28'$。就是说碳原子的 sp^3 杂化轨道形成 C—C 键时，弯曲程度很小或不必弯曲就能实现最大程度的重叠，所以大环脂环烃都比较稳定。

拓展阅读

金刚烷

金刚烷分子式 $C_{10}H_{16}$，具有类似樟脑的气味。分子中碳原子的排列方式相当于金刚石晶格中的部分碳原子排列。存在于石油中，含量约为百万分之四。

金刚烷可用来制备高级润滑剂、照相感光材料、表面活性剂、杀虫剂、催化剂等，但最主要用于抗癌、抗肿瘤等特效药物的合成等。金刚烷衍生物可以用作药物，例如，1-氨基金刚烷盐酸盐和1-金刚烷基乙胺盐酸盐能防治由 RSV A$_2$（合胞病毒）引起的流行性感冒。

第二节 芳香烃

案例导入

案例： 2010 年，小贾应聘到烟台市莱山区某单位从事鞋类刷胶黏合工作。2014 年 7 月的一天，小贾感到头昏、乏力、失眠、记忆力减退等神经衰弱症的不适症状，随后到当地医院就诊，被诊断为慢性中度苯中毒，需高额的治疗费用。

讨论： 1. 苯是什么物质？它有哪些性质和用途？具有苯环的化合物有哪些共同的性质？
2. 怎样防止苯中毒？

芳香烃是具有芳香性的环烃，简称芳烃，是芳香族化合物的母体。芳香性是指成环碳原子高度不饱和但化学性质却相当稳定，不易破裂，难以发生加成反应和氧化反应，而易发生取代反应的性质。芳香族化合物最初是从具有芳香气味的天然香精油和香树脂中提取出来的，具有芳香气味的物质。但目前已知的芳香族化合物中，大多数是没有香味的，相反有的还具有难闻的气味。因此，芳香这个词已经失去了原有的意义，只是由于习惯而沿用至今。

一、苯的结构

苯是最简单的芳香烃，也是很多芳香族化合物的基本结构单元，很多药物中就含有苯环结构。

苯的结构曾一度困扰着很多化学家。1825 年，英国化学家法拉第（Michael Faraday）从鱼油等类似物质的热裂解产品中分离出了较高纯度的苯。1833 年，根据元素分析和相对分子质量的测定，确定了苯的分子式为 C_6H_6。从碳氢比例仅为 1∶1 来看，苯应具有高度的不饱和性。然而在一般条件下，苯很难发生加成反应和氧化反应，但容易发生取代反应，并且苯的一元取代产物只有一种。1865 年，德国化学家凯库勒（A. Kekule）提出了苯的环状结构：苯的 6 个碳原子组成一个对称的六元环，每个碳上都连有一个氢，碳的四价则用碳原子间的交替单双键来满足，这种结构式称为苯的凯库勒结构式（图 4-2）。

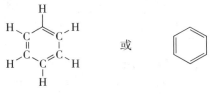

图 4-2 苯的凯库勒结构式

凯库勒结构式很好地解释了苯的一元取代产物只有一种，苯能催化加氢生成环己烷等一些客观事实，但是却不能解释为什么苯有三个双键却不易发生加成反应，苯的邻位二元取代产物只有一种等问题。由此可见，凯库勒结构式并不能完全反映苯的真实结构。

现代物理方法已经证明了苯分子是一个平面正六边形构型，所有碳碳键的键长完全平均化都是 139.7pm，这一键长介于单键（154pm）和双键（134pm）之间，所有的键角都是 120°，可见苯环中并没有交替出现的单、双键。

杂化轨道理论认为，苯分子中的 6 个碳原子都是 sp^2 杂化，每个碳原子都以 sp^2 杂化轨道两两相互重叠形成 6 个 C—C σ 键，组成一个平面正六边形，每个碳原子剩余的 sp^2 杂化轨道分别与一个氢原子的 1s 轨道重叠形成 6 个 C—H σ 键，所有原子均在一个平面内。此外，每个碳原子还有一个未参与杂化的 p 轨道，6 个 p 轨道相互平行，都垂直于 σ 键所在的平面，并且相互"肩并肩"侧面重叠，形成了一个由 6 个 p 电子组成的闭合的 π-π 共轭体系，即闭合的大 π 键。π 电子云均匀地分布在环平面的上方和下方，如图 4-3 所示。

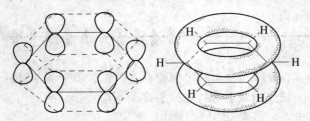

图 4-3 苯的共轭大 π 键及电子云的分布

图 4-4 苯分子的比例模型

π 轨道中的 π 电子能够高度离域，使 π 电子云完全平均化，从而使体系内能降低，苯的结构稳定，闭合共轭体系难以破坏，所以苯不易发生加成反应和氧化反应，但是由于离域的 π 电子的流动性较大，所以容易受到亲电试剂的影响而发生亲电取代反应。

虽然凯库勒结构式不能准确表达苯的实际结构，但是由于沿用习惯问题，现在凯库勒结构式仍然在继续使用，有时也用 ⬡ 来表示苯分子。

二、芳香烃的分类、同分异构现象和命名

（一）芳香烃的分类

根据芳香烃分子中是否含有苯环，可将芳香烃分为苯系芳烃和非苯系芳烃。通常所说的芳香烃一般是指苯系芳烃。含有苯环的芳香烃称为苯系芳烃。苯系芳香烃根据所含苯环的数目、连接方式的不同，分类如下。

1. 单环芳烃 分子中只含有一个苯环，其中包括苯、苯的同系物和苯基取代的不饱和烃。如：

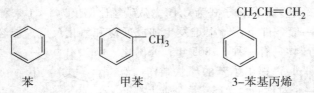

苯   甲苯   3-苯基丙烯

2. 多环芳烃 分子中含有 2 个或 2 个以上苯环的芳香烃。根据苯环的连接方式不同又可分为：联苯和联多苯、多苯代脂肪烃及稠环芳香烃。如：

联苯   对苯联苯   二苯甲烷

含 2 个或 2 个以上的苯环，苯环间通过共用 2 个相邻碳原子稠合而成的多环芳香烃，

称为稠环芳烃。如：

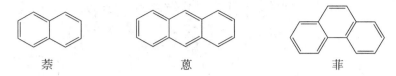

| 萘 | 蒽 | 菲 |

（二）芳香烃的同分异构现象和命名

　　单环芳烃中最简单的化合物是苯，其他化合物可看作是苯环上的一个或几个氢原子被烷基取代，得到一元烷基苯或二元、三元等多元烷基苯，它们在组成上与苯相差一个或若干个"CH_2"的同系差，因此苯和烷基苯的通式为 C_nH_{2n-6}（$n \geqslant 6$）。

　　一元烷基苯的命名，一般是以苯为母体，烷基作取代基，称为"某烷基苯"（基字常省略）。如：

$$CH_3 \qquad CH_2CH_3 \qquad CH(CH_3)_2$$

　　　　甲苯　　　　　　　乙苯　　　　　　　异丙苯

　　但当烷基结构较为复杂时，则以烷烃为母体，将苯基作为取代基。如：

$$CH_3$$
$$CHCH_2CH_2CHCH_3 \qquad\qquad$$
$$CH_3$$

　　2-甲基-5-苯基己烷　　　　　　　4-甲基-2-苯基己烷

　　简单的一元烷基苯只有一种，没有异构体。但是当苯环上的烷基含有三个或三个以上的碳原子时，由于碳链结构不同，可产生异构体。如：

$$-CH_2CH_2CH_3 \qquad\qquad -CH-CH_3$$
$$CH_3$$

　　　　丙苯　　　　　　　　　　　异丙苯

　　二元烷基苯由于两个取代基在苯环上的相对位置不同，可产生三种异构体。命名时，2个取代基的相对位置可用阿拉伯数字编号来表示，也可用邻或 o-（ortho-）、间或 m-（meta-）、对或 p-（para-）等词头表示。例如：

| CH_3 | CH_3 | CH_3 |
| CH_3 | CH_3 | CH_3 |

　　　邻二甲苯　　　　　　　间二甲苯　　　　　　　对二甲苯
　　（o-二甲苯）　　　　　（m-二甲苯）　　　　　（p-二甲苯）
　　（1,2-二甲苯）　　　　　（1,3-二甲苯）　　　　　（1,4-二甲苯）

如果苯环上有三个烷基，当三个烷基相同时也会有三种同分异构体，可以用连、偏、均来表示取代基的相对位置，同样也可用阿拉伯数字表示，如：

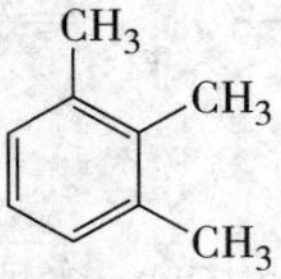

连三甲苯
(1, 2, 3-三甲苯)

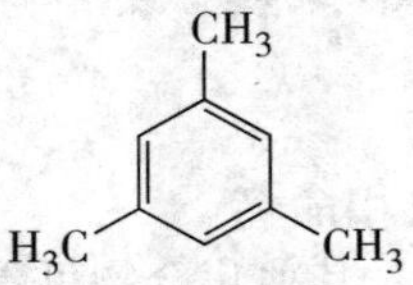

均三甲苯
(1, 3, 5-三甲苯)

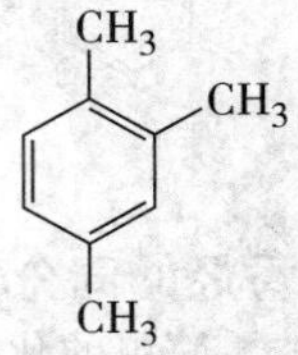

偏三甲苯
(1, 2, 4-三甲苯)

当苯环上三个取代基不同时，则必须用阿拉伯数字编号，从最简单的取代基开始编号，并尽可能使其他取代基的编号最小。例如：

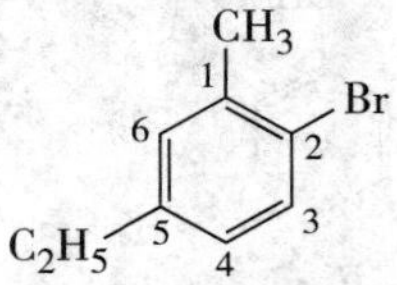

1-甲基-5-乙基-2-溴苯

苯代不饱和脂肪链烃的命名也是把苯基当作取代基，不饱和烃为母体。例如：

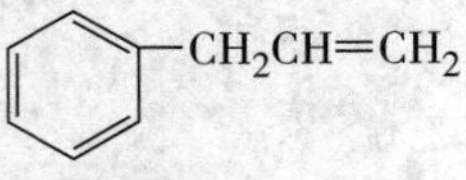

3-苯基丙烯

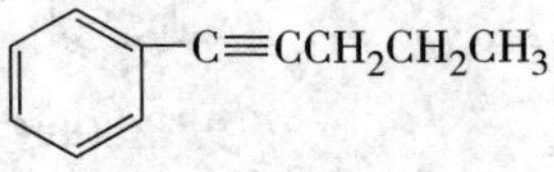

1-苯基-1-戊炔

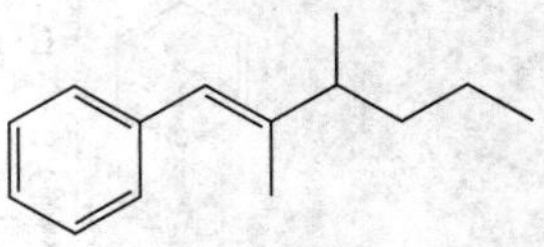

2, 3-二甲基-1-苯基-1-己烯

芳烃分子中去掉一个氢原子后剩下的原子团称为芳烃基（-Ar），常见的芳烃基有：

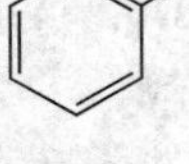

苯基(ph-)

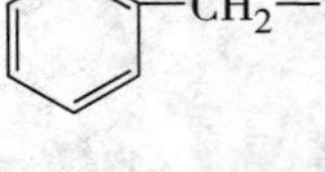

苯甲基(苄基)

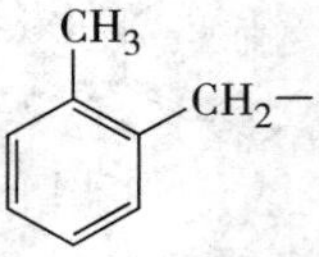

邻甲苄基

课堂互动

下列有机物的分子组成符合 C_9H_{12} 吗？请给他们命名？

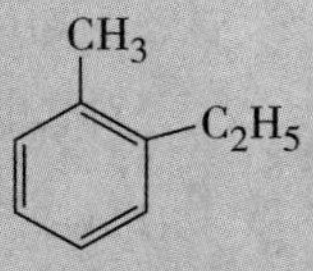

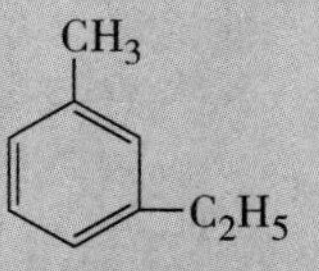

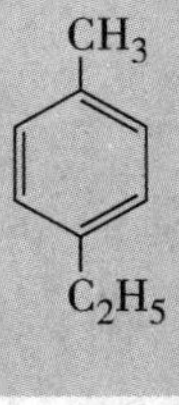

三、苯及其同系物的物理性质

苯及其同系物一般为无色、有特殊气味的液体，但其蒸汽有毒，长期吸入会损坏肝脏、造血器官、神经系统等，并能导致白血病。苯及其同系物不溶于水，易溶于有机溶剂，如乙醚、四氯化碳、石油醚等，他们本身也是一种良好的溶剂。苯及其同系物都比水轻，沸点随相对分子质量升高而升高。熔点除与相对分子质量大小有关外，还与结构有关，通常对称性较好的分子熔点较高。

> **拓展阅读**
>
> #### 日常生活中的苯污染
>
> 日常生活中我们接触到的苯主要来自于室内的装修材料，苯和苯的同系物通常被用作油漆、涂料、填料的有机溶剂，如"天那水"和"稀料"。他们的主要成分就是苯、甲苯或二甲苯。苯的同系物均具有很强的挥发性，装修使用后会迅速释放到室内空气中造成污染。
>
> 装修中用到的各种胶黏剂是苯污染的一个主要来源。目前溶剂型胶黏剂在装饰行业仍有一定市场，而其中使用的溶剂多数为苯和甲苯，一般含有30%以上的苯。因为价格、溶解性、黏接性等原因，仍然被一些企业采用。一些家庭购买的沙发释放出大量的苯，主要原因是生产中使用了含苯高的胶黏剂。它还是造成汽车内苯污染的主要原因之一。
>
> 装修中使用的一些低档和假冒的防水材料、油漆、涂料中也存在苯，也是造成室内空气中苯含量超标的重要原因。
>
> 短时间吸入高浓度的苯蒸气，就会引起急性中毒，甚至危及生命。长期接触低浓度苯即可慢性中毒，损害造血器官与神经系统，导致白血病，甚至出现再生障碍性贫血。
>
> 装修房屋时尽量选择符合国家标准和污染少的装修材料，这是降低室内空气中苯含量的根本。

四、苯及其同系物的化学性质

由于苯分子具有特殊稳定的环状共轭体系，所以苯表现出特殊的化学性质——"芳香性"，即难加成、难氧化、易取代。

（一）亲电取代反应

1. 卤代反应　苯与卤素在铁粉或者三卤化铁的催化作用下，苯环上的氢原子被卤素取代，生成卤代苯的反应称为卤代反应。由于碘不活泼难以反应，而氟代反应过于剧烈不易控制，因此苯的卤代反应通常是指氯代和溴代反应。

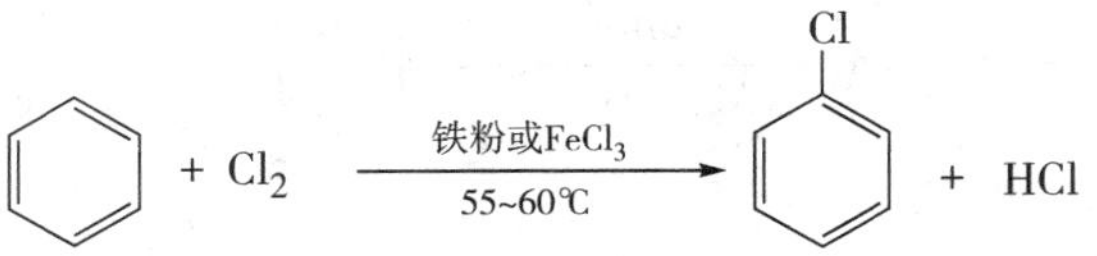

苯 $+ Cl_2 \xrightarrow[55\sim60℃]{\text{铁粉或FeCl}_3}$ 氯苯 $+ HCl$

溴苯

烷基苯的卤代反应比苯容易，主要生成邻位和对位的卤代产物。

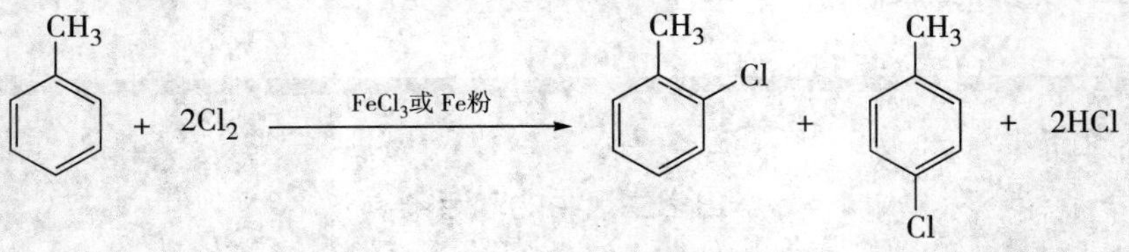

邻氯甲苯　　　对氯甲苯

如果没有催化剂存在，在紫外线照射或加热条件下，则是甲苯侧链上的氢原子被卤素取代。

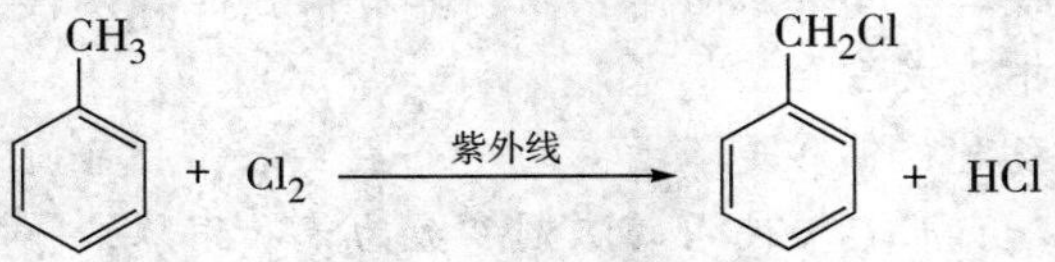

苯甲基氯(氯化苄)

2. 硝化反应　苯与浓硝酸和浓硫酸的混合物（常称为混酸）共热，苯环上的氢原子被硝基取代，生成硝基苯，这个反应称为硝化反应。

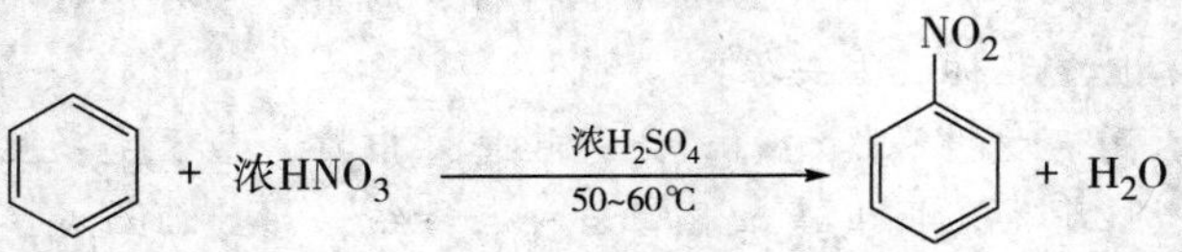

硝基苯

硝基苯可继续发生硝化反应，但需要更高的温度和更浓的混酸，生成的产物是间二硝基苯。

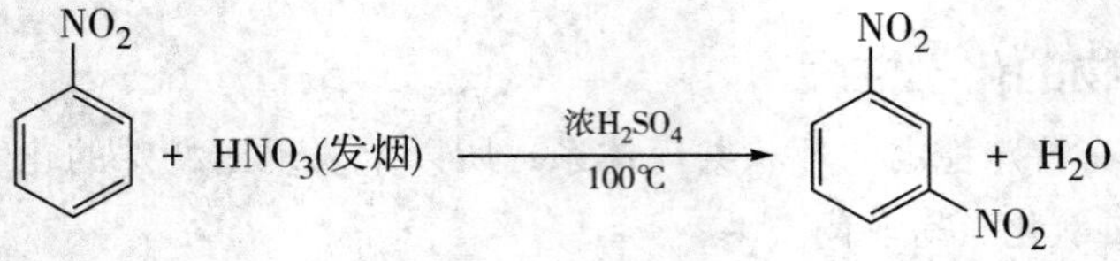

间二硝基苯

烷基苯的硝化比苯容易，主要得到邻位和对位的硝化产物。

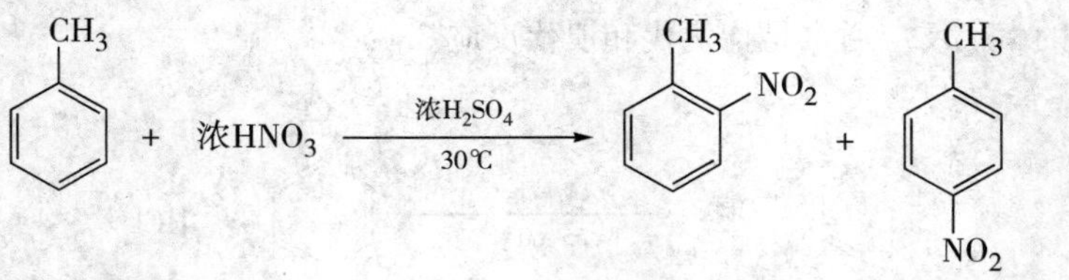

邻硝基甲苯　　　对硝基甲苯

3. 磺化反应 苯与浓硫酸常温下难以反应，但在加热或发烟硫酸作用下苯环上的氢原子能被磺酸基（—SO$_3$H）取代生成苯磺酸，这类反应称为磺化反应。

$$\text{苯} + \text{H}_2\text{SO}_4(\text{浓}) \underset{}{\overset{70\sim80℃}{\rightleftharpoons}} \text{苯磺酸}(\text{SO}_3\text{H}) + \text{H}_2\text{O}$$

苯磺酸

磺化反应是一个可逆反应，其逆反应就是苯磺酸的水解。随着磺化反应的进行，生成的水不断增加，硫酸浓度变稀，磺化速度变慢，而苯磺酸的水解速率会加快。如控制反应条件，可以使反应向需要的方向进行。例如采用发烟硫酸作磺化试剂，由于发烟硫酸中的三氧化硫能吸收反应中生成的水，破坏体系平衡，使反应向生成苯磺酸的方向进行，同时生成的硫酸又确保浓度较高的磺化试剂，使反应能在较低温度下进行。

$$\text{苯} + \text{浓H}_2\text{SO}_4 \underset{30\sim50℃}{\overset{\text{SO}_3}{\longrightarrow}} \text{苯磺酸}(\text{SO}_3\text{H}) + \text{H}_2\text{O}$$

苯磺酸

苯磺酸及其钠盐都易溶于水，可利用这一特性，在不溶于水的有机药物分子中引入磺酸基，可使其增加水溶性。芳烃的磺化及芳磺酸脱磺酸基的反应，可用于制备或分离某些异构体。在反应中，让磺酸基占据苯环上的某一位置，待进行其他反应后，再经水解除去磺酸基。

烷基苯的磺化同样比苯容易得多。常温下生成邻位和间位的取代产物，但以对位产物为主。

$$\text{甲苯} + \text{浓H}_2\text{SO}_4 \rightleftharpoons \text{邻甲基苯磺酸} + \text{对甲基苯磺酸}$$

邻甲基苯磺酸　　　对甲基苯磺酸
(32%)　　　　　　(62%)

例如，日常使用的合成洗涤剂的主要成分对十二烷基苯磺酸钠就是用十二烷基苯经磺化反应制得对十二烷基苯磺酸，再用碱中和得到。

$$\text{十二烷基苯} \overset{\text{浓H}_2\text{SO}_4}{\underset{\triangle}{\longrightarrow}} \text{对十二烷基苯磺酸} \overset{\text{NaOH}}{\longrightarrow} \text{对十二烷基苯磺酸钠}$$

十二烷基苯　　　　　对十二烷基苯磺酸　　　　　对十二烷基苯磺酸钠

4. 傅-克反应 1877 年，法国化学家傅瑞德尔（C. Friedel）和美国化学家克拉夫茨（J. M. Crafts）发现了制备烷基苯和芳酮的反应，称为傅瑞德尔-克拉夫茨反应，简称傅-克反应。前者在芳环上引入烷基，称为傅-克烷基化反应；后者在芳环上引入酰基，称为傅-克酰基化反应。

（1）傅-克烷基化反应 在无水三氯化铝等催化剂作用下，苯环上的氢原子被烷基取代，生成烷基苯。

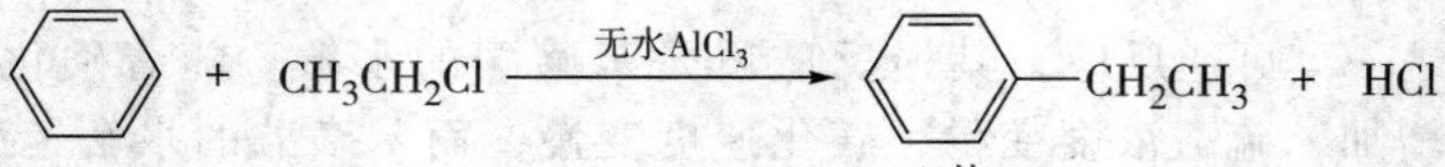

$$\text{苯} + CH_3CH_2Cl \xrightarrow{\text{无水AlCl}_3} \text{乙苯}（-CH_2CH_3） + HCl$$

凡在有机化合物分子中引入烷基的反应，称为烷基化反应，常用催化剂为无水三氯化铝。

如所用烷基化试剂为含有三个或多个碳原子的直链卤代烃时，反应中烷基容易异构化，如：

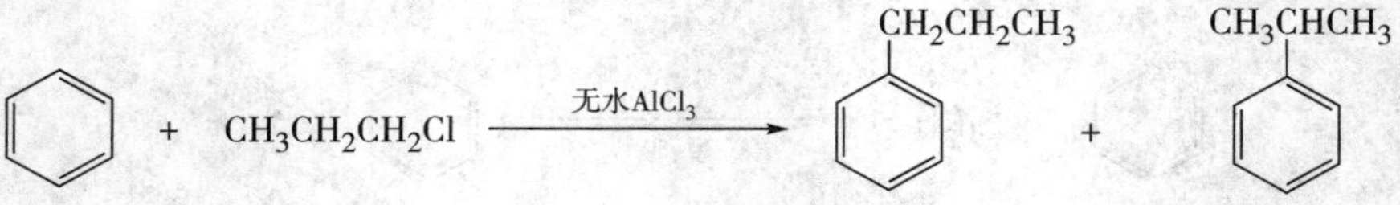

$$\text{苯} + CH_3CH_2CH_2Cl \xrightarrow{\text{无水AlCl}_3} \text{丙苯}（CH_2CH_2CH_3）(31\% \sim 35\%) + \text{异丙苯}（CH_3CHCH_3）(65\% \sim 69\%)$$

傅-克烷基化反应是制备苯的同系物的主要方法。但如果苯环上有吸电子基团（如：—NO_2、—SO_3H 等）时，会使苯环上的电子云密度降低，烷基化反应不再发生。

（2）傅-克酰基化反应 在无水三氯化铝等催化剂作用下，苯与酰氯或者酸酐反应，苯环上的氢原子被酰基（$R-\overset{O}{\underset{\|}{C}}-$）取代生成芳酮。

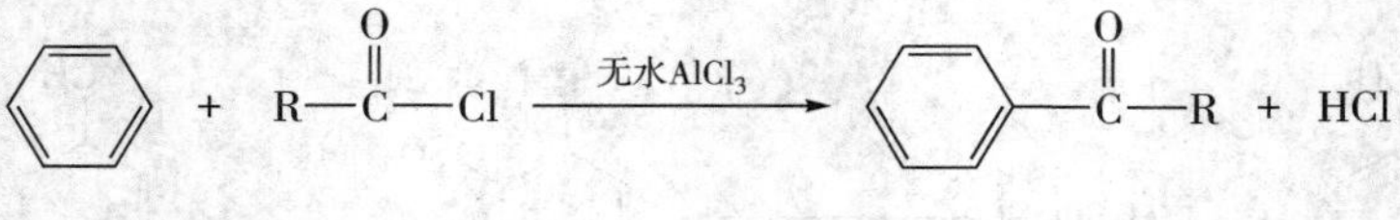

$$\text{苯} + R-\overset{O}{\underset{\|}{C}}-Cl \xrightarrow{\text{无水AlCl}_3} \text{苯}-\overset{O}{\underset{\|}{C}}-R + HCl$$

（二）加成反应

苯及其同系物性质稳定，一般不容易发生加成反应，但在特殊条件下也能与氢、卤素等发生加成反应。

1. 催化加氢 在催化剂（Pt、Ni 等）、高温、高压作用下，1 分子苯能与 3 分子氢发生加成，生成环己烷。

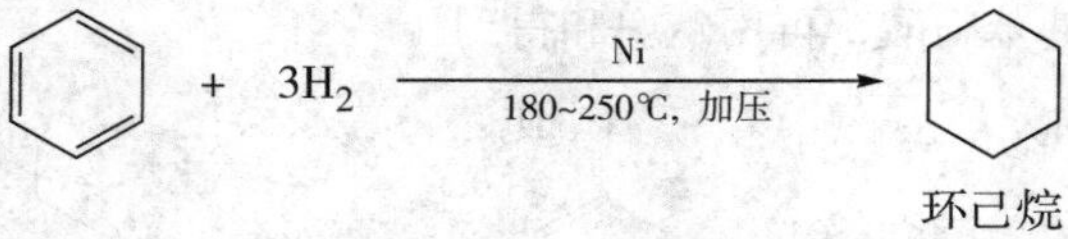

$$\text{苯} + 3H_2 \xrightarrow[180\sim250℃, 加压]{Ni} \text{环己烷}$$

这是工业上制备环己烷的方法。

2. 加氯 在紫外线照射下，苯可以和氯气发生加成生成六氯环己烷。

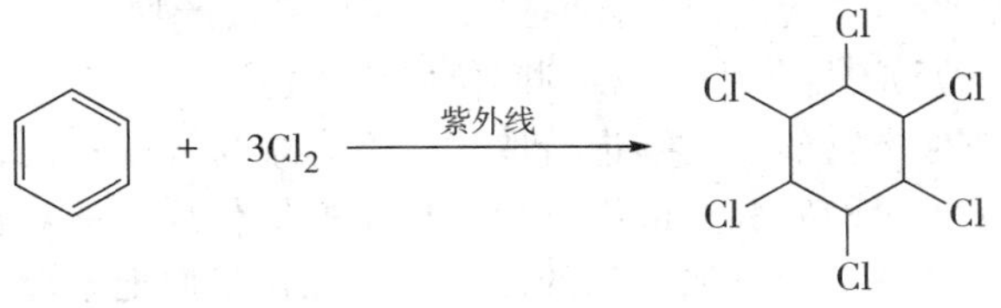

六氯环己烷

六氯环己烷俗称"六六六"，曾作为广泛使用的杀虫剂。由于它性质稳定，不易分解，对环境及人体危害很大，现已禁止使用。

（三）氧化反应

苯结构稳定，一般氧化剂如高锰酸钾等不能将其氧化。但侧链含有 α-H 的苯的同系物非常容易被氧化，并且不论侧链多长，氧化产物均为苯甲酸。

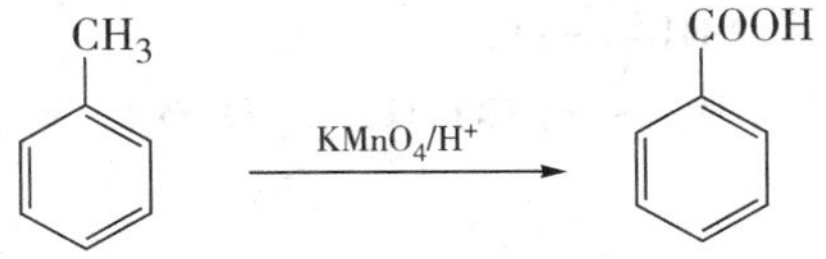

苯甲酸

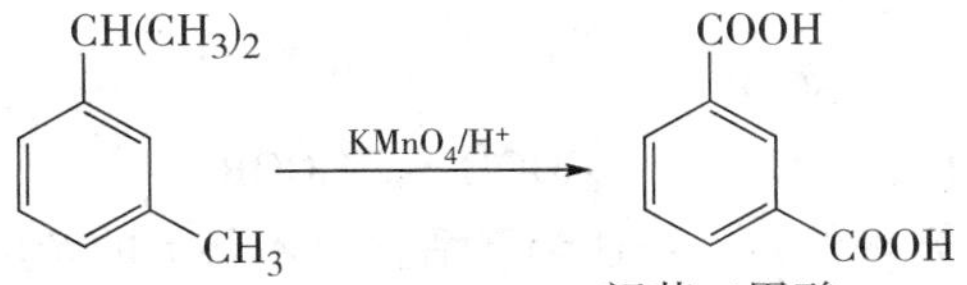

间苯二甲酸

若侧链上不含 α-H，则不能发生氧化反应。

烷基苯的侧链氧化反应，多用于合成苯甲酸或鉴别烷基苯。当用酸性高锰酸钾做氧化剂时，随着苯环的侧链氧化反应的发生，高锰酸钾的颜色逐渐褪去，这可作为苯环上有无 α-H 的侧链的鉴别反应。而且无论烷基碳链长短如何，一个含 α-H 的侧链最后都被氧化生成与苯环相连的一个羧基，因此通过分析氧化产物中羧基的数目和相对位置，可以推测出原有机物中侧链的数目和相对位置。

课堂互动

完成下列反应

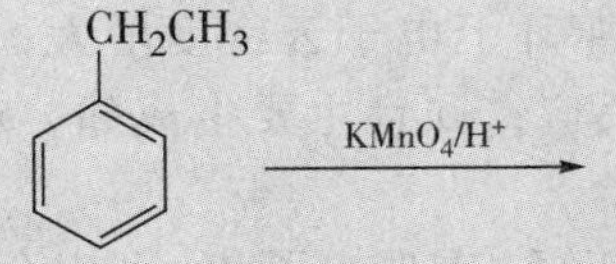

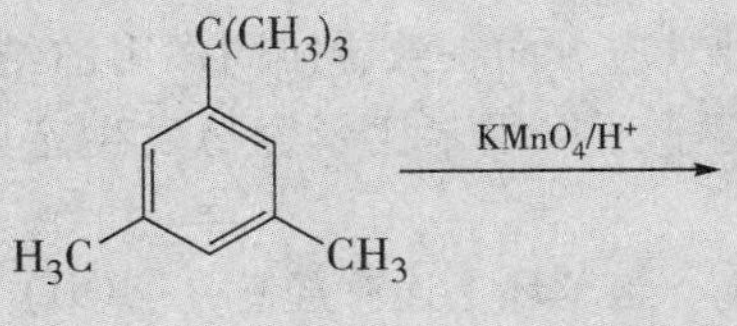

五、苯环上取代基的定位效应

（一）定位效应

1. 概述　定位效应研究苯及甲苯的取代反应我们可以得出以下结论。

（1）甲苯比苯容易发生取代反应，且得到邻、对位取代产物。

（2）硝基苯的硝化反应比苯困难，得到间位硝化产物。

可见，苯的一元取代产物如果继续进行取代，不光难易程度不同，而且取代基进入的位置也不同。人们做了大量的实验，最终发现取代苯的取代反应的难易，新引入的取代基进入苯环的位置，受到苯环上原有取代基的影响，因此，我们把苯环上原有的取代基叫作定位基。定位基有两个作用：一是影响取代反应进行的难易；二是决定新基团进入苯环的位置。定位基的这两个作用叫作定位效应。

2. 两类定位基 根据定位基不同的定位效应，可把定位基分为两大类：邻、对位定位基，一般使新引入的取代基主要进入其邻位和对位；间位定位基，一般使新引入的取代基主要进入其间位。

（1）邻、对位定位基 这类定位基与苯环直接相连的原子一般不含双键和叁键，且多数有孤对电子或是负离子。如：

强烈致活作用：$-NR_2$，$-NHR$，$-NH_2$

中等致活作用：$-OH$，$-OR$，$-NHCOCH_3$，$-OCOR$

弱致活作用：$-R$，$-Ar$

致钝作用：$-F$，$-Cl$，$-Br$，$-I$

（2）间位定位基 这类定位基与苯环直接相连的原子一般含重键或带正电荷。如：

强致钝作用：$-N^+R_3$，$-NO_2$

中等致钝作用：$-CN$，$-SO_3H$

较弱致钝作用：$-CHO$，$-COR$，$-COOH$，$-COOR$

邻、对位定位基（卤素除外）一般使苯环活化，苯环上的亲电取代反应比苯更容易发生，为活化基。间位定位基可使苯环钝化，使苯环上的亲电取代反应比苯更困难，为钝化基。两类定位基中每个取代基的定位能力强弱不同，其强弱次序近似如上所列顺序，但不同的反应会有所差异。

（二）定位效应的解释

定位效应的产生跟定位基的电子效应（诱导效应和共轭效应）及立体效应有关。苯环是一个电子云分布均匀的闭合共轭体系，当苯环上有一个取代基时，取代基与苯环间产生电子效应，使苯环上电子云的密度增加或降低，苯环上也会出现交替极化的现象。

1. 邻、对位定位基的影响 邻、对位定位基除卤素外都能产生供电子效应，使苯环上电子云的密度增加，有利于亲电取代反应的进行。

（1）甲基（或其他烷基） 甲基（或烷基）为供电子基，与苯环相连产生供电子诱导效应；同时甲基上的三个 C—H σ 键与苯环的大 π 键产生部分重叠，形成了 σ-π 超共轭体系。两种效应方向一致，协同作用的结果，使苯环上电子云密度增大，尤其是邻、对位较为显著。所以甲苯比苯容易发生亲电取代反应，并且主要生成邻、对位的取代产物。

（2）羟基 当苯环上连有羟基（—OH）时，由于羟基是吸电子基，所以会产生吸电子诱导效应，使苯环上的电子云密度降低；但另一方面，羟基氧原子的 p 轨道上有孤对电子，能与苯环上的 π 电子云重叠形成 p-π 共轭体系，产生供电子共轭效应。两种效应作用相反，但一般情况下共轭效应比诱导效应强，所以最终结果使苯环上电子云密度增大，并且邻、对位尤为明显。氨基、取代氨基、烷氧基等定位效应与羟基类似。

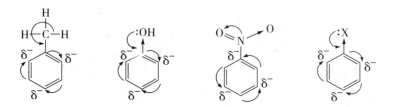

2. 间位定位基的影响　间位定位基能使苯环上电子云密度降低，苯环钝化，取代反应比苯难发生。以硝基为例，硝基是吸电子基，能产生吸电子诱导效应；同时硝基中的氮氧双键与苯环的大 π 键形成 π-π 共轭体系，由于氮和氧的电负性都比较大，所以产生吸电子的共轭效应。两种效应作用一致，使苯环上电子云的密度降低，尤其是邻、对位电子云密度降低更多，所以硝基苯的亲电取代反应比苯困难，且主要生成间位取代物。

3. 卤素的影响　卤素原子是一种特殊的邻、对位定位基。卤素原子是吸电子基团，能产生吸电子诱导效应，使苯环上的电子云密度降低；虽然卤素原子 p 轨道上有孤对电子，可以与苯环形成 p-π 共轭体系，产生供电子共轭效应，但由于卤素的原子半径大而共轭效果不好，所以总的来看卤素原子的诱导效应大于共轭效应，因此苯环上电子云的密度降低，亲电取代反应较难进行。但在反应瞬间，动态的共轭效应会起主导作用，所以生成邻、对位取代产物。

（三）定位效应的应用

1. 预测反应产物　二取代苯进行亲电取代反应时，可应用定位效应，推测新导入取代基的位置（在预测的同时要注意考虑空间效应）。

（1）如果苯环上原有的两个取代基不是同一类的，则第三个取代基进入苯环的位置一般由邻、对位定位基来决定。如：

（2）如果原有的两个取代基同为邻、对位定位基时，则第三个取代基进入苯环的位置主要由定位效应强的定位基决定。如：

（3）如果原有的两个取代基都为间位定位基且定位效应不一致时，则由于苯环上的电子云密度降低太多，苯环的亲电取代反应不易发生。

2. 设计合成路线　运用定位效应，还可以在有机合成中设计合理的合成路线，从而得到较高的产率。如，要求从苯出发合成邻硝基氯苯、间硝基氯苯、对硝基氯苯时，就应该根据定位效应考虑选择先硝化还是先氯代的问题。

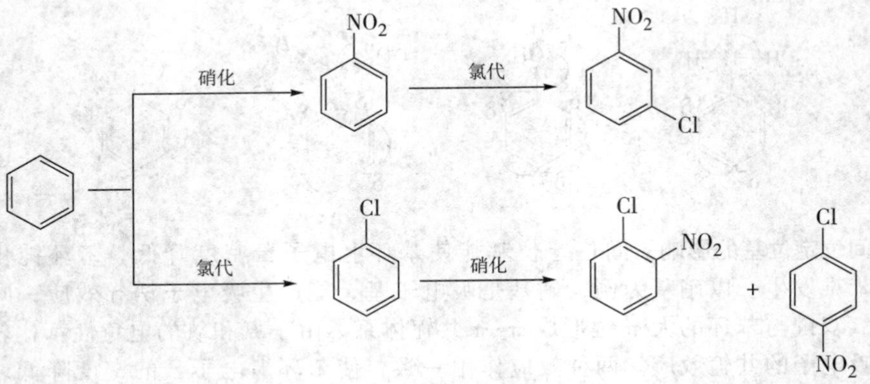

📎 **课堂互动**

下列化合物中，若发生苯环上取代反应，取代基容易进入苯环上哪个位置？请用箭头标示出来。

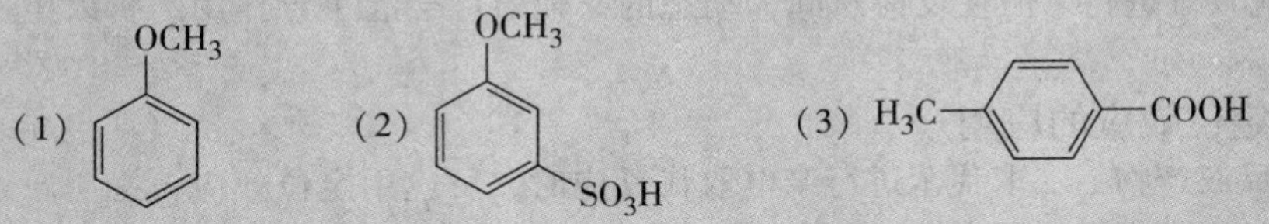

六、稠环芳烃

由两个或多个苯环共用相邻的两个碳原子稠合在一起而形成的多环芳烃称为稠环芳烃。常见的稠环芳烃有萘、蒽、菲等，它们存在于煤焦油的高沸点分馏产物中，是重要的化工原料。

（一）萘

1. 萘的结构 萘的分子式为 $C_{10}H_8$。X 射线分析得知，萘的两个苯环处于同一个平面，各键长数据如下图。

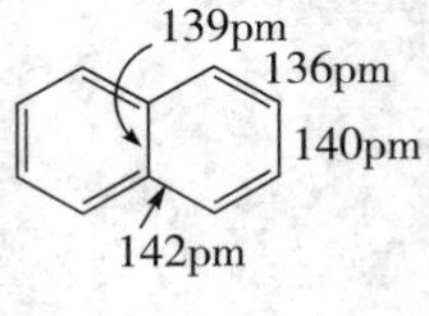

萘的每个碳原子都以 sp^2 杂化轨道形成 C—C σ 键，各碳原子的 p 轨道相互平行，侧面重叠形成一个含 10 个 π 电子的闭合大 π 键。但萘与苯不同的是，苯中 6 个碳原子完全相同，是一个 π 电子云分布均匀的闭合共轭体系，C—C 键长相等。但萘分子中含有稠和碳原子，各碳原子的位置不是等同的，电子云的分布不均匀，各碳原子之间的键长也不相同。

2. 萘及其衍生物的同分异构和命名 从萘的结构式可以看出，萘分子中碳原子位置不是等同的，环上取代基位置不同可形成同分异构体。萘及其衍生物的命名可用环碳原子的编号来表示它们的取代基的位置和命名。环碳原子的编号如图，其中共用碳原子不编号；1、4、5、8 位等同，又称为 α 位；2、3、6、7 位等同，又称为 β 位。

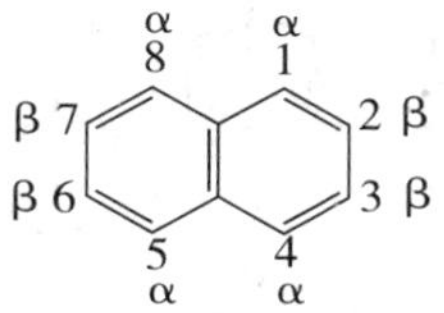

单取代萘衍生物有两个结构异构体：α-取代物（1-取代物）和 β-取代物（2-取代物）。

1(或 α)-溴萘   2(或 β)-溴萘

3. 萘的性质　萘为无色片状晶体，熔点 80.6℃，沸点 218℃，有特殊气味，易升华，不溶于水和冷的乙醇中，但可溶于热的乙醇和乙醚中。

萘的化学性质与苯相似，也具有芳香性。但由于萘环上电子云分布不均匀，所以其芳香性比苯弱，比苯更容易发生化学反应。

（1）亲电取代反应　萘比苯容易发生亲电取代反应，且由于环上 α-位电子云密度较大，所以取代主要发生在 α-位。

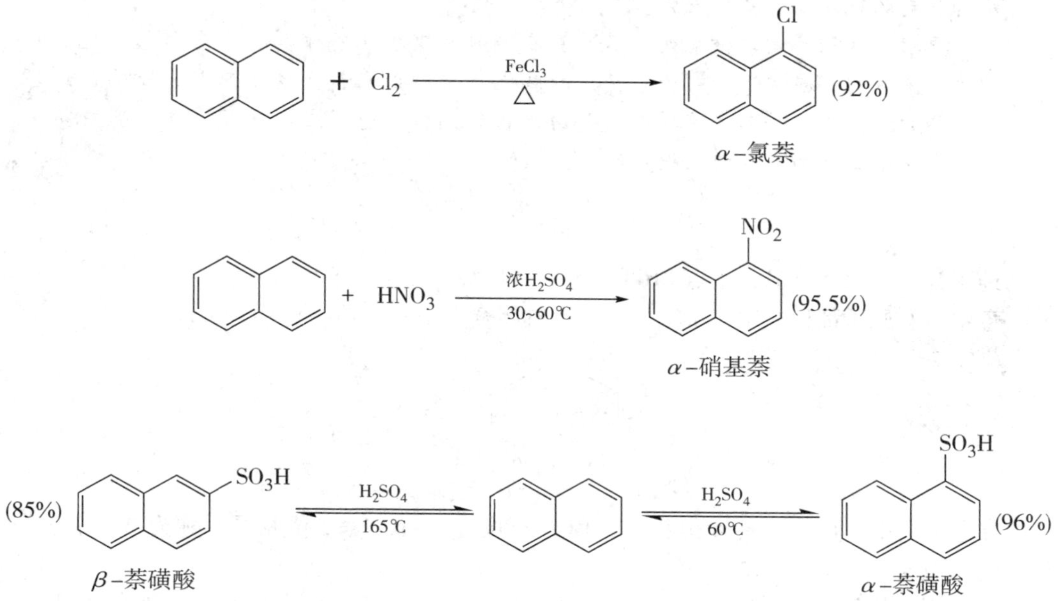

（2）加成反应　萘比苯易发生加成反应，萘的不饱和性比苯显著，在不同条件下，可以发生部分或全部加氢，得到四氢化萘或十氢化萘。

（3）氧化反应　萘比苯易氧化，氧化反应发生在 α 位。室温下，萘就能被三氧化铬氧化成 1,4-萘醌。强烈条件下被空气氧化生成重要的化工原料邻苯二甲酸酐，这是工业上生产邻苯二甲酸酐的方法。

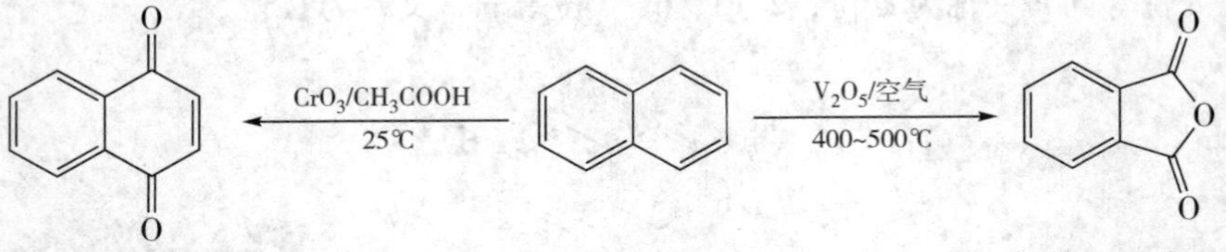

1,4-萘醌　　　　　　　　　　　　　　　　　　　　　　　邻苯二甲酸酐

拓展阅读

萘丸和樟脑丸

以前市场上出售的卫生球，实际是萘丸，它是以从煤焦油中分离提炼出的精萘为原料压制而成的，虽有防虫、防蛀、防霉作用，但有一定毒性。它能干扰红细胞内氧化还原作用，妨碍一些重要物质的生成，因而影响、破坏红细胞膜的完整性，还可能导致溶血性贫血。萘丸中毒症状为恶心、呕吐、腹痛、腹泻、头晕、头痛等。长期与萘丸放在一起的衣服，婴儿穿后会引起黄疸病，有的甚至有生命危险。因此，萘丸不适合在人们日常生活中使用。

樟脑丸的原料是从樟树的枝杆、木片、根部、樟叶及樟油中提炼出来的，还有的是以松节油为原料制成的合成樟脑。这两种樟脑丸符合国家药品标准，对人体无毒无害，具有防虫、防蛀、防霉、防腐等许多优良性能，对保存衣物、书籍、文物和动物标本均有良好效果。

要注意区别萘丸与樟脑丸。萘丸具有强烈的煤焦油气体臭味，是白色挥发性晶体，不透明，在常温下易升华，萘的氧化物接触白衣料会使之变黄。樟脑丸则有较强的清香味，并有清凉感，它是白色粉状晶体，透明或半透明，在常温中易升华，它的氧化物不会使衣服变色。

（二）蒽

纯蒽为无色片状结晶，熔点 216℃，沸点 340℃。

蒽中所有原子都处在同一个平面内，具有闭合大 π 键，有一定的芳香性。

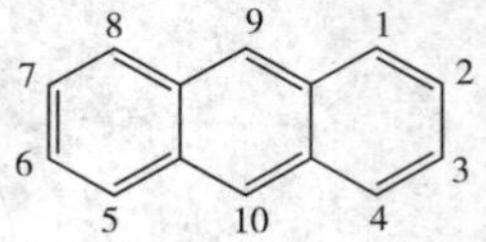

在蒽分子中：1、4、5、8 位相同，称为 α 位；2、3、6、7 位相同，称为 β 位；9、10 位相同称为 γ 位。

蒽性质比萘更活泼，反应主要发生在 9、10 位。蒽的衍生物非常重要，如蒽醌是一类重要的染料，中药中的一些重要活性成分，如大黄、番泻叶等的有效成分，都属于蒽醌类衍生物。

（三）菲

菲是蒽的同分异构体。菲的结构式和碳原子编号如下图所示。

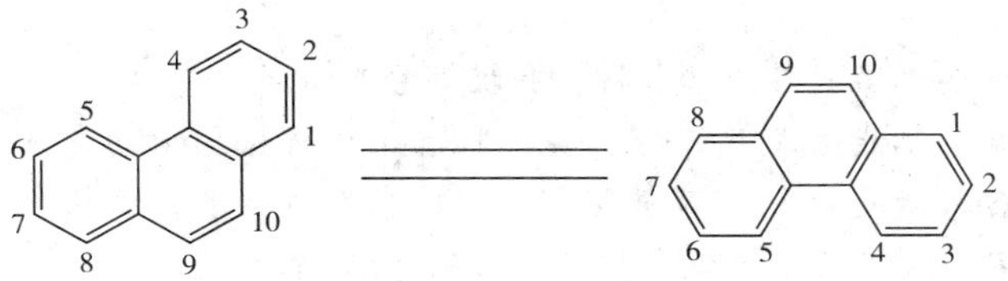

菲是带光泽的无色晶体，熔点 101℃，沸点 304℃，不溶于水，溶于乙醇、苯和乙醚中，溶液有蓝色的荧光。

菲的化学性质介于萘和蒽之间，它也可以在 9、10 位发生反应，但没有蒽那么容易，菲氧化得到菲醌。

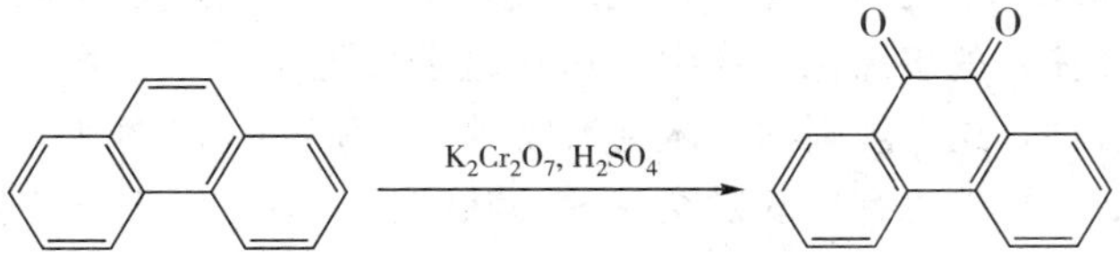

菲　　　　　　　　　　　　　　　　　9, 10–菲醌

菲醌是一种农药，可防止小麦莠病、红薯黑斑病等。菲也可与氢发生加成反应，全氢化菲合并环戊烷又叫甾烷，它的衍生物如胆甾醇等天然化合物都含有甾烷这种结构。

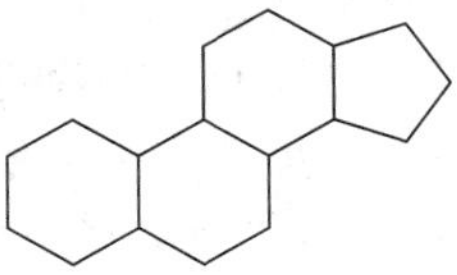

甾烷 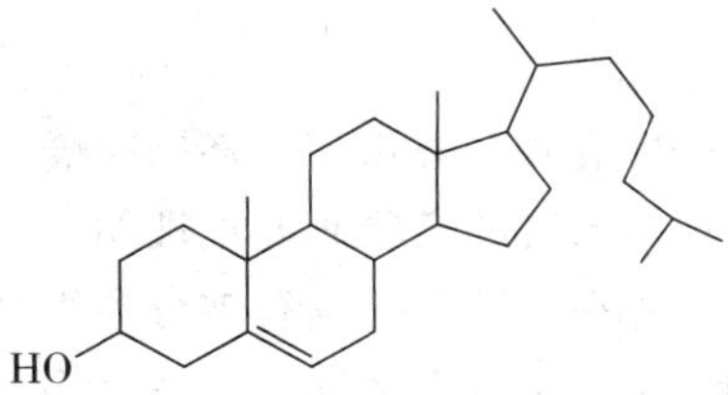　　　　　　　　　　　　　　胆甾醇

拓展阅读

致癌烃

多环芳香烃是最早被认识的化学致癌物。早在 1775 年英国外科医生 Pott 就发现打扫烟囱的童工，成年后多发阴囊癌。其原因就是燃煤烟尘颗粒穿过衣服擦入阴囊皮肤所致，实际上就是煤烟子中的多环芳香烃所致。多环芳香烃也是最早在动物实验中获得确认的化学致癌物。

某些三个或三个以上苯环的稠环芳香烃有致癌作用，称为致癌烃。例如：

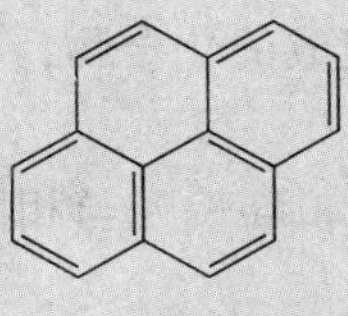

芘 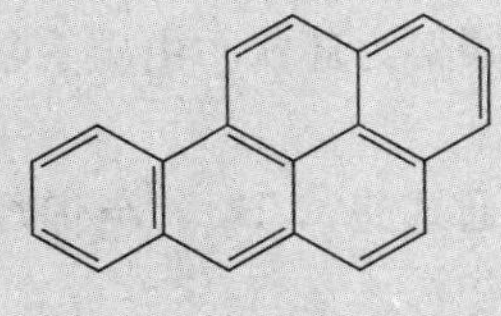　　　　　　　　　　　　1, 2–苯并芘

目前已经证实，煤、石油、木材、有机高分子化合物、烟草和许多碳氢化合物在不完全燃烧时都能生成1,2-苯并芘。机动车内燃机排出的废气，熏制食品和烧焦的食物都含有微量的1,2-苯并芘。北欧人患胃癌较多，据认为与当地人多吃熏制食物的饮食习惯有关；卷烟的烟雾中含有1,2-苯并芘，吸烟和被动吸烟者肺癌发病率高也可能与此有关。城市空气中1,2-苯并芘的含量比农村高100倍。

七、休克尔规则

1. 休克尔规则　有很多不含苯环的化合物也具有与苯类似的芳香性。如何判断分子是否具有芳香性呢？1831年，德国化学家休克尔（W. Hückel）提出了判断芳香性的规则：一个具有平面闭合共轭体系的多烯化合物中，其 π 电子数为 $4n+2$（$n=0$，1，2，3……）时，该化合物就具有芳香性。这个规则称为休克尔规则，又称为 $4n+2$ 规则。

有些环状多烯烃，虽然也有单双键交替的环状结构，但它们不符合休克尔规则，因而是没有芳香性的，如：

环丁二烯　　　　　　环辛四烯

环丁二烯分子中有4个 π 电子，环辛四烯分子中有8个 π 电子，都不符合 $4n+2$，所以没有芳香性。目前对二者的实验研究也证明了这一点：环丁二烯非常不稳定，目前仅从红外光谱中见其瞬间存在，至今还没有被分离得到过。环辛四烯虽然是一个稳定的分子，但它不是一个平面分子，也没有环状共轭大 π 键，而且性质上与普通烯烃一样，容易加成，也容易氧化。

2. 非苯芳烃　分子中不含苯环，但结构符合休克尔规则，有一定程度芳香性的化合物称为非苯系芳香烃，简称非苯芳烃。非苯芳烃包括一些环多烯和芳香离子等。

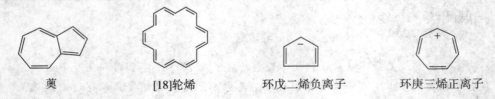

　　薁　　　　　　[18]轮烯　　　　环戊二烯负离子　　　环庚三烯正离子

重点小结

1. 环烃是指碳架为环状，由碳、氢两种元素组成的化合物，分为脂环烃和芳香烃两类。

2. 环烷烃的通式是 C_nH_{2n}，与烯烃相同，因此，环烷烃与相同碳原子数的烯烃，互为同分异构体。

3. 单环脂环烃的命名原则与相应链烃相似，命名时在相应链烃名称前面加一"环"字即可；环上含有复杂取代基时，可将脂环作为取代基。

4. 小环烷烃（成环碳原子数为 3 个或者 4 个）性质与烯烃相似，易发生开环加成反应；常见环烷烃（成环碳原子数为 5 个或 6 个）的化学性质与烷烃相似，易发生取代反应。

5. 环烷烃与高锰酸钾水溶液等一般氧化剂不发生氧化反应，可以用高锰酸钾水溶液鉴别烯烃和环烷烃。

6. 芳烃是指成环碳原子高度不饱和但化学性质却相当稳定，即具有"芳香性"的一类碳氢化合物，这类化合物易进行取代反应，不易进行加成反应和氧化反应。

7. 单环芳烃的异构现象包括芳烃上烷基的碳链异构及烷基在环上的位置异构。

8. 简单烷基苯的命名，是以苯为母体，烷基作取代基，称为"某烷基苯"；当烷基结构较为复杂时或者取代基中含有双键、叁键等不饱和键时，则以链烃为母体，将苯基作为取代基。

9. 苯及其同系物都具有芳香性。在一定条件下，苯环与卤素、混酸、浓硫酸、烷基化试剂、酰基化试剂发生取代反应，生成相应的衍生物。

10. 苯的同系物与卤素发生卤代反应时，反应条件不同，卤代反应发生的位置也不同。在催化剂如铁粉或三卤化铁等的存在下，苯环上的氢原子被卤素原子取代生成卤代苯；当反应条件为加热或用光照射时，则侧链上的 α-氢原子被卤原子取代。

11. 在强氧化剂（如 $KMnO_4/H_2SO_4$、$K_2Cr_2O_4/H_2SO_4$）作用下，苯环上含 α-H 的侧链易被氧化，且不论侧链多长，氧化产物均为苯甲酸。

12. 苯环上新引入取代基的位置，主要由环上原有取代基决定。苯环上原有的取代基分两类，一类是邻、对位定位基；另一类是间位定位基。

13. 萘的取代反应，一般易在 α-位进行。

14. 环状烃的成环的所有碳原子在同一平面或接近同一平面，有一个闭合的大 π 键，且离域的 π 电子数为 $4n+2$（$n=0，1，2，3\cdots\cdots$整数），则该类化合物就有芳香性。

目标检测

1. 选择题

（1）下列化合物中与 1-丁烯属于同分异构体的是

　　A. $CH_3CH_2CH_3$　　B. $CH_2=CHCH_2CH_3$　　C. 　　D. △

（2）能鉴别环丙烷与丙烯的试剂是

　　A. 溴水　　　　　B. 高锰酸钾　　　　C. 水　　　　　　　D. 硝酸银的氨溶液

（3）3-乙基-6-甲基螺〔3,4〕-1-辛烯的键线式是

　　A. 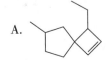　　　　　　　　　　B.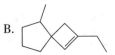

C. 　　　　　　　　D.

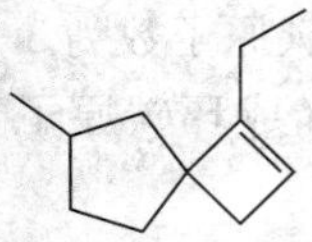

（4）最难催化加氢为相应的直链烷烃的是

A. △　　　　　B. □　　　　　C. 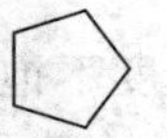 ⬠　　　　　D. 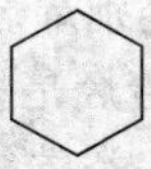 ⬡

（5）下列基团中，属于邻对位定位基的是

A. —COOH　　　B. —CHO　　　C. —NH₂　　　D. —NO₂

（6）下列能使酸性高锰酸钾溶液褪色，但不能使溴水褪色的化合物是

A. 戊烷　　　B. 1-戊烯　　　C. 1-己炔　　　D. 甲苯

（7）下列化合物最易发生亲电取代反应的是

A. 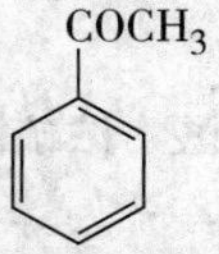 　　B. 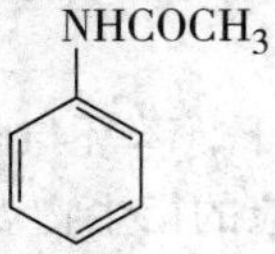 　　C. 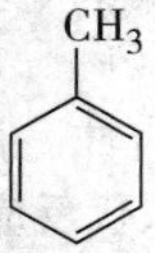 　　D.

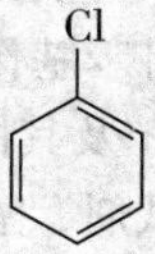

（8）下列化合物具有芳香性的是

A. 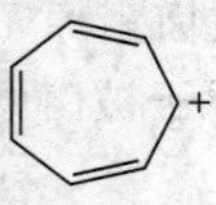 　　B. 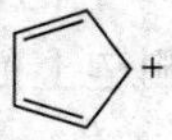 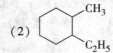　　C. 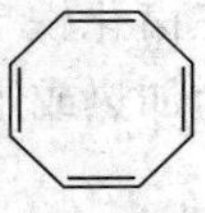 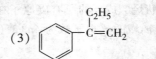　　D.

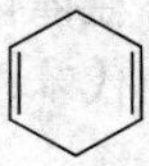

（9）有机物具有芳香性不一定需要的条件是

A. 闭合的共轭体系　　　　　　　　B. 体系的 π 电子数符合 4n+2

C. 有苯环存在　　　　　　　　　　D. 共轭体系共平面

2. 命名下列化合物

（1）　　（2）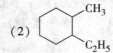　　（3）

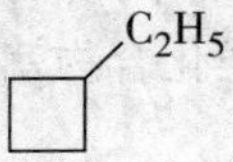

（4）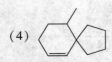　　（5）　　（6）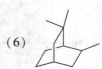

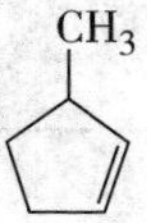

3. 写出下列化合物的结构式

（1）4-甲基环己烯　　　　　　　　（2）1,4-二甲基环己烷

（3）异丙苯　　　　　　　　　　　（4）菲

4. 完成下列反应

（1）

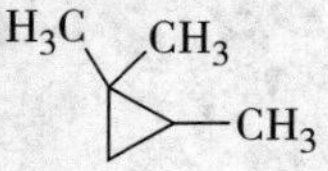

（2）

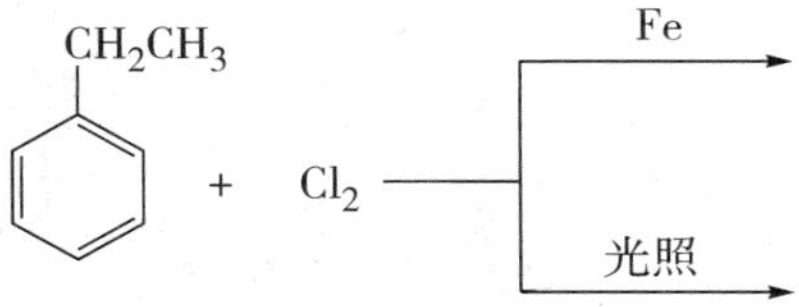

$$\underset{\text{CH}_2\text{CH}_3}{\text{◯}} + \text{Cl}_2 \xrightarrow{\text{Fe}}$$
$$\xrightarrow{\text{光照}}$$

（3）

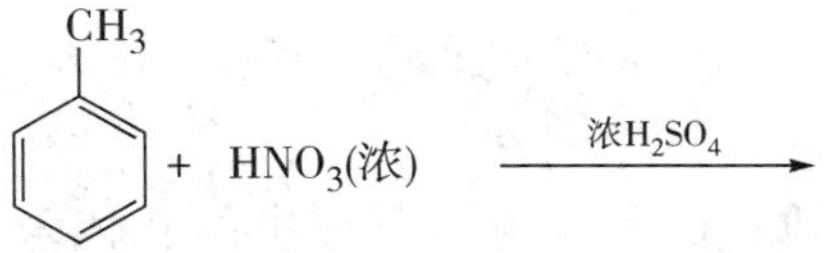

$$\underset{\text{CH}_3}{\text{◯}} + \text{HNO}_3(\text{浓}) \xrightarrow{\text{浓H}_2\text{SO}_4}$$

（4）

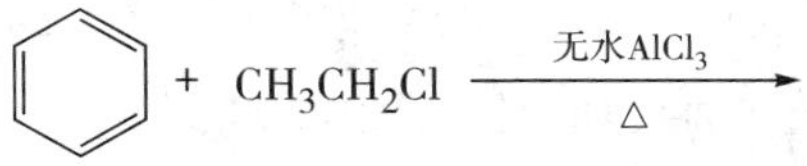

$$\text{◯} + \text{CH}_3\text{CH}_2\text{Cl} \xrightarrow[\triangle]{\text{无水AlCl}_3}$$

（5）

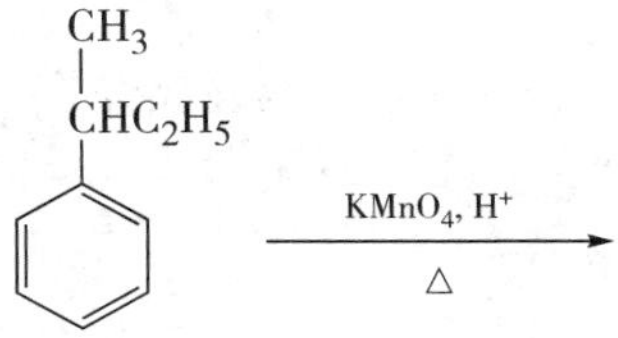

$$\underset{\underset{\text{◯}}{\text{CHCH}_2\text{H}_5}}{\text{CH}_3} \xrightarrow[\triangle]{\text{KMnO}_4,\ \text{H}^+}$$

（6）

$$\underset{\text{CH}_3}{\text{◯}} + \text{CH}_3\text{CH}_2\text{CH}_2\overset{\text{O}}{\overset{\|}{\text{C}}}\text{Cl} \xrightarrow[\triangle]{\text{无水AlCl}_3}$$

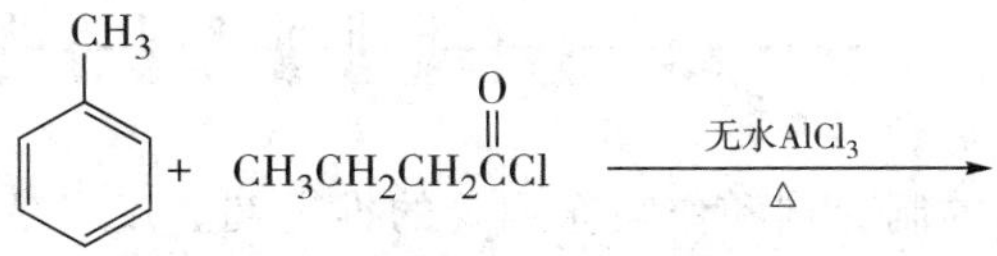

5. 用化学方法鉴别下列各组化合物

（1）甲苯、1-甲基-环己烯、甲基环己烷

（2）丙烷、环丙烷和环丙烯

（3）苯和甲苯

（4）苯、1,3-己二烯

6. 判断下列化合物有无芳香性

（1）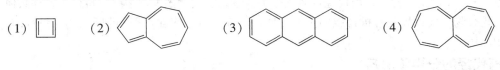　　（2）　　（3）　　（4）

（江冬英）

第五章

卤代烃

学习目标

知识要求　1. **掌握**　卤代烃的命名及化学性质；卤代烃消除反应中的札依采夫规则。

2. **熟悉**　卤代烯烃及卤代芳烃的分类；卤代烃的物理性质。

3. **了解**　重要的卤代烃。

技能要求　1. 能判断卤代烃的结构并能将其分类；会用系统命名法命名卤代烃。

2. 能解释不同类型卤代烃的反应活性强弱。

案例导入

案例：氟里昂类化合物曾用作冰箱、空调的制冷剂和作喷雾剂等的推进剂。氟利昂类制冷剂，具备加压易液化、汽化热大，安全性高，不燃、不爆、无嗅、无毒等优良性能。但由于对环境的破坏作用，已限制生产和使用。

讨论：你知道氟利昂的化学名称和结构式吗？它对环境有何影响？

　　烃分子中的一个或多个氢原子被卤素原子取代后生成的化合物，称为卤代烃，简称卤烃，可用通式（Ar）R—X 表示，X = Cl、Br、I、F。卤代烃的官能团是卤原子。

　　由于 C—X 键是极性键，卤代烃性质比烃类活泼，能发生多种化学反应转化成各种其他类型的化合物。卤代烃是有机合成的重要中间体，在工业、农业、医药和日常生活中都有广泛的应用。

一、卤代烃的分类和命名

（一）卤代烃的分类

根据分子的组成和结构特点，卤代烃可有不同的分类法。

（1）根据卤原子所连接烃基的种类不同，分为饱和卤代烃、不饱和卤代烃、芳香族卤代烃。

$CH_3CH_2CH_2I$　　　　$CH_3CH=CHCH_2I$

饱和卤代烃　　　　不饱和卤代烃　　　　芳香族卤代烃

（2）根据与卤原子相连的碳原子的类型，将卤代烃分为伯卤代烃、仲卤代烃和叔卤代烃，分别以 1°卤代烃、2°卤代烃、3°卤代烃表示。例如：

$$CH_3CH_2CH_2CH_2-X \qquad CH_3CH_2CHCH_3|_{X} \qquad CH_3-\underset{X}{\overset{CH_3}{C}}-CH_3$$

伯(1°)卤代烃   仲(2°)卤代烃   叔(3°)卤代烃

（3）根据卤代烃中所含卤原子的数目不同，分为一卤代烃、二卤代烃和多卤代烃。例如：

$$CH_3Cl \qquad Br-CH_2-CH_2-Br \qquad CHCl_2-CHCl_2$$

一卤代烃   二卤代烃   多卤代烃

（4）根据卤代烃分子中卤原子的种类不同，分为氟代烃、氯代烃、溴代烃和碘代烃。

（二）卤代烃的命名

1. 普通命名法 按与卤原子相连的烃基名称来命名，称为"某基卤"。例如：

$$CH_3CH_2CHCH_3|_{Cl} \qquad CH_3CHCH_2Cl|_{CH_3} \qquad H_3C-\underset{CH_3}{\overset{CH_3}{C}}-Cl \qquad$$

仲丁基氯   异丁基氯   叔丁基氯   苄基氯

也可在烃名称前面加上"卤代"，称为"卤代某烃"，"代"字常省略。例如：

$$CH_3-\underset{CH_3}{\overset{CH_3}{C}}-Br \qquad CH_3CHCH_3|_{Br} \qquad CH_2=CHCl \qquad$$

溴代叔丁烷   溴代异丙烷   氯乙烯   溴苯

2. 系统命名法 复杂的卤代烃常采用系统命名法，以相应烃为母体，将卤原子作为取代基，按各类烃的系统命名原则进行命名。

（1）**卤代烷** 选择连有卤原子的最长碳链为主链，把卤原子作为取代基。其他的命名原则与烷烃的命名基本相同。当出现卤原子与烷基的位次相同时，应给予烷基以较小的编号；不同卤原子的位次相同时，给予原子序数较小的卤原子以较小的编号。例如：

$$CH_3CHCH_2CHCH_2CH_3|_{Cl}\,|_{CH_3} \qquad CH_3-CH-CH_2-CH-CH_3|_{CH_3}\quad|_{Cl} \qquad CH_3-CH_2-CH-CH-CH_2-CH_3|_{Br}\,|_{Cl}$$

4-甲基-2-氯己烷   2-甲基-4-氯戊烷   3-氯-4-溴己烷

（2）**不饱和卤代烃** 选择含有不饱和键且连有卤原子的最长碳链作为主链，编号使不饱和键的位次尽可能小。例如：

$$CH_2=CH-CH_2Cl \qquad CH_3CH=CHCHCH_2CH_2Cl|_{CH_2CH_3}$$

3-氯-1-丙烯   4-乙基-6-氯-2-己烯

（3）**芳香族卤代烃** 既可以将芳烃作为母体，也可以将脂肪烃作为母体。以芳烃作为母体时，芳烃的编号一般用阿拉伯数字或希腊字母从芳环侧链开始编号。例如：

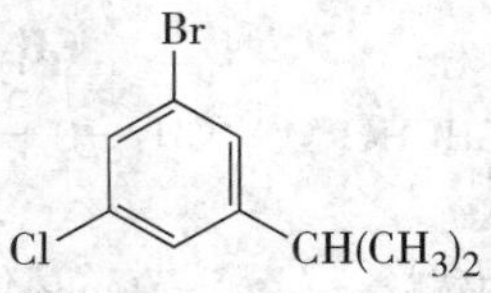

3-氯-5-溴异丙苯 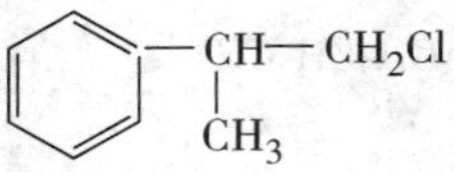   2-苯基-1-氯丙烷

此外，有些卤代烷常使用俗名。如氯仿（$CHCl_3$）、碘仿（CHI_3）等。

案例讨论

氟里昂的化学名称为二氟二氯甲烷，化学结构式为 CF_2Cl_2。

氟利昂稳定，不易分解，残留在大气中并不断上升，继而对臭氧层起到破坏作用。臭氧可以吸收 200~300nm 波长的紫外光，臭氧层一旦出现空洞，每受到 1% 的破坏，抵达地球表面的有害紫外线将增加 2% 左右，其严重后果是皮肤癌和眼病增加，人体的免疫系统性能下降，海洋生物的食物链被破坏，一些植物生长受影响（包括农作物减产）。

二、卤代烃的物理性质

在室温下，除氟甲烷、氟乙烷、氟丙烷、氯甲烷、氯乙烷、溴甲烷是气体外，常见的卤代烃多为液体，15 个碳原子以上的高级卤代烷为固体。卤代烃都有毒，许多卤代烃有强烈的气味。卤代烃均难溶于水，而易溶于醇、醚等有机溶剂。许多有机物可溶于卤代烃，故二氯甲烷、三氯甲烷、四氯化碳等是常用的有机溶剂。有些一氯代烃的密度比水小，而溴代烃、碘代烃的密度均大于水；分子中卤原子增多，密度增大。

拓展阅读

足球场上的"化学大夫"

激烈的足球比赛中常常可以看见运动员受伤倒地打滚，医生跑过去用药水对准受伤部位喷射，不一会儿运动员便可站起来奔跑了。医生用的是什么妙药，能够这样迅速地治疗伤痛？这就是足球场上"化学大夫"的功劳，它的名字叫氯乙烷。

氯乙烷是一种在常温下呈气体的有机物，在一定压力下则成为液体。踢球时，球员被撞以后，医生只要把氯乙烷液体喷射到伤痛的部位，氯乙烷碰到温暖的皮肤，立刻沸腾起来，液体一下就变成气体，同时把皮肤上的热也"带"走了，于是负伤的皮肤像被冰冻了一样，暂时失去感觉，痛感也消失了。这种局部冰冻，也使皮下毛细血管收缩起来，停止出血，负伤部位也不会出现瘀血和水肿。足球场上的"化学大夫"就是靠局部冰冻的方法，使球员的痛感迅速消失。这种药只能用于一般的肌肉挫伤或扭伤，用作应急处理，不能起治疗作用，但能减轻运动员的疼痛。

三、卤代烃的化学性质

卤代烃的许多化学性质都是由于官能团卤原子的存在而引起的。由于卤原子的电负性比碳原子大，所形成的 C—X 键为极性共价键，共用电子对偏向卤原子。从而使碳原子带部分正电荷，卤原子带部分负电荷。碳卤键容易断裂，因此，卤代烃的化学性质比较活泼，易发生取代反应、消除反应等。

（一）取代反应

卤代烷能与许多试剂作用，卤原子被其他原子或基团取代生成各种产物。这些反应有一个共同特点，反应中卤代烷分子中与卤原子直接相连的碳原子带部分正电荷，受到带负电荷的试剂（OH^-、CN^-、OR^-）或含孤对电子的试剂（NH_3）的进攻，这些试剂称为亲核试剂，通常用 Nu^- 或 Nu: 表示。由于这些反应是亲核试剂进攻带部分正电荷的碳原子而引起的取代反应，称为亲核取代反应，以 S_N 表示（S 代表取代，N 代表亲核），反应通式如下：

$$R—X + Nu^- \longrightarrow R—Nu + X^-$$

1. 水解反应　卤代烃能够与水作用，卤原子被羟基（—OH）取代。

$$R—X + HOH \rightleftharpoons R—OH + HX$$

卤代烃水解是可逆反应，而且反应速度很慢。为了提高产率和增加反应速度，通常将卤代烃与氢氧化钠或氢氧化钾的水溶液共热，使水解能顺利进行。例如：

$$CH_3CH_2—X + NaOH \xrightarrow[\triangle]{水溶液} CH_3CH_2OH + NaX$$

2. 与氰化物反应　卤代烃与氰化钠或氰化钾在醇溶液中反应，卤原子被氰基（—C≡N）取代生成腈，产物腈比原料卤代烃增加了一个碳原子，这是增长碳链的一种重要方法。例如：

$$CH_3CH_2CH_2Br + KCN \xrightarrow{CH_3CH_2OH} CH_3CH_2CH_2CN + KBr$$

3. 与醇钠反应　卤代烃与醇钠在加热条件下生成醚，这是制备醚的重要方法，称为威廉姆逊反应。例如：

$$CH_3CH_2CH_2Br + NaOCH_3 \xrightarrow{\triangle} CH_3CH_2CH_2OCH_3 + NaBr$$

4. 与氨反应　卤代烃与氨作用，卤原子被氨基（—NH₂）取代生成胺，常用于制备胺类化合物。例如：

$$CH_3Cl + NH_3 \longrightarrow CH_3NH_2 + HCl$$

5. 与硝酸银反应　卤代烃与硝酸银的醇溶液反应生成卤化银沉淀和硝酸酯，这一反应常用于鉴别卤代烃。

$$R—X + AgNO_3 \xrightarrow{醇溶液} R—O—NO_2 + AgX \downarrow$$

卤代烷与硝酸银的醇溶液反应生成卤化银沉淀和硝酸酯。不同的卤代烷的反应活性不同，若烷基相同，卤原子不同的卤代烷的活性顺序为：碘代烷＞溴代烷＞氯代烷；对卤素原子相同烷基结构不同的卤代烷，活性顺序为：叔卤代烷＞仲卤代烷＞伯卤代烷。所以可根据反应活性的不同，定性鉴别卤代烃。

（二） 消除反应

卤代烃与强碱的醇溶液共热，分子内脱去一分子的卤化氢生成烯烃。这种在分子内脱去一个小分子，生成含有不饱和键化合物的反应称为消除反应。例如：

$$CH_3-\underset{\underset{Br}{|}}{CH}-\underset{\underset{H}{|}}{CH_2} + NaOH \xrightarrow[\triangle]{醇} CH_3-CH{=}CH_2 + NaBr + H_2O$$

该反应活性顺序为：叔卤代烷＞仲卤代烷＞伯卤代烷。当卤代烃分子中含有不止一个 β-C 时，消除反应的产物可能就不止一种。实验证明，卤代烷发生消除反应时，主要脱去含氢较少的 β-碳上的氢原子，生成双键上连有烃基最多的烯烃，这一规则称为扎依采夫（Saytzeff）规则。例如：

$$CH_3-CH_2-\underset{\underset{Br}{|}}{CH}-CH_3 \xrightarrow[\triangle]{NaOH,醇} \underset{81\%（主要产物）}{CH_3-CH{=}CH-CH_3} + \underset{19\%}{CH_3-CH_2-CH{=}CH_2}$$

课堂互动

2-溴丁烷与 NaOH 的水溶液共热，2-溴丁烷与 NaOH 的醇溶液共热，它们反应的主要产物相同吗？为什么？

（三） 格氏试剂

卤代烷与金属镁反应生成的有机镁化合物（烷基卤化镁）被称为格林雅（Grignard）试剂，简称格氏试剂。格氏试剂是有机金属化合物中最重要的一类化合物，在有机合成中有非常重要的应用。格氏试剂是由卤代烷与金属镁在无水乙醚中反应得到的。

$$R{-}X + Mg \xrightarrow{无水乙醚} R{-}MgX$$

格氏试剂性质非常活泼，易与水、醇、酸和氨等各种含有活泼氢原子的化合物反应，生成相应的烃。

$$
RMgX
\begin{cases}
\xrightarrow{HOH} RH + Mg(OH)X \\
\xrightarrow{R'OH} RH + Mg(OR')X \\
\xrightarrow{HX} RH + MgX_2 \\
\xrightarrow{R'C\equiv CH} RH + R'C\equiv CMgX \\
\xrightarrow{HNH_2} RH + Mg(NH_2)X
\end{cases}
$$

在制备格氏试剂时，必须使用绝对无水的乙醚作为溶剂，同时由于格氏试剂易被氧化、可与空气中的二氧化碳反应，所以要求在隔绝空气的条件下保存，或用前临时制备。

四、卤代烯烃中卤原子的反应活性

卤代烯烃中卤原子和双键的相对位置不同，其卤原子的反应活性也有不同。

1. 卤代烯丙型　卤原子与双键相隔一个饱和碳原子，卤原子很活泼，易发生取代反应。如：

$$CH_2 = CH—CH_2—X \qquad \underset{\text{(苯环)}}{\bigcirc}—CH_2—X$$

在烯丙型卤代烃中，卤素原子与双键相隔一个饱和碳原子，不能形成 p-π 共轭。但卤素原子的电负性较大，通过吸电子诱导效应，使双键碳原子上的 π 电子云发生偏移，促使卤原子获得电子而解离，生成烯丙基碳正离子。所以这类卤代烃中的卤素原子比较活泼，易发生取代反应，其活性强于叔卤代烷。

2. 卤代烷型　包括卤代烷和双键与卤素原子相隔两个或两个以上饱和碳原子的卤代烯烃。如：

$$R—X \qquad RCH = CH(CH_2)_nX \quad n \geqslant 2 \qquad \bigcirc—CH_2—(CH_2)_n—X$$

这类卤代烷型卤代烃中的卤原子基本保持正常卤代烷中卤原子的活性。反应活性顺序为：叔卤代烷＞仲卤代烷＞伯卤代烷。

3. 卤代乙烯型　这类化合物的卤原子与双键碳原子直接相连。如：

$$CH_2 = CH—X \qquad \bigcirc—X$$

卤代烃中的卤素原子与双键碳原子直接相连，其孤对电子所占据的 p 轨道与双键形成 p-π 共轭体系，使 C—X 键的稳定性增强，因此，卤代乙烯型的卤原子特别不活泼，不易发生取代反应。

三种类型卤代烃的反应活性顺序是：卤代烯丙型＞卤代烷型＞卤代乙烯型。它们与硝酸银的醇溶液作用的反应条件有很大差异（表 5-1）。

表 5-1　不同类型卤代烃与硝酸银的醇溶液作用的反应条件

卤代烯丙型	卤代烷型	卤代乙烯型
$CH_2=CH-CH_2-Br$ 苯环-CH_2-Br	$CH_2=CH-(CH_2)_n-X$ 苯环-$(CH_2)_n-X$ $(n \geq 2)$	$CH_2=CH-X$ 苯环-X
室温下生成卤化银沉淀	加热后生成卤化银沉淀	加热也难以生成卤化银沉淀

五、重要的卤代烃

（一）四氯化碳（CCl_4）

四氯化碳是一种无色有毒液体，能溶解脂肪、油漆等多种物质，可用作溶剂。四氯化碳与水互不相溶，可与乙醇、乙醚、三氯甲烷及石油醚等混溶。

四氯化碳不燃烧，沸点低，蒸汽比空气重，不导电，这些性质使它成为常用的灭火剂，但是由于它在 500 摄氏度以上时可以与水反应，产生二氧化碳和剧毒的光气、氯气和氯化氢气体，加之它会加快臭氧层的分解，现在甚少使用并被限制生产。

（二）三氯甲烷（$CHCl_3$）

三氯甲烷俗称氯仿，是无色透明液体，有特殊气味。能与乙醇、苯、乙醚、石油醚等多种有机物混溶，是实验室和工业上常用的一种不燃性有机溶剂。

三氯甲烷对光敏感，遇光照会与空气中的氧作用，逐渐分解而生成剧毒的光气（碳酰氯）和氯化氢。因此，三氯甲烷要保存在棕色瓶中，并装满，瓶口加以密封。

三氯甲烷是有机合成原料，主要用来生产氟利昂、染料和药物。它有强的麻醉作用，可用作麻醉剂，但其对心脏和肝脏都有毒性，目前在临床上已不使用。

（三）氟烷（$CF_3CHClBr$）

学名 1,1,1-三氟-2-氯-2-溴乙烷，是无色透明液体，无刺激性，沸点 49℃~51℃，有焦甜味，不燃不爆，性质稳定。氟烷是目前常用的吸入性全身麻醉药之一，具有效力高、毒性小的优点，但因其麻醉作用很强，极易导致麻醉过深而造成危险，所以使用时必须严格控制蒸气吸入浓度。

（四）四氟乙烯（$CF_2=CF_2$）

四氟乙烯在常温下为无色气体，不溶于水，溶于有机溶剂。可聚合生成聚四氟乙烯。

聚四氟乙烯是性能优良的塑料，机械强度高，化学稳定性高，具有耐酸、耐碱、耐高温和不溶于任何有机溶剂的特点，故有"塑料王"之称。可作人造血管等医用材料。

（五）二氟二氯甲烷（CF_2Cl_2）

二氟二氯甲烷俗称氟利昂，在常温下是一种无色无臭、无腐蚀性、不能燃烧的气体，化学性质稳定。沸点-29.8℃，易压缩成液态，解除压力后立即气化，并吸收大量的热，因此常用作冰箱、空调等的制冷剂。由于氟利昂会破坏大气臭氧层而造成环境污染，已限制使用。

拓展阅读

卤代有机化合物和环境

今天，有15000多种卤代有机化合物被生产用于商业用途。氯最大的工业用途是用来合成聚氯乙烯类塑料的合成中。我国每年生产六百万吨的聚氯乙烯（PVC）基的材料。氯代有机物的其他重要用途包括溶剂、工业润湿油、除莠剂和杀虫剂等。这些物质中的一些在遗弃处置后持续残存于环境中，对人和其他野生动物的健康产生各种有害的影响。如六六六杀虫剂，被认为是内分泌的破坏者，会引起动物遗传异常。另外，广泛用于输电设备中的绝缘液体多氯代联苯类，也是湖泊河流的重要污染物。

人们针对氯代有机物的使用和处置的问题想出了很多的解决办法。例如，二氧化碳在适宜的温度和压力下转变为一种可以从咖啡豆中提取咖啡因的液体，因此可以取代二氯甲烷。控制得当的焚化可以用对环境最小的影响来破坏卤代烃废弃物。针对被污染地带的净化难题也提出了很多创新技术，其中的一种办法是生物补救法，使用氯代有机物为食物的微生物。

重点小结

1. 卤代烃是烃分子中的一个或几个氢原子被卤素取代后生成的化合物。

2. 对于简单卤代烃，在命名时，通常在烃基的名称后或前加上卤素的名称而称为"某基卤"或"卤（代）某烃"；对于复杂卤代烃，常采用系统命名法，把卤素当作取代基来对待，按各类烃的系统命名原则进行命名。

3. 卤代烃由于卤素的电负性较大，碳卤键具有极性，可以与水、醇钠、氰化钠或氰化钾的醇溶液、氨、硝酸银的醇溶液发生亲核取代反应，分别生成醇、醚、腈、胺、卤化银沉淀和硝酸酯。

4. 卤代烷与氢氧化钾或氢氧化钠的乙醇溶液共热时，卤代烷脱去卤化氢生成含不饱和键化合物的反应叫消除反应。仲、叔卤代烷的消除反应遵从扎依采夫（Saytzeff）规则。

5. 卤代烃与金属镁在无水乙醚中反应生成格氏（Grignard）试剂。格氏试剂非常活泼，易与空气中的氧气、CO_2和水反应，在有机合成中有非常重要的应用。

6. 卤代烯丙型、苄基卤和叔卤代烃在室温下就能和$AgNO_3$的乙醇溶液迅速作用，生成AgX（沉淀）；伯、仲卤代烷一般要在加热下才能起反应；而卤代乙烯和卤苯即使在加热条件下也难以反应。

目标检测

1. 单项选择题

（1）下列物质中，属于叔卤代烷的是

    A. 3-甲基-1-氯戊烷　　　　　　B. 2-甲基-3-氯戊烷

　　C. 2-甲基-2-氯戊烷　　　　　　　　D. 2-甲基-1-氯戊烷

(2) 分子式为 C_4H_9Cl 的同分异构体有

　　A. 2 种　　　　　B. 3 种　　　　　　C. 4 种　　　　　　D. 5 种

(3) 卤代烃与氢氧化钠的水溶液反应的产物是

　　A. 腈　　　　　　B. 胺　　　　　　　C. 醇　　　　　　　D. 醚

(4) 区分 $CH_3CH{=}CHCH_2Br$ 和 $(CH_3)_3CBr$ 的最佳试剂是

　　A. Br_2/CCl_4　　B. $NaOH/H_2O$　　C. $AgNO_3/H_2O$　　D. $AgNO_3/$醇

(5) 能破坏臭氧层的化合物是

　　A. 氯乙烯　　　B. 三氯甲烷　　　　C. 氟利昂　　　　　D. 溴苯

(6) 下列化合物中属于烯丙型卤代烃的是

　　A. $CH_3CH{=}CHCH_2Br$　　　　　　B. $CH_2{=}CHCH_2CH_2Br$

　　C. $CH_3CH_2CH{=}CHBr$　　　　　　D. $CH_3CH_2CHBrCH_3$

(7) 卤代烃发生消除反应所需要的条件是

　　A. $AgNO_3$ 醇溶液　　　　　　　　B. $AgNO_3$ 水溶液

　　C. NaOH 醇溶液　　　　　　　　　D. NaOH 水溶液

(8) 下列卤代烃中卤素原子活性最强的是

　　A. $CH_2{=}CHCH_2Cl$　　　　　　　B. $CH_3CH{=}CHCl$

　　C. $CH_3CH_2CH_2Cl$　　　　　　　　D. $CH_3CHClCH_3$

(9) 卤代烷中的 C—X 键最易断裂的是

　　A. R—F　　　　　B. R—Br　　　　　C. R—I　　　　　　D. R—Cl

(10) 下列化合物与 $AgNO_3$ 的醇溶液生成白色沉淀最困难的是

A.
$$CH_3\overset{\displaystyle Cl}{\underset{\displaystyle |}{C}}{=}CH_2$$

B. （苯环—CH_2Cl）

C. CH_3CH_2Cl

D. （环己基—Cl）

2. 用系统命名法命名下列化合物或写出结构简式

(1) $(CH_3)_2CHCH_2CH_2Cl$

(2) $CH_2{=}CHCH_2CH_2Cl$

(3) $CH_3CBr{=}CHCH{=}CH_2$

(4) （苯环—$\overset{\displaystyle CH{-}CH_2Br}{\underset{\displaystyle CH_3}{}}$）

(5) 间氯甲苯

(6) 3-甲基-5-氯庚烷

3. 完成下列反应方程式

(1) $CH_3CH_2{-}\overset{\displaystyle Br}{\underset{\displaystyle CH_3}{\overset{|}{\underset{|}{C}}}}{-}CH_3$ $\xrightarrow[\text{水}]{\text{NaOH}}$

(2) （环己基—CH_2Cl）$+ NaOCH_2CH_3 \longrightarrow$

（3）
$$\underset{\underset{CH_3}{|}}{CH_3CHCH_2I} + AgNO_3 \xrightarrow{\text{醇}}$$

（4） 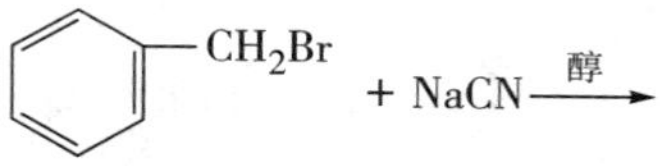
CH_2Br $+ NaCN \xrightarrow{\text{醇}}$

（5）
$$CH_3-CH_2-\underset{\underset{CH_3}{|}}{CH}-\underset{\underset{Br}{|}}{CH}-\underset{\underset{H}{|}}{CH_2} \xrightarrow[\triangle]{\text{NaOH/醇}}$$

4. 用化学方法区分下列各组化合物

（1）1-氯戊烷、1-溴丁烷、1-碘丙烷

（2）氯苄、对氯甲苯、氯苯

5. 推断结构式

某卤烃 A 分子式为 $C_6H_{13}Cl$，A 与 KOH 的醇溶液作用得产物 B，B 经酸性高锰酸钾氧化得两分子丙酮，写出 A、B 的结构简式。

（宋海南）

第六章

醇、酚、醚

学习目标

知识要求　**1. 掌握**　醇、酚、醚的结构和命名；醇、酚、醚的主要性质。
　　　　　　2. 熟悉　醇、酚、醚的分类。
　　　　　　3. 了解　重要的醇、酚、醚。
技能要求　1. 能判断醇、酚的结构并能将其分类；能熟练地对醇、酚、醚进行命名并写出重要的醇、酚、醚的结构式。
　　　　　　2. 会书写醇、酚、醚的典型化学反应方程式；会用醇、酚、醚的性质鉴别相关有机物；会检验和除去醚中的少量过氧化物。

　　醇、酚、醚都是烃的含氧衍生物。羟基（—OH）和脂肪烃、脂环烃或芳香烃侧链的碳原子相连的化合物称为醇，羟基（—OH）直接连接在芳香烃的芳环上的化合物称为酚，醚可以看作是醇或酚分子中羟基上的氢原子被烃基取代而得到的化合物。如：

CH_3CH_2OH 　　　　—CH_2OH 　　　　—OH 　　　　$CH_3CH_2OCH_2CH_3$ 　　　　—OCH_3

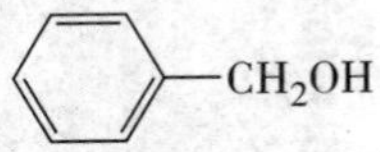

乙醇　　　　　　苯甲醇 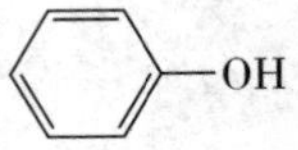　　　　　　苯酚　　　　　　乙醚　　　　　　苯甲醚

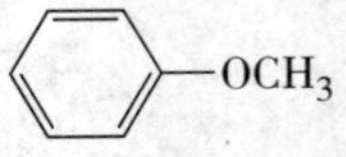

　　醇、酚、醚与医药密切相关，有些本身就是药物，有些则是合成药物的原料，还有些是重要的溶剂，如乙醇、乙醚等，常用于提取中草药的有效成分。大家熟悉的医用酒精为75%的乙醇溶液；医院中常用于医疗器械及环境消毒的"来苏儿"，是甲苯酚的肥皂水溶液；许多药物中具有醇或酚的结构。例如：

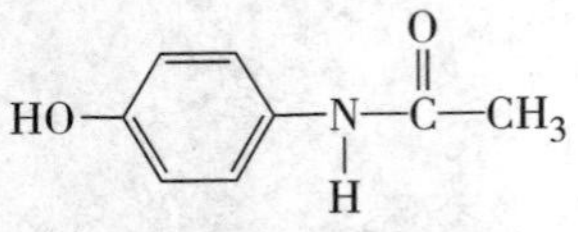

对乙酰氨基酚 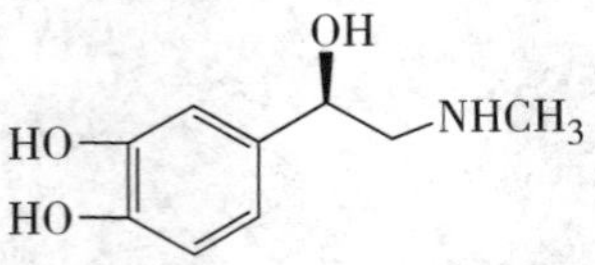　　　　　　　　　　肾上腺素

第一节　醇

案例导入

案例：酒驾和醉驾是造成道路交通事故的第一大"杀手"。"吹气法"是交警用于初步检测司机是否酒后驾车的简便方法，其原理是让司机对填充了吸附有重铬酸钾（$K_2Cr_2O_7$）

的硅胶颗粒的装置吹气，若装置里的硅胶变色达到一定程度，即可证明司机是酒后驾车。

讨论：1. 酒的主要成分是什么？你知道它的俗名、化学名称和结构式吗？
　　　2. 为什么吸附有重铬酸钾的硅胶变色就可以确定司机是酒后驾驶？

醇可看成脂肪烃、脂环烃以及芳香烃侧链上的氢原子被羟基取代的化合物。其官能团—OH 称为醇羟基。饱和一元醇的通式为：$C_nH_{2n+1}OH$，或简写为 R—OH。

一、醇的结构、 分类和命名

（一）醇的结构

醇的结构特点是羟基上的氧原子与氢原子、sp^3 杂化的碳原子直接相连。由于氧原子的电负性比碳原子和氢原子大，所以羟基氧原子上的电子云密度较高，使得 C—O 键、O—H 键都具有较强的极性，容易断裂，对醇的物理性质和化学性质有较大的影响。

（二）醇的分类

（1）按与羟基相连的碳原子类型分为伯醇、仲醇、叔醇。例如：

$$CH_3CH_2OH \qquad CH_3\overset{OH}{\underset{}{C}}HCH_3 \qquad CH_3-\overset{OH}{\underset{CH_3}{C}}-CH_3$$

伯醇　　　　　　　仲醇　　　　　　　　叔醇

（2）按与羟基相连的烃基的结构不同分为脂肪醇、脂环醇、芳香醇。还可以按烃基的饱和与否分为：饱和醇、不饱和醇。例如：

$$CH_3OH \qquad \bigcirc\!\!-OH \qquad \bigcirc\!\!-CH_2OH \qquad CH_3CH_2CH_2OH \qquad CH_2\!=\!CHCH_2OH$$

脂肪醇　　　脂环醇　　　　　　　芳香醇　　　　　　饱和醇　　　　不饱和醇

（3）按羟基数目分为一元醇和多元醇。例如：

$$CH_3CH_2OH \qquad \overset{CH_2-CH_2}{\underset{OH\ \ \ \ OH}{|\ \ \ \ \ |}} \qquad \overset{CH_2-CH-CH_2}{\underset{OH\ \ OH\ \ OH}{|\ \ \ |\ \ \ |}}$$

一元醇　　　多元醇(二元醇)　　　多元醇(三元醇)

（三）醇的命名

1. 普通命名法　对于结构简单的醇可采用普通命名法。一般在烃基名称后加上"醇"字即可，"基"字可省去。

$$CH_3CH_2CH_2OH \qquad CH_3\overset{OH}{\underset{}{C}}HCH_3 \qquad CH_3CH_2CH_2CH_2OH$$

正丙醇　　　　　　　异丙醇　　　　　　　正丁醇

$$CH_3\overset{CH_3}{\underset{}{C}}HCH_2OH \qquad CH_3CH_2\overset{CH_3}{\underset{}{C}}H\!-\!OH \qquad CH_3-\overset{CH_3}{\underset{CH_3}{C}}-OH$$

异丁醇　　　　　　　仲丁醇　　　　　　　叔丁醇

2. 系统命名法 系统命名法适用于所有结构的醇的命名，其命名原则如下。

（1）饱和一元醇的命名 选择羟基所连接的碳原子在内的最长碳链为主链，根据主链碳原子的数目称为"某醇"；将主链从靠近羟基的一端碳原子开始依次编号；将取代基的位次、数目、名称及羟基的位次依次写在"某醇"前面，在阿拉伯数字和汉字之间用半字线隔开。例如：

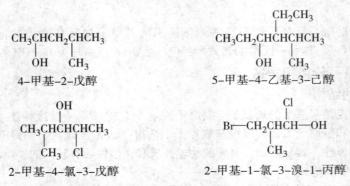

4-甲基-2-戊醇　　　　　　　　　　5-甲基-4-乙基-3-己醇

2-甲基-4-氯-3-戊醇　　　　　　　　2-甲基-1-氯-3-溴-1-丙醇

（2）不饱和醇命名 选择连有羟基的碳原子和不饱和键在内的最长碳链为主链。根据主链所含碳原子的数目称为"某烯醇"或"某炔醇"。编号时应首先使羟基的位次尽可能小，其次使碳碳不饱和键的位次尽可能小，注意标明不饱和键和羟基的位次。例如：

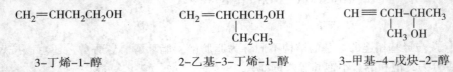

3-丁烯-1-醇　　　　　　2-乙基-3-丁烯-1-醇　　　　　3-甲基-4-戊炔-2-醇

（3）脂环醇命名 以醇为母体，称为"环某醇"，从连接羟基的环碳原子开始编号，尽量使环上取代基的编号最小。例如：

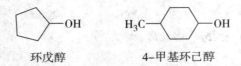

环戊醇　　　　　　　　4-甲基环己醇

（4）芳香醇命名 以脂肪醇为母体，芳基作为取代基。

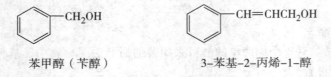

苯甲醇（苄醇）　　　　　　　3-苯基-2-丙烯-1-醇

（5）多元醇命名 选择包含多个羟基所连接的碳原子在内的最长碳链为主链，按羟基的数目称为"某二醇"或"某三醇"，并将羟基的位次放在"某二醇"或"某三醇"前面。

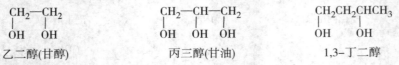

乙二醇(甘醇)　　　　　　丙三醇(甘油)　　　　　　1,3-丁二醇

醇是人们最早发现、制备并使用的有机物之一，所以许多醇都有俗名，如：酒精、木醇、甘油、甘醇、苄醇等。

课堂互动

用系统命名法命名下列化合物

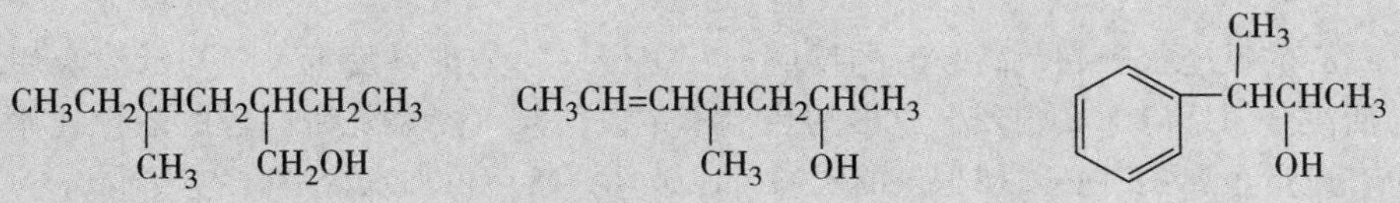

$$CH_3CH_2CHCH_2CHCH_2CH_3$$
$$\quad\quad\quad CH_3\quad\quad CH_2OH$$

$$CH_3CH=CHCHCH_2CHCH_3$$
$$\quad\quad\quad\quad CH_3\quad OH$$

$$\begin{array}{c} CH_3 \\ | \\ CHCHCH_3 \\ | \\ OH \end{array}$$

二、醇的物理性质

低级的一元饱和醇为无色液体，具有特殊气味和辛辣味道。水与醇分子间可以形成氢键，甲醇、乙醇和丙醇可与水以任意比例混溶，4~11 个碳的醇为油状液体，仅部分可溶于水；高级醇为无臭、无味的蜡状固体，难溶于水。随着相对分子质量的增大，烷基对整个分子的影响会越来越大，从而使高级醇的物理性质与烷烃近似。

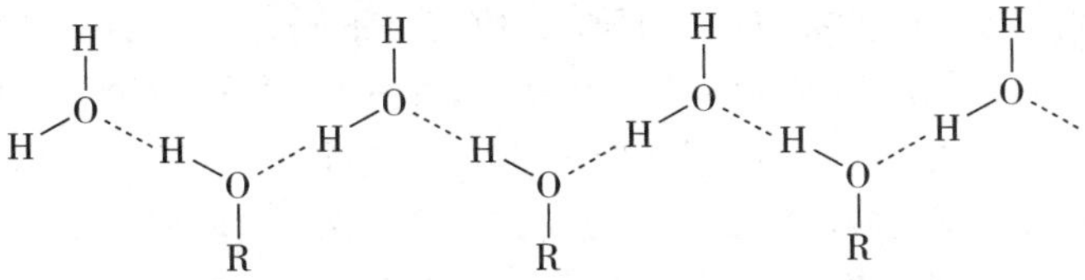

醇的沸点随相对分子质量的增大而升高，有支链醇的沸点比相同碳原子数的直链醇低。低级醇的沸点比碳原子数相同的烷烃的沸点高得多，这是由于醇分子间有氢键缔合作用的结果。多元醇分子中可以形成多个氢键，因此沸点更高。

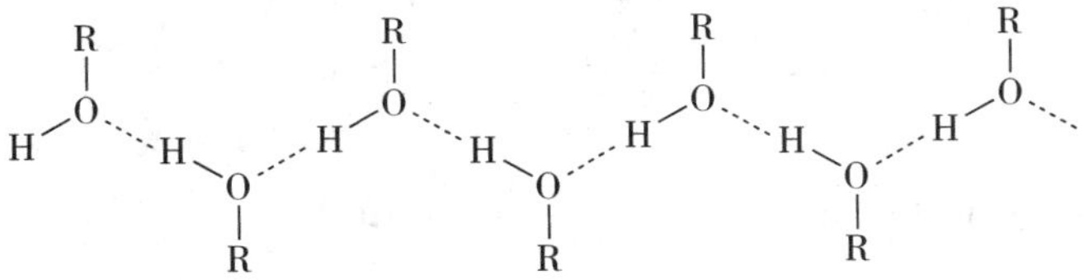

脂肪醇、脂环醇的密度比相应的烃大，但仍比水轻。芳香醇的密度比水大。

三、醇的化学性质

醇的官能团是醇羟基（—OH），醇的化学反应主要发生在羟基及与羟基相连的碳原子上，主要包括 O—H 键和 C—O 键的断裂。此外，还有由 α-H 原子和 β-H 原子的活性引发的氧化反应、消除反应等。表示如下：

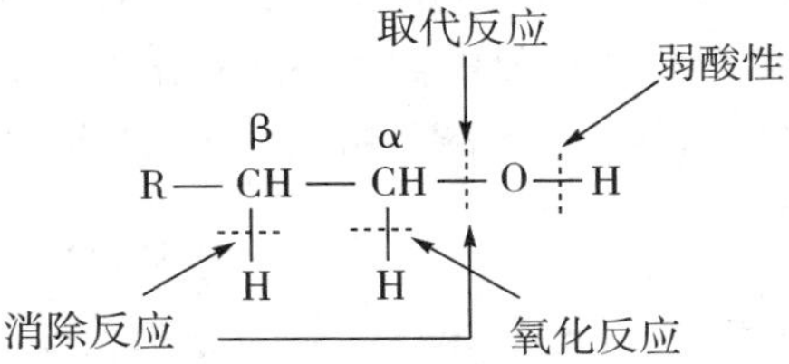

取代反应

弱酸性

$$R-\overset{\beta}{C}H-\overset{\alpha}{C}H-O-H$$
$$\quad\quad | \quad\quad |$$
$$\quad\quad H \quad\quad H$$

消除反应

氧化反应

（一）与活泼金属反应（弱酸性）

醇与活泼金属反应，发生 O—H 键的断裂。醇羟基上的氢原子可以被钠、钾、镁、铝等活泼金属取代，生成醇金属化合物，并放出氢气。各类醇与活泼金属反应的速度次序为：甲醇＞伯醇＞仲醇＞叔醇。例如：

$$2ROH + 2Na \longrightarrow 2RONa + H_2 \uparrow$$
$$\text{醇钠}$$

$$2CH_3CH_2OH + 2Na \longrightarrow 2CH_3CH_2ONa + H_2 \uparrow$$
$$\text{乙醇钠}$$

低级醇的反应很顺利,高级醇的反应进行很慢,甚至难以发生。醇与活泼金属反应没有水与活泼金属反应那么剧烈,放出的热量不足以使氢气燃烧。所以醇的酸性比水弱。实验室中有过量金属钠时必须加少量的乙醇予以破坏,然后再加水溶解。

醇钠(RONa)是一种白色固体,碱性比 NaOH 强,不稳定,遇水甚至潮湿空气就可以分解生成醇和 NaOH,在有机合成中常用作强碱。

(二)与无机酸的反应

1. 与氢卤酸的反应 醇与氢卤酸(HX)作用,C—O 键断裂,醇羟基(—OH)被卤素(—X)取代,生成卤代烃(RX)和水。这是制备卤代烃的重要方法之一。

$$ROH + HX \rightleftharpoons RX + H_2O \qquad X = Cl, \ Br, \ I$$

醇的结构和氢卤酸的种类都影响该反应的速度。不同种类氢卤酸的反应活性顺序为:HI＞HBr＞HCl。不同结构醇的反应活性顺序为:苄醇和烯丙醇＞叔醇＞仲醇＞伯醇。

因此,可利用不同结构的醇与氢卤酸反应速率的差异来区别伯、仲、叔醇。所用的试剂为浓盐酸和无水氯化锌配制成的混合溶液,称为卢卡斯(Lucas)试剂。将卢卡斯试剂分别与伯、仲、叔醇在常温下作用,叔醇反应最快,仲醇其次,伯醇最慢。例如:

$$CH_3\!-\!\overset{\overset{\displaystyle CH_3}{|}}{\underset{\underset{\displaystyle CH_3}{|}}{C}}\!-\!OH + HCl \xrightarrow[20℃,1min]{ZnCl_2} CH_3\!-\!\overset{\overset{\displaystyle CH_3}{|}}{\underset{\underset{\displaystyle CH_3}{|}}{C}}\!-\!Cl + H_2O$$

$$CH_3CH_2\!\overset{\overset{\displaystyle CH_3}{|}}{CH}\!-\!OH + HCl \xrightarrow[20℃,10min]{ZnCl_2} CH_3CH_2\!\overset{\overset{\displaystyle CH_3}{|}}{CH}\!-\!Cl + H_2O$$

$$CH_3CH_2CH_2CH_2OH + HCl \xrightarrow[\substack{20℃,1h不反应 \\ 加热才反应}]{ZnCl_2} CH_3CH_2CH_2CH_2Cl + H_2O$$

由于反应生成的氯代烷不溶于卢卡斯试剂,而 6 个碳以下的低级醇可溶,因而出现混浊或者分层现象,观察反应中出现混浊或者分层现象的快慢,就可以区分反应物是伯醇、仲醇或叔醇。此法可用于 6 个碳原子以下的伯、仲、叔醇的鉴别。

2. 与无机含氧酸的反应 醇能与无机含氧酸(如硝酸、亚硝酸、硫酸和磷酸等)反应,分子间脱水生成无机酸酯,这种醇和酸作用脱水生成酯的反应,称为酯化反应。如:

$$\begin{array}{l} CH_2\!\!-\!\!OH \\ | \\ CH\!-\!\!OH \\ | \\ CH_2\!\!-\!\!OH \end{array} + 3H\!-\!ONO_2 \xrightarrow{H_2SO_4} \begin{array}{l} CH_2\!\!-\!\!ONO_2 \\ | \\ CH\!-\!\!ONO_2 \\ | \\ CH_2\!\!-\!\!ONO_2 \end{array} + 3H_2O$$

$$\qquad\quad \text{甘油} \qquad\qquad\qquad\qquad \text{三硝酸甘油酯}$$

三硝酸甘油酯(简称硝酸甘油)是一种黄色的油状透明液体,这种液体可因震动而爆炸，属化学危险品。三硝酸甘油酯在医药上用作血管扩张药，制成 0.3% 硝酸甘油片剂，舌下给药，可治疗冠状动脉狭窄引起的心绞痛。

拓展阅读

药物中的无机酸酯

三硝酸甘油酯、亚硝酸异戊酯、硝酸异山梨酯等无机酯具有扩张冠状血管的作用，可缓解心绞痛。磷酸酯在临床上可用于改善各种器官的功能状态、提高细胞活动能力，并用于心血管病、肝病的辅助治疗，如二磷酸腺苷（ADP）及三磷酸腺苷（ATP）等。

（三）脱水反应

醇可以发生分子内脱水而生成烯烃，也可以发生分子间脱水而生成醚类。醇的脱水方式，取决于醇的结构和反应条件。

1. 分子内脱水 将乙醇与浓硫酸加热到 170℃，乙醇发生分子内脱水生成乙烯。

$$CH_2—CH_2 \xrightarrow[170℃]{浓H_2SO_4} CH_2{=\!=}CH_2 + H_2O$$

$$\underset{H \quad\ OH}{}$$

醇分子内脱水生成烯烃的反应属于消除反应。仲醇和叔醇分子内脱水时，遵循扎依采夫规则，反应时主要脱去含氢较少的 β-碳原子上的氢，主要产物是双键碳原子上连有较多烃基的烯烃。如：

$$\underset{OH}{\overset{\alpha\ \ \beta}{CH_3CHCH_2CH_3}} \xrightarrow[\triangle]{H_2SO_4} CH_3CH{=\!=}CHCH_3 + H_2O$$

2-丁醇　　　　　　　　　　　2-丁烯(主要产物)

$$\underset{OH}{\overset{\overset{\textstyle CH_3}{|}}{\underset{\alpha}{CH_3}{-}\underset{}{C}\overset{\beta}{-}CH_2CH_3}} \xrightarrow[\triangle]{H_2SO_4} CH_3{-}\overset{\overset{\textstyle CH_3}{|}}{C}{=\!=}CHCH_3 + H_2O$$

2-甲基-2-丁醇　　　　　　2-甲基-2-丁烯(主要产物)

不同结构的醇，发生分子内脱水反应的难易不同。醇分子内脱水活性顺序是：叔醇＞仲醇＞伯醇。

2. 分子间脱水 醇能发生分子间脱水生成醚。如乙醇在浓硫酸存在下加热到 140℃，乙醇发生分子间脱水生成乙醚。

$$CH_3CH_2{OH + H}{-}OCH_2CH_3 \xrightarrow[140℃]{浓H_2SO_4} CH_3CH_2OCH_2CH_3 + H_2O$$

由此可见，温度对脱水反应的方式是有影响的，一般情况下，在较低温度的情况下，有利于分子间脱水生成醚；在较高温度的情况下，有利于分子内脱水生成烯烃。

此外，脱水方式和醇的结构有关，如叔醇发生分子内脱水的倾向大，主要产物是烯烃；伯醇易发生分子间脱水，主要产物是醚。

课堂互动

完成下列反应式：

$$\phenyl{-CH_2CHCH_3} \xrightarrow{\text{分子内脱水}}$$
（OH）

（四）氧化反应

在有机化合物分子中引入氧原子或脱去氢原子的反应，称为氧化反应。伯醇和仲醇分子中，与羟基直接相连的碳原子上都连接有氢原子（α-H 原子），这些氢原子受到羟基的影响，比较活泼，容易发生氧化反应。

伯醇先被氧化生成相应的醛，醛很容易继续氧化生成羧酸。

$$RCH_2OH \xrightarrow{[O]} RCHO \xrightarrow{[O]} RCOOH$$
伯醇　　　　醛　　　　羧酸

仲醇被氧化生成相应的酮。

$$\underset{OH}{R-CH-R} \xrightarrow{[O]} \underset{O}{R-C-R}$$
仲醇　　　　　酮

叔醇无 α-氢原子，同样条件下，难以被氧化。

在醇的氧化反应中，常用的氧化剂是重铬酸钾（$K_2Cr_2O_7$）的酸性溶液或高锰酸钾（$KMnO_4$）的酸性溶液。伯醇和仲醇被 $K_2Cr_2O_7$ 的酸性溶液氧化时，会发生明显的颜色变化，由橙红色（$Cr_2O_7^{2-}$）转变为绿色（Cr^{3+}），叔醇在同样条件下不发生反应，所以无颜色变化，因此，可以利用该反应将叔醇与伯醇和仲醇区别开来。

$$CH_3CH_2OH + Cr_2O_7^{2-} \xrightarrow{H^+} CH_3CHO + Cr^{3+}$$
橙红　　　　　　　　　　　　　　　绿色
$$\xrightarrow[H^+]{K_2Cr_2O_7} CH_3COOH$$

$$\underset{OH}{CH_3-CH-CH_3} \xrightarrow{K_2Cr_2O_7, H^+} \underset{O}{CH_3-C-CH_3}$$
丙酮

此外，伯醇或仲醇的蒸气在高温下通过活性铜或银等催化剂，可直接发生脱氢反应，α-H 原子和羟基（—OH）氢原子脱去，分别生成醛或酮。叔醇分子中没有 α-H 原子，同样不发生脱氢反应。

课堂互动

完成下列反应式：

1. $CH_3CH_2CH_2OH \xrightarrow[H^+]{K_2Cr_2O_7}$　　　　$\xrightarrow[H^+]{K_2Cr_2O_7}$

2. $\underset{OH}{CH_3CHCH_2CH_3} \xrightarrow[H^+]{K_2Cr_2O_7}$

（五）多元醇的特性

多元醇分子中含有多个羟基（—OH），醇分子之间，醇分子与水分子之间形成氢键的机会增多，所以低级多元醇的沸点比同碳原子数的一元醇高得多。羟基的数目增多会使醇具有甜味，如丙三醇就具有甜味，俗称甘油；含有 5 个羟基（—OH）的木糖醇，可以用作糖尿病患者的食糖替代品。

多元醇具有一元醇相似的化学性质，但由于分子中羟基数目的增多，相互影响而产生一些特殊性质，相邻的两个碳原子上都连有羟基的多元醇（邻二醇），如乙二醇、丙三醇等，能与新制氢氧化铜溶液反应生成一种深蓝色的甘油铜配合物。此反应可以检验具有邻二羟基结构的多元醇。

$$\begin{array}{l} CH_2-OH \\ | \\ CH-OH \\ | \\ CH_2-OH \end{array} + Cu(OH)_2 \longrightarrow \begin{array}{l} CH_2-O \\ | \quad\quad\ \ O{-}Cu \\ CH-O \\ | \\ CH_2-OH \end{array} + 3H_2O$$

甘油铜（深蓝色）

四、重要的醇

（一）甲醇（CH_3OH）

甲醇又称"木醇"或"木精"。是无色有酒精气味易挥发的液体，有剧毒，误饮 5～10ml 能使人双目失明，饮用量稍大（约 30ml）会导致死亡。工业上用于制造甲醛和农药等，并用作有机物的萃取剂和乙醇的变性剂等，工业酒精中常含有少量的甲醇。甲醇还可以用作无公害燃料。

（二）乙醇（CH_3CH_2OH）

乙醇俗称酒精，是一种易燃、易挥发的无色透明液体，沸点是 78.5℃，能与水混溶。乙醇的用途很广，可用来制造醋酸、饮料、香精、染料、燃料等。乙醇能使蛋白质变性，临床上常用体积分数为 70%～75% 的乙醇作消毒剂。95% 的酒精可用于制备酊剂、醑剂及提取中草药的有效成分。

> **拓展阅读**
> #### 乙醇对人体的危害
>
> 过量饮酒，会酒精中毒，能危及生命。乙醇进入人体后，约 10% 的乙醇经呼吸、出汗等方式排出，约 20% 由胃黏膜吸收，其余经小肠吸收进入血液流到各个器官，主要分布在肝脏和大脑中。乙醇在体内的代谢过程，主要在肝脏中进行，在乙醇脱氢酶催化下，乙醇被氧化成乙醛，乙醛对人体有害，但它很快会在乙醛脱氢酶的作用下氧化成乙酸，而乙酸是可以被机体细胞利用的，所以适量饮酒并不会造成酒精中毒。但乙醇在体内的代谢速率是有限的，如果过量饮酒，乙醇就会在体内器官，特别是在肝脏和大脑中积蓄，导致酒精中毒。

（三）丙三醇（$HOCH_2-CHOH-CH_2OH$）

丙三醇俗称甘油，为无色澄清黏稠液体，有甜味，沸点是 290℃，比水重，能与水混溶。无水甘油有很强的吸湿性，稀释后的甘油刺激性缓和，能润滑皮肤。药物制剂上常用作溶剂、赋形剂和润滑剂。临床上对便秘者，常用甘油栓剂或 50% 的甘油溶液灌肠。还常作为化工、合成药物的原料。

（四）苯甲醇（$C_6H_5—CH_2OH$）

苯甲醇又称苄醇，是无色液体，有芳香味，难溶于水，易溶于有机溶剂。苯甲醇具有微弱的麻醉作用和防腐功能，用于局部止痛及制剂的防腐，临床上常用2%的苯甲醇灭菌溶液稀释青霉素，以减轻注射时的疼痛，但有溶血作用，对肌肉有刺激性，肌肉反复注射本品可引起臀肌挛缩症，因此禁止用于学龄前儿童肌内注射。10%的苯甲醇软膏或洗剂可用作局部止痒剂。

（五）木糖醇（$HOCH_2CHOHCHOHCHOHCH_2OH$）

木糖醇又名戊五醇，为结晶性白色粉末，味甜，易溶于水。在体内新陈代谢不需要胰岛素参与，又不使血糖升高，并可消除糖尿病人三多（多饮、多尿、多食），因此是糖尿病人安全的甜味剂、营养补充剂和辅助治疗剂。食用木糖醇不会引起龋齿，可用作口香糖、巧克力、硬糖等食品的甜味剂。还可作为化妆品类的湿润调整剂使用，对人体皮肤无刺激作用。

（六）甘露醇（$HOCH_2CHOHCHOHCHOHCHOHCH_2OH$）

甘露醇又名己六醇，为结晶性白色粉末，味甜，易溶于水。甘露醇广泛地分布于植物中，许多水果蔬菜都含有甘露醇。临床用20%的甘露醇水溶液作为组织脱水剂及渗透性利尿剂，减轻组织水肿，降低眼内压、颅内压等。

拓展阅读

认识硫醇

醇分子中的氧原子被硫原子代替后所形成的化合物叫硫醇。硫醇的通式为 R—SH，—SH 叫硫基，是硫醇的官能团。硫醇的命名和醇相似，只是在母体的名称前加一个"硫"字即可。例如：

$$CH_3SH \qquad CH_3CH_2SH \qquad CH_3CH_2CH_2SH$$

甲硫醇　　　　乙硫醇　　　　1-丙硫醇

低级的硫醇易挥发并具有特殊臭味，含量很少时，气味也很明显。因此，在燃气中常加入少量低级硫醇以起报警的作用。硫醇的沸点比醇低，且难溶于水。

硫醇的化学性质与醇类似，但也有差别。如硫醇具有酸性，其酸性比醇强，能和 NaOH 反应生成硫醇钠。还可与一些重金属离子（汞、铜、银、铅等）形成不溶于水的硫醇盐，临床上常用二硫基丙醇、二硫基丁二酸钠、二硫基磺酸钠等作为重金属中毒的解毒剂。硫醇极易被氧化，空气中的氧能将硫醇氧化成二硫化合物（R—S—S—R），储存含硫基的药物时，应避免与空气接触。

第二节　酚

案例导入

案例：19 世纪以前，没有杀菌剂，那时，一说到伤口感染，人们马上就想到"死神"的降临。利斯特是爱丁堡医院的一名医生，有一天，他去查看病房，看到一缕阳光从窗户的缝隙里射了进来，成千上万个小灰尘在飞舞、飘荡……他想，病人的伤口是裸露在空气中的，会受到灰尘中大量的细菌的污染，还有手术器械、手术服、医生的双手等等，也带有很多细菌。由于病人大多死于伤口感染，于是他千方百计地寻找杀菌的方法。经过大量实验，他找到了石炭酸（苯酚）这种有效的杀菌剂。手术前，用它的稀溶液来喷洒手术器械、手术服以及医生的双手等。采用这种消毒法后，病人伤口感染明显减少，手术死亡率也大幅度下降。

讨论：苯酚是较早用于杀菌消毒的物质，它是一类什么样的物质呢？为什么能杀死细菌呢？

　　酚是羟基与芳环直接相连的化合物。其官能团—OH 称为酚羟基，通式为 Ar—OH。

一、酚的分类和命名

（一）酚的分类

（1）根据酚羟基（—OH）所连接芳烃基的不同，可分为苯酚、萘酚等。例如：

| 苯酚 | α-萘酚 | β-萘酚 |

（2）根据酚羟基的数目，可分为一元酚和多元酚。例如：

一元酚　　　　二元酚　　　　三元酚

（二）酚的命名

1. 简单一元酚的命名　在芳环的名字后面加上"酚"字，当芳环上有 —R、—X、—NO$_2$等取代基时，在芳环名字前加上取代基的位次、名称以及数目。例如：

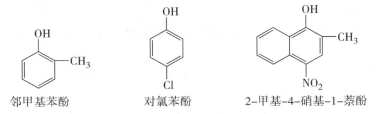

邻甲基苯酚　　　　对氯苯酚　　　　2-甲基-4-硝基-1-萘酚

2. 多元酚的命名　要在"酚"字前标明酚羟基的数目，并在芳环名字前面注明酚羟基的位次。例如：

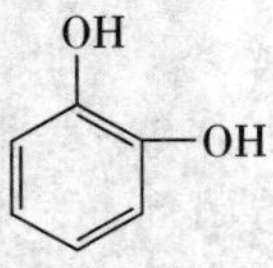

邻苯二酚（1,2-苯二酚） 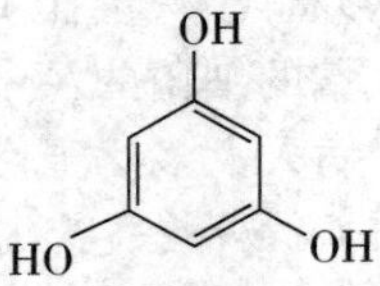　　　　均苯三酚（1,3,5-苯三酚） 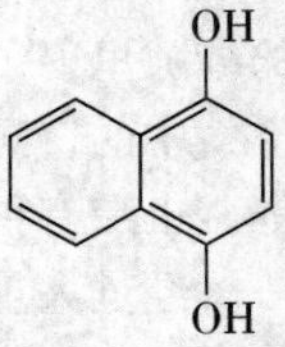　　　　1,4-萘二酚

3. 复杂酚的命名　可把酚羟基作为取代基来命名。例如：

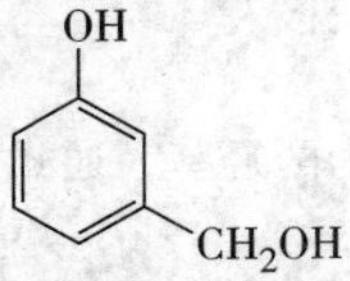

间羟基苯甲醇 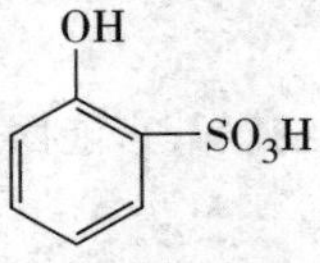　　　　　　邻羟基苯磺酸 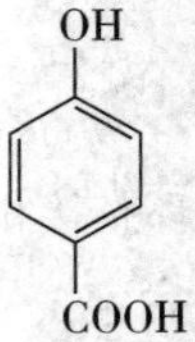　　　　　　对羟基苯甲酸

课堂互动

试写出下列物质的结构简式：对甲基苯酚　间苯二酚　邻苯三酚　2-甲基-1-萘酚

二、酚的物理性质

大多数的酚为无色结晶固体，有特殊气味。因酚在空气中易氧化，故一般呈不同程度的黄色或红色。其相对密度比水大。由于酚分子间能形成氢键，因此熔点、沸点比相对分子质量相近的芳烃要高。酚羟基与水分子间也能形成氢键，酚有一定的水溶性，其水溶性随温度的升高而增大，酚羟基的数目越多，其水溶性越大。酚能溶于乙醇、乙醚、苯等有机溶剂。

三、酚的化学性质

酚类分子中含有羟基和芳环，所以酚类化合物具有羟基和芳环所特有的性质。但由于酚羟基直接连接在芳环上，酚羟基氧原子上的 p 电子和苯环的大 π 键产生 p–π 共轭效应，所以酚具有一些不同于醇的化学性质。例如酚的酸性比醇强；酚羟基难以被卤原子取代；酚容易被氧化；酚羟基使芳环活化易进行亲电取代反应等。

（一）弱酸性

酚具有弱酸性，其酸性比醇强。酚不仅能和活泼金属反应，还能与强碱发生反应生成盐。

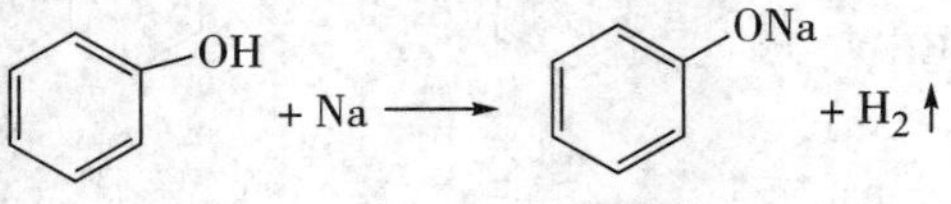

苯酚钠

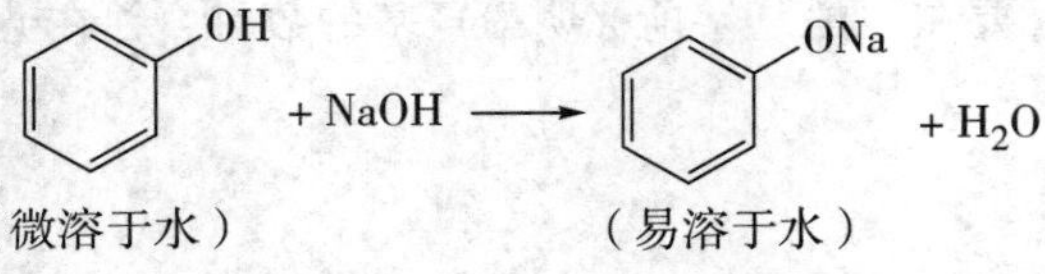

（微溶于水）　　　　　　　　（易溶于水）

苯酚（$pK_a=9.89$）的酸性很弱，比碳酸（$pK_a=6.35$）的酸性弱。所以在无色透明的苯酚钠水溶液中加入无机强酸，甚至通入二氧化碳，就可以将苯酚从其钠盐中置换出来，溶液出现混浊。

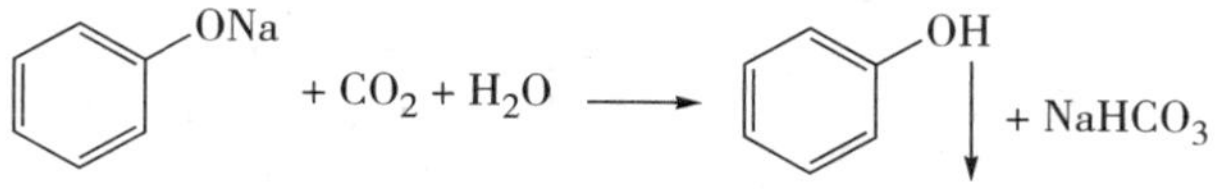

这样难溶于水，能溶于 NaOH 溶液，但又不溶于 $NaHCO_3$ 溶液的有机物，多半是酚。利用以上反应，可以将酚从其他物质中分离提纯出来。

酚类的酸性强弱与芳环上的取代基的种类和数目有关。如果芳环上连有吸电子基（如—X、—NO_2 等）时，可使酚的酸性增强，且吸电子基数目越多，酸性越强；如果芳环上连有供电子基（如—R 等）时，可使酚的酸性减弱，且供电子基数目越多，酸性越弱。如2,4,6- 三硝基苯酚，由于在苯酚的邻、对位连有三个强吸电子的硝基，其酸性大大增强，几乎和无机强酸相当，俗称"苦味酸"。例如：

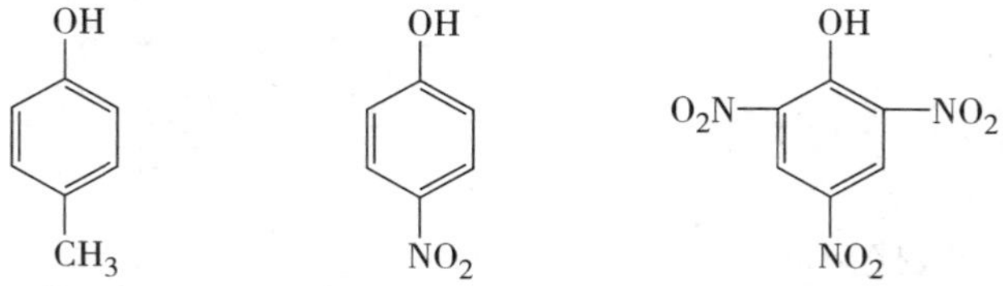

| $pK_a=10.17$ | $pK_a=8.15$ | $pK_a=0.38$ |

课堂互动

将下列化合物按酸性强弱顺序排列。

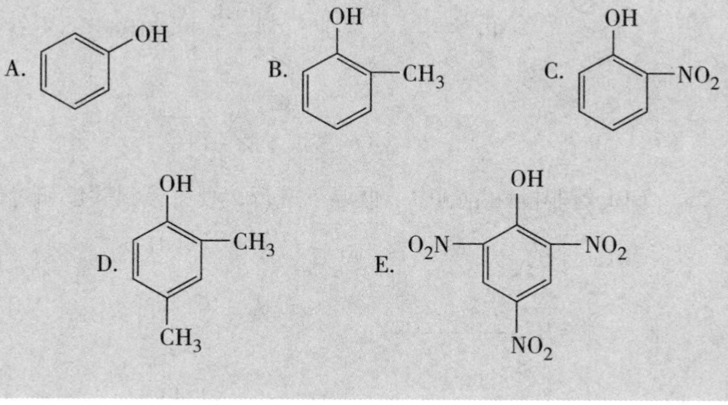

（二）与三氯化铁的显色反应

含有酚羟基的化合物大多可以和三氯化铁溶液作用发生显色反应，主要是酚和三氯化铁溶液作用生成有颜色的配离子。例如：

$$6C_6H_5OH + Fe^{3+} \longrightarrow [Fe(OC_6H_5)_6]^{3-} + 6H^+$$

不同的酚与三氯化铁反应显示出不同的颜色，详见表6-1。

表 6-1 常见酚与 FeCl₃溶液反应的颜色

化合物	生成物的颜色	化合物	生成物的颜色
苯酚	蓝紫色	间苯二酚	蓝紫色
邻甲苯酚	蓝色	对苯二酚	暗绿色结晶
间甲苯酚	蓝紫色	1,2,3-苯三酚	淡棕红色
对甲苯酚	蓝色	α-萘酚	紫红色沉淀
邻苯二酚	绿色	β-萘酚	绿色沉淀

能与三氯化铁溶液发生显色反应的不只是酚类，凡是具有烯醇结构或通过互变异构后产生烯醇结构的化合物都可以和三氯化铁溶液发生显色反应。所以常用三氯化铁溶液鉴别酚类及烯醇式结构的化合物。

课堂互动

用化学方法鉴别苯酚、环己醇、对甲苯酚。

(三) 苯环上的取代反应

羟基是强的邻对位定位基，使苯环上的电子云密度尤其是邻、对位增加较多，因此，酚比苯更容易发生亲电取代反应，且主要发生在酚羟基的邻、对位上。

1. 卤代反应 酚很容易发生卤代。苯酚与溴水作用，溴立刻取代邻、对位的三个氢原子，生成 2,4,6-三溴苯酚的白色沉淀。这个反应灵敏、迅速、简便，常用于苯酚的定性检验和定量分析。

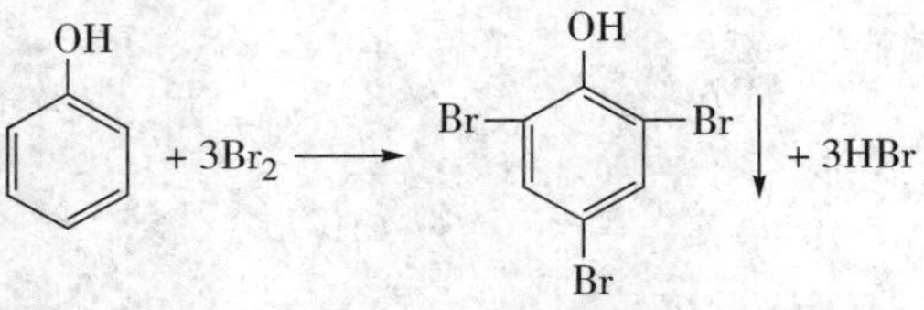

2,4,6-三溴苯酚（白色）

若该反应在 CS_2、CCl_4 等非极性溶剂中、低温下进行，则可得到邻位和对位的一溴代物。

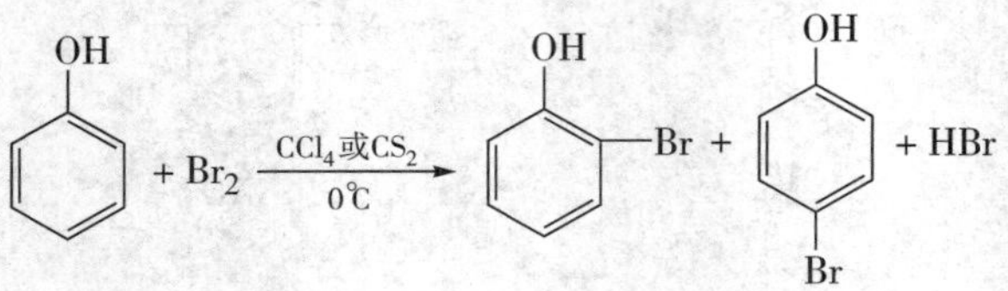

2. 硝化反应 苯酚很容易硝化，与稀硝酸在室温下作用，即可生成邻硝基苯酚和对硝基苯酚的混合物。

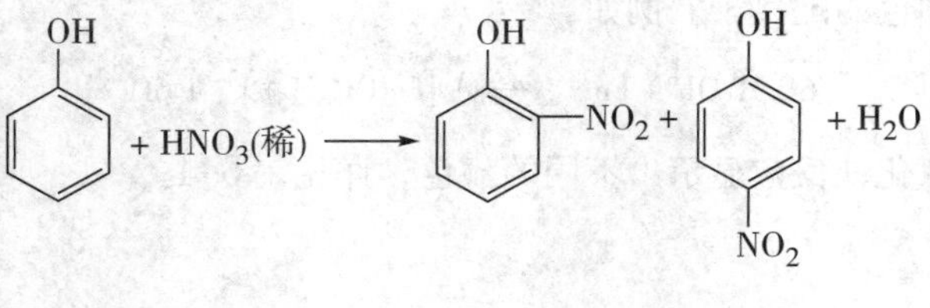

这两种异构体可用水蒸气蒸馏法分开。因邻硝基苯酚分子中的酚羟基和硝基处在相邻位置，可形成分子内氢键，阻碍其与水形成氢键，水溶性降低，挥发性大，可随水蒸气蒸出；而对硝基苯酚分子中的酚羟基和硝基处在对位，只能通过分子间的氢键形成缔合体，挥发性小，不能随水蒸气蒸馏出来。

3. 磺化反应　苯酚容易磺化，随反应温度不同，与浓硫酸作用生成不同的磺化产物。在 25℃时主要生成邻羟基苯磺酸，在 100℃时主要生成对羟基苯磺酸。

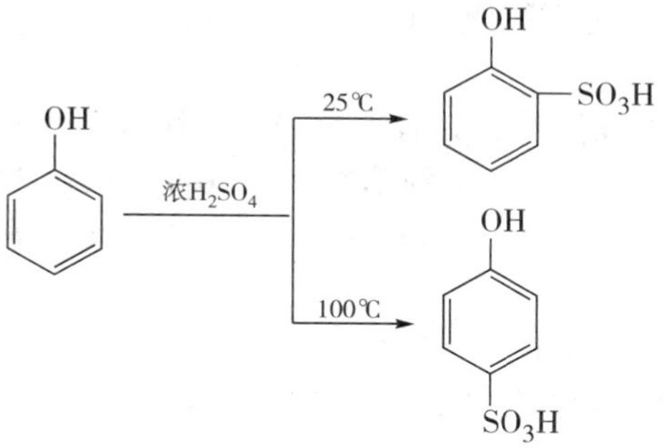

磺化反应是个可逆过程，磺酸基在受热时可以脱掉，因此，在有机合成上磺酸基可以作为苯的位置保护基，将取代基引入到指定位置。

（四）氧化反应

酚很容易被氧化，酚能被空气中的氧气氧化。随着氧化反应的进行，无色的苯酚会变成粉红色、红色或暗红色。苯酚与 $K_2Cr_2O_7$ 的酸性溶液作用，则生成对苯醌。

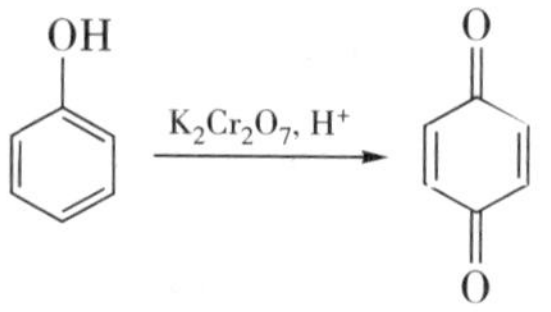

多元酚更容易被氧化，能被弱氧化剂如氧化银氧化，产物也是醌类，对苯二酚可将照相机底片上曝光活化的溴化银还原成银，因此冲洗照相底片时多用多元酚作显影剂。

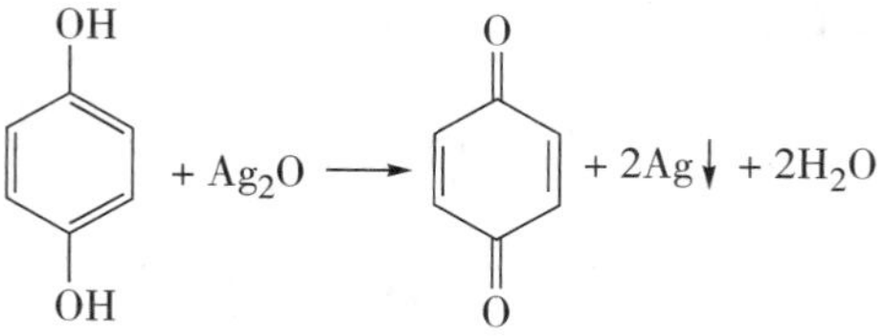

酚类易被氧化，可作为抗氧剂被添加到化学试剂中，空气中的氧首先氧化酚，即可防止化学试剂被氧化而变质，如常用的抗氧剂"抗氧 246"，其结构为：

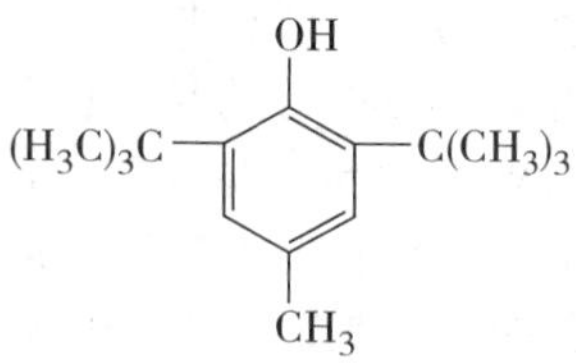

4-甲基-2,6-二叔丁基苯酚

因酚易被氧化，所以保存含有酚羟基的药物时要注意避免与空气接触，必要时须添加抗氧剂。

四、重要的酚

（一）苯酚（C_6H_5OH）

苯酚俗称石炭酸，常温下为无色针状结晶，熔点为 40.8℃，沸点为 182℃，有特殊气味，具有弱酸性，是最简单的酚类化合物。苯酚有毒，有腐蚀性，常温下微溶于水，易溶于有机溶剂；当温度高于 65℃时，能跟水以任意比例互溶，其溶液沾到皮肤上可用乙醇洗涤。

苯酚能凝固蛋白质，对皮肤有腐蚀性，并有杀菌作用。医药上可用作消毒剂，3%～5%的苯酚水溶液可用于外科器械的消毒，5%的苯酚水溶液可以用作生物制剂的防腐剂，1%的苯酚水溶液可用于皮肤止痒。但因为苯酚有毒，对皮肤又有腐蚀性，使用时要小心。

苯酚暴露在空气中，容易被空气氧化呈粉红色。由于易被氧化，应装于棕色瓶中避光保存。苯酚是重要的化工原料，苯酚也是很多医药（如水杨酸、阿司匹林及磺胺类药等）、香料、染料的合成原料。

（二）甲苯酚

甲苯酚有邻、间、对三种异构体，简称甲酚。甲酚三种异构体的沸点相近，不易分离，在实际中常使用它们的混合物，由于它们来源于煤焦油，称为煤酚。煤酚杀菌能力比苯酚强，因难溶于水，医药上常配成 47%～53%的肥皂水溶液，称为煤酚皂溶液，俗称"来苏尔"，使用前要稀释为 2%～5%的溶液，常用于器械和环境的消毒。

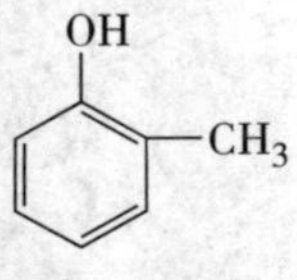

邻甲酚（沸点191℃） 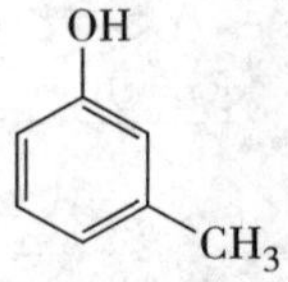　　　间甲酚（沸点202℃） 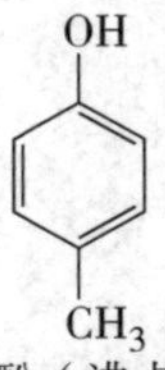　　　对甲酚（沸点202℃）

（三）苯二酚

苯二酚有邻、间、对三种异构体。

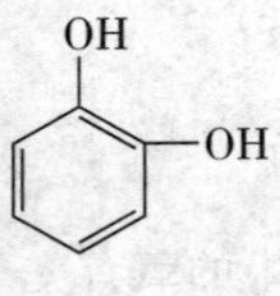

邻苯二酚 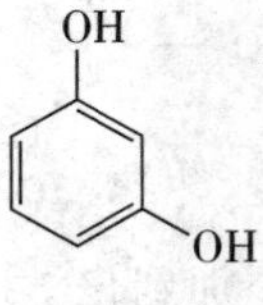　　　　　间苯二酚 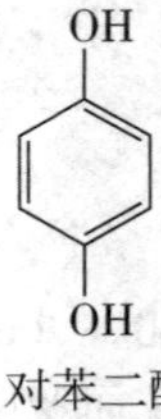　　　　　对苯二酚

邻苯二酚俗名儿茶酚，为无色结晶体，熔点 105℃，沸点 246℃，是医药工业重要的中间体，用于制备盐酸小檗碱、异丙肾上腺素等药品；也是重要的基本有机化工原料，广泛用于生产染料、光稳定剂、感光材料、香料、防腐剂、促进剂、特种墨水、电镀材料、生漆阻燃剂等。另外，还是一种使用很广泛的收敛剂和抗氧剂。

间苯二酚俗名雷琐辛，为白色针状结晶，熔点 110.7℃，沸点 276.8℃。具有抗细菌和真菌的作用，强度仅为苯酚的三分之一，刺激性小，其 2%～10%的油膏及洗剂用于治疗皮肤病，如湿疹和癣症等。

对苯二酚俗名氢醌，对苯二酚为白色结晶，熔点170.5℃，沸点285℃，是一种强还原剂，很容易被氧化成黄色的对苯醌，在药剂中常作抗氧剂，还可用作摄影胶片的黑白显影剂，也用作生产蒽醌染料、偶氮染料的原料。

（四）萘酚

萘酚有α-萘酚、β-萘酚两种异构体。

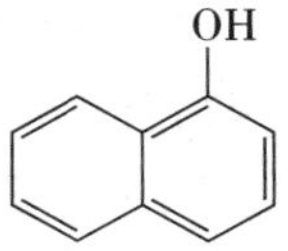

α-萘酚 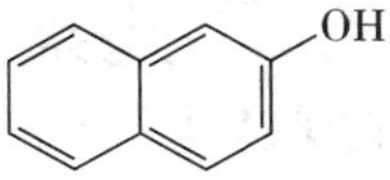　　　　　　　　β-萘酚

α-萘酚为无色菱形结晶，熔点96℃，沸点288℃。β-萘酚为白色结晶，熔点121～123℃。萘酚是制取医药、染料、香料、合成橡胶抗氧剂等的原料。它也可用作驱虫和杀菌剂。萘酚与局部皮肤接触可引起脱皮，甚至产生永久性的色素沉着。

（五）麝香草酚

无色结晶，熔点51℃，沸点323℃。医药上用作消毒剂、防腐剂和驱虫剂。

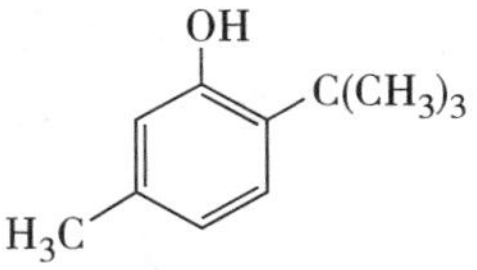

麝香草酚

拓展阅读

维生素E

维生素E又名生育酚，是一种天然存在的酚，是最主要的抗氧剂之一。维生素E是脂溶性的物质。自然界有多种异构体（α、β、γ、δ等），其中α-生育酚的生理活性最高，其结构为：

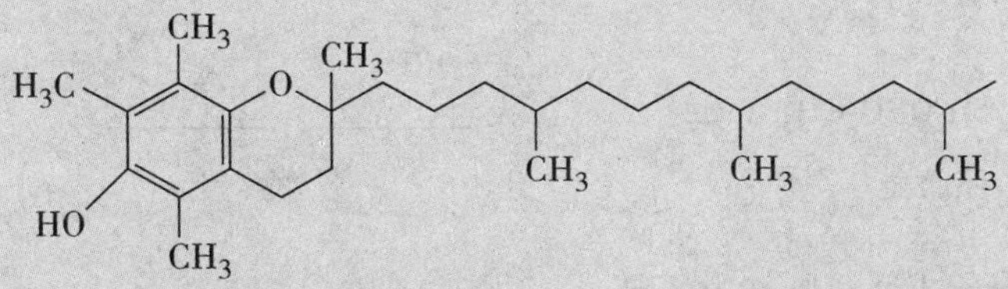

维生素E是一种自由基的清除剂或抗氧化剂，以减少自由基对机体的损害；能促进性激素分泌，提高生育能力，预防流产，临床上用以治疗先兆流产和习惯性流产。还可用于防治男性不育症、烧伤、冻伤、毛细血管出血、更年期综合征等。近来还发现维生素E可抑制眼睛晶状体内的过氧化脂反应，使末梢血管扩张，改善血液循环，预防近视发生和发展。

第三节 醚

案例导入

案例： 中国科学家屠呦呦荣获 2015 年诺贝尔生理学和医学奖，成为第一个获得诺贝尔自然科学奖的中国本土科学家。多年从事中药和中西药结合研究的屠呦呦，创造性地研制出抗疟新药——青蒿素和双氢青蒿素，对疟原虫有 100% 的抑制率，为中医药走向世界做出了重大贡献。东晋葛洪《肘后备急方》中将青蒿"绞汁"用药，因为青蒿素不耐热，如果用水煎煮或者用乙醇回流提取都需加热，会破坏青蒿素，所以要"绞汁"用药，才有效。屠呦呦由此得到启示，改用乙醚提取，最终得到了青蒿素，并在青蒿素的基础上研制了药效更强的双氢青蒿素。

讨论： 乙醚是良好的有机溶剂，沸点很低，用乙醚可以提取出青蒿素，而不会破坏青蒿素。乙醚是一种什么样的物质？为什么乙醚的沸点比乙醇低呢？

醚是醇或酚分子中的羟基上的氢原子被烃基取代而成的化合物。其官能团（C—O—C）称为醚键，通式为 R—O—R′、Ar—O—R、Ar—O—Ar′。

一、醚的分类和命名

（一）醚的分类

（1）按照分子中与氧原子相连的两个烃基是否相同，可分为简单醚和混合醚。两个烃基相同的称为简单醚，简称单醚；两个烃基不同的称为混合醚，简称混醚。

$$CH_3OCH_3 \qquad CH_3CH_2OCH_2CH_3 \qquad\qquad CH_3OCH_2CH_3 \qquad CH_3CH_2OCH(CH_3)_2$$

单醚 　　　　　　　　　　　混醚

（2）根据分子中与氧原子相连的两个烃基类型，可分为脂肪醚和芳香醚。两个烃基都为脂肪烃基的称为脂肪醚；一个或者两个烃基是芳香烃基的称为芳香醚。

$$CH_3CH_2OCH_2CH_3$$

脂肪醚 　　　　　　　　　　　芳香醚

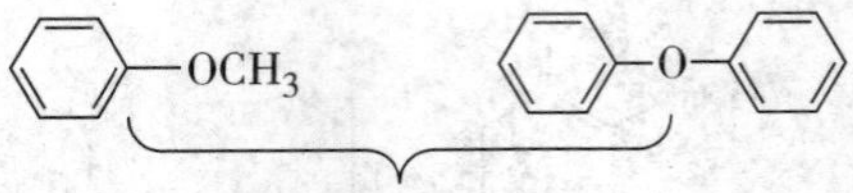

（3）如果醚分子成环状则称为环醚。

（二）醚的命名

1. 单醚 简单醚命名时，先写出与氧相连的烃基名称（基字常省略），再加上醚字即可，表示 2 个相同烃基的"二"也可省略，命名为"某醚"。例如：

$$CH_3OCH_3 \qquad CH_3CH_2OCH_2CH_3 \qquad \text{〔苯环〕}—O—\text{〔苯环〕}$$

（二）甲醚 　　　　　（二）乙醚 　　　　　（二）苯醚

2. 简单混醚 　混合醚命名时，按照烃基的大小顺序，把小的烃基名称写在前面，大的烃基名称写在后面，最后加上"醚"字，烃基的"基"字都可省略。如果一个烃基为脂肪烃基，另一个为芳香烃基时，芳香烃基的名称写在脂肪烃基名称前。例如：

$$CH_3OCH_2CH_3 \qquad CH_3CH_2OCH(CH_3)_2 \qquad \text{〔苯环〕}—OCH_2CH_3$$

甲乙醚 　　　　　　乙异丙醚 　　　　　　苯乙醚

3. 环醚 　环醚命名时，可以称为环氧"某"烷，也可以按杂环来命名。例如：

环氧乙烷 　　　　　　　　　　　四氢呋喃

4. 复杂混醚 　复杂的醚命名时，取碳链最长的烃基为母体，以较简单的烷氧基作为取代基，按照系统命名法命名。例如：

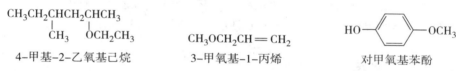

4-甲基-2-乙氧基己烷 　　　　3-甲氧基-1-丙烯 　　　　对甲氧基苯酚

课堂互动

碳原子数目相同的醚和醇互为同分异构体，它们属于哪种类型的异构？

二、醚的物理性质

甲醚和甲乙醚在常温下是气体，大多数的醚在常温下为无色有特殊气味的液体，比水轻。与醇不同，醚分子之间不能形成氢键，所以沸点比相对分子质量相同的醇的沸点低得多，如乙醇的沸点为 $78.5℃$，甲醚的沸点为 $-24.9℃$，正丁醇的沸点为 $117.8℃$，乙醚的沸点为 $34.6℃$。醚可以和水分子间形成氢键，所以低级醚在水中有一定的溶解度，并易溶解于有机溶剂，醚能溶解很多种有机化合物，因此乙醚常用作有机溶剂。

三、醚的化学性质

由于醚的氧原子与两个烃基相连，分子的极性很小，因此醚键相当稳定（环氧乙烷除外）。醚的化学性质比较不活泼，通常情况下，对氧化剂、还原剂和碱都十分稳定。但醚的稳定性也是相对的，在一定的条件下还是可以发生一些特有反应。

（一）乙醚的氧化

乙醚长期与空气接触，会被空气中的氧气氧化，生成过氧化物，反应发生在 $\alpha\text{-C}$ 上。

$$CH_3CH_2OCH_2CH_3 + O_2 \longrightarrow CH_3CH-O-CH_2CH_3$$
$$\overset{|}{O}-OH$$

过氧化物

过氧化物不稳定，受热时易分解发生爆炸，且沸点比醚高，所以蒸馏乙醚时，过氧化物会残留在容器中，继续加热即会爆炸。因此醚类一般避光存放在深色的玻璃瓶内，并加入抗氧剂如对苯二酚等，以防止过氧化物的生成。

蒸馏醚前必须检验是否有过氧化物存在。常用的检查方法是用碘化钾−淀粉试纸，若存在过氧化物，KI 中的 I^- 被氧化为 I_2，遇淀粉试纸显蓝色。也可以用 $FeSO_4$ 和 KSCN 的混合溶液与乙醚一起振摇，如果有过氧化物，会将 Fe^{2+} 氧化成 Fe^{3+}，Fe^{3+} 与 SCN^- 生成血红色的配离子。除去乙醚中过氧化物的方法是向其中加入适量的还原剂（$FeSO_4$ 或 Na_2SO_3）振摇，过氧化物即可被分解破坏。

（二）锌盐的生成

醚由于氧原子上带有未共用电子对，能接受质子，可以与强酸（H_2SO_4、HCl 等）作用，以配位键的形式结合生成锌盐。

$$R-\overset{..}{O}-R + HCl \longrightarrow [R-\overset{\overset{H}{|}}{\underset{..}{O}}-R]^+ Cl^-$$

醚的锌盐不稳定，遇水分解为原来的醚。由于醚能溶于强酸中，而烷烃或卤代烃在强酸中不溶解，出现明显的分层现象。利用这性质，可将醚从烷烃或卤代烃等混合物中分离、区别开来。

（三）醚键的断裂

醚键的断裂必须在浓酸和高温下才能发生。使醚键断裂的有效试剂是氢卤酸，其中以氢碘酸的作用最强，生成醇（或酚）和卤代烃。脂肪混醚断醚键时，一般是小的烃基形成卤代烃；芳基烷基醚断裂时，则生成酚和卤代烃。例如：

$$CH_3CH_2OCH_3 + HI \longrightarrow CH_3CH_2OH + CH_3I$$

$$\text{（苯氧甲基）} + HI \longrightarrow \text{（苯酚）} + CH_3I$$

如果醚分子中含有甲氧基，可用此反应测定醚分子中甲氧基的含量。方法是：先利用此反应将含有甲氧基的醚定量地生成碘甲烷，再将反应混合物中所生成的碘甲烷蒸馏出来，通入硝酸银的醇溶液中，由生成的碘化银的含量来换算醚分子中甲氧基的含量。该方法称为蔡塞尔甲氧基含量测定法。

四、重要的醚

（一）乙醚（$CH_3CH_2OCH_2CH_3$）

乙醚是无色易挥发有特殊气味的液体，沸点 34.6℃，比水轻，易燃，在制备和使用时应远离火源，注意安全。乙醚微溶于水，能溶解多种有机化合物，是一种良好的有机溶剂，常用作提取中草药有效成分的溶剂。

乙醚有麻醉作用，早在 1850 年就在临床上用作全身吸入性麻醉剂，连续使用了 110 年，但后来人们发现其有较大的毒性作用，对呼吸和循环有抑制作用。目前，已被新型麻醉剂卤代醚类（异氟醚、七氟醚等）代替。

（二）环氧乙烷（ ）

环氧乙烷为无色有毒的气体，沸点 $11℃$ ，能溶于水、乙醇和乙醚，易燃易爆。环氧乙烷可与微生物菌体蛋白质分子中的氨基、羟基、巯基等活性氢部分结合，使蛋白质失活，从而使微生物失去活力或死亡，是常用的杀虫剂和气体灭菌剂。

环氧乙烷分子的环状结构不稳定，其性质很活泼，容易发生开环加成反应，利用其开环加成反应能够合成多种化合物，是有机合成中非常重要的试剂。

拓展阅读

认识硫醚

硫醚可以看成醚分子中的氧原子被硫原子代替而成的化合物，其通式为 R—S—R′。其命名与醚相似，只需在"醚"前加"硫"即可，如：

$$CH_3—S—CH_3 \qquad CH_3—S—CH_2CH_3 \qquad C_6H_5—S—CH_2CH_3$$

甲硫醚 　　　　　　　甲乙硫醚 　　　　　　　苯乙硫醚

硫醚不溶于水，具有刺激性气味，沸点比相应的醚高，硫醚和硫醇一样，也易被氧化，首先氧化成亚砜（R—SO—R′），亚砜进一步被氧化成砜（R—SO_2—R′）。

二甲基亚砜（ $CH_3—SO—CH_3$ ）简称 DMSO，是一种无色液体，既能溶解水溶性物质，又能溶解脂溶性物质，是一种良好的溶剂和有机合成的重要试剂。由于二甲基亚砜具有较强的穿透力，可在一些药物的透皮吸收剂中作为促渗剂，如 DMSO 可增加水杨酸、胰岛素、醋酸地塞米松等药物的透皮吸收。

重点小结

1. 醇是羟基与脂肪烃基中的碳原子直接相连而形成的化合物，其官能团（—OH）称为醇羟基，根据羟基所连接的碳原子的类型可分为伯醇、仲醇和叔醇。

2. 由于醇分子之间能形成氢键，所以醇的沸点比相对分子质量相近的烷烃要高得多；醇与水分子之间也能形成氢键，所以低级醇（6个碳以下）易溶于水。

3. 醇有弱酸性，可以和活泼金属（如 Na）反应放出 H_2 。醇钠是一种强碱，其碱性比 NaOH 强，在有机合成中常用作强碱。

4. 伯醇、仲醇、叔醇与卢卡斯试剂反应的速度不同，可区分6个碳原子以下的伯醇、仲醇、叔醇；具有邻二醇结构的多元醇能与新制的 $Cu(OH)_2$ 反应生成深蓝色物质，此反应可用于具有邻二醇结构的多元醇的检验。

5. 醇的脱水方式与温度和结构有关，较高温度下，易发生分子内脱水生成烯烃，较低温度则易发生分子间脱水生成醚；伯醇易发生分子间脱水，叔醇易发生分子内脱水。

6. 具有 α-H 的伯醇、仲醇能被 $K_2Cr_2O_7$ 的酸性溶液氧化，叔醇则不能，利用该反应可将叔醇与伯醇和仲醇区别开来。

7. 酚是羟基与芳环直接相连而形成的化合物，其官能团（—OH）称为酚羟基。

8. 酚有弱酸性，能与强碱反应生成盐，各物质的酸性排列顺序为：碳酸＞苯酚＞水＞醇。

9. 酚易被氧化，保存酚及含酚羟基的药物时，应避免与空气接触，必要时需添加抗氧剂。

10. 酚类及有烯醇式结构的物质能与 $FeCl_3$ 溶液发生显色反应，所以 $FeCl_3$ 溶液是鉴别酚类的常用试剂。苯酚还能与溴水反应生成白色沉淀，此反应可用于苯酚的定性检验和定量分析。

11. 醚是醇或酚分子中羟基上的氢原子被烃基取代而形成的化合物。其官能团（C—O—C）称为醚键。

12. 醚的化学性质不活泼，对氧化剂、还原剂和碱都十分稳定。但能与强酸反应生成𨱏盐，能溶于强酸溶液中，此反应可鉴别、分离、提纯烷烃和醚类。

13. 醚键在氢卤酸（HX）的作用下，可以发生断裂生成醇（或酚）和卤代烃，作用最强的是 HI。

14. 乙醚长期放置在空气中会产生过氧化物，在使用前应检验是否含有过氧化物并除去过氧化物，以免发生爆炸危险。

目标检测

1. 选择题

（1）乙醇（CH_3CH_2OH）的俗名是
  A. 木醇　　　　　　 B. 酒精　　　　　　 C. 木精　　　　　　 D. 甘油

（2）下列物质中，和乙醚是同分异构体的是
  A. 乙烷　　　　　　 B. 乙醇　　　　　　 C. 甲醚　　　　　　 D. 2-丁醇

（3）下列物质中，沸点最高的是
  A. 乙烷　　　　　　 B. 乙醇　　　　　　 C. 乙醚　　　　　　 D. 乙烯

（4）能区别六个碳以下的伯、仲、叔醇的试剂是
  A. $KMnO_4$ 的酸性溶液　　　　　　 B. 卢卡斯试剂
  C. 斐林试剂　　　　　　　　　　　 D. 溴水

（5）误食工业酒精会严重危害人的健康甚至生命，是因为其中含有
  A. 甲醇　　　　　　 B. 乙醇　　　　　　 C. 苯　　　　　　　 D. 苯酚

（6）下列物质中，难溶于水和 $NaHCO_3$ 溶液中，但能溶于 NaOH 溶液的是
  A. 苄醇　　　　　　 B. 苯甲醚　　　　　 C. 苯酚　　　　　　 D. 苯

（7）下列可以用来鉴别苯酚和苄醇的试剂是
  A. 浓 H_2SO_4 溶液　　　　　　 B. Br_2 水溶液
  C. $NaHCO_3$ 溶液　　　　　　 D. 新制的 $Cu(OH)_2$ 溶液

（8）下列化合物与 $FeCl_3$ 溶液发生显色反应的有
  A. 对甲苯酚　　　　 B. 苄醇　　　　　　 C. 甲苯　　　　　　 D. 环己醇

（9）下列化合物酸性最强的是
  A. 苯酚　　　　　　　　　　　　　 B. 2,4-二硝基苯酚

  C. 对硝基苯酚   D. 2,4,6-三硝基苯酚

（10）下列化合物在水中溶解度最大的是

  A. 丙醇   B. 丙烯   C. 苯酚   D. 丙烷

2. 写出下列化合物的系统名称

（1）$CH_3CH_2\underset{\underset{OH}{|}}{C}HCH_2CH_3$ （2）$CH_3CH=CHCH\underset{\underset{CH_2OH}{|}}{}CH_2CH_3$

（3）环己醇—OH

（4）HO—〇—OCH_3

（5）〇〇 $\underset{OH}{\overset{}{}}$—$CH_3$

（6）〇$\overset{OH}{\underset{OH}{}}$

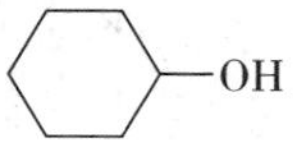

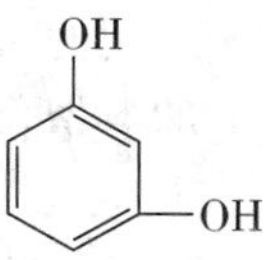

（7）$(CH_3)_2CHOCH(CH_3)_2$

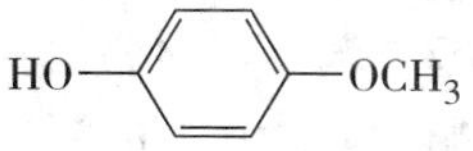

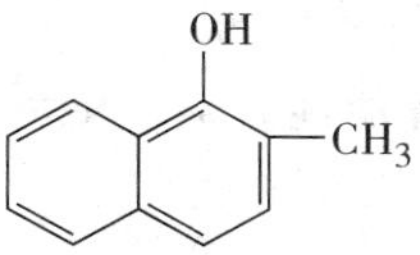

（8）H_3C—〇—OCH_3

3. 写出下列化合物的结构简式

（1）甘油   （2）石炭酸

（3）乙醚   （4）苄醇

（5）苯甲醚   （6）苦味酸

4. 完成下列反应方程式

（1）$CH_3\underset{\underset{OH}{|}}{C}HCH_2CH_3 + HCl \xrightarrow{ZnCl_2}$

（2）$\begin{matrix} CH_2{-}OH \\ | \\ CH{-}OH \\ | \\ CH_2{-}OH \end{matrix} + 3HNO_3 \xrightarrow{H_2SO_4}$

（3）$CH_3CH_2\underset{\underset{CH_3}{|}}{C}HCH_2OH \xrightarrow{K_2Cr_2O_7,\ H^+}$

（4）〇—ONa $+ HCl \longrightarrow$

（5）〇—OH $+ Br_2 \longrightarrow$

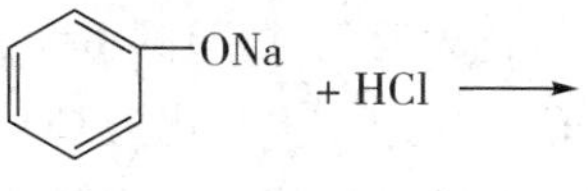

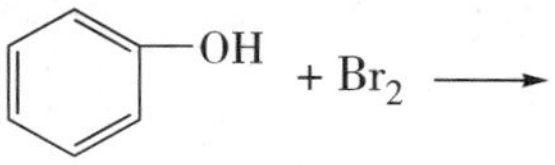

（6）〇—OC_2H_5 $+HI \xrightarrow{\triangle}$

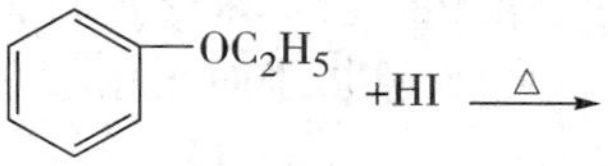

5. 用化学方法鉴别下列各组物质

（1）正丙醇、异丙醇、叔丁醇   （2）苯甲醇、苯甲醚、邻甲苯酚

（3）己烷、乙醚、正丁醇   （4）甘油、正丙醇

                   （申扬帆）

第七章

醛、酮、醌

学习目标

知识要求　1. **掌握**　醛、酮的结构、命名、主要化学性质。
　　　　　2. **熟悉**　醛、酮的分类、物理性质。
　　　　　3. **了解**　一些重要的醛、酮；醌的基本结构、性质。
技能要求　1. 能判断醛、酮、醌的结构并能将其分类；能熟练地对醛、酮进行命名。
　　　　　2. 会书写醛、酮的典型化学反应方程式；会用醛、酮的性质鉴别相关有机物。

醛、酮的分子中都含有羰基，统称为羰基化合物。羰基是一个碳原子和一个氧原子以双键相连而成的基团。醌是一类不饱和共轭环二酮。

醛和酮在有机合成中有广泛的用途，某些醛、酮也是药物合成的重要原料或中间体；有些天然醛、酮是中草药的有效成分，有显著的生理活性。

第一节　醛和酮的结构、分类、命名

案例导入

案例：在日常中我们常常有这样的疑惑：为什么有的人喝酒千杯不醉，而有的人喝少量酒后就面红耳赤，酒量的大小与什么有关呢？人的酒量大小与乙醇在人体内的代谢产物和过程有很大关系，因人而异。乙醇（CH_3CH_2OH）进入人体内，首先在乙醇脱氢酶的作用下氧化为乙醛（CH_3CHO），然后又在乙醛脱氢酶的作用下将乙醛氧化为乙酸（CH_3COOH），并进一步氧化为 CO_2 和 H_2O。如果人体内这两种脱氢酶的含量较多，乙醇的代谢速度就很快。如果含量较少，尤其是缺少乙醛脱氢酶，饮酒后就会引起体内乙醛积累，导致血管扩张而红脸。

讨论：乙醛究竟是怎样的一类物质呢？

一、醛和酮的结构、分类

（一）结构

羰基的两端分别与烃基和氢原子相连的称为醛（甲醛的羰基与两个氢原子相连）。醛的官能团是醛基。例如：

醛基　　　　　　醛的结构通式　　　　　　醛的简写式

$$H-\overset{\overset{\displaystyle O}{\|}}{C}-H$$

甲醛

$$CH_3-\overset{\overset{\displaystyle O}{\|}}{C}-H$$

乙醛

苯甲醛

羰基的两端均连接烃基的称为酮。酮分子中的两个烃基可以相同，也可以不相同。酮的官能团是酮基。例如：

$$-\overset{\overset{\displaystyle O}{\|}}{C}-$$

酮基

$$R(Ar)-\overset{\overset{\displaystyle O}{\|}}{C}-R'(Ar')$$

酮的结构通式

$$CH_3-\overset{\overset{\displaystyle O}{\|}}{C}-CH_3$$

丙酮

$$CH_3CH_2-\overset{\overset{\displaystyle O}{\|}}{C}-CH_3$$

丁酮

$$\overset{\overset{\displaystyle O}{\|}}{C}-CH_3$$

苯乙酮

羰基中的碳原子以 3 个 sp^2 杂化轨道分别和其他 3 个原子形成 3 个 σ 键（其中有 1 个是碳氧 σ 键），这 3 个 σ 键处于同一平面；碳原子上未参与杂化的 p 轨道（垂直于 σ 键所在平面）与氧的 1 个 p 轨道相互"肩并肩"重叠形成 π 键，此 π 键也垂直于 3 个 σ 键所在的平面，见图 7-1。因此羰基的碳氧双键与烯烃的碳碳双键相似，也是由 1 个 σ 键和 1 个 π 键组成，π 电子云也是分布于 σ 键所在平面的两侧。但由于碳原子与氧原子的电负性不同，所以羰基具有极性，氧周围电子云密度比碳周围的电子云密度高，氧带部分负电荷，碳带部分正电荷。

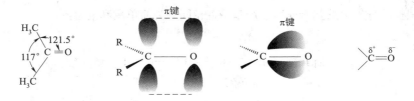

图 7-1　羰基的结构

（二）分类

（1）根据羰基所连烃基的不同，可分为脂肪醛、酮，芳香醛、酮和脂环醛、酮。

脂肪醛、酮

$$CH_3CH_2-\overset{\overset{\displaystyle O}{\|}}{C}-H$$

丙醛

$$CH_3-\overset{\overset{\displaystyle O}{\|}}{C}-CH_3$$

丙酮

芳香醛、酮

$$\overset{\overset{\displaystyle O}{\|}}{C}-H$$

苯甲醛

$$\overset{\overset{\displaystyle O}{\|}}{C}-CH_3$$

苯乙酮

脂环醛、酮 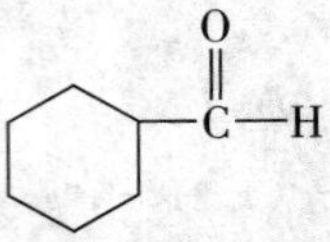 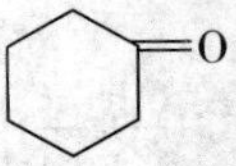

环己基甲醛　　环己酮

（2）根据烃基的饱和程度，脂肪醛、酮分为饱和醛、酮与不饱和醛、酮。

饱和醛、酮　$CH_3CH_2CH_2-\overset{\overset{O}{\|}}{C}-H$（丁醛）　$CH_3-\overset{\overset{O}{\|}}{C}-CH_2CH_3$（丁酮）

不饱和醛、酮　$CH_3-CH=CH-\overset{\overset{O}{\|}}{C}-H$（2-丁烯醛）　$CH_3-\overset{\overset{O}{\|}}{C}-CH=CH_2$（3-丁烯-2-酮）

（3）根据分子中所含羰基的数目，分为一元醛、酮与多元醛、酮。

一元醛、酮　$CH_3-\overset{\overset{O}{\|}}{C}-H$（乙醛）　$CH_3-\overset{\overset{O}{\|}}{C}-CH_3$（丙酮）

二元醛、酮　$H-\overset{\overset{O}{\|}}{C}-\overset{\overset{O}{\|}}{C}-H$（乙二醛）　$CH_3-\overset{\overset{O}{\|}}{C}-CH_2-\overset{\overset{O}{\|}}{C}-CH_3$（2,4-戊二酮）

（4）根据酮分子中羰基所连两个烃基是否相同分为简单酮和混合酮。

简单酮　$R-\overset{\overset{O}{\|}}{C}-R$（简单酮）　$CH_3-\overset{\overset{O}{\|}}{C}-CH_3$（丙酮）

混合酮　$R-\overset{\overset{O}{\|}}{C}-R'$（混合酮）　$CH_3-\overset{\overset{O}{\|}}{C}-CH_2CH_3$（丁酮）

二、醛和酮的命名

（一）普通命名法

简单的醛和酮可采用普通命名法。脂肪醛按所含碳原子数称为“某醛”，脂肪酮的命名与醚相似，可按羰基所连的两个烃基命名。例如：

$CH_3CH_2CH_2-\overset{\overset{O}{\|}}{C}-H$（正丁醛）　$CH_3-\underset{}{\overset{\overset{CH_3}{|}}{CH}}-\overset{\overset{O}{\|}}{C}-H$（异丁醛）　$CH_3-\overset{\overset{O}{\|}}{C}-CH_2CH_3$（甲乙酮）　$CH_3CH_2-\overset{\overset{O}{\|}}{C}-CH_2CH_3$（二乙酮）

（二）系统命名法

1. 饱和脂肪醛、酮的命名 选择含有羰基的最长碳链为主链，根据主链碳原子数目称为"某醛"或"某酮"。从靠近羰基的一端开始给主链碳编号，省略醛基碳位次，在酮的名称前注明酮基的位次。如有取代基，则将取代基的位次、数目和名称写在母体名称前。也可用希腊字母 α、β、γ……给非羰基碳原子编号。例如：

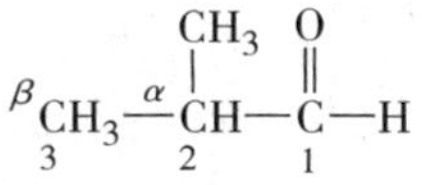

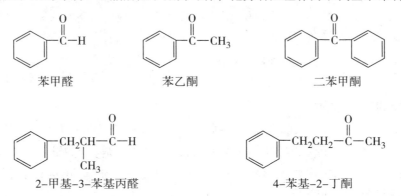

2-甲基丙醛 (α-甲基丙醛) 2,3-二甲基丁醛 (α,β-二甲基丁醛)

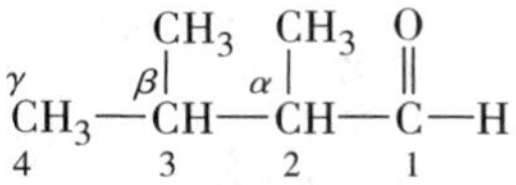

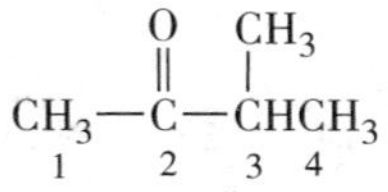

3-甲基-2-丁酮 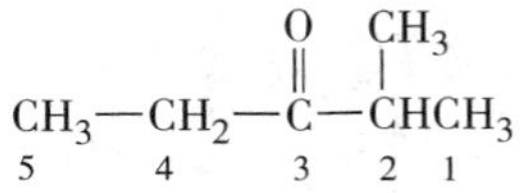 2-甲基-3-戊酮

2. 不饱和脂肪醛、酮的命名 选含有羰基和不饱和键的最长碳链为主链，从靠近羰基的一端开始给主链和碳原子编号，以最小数字标出酮基和不饱和键的位次。例如：

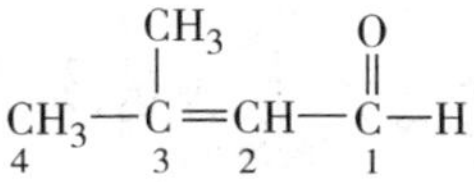

3-甲基-2-丁烯醛 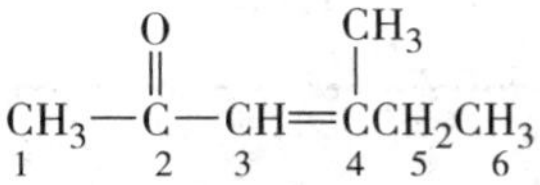 4-甲基-3-己烯-2-酮

3. 芳香醛、酮的命名 以脂肪醛、酮为母体，把芳香烃基作为取代基来命名。例如：

苯甲醛 苯乙酮 二苯甲酮

2-甲基-3-苯基丙醛 4-苯基-2-丁酮

4. 脂环酮的命名 脂环酮的命名与脂肪酮相似，称为"环某酮"，编号从羰基碳原子开始。例如：

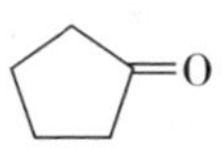

环戊酮 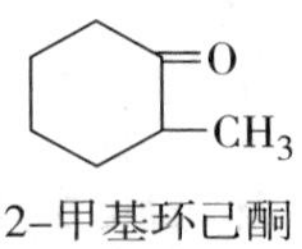 2-甲基环己酮 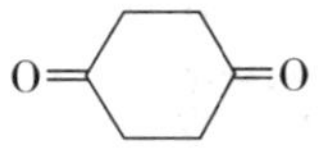 1,4-环己二酮

课堂互动

1. 根据醛、酮的来源，常用俗名表示。例如：

(1) $CH_3-CH=CH-CHO$

巴豆醛

(2)

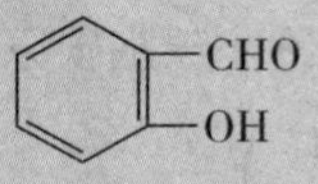

水杨醛

(3) 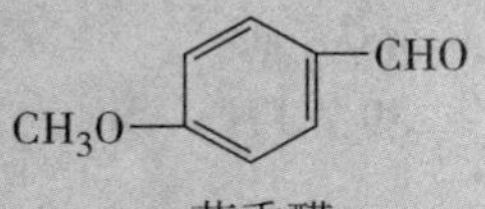 CH_3O——CHO

茴香醛

(4) 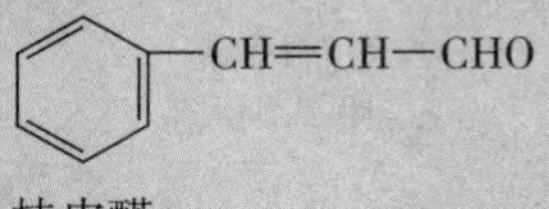 ——$CH=CH-CHO$

桂皮醛

请用系统命名法命名上述化合物。

2. 写出下列化合物的结构简式

(1) 3-甲基丁醛　　　　(2) 2,4-二甲基己醛　　　　(3) 3-苯基-2-丁烯醛

(4) 丁酮　　　　　　　(5) 3-甲基-2-戊酮　　　　　(6) 环己酮

第二节　醛和酮的性质

案例导入

案例：麝香是名贵稀有的中药材，味辛，性温。入心、脾二经。具有开窍醒神，活血散瘀，通经活络、消肿痛之功效。麝香还有兴奋中枢神经、呼吸中枢及强心的作用。麝香主要芳香药物成分为麝香酮，系统命名为：3-甲基环十五酮。是最珍贵的香料之一，常作为高级香水香精的定香剂。

讨论：醛和酮有哪些典型的物理性质和化学性质？

一、醛和酮的物理性质

常温下，甲醛为气体，其余 C_{10} 以内的脂肪醛、酮为液体，高级醛、酮为固体。醛、酮的沸点比相应的醇低，比分子量相近的烃或醚高。低级醛有刺鼻气味；$C_6 \sim C_{14}$ 的醛类，有花果香的气味，$C_7 \sim C_{13}$ 的酮类，有特定的清香气味，$C_{14} \sim C_{19}$ 的脂环酮类，是麝香香料的香气成分。如麝香酮、灵猫酮等。

甲醛、乙醛、丙酮等低级醛、酮能与水混溶，是由于羰基能与水分子形成氢键。当醛、酮分子中烃基部分增大时，水溶性会迅速降低，含 6 个以上碳原子的醛、酮几乎不溶于水，而易溶于苯、醚、四氯化碳等有机溶剂。

二、醛和酮的化学性质

醛和酮分子中都含有羰基，故有许多相似的化学性质，如羰基的加成反应、还原反应等。但醛、酮的结构并不完全相同，它们在化学性质上也表现出一些差异，一般情况下，醛比酮化学性质活泼，具有不同于酮的一些特性反应。醛、酮化合物的主要反应及其反应部位描述如下。

$$
\underset{\overset{\underset{\displaystyle H}{|}}{\overset{\displaystyle R-\overset{\displaystyle \overset{\displaystyle O^{\delta-}}{\overset{\|}{C^{\delta+}}}}{\underset{|}{C}}}-(H)\,R'}{}}{}
\begin{array}{l}
\text{---羰基的还原反应} \\
\text{---羰基的加成反应} \\[6pt]
\text{醛的氧化反应} \\[10pt]
\alpha\text{-氢的反应}
\end{array}
$$

（一）加成反应

醛、酮羰基的碳氧双键由一个 σ 键和一个 π 键组成，在一定的条件下，容易和一些试剂发生加成反应。

$$
\underset{}{R-\overset{R'(H)}{\underset{}{\overset{\delta+}{C}}}}\!\!=\!\!\overset{\delta-}{O} + \;:Nu^-E^+ \;\rightleftharpoons\; R-\underset{Nu}{\overset{R'(H)}{\underset{|}{\overset{|}{C}}}}-O^- \;\underset{}{\overset{E^+}{\rightleftharpoons}}\; R-\underset{Nu}{\overset{R'(H)}{\underset{|}{\overset{|}{C}}}}-OE
$$

不同结构的醛、酮发生加成反应的难易程度不同，影响因素主要有电子效应和空间效应，羰基碳原子带正电愈多，空间位阻愈小，反应活性愈强。下列化合物加成反应的活性顺序是：

$$
\underset{H}{\overset{H}{C}}\!\!=\!\!O \;>\; \underset{H}{\overset{CH_3}{C}}\!\!=\!\!O \;>\; \underset{CH_3}{\overset{CH_3}{C}}\!\!=\!\!O \;>\; \underset{C_2H_5}{\overset{C_2H_5}{C}}\!\!=\!\!O \;>\; \underset{CH_3}{\overset{C_6H_5}{C}}\!\!=\!\!O \;>\; \underset{C_6H_5}{\overset{C_6H_5}{C}}\!\!=\!\!O
$$

1. 与氢氰酸的加成 醛、脂肪族甲基酮及少于 8 个碳的环酮与氢氰酸加成生成 α-羟基腈，也称 α-氰醇。例如：

$$
\underset{(CH_3)H}{\overset{R}{C}}\!\!=\!\!O + HCN \;\rightleftharpoons\; \underset{(CH_3)H}{\overset{R}{\underset{OH}{\overset{CN}{C}}}}
$$

$$
\underset{CH_3}{\overset{CH_3}{C}}\!\!=\!\!O + HCN \;\rightleftharpoons\; CH_3-\underset{CN}{\overset{CH_3}{\underset{|}{\overset{|}{C}}}}-OH
$$

由于氢氰酸有剧毒，且容易挥发，在实验室的通风橱中，将醛、酮与 KCN 或 NaCN 的溶液混合，逐步滴加无机强酸，生成的 HCN 立即与醛、酮加成生成 α-羟基腈，α-羟基腈是较为活泼的中间体，常用于增长碳链，水解后生成 α-羟基酸。

2. 与亚硫酸氢钠的加成 醛、脂肪甲基酮及少于 8 个碳的环酮与饱和亚硫酸氢钠水溶液加成生成 α-羟基磺酸钠的白色晶体。

$$
(CH_3)H-\overset{R}{\underset{}{C}}\!\!=\!\!O + \;:\overset{O}{\underset{OH}{\overset{\|}{S}}}-O^-Na^+ \;\rightleftharpoons\; (CH_3)H-\underset{SO_3H}{\overset{R}{\underset{|}{\overset{|}{C}}}}-O^-Na^+ \;\rightleftharpoons\; (CH_3)H-\underset{SO_3Na}{\overset{R}{\underset{|}{\overset{|}{C}}}}-OH \;\downarrow
$$

（白色晶体）

$$
(CH_3)H-\underset{SO_3Na}{\overset{R}{\underset{|}{\overset{|}{C}}}}-OH \;
\begin{cases}
\overset{HCl}{\underset{H_2O}{\longrightarrow}} & (CH_3)H-\overset{R}{\underset{}{C}}\!\!=\!\!O + SO_2 + H_2O + NaCl \\[12pt]
\overset{NaOH}{\underset{H_2O}{\longrightarrow}} & (CH_3)H-\overset{R}{\underset{}{C}}\!\!=\!\!O + SO_3^{2-} + Na^+
\end{cases}
$$

（白色晶体）

α-羟基磺酸钠的白色晶体不溶于饱和亚硫酸氢钠溶液，易分离，与酸或碱共热，又得到原来的醛、酮，利用此性质，可鉴别、分离、提纯醛、脂肪甲基酮及少于 8 个碳的环酮。

3. 与格氏试剂的加成　格氏试剂与醛、酮发生加成反应，产物水解可得醇，是制备复杂醇的重要方法。

$$
H-\overset{\overset{H}{|}}{\underset{\underset{R}{|}}{C}}=O + R-MgX \xrightarrow{\text{无水乙醚}} H-\overset{\overset{H}{|}}{\underset{\underset{R}{|}}{C}}-OMgX \xrightarrow[H^+]{H_2O} H-\overset{\overset{H}{|}}{\underset{\underset{R}{|}}{C}}-OH \text{ (伯醇)}
$$

$$
CH_3-\overset{\overset{H}{|}}{\underset{\underset{R}{|}}{C}}=O + R-MgX \xrightarrow{\text{无水乙醚}} CH_3-\overset{\overset{H}{|}}{\underset{\underset{R}{|}}{C}}-OMgX \xrightarrow[H^+]{H_2O} CH_3-\overset{\overset{H}{|}}{\underset{\underset{R}{|}}{C}}-OH \text{ (仲醇)}
$$

$$
CH_3-\overset{\overset{CH_3}{|}}{\underset{\underset{R}{|}}{C}}=O + R-MgX \xrightarrow{\text{无水乙醚}} CH_3-\overset{\overset{CH_3}{|}}{\underset{\underset{R}{|}}{C}}-OMgX \xrightarrow[H^+]{H_2O} CH_3-\overset{\overset{CH_3}{|}}{\underset{\underset{R}{|}}{C}}-OH \text{ (叔醇)}
$$

4. 与氨的衍生物的加成　氨的衍生物，如羟胺、肼、苯肼、2,4-二硝基苯肼、氨基脲等能与醛、酮的羰基发生加成反应，加成产物脱水后，生成缩合产物。

羟胺

$$
R-\overset{O}{\overset{||}{C}}-R' + H-N-OH \rightleftharpoons R-\overset{\overset{OH}{|}}{\underset{\underset{R'}{|}}{C}}-N-OH \xrightarrow[-H_2O]{\triangle} R-\overset{}{\underset{\underset{R'}{|}}{C}}=N-OH
$$
肟

肼

$$
R-\overset{O}{\overset{||}{C}}-R' + H-N-NH_2 \rightleftharpoons R-\overset{\overset{OH}{|}}{\underset{\underset{R'}{|}}{C}}-N-NH_2 \xrightarrow{-H_2O} R-\underset{\underset{R'}{|}}{C}=N-NH_2
$$
腙

苯肼

$$
R-\overset{O}{\overset{||}{C}}-R' + H-N-NH-C_6H_5 \rightleftharpoons R-\overset{\overset{OH}{|}}{\underset{\underset{R'}{|}}{C}}-N-NH-C_6H_5 \xrightarrow{-H_2O} R-\underset{\underset{R'}{|}}{C}=N-NH-C_6H_5
$$
苯腙

2,4-二硝基苯肼

$$
R-\overset{O}{\overset{||}{C}}-R' + H-N-NH-C_6H_3(NO_2)_2 \rightleftharpoons R-\overset{\overset{OH}{|}}{\underset{\underset{R'}{|}}{C}}-N-NH-C_6H_3(NO_2)_2 \xrightarrow{-H_2O} R-\underset{\underset{R'}{|}}{C}=N-NH-C_6H_3(NO_2)_2
$$
2,4-二硝基苯腙

氨基脲

$$
R-\overset{O}{\overset{||}{C}}-R' + H-N-NH-C-NH_2 \rightleftharpoons R-\overset{\overset{OH}{|}}{\underset{\underset{R'}{|}}{C}}-N-NH-\overset{O}{\overset{||}{C}}-NH_2 \xrightarrow{-H_2O} R-\underset{\underset{R'}{|}}{C}=N-NH-\overset{O}{\overset{||}{C}}-NH_2
$$
缩氨脲

肟、腙、苯腙、缩氨脲等缩合产物为结晶性固体，特别是 2,4-二硝基苯肼几乎可以与大多数的醛、酮反应，产生黄色沉淀，故常用于醛、酮的鉴别，缩合产物在稀酸作用下，能水解为原来的醛、酮，也可利用此类反应来分离和提纯醛、酮。

5. 与醇的加成 醇在干燥氯化氢的作用下，能与醛发生加成反应，生成半缩醛。半缩醛羟基可继续与醇羟基脱水，生成缩醛。

$$
\underset{\substack{}}{\overset{H}{R-C}=O} + HOR' \xrightarrow{\text{干燥HCl}} \underset{\substack{OR'\\ \text{半缩醛}}}{\overset{H}{R-\overset{|}{\underset{|}{C}}-OH}} \xrightarrow[HOR']{\text{干燥HCl}} \underset{\substack{OR'\\ \text{缩醛}}}{\overset{H}{R-\overset{|}{\underset{|}{C}}-OR'}}
$$

$$
\underset{\substack{\text{乙醛}\quad\text{乙醇}}}{\overset{H}{CH_3-C}=O} + HOCH_2CH_3 \xrightarrow{\text{干燥HCl}} \underset{\substack{OCH_2CH_3\\ \text{乙醛缩一乙醇}}}{\overset{H}{CH_3-\overset{|}{\underset{|}{C}}-OH}} \xrightarrow[HOCH_2CH_3]{\text{干燥HCl}} \underset{\substack{OCH_2CH_3\\ \text{乙醛缩二乙醇}}}{\overset{H}{CH_3-\overset{|}{\underset{|}{C}}-OCH_2CH_3}}
$$

缩醛对碱及氧化剂稳定，在酸性溶液中水解成原来的醛，可利用此性质保护羰基。例如：

$$
\underset{\text{丙烯醛}}{CH_2=CH-\overset{O}{\overset{\|}{C}}-H} \xrightarrow[2C_2H_5OH]{\text{干燥HCl}} \underset{\substack{OC_2H_5\\ \text{丙烯醛缩二乙醇}}}{CH_2=CH-\overset{OC_2H_5}{\overset{|}{\underset{|}{C}}}-H} \xrightarrow[OH^-]{\text{稀冷KMnO}_4} \underset{\substack{\text{2,3-二羟基丙醛缩二乙醇}}}{\overset{OH}{\underset{|}{CH_2}}-\overset{OH}{\underset{|}{CH}}-\overset{OC_2H_5}{\overset{|}{\underset{|}{C}}}-H} \xrightarrow{H_3O^+} \underset{\substack{\text{2,3-二羟基丙醛}}}{\overset{OH}{\underset{|}{CH_2}}-\overset{OH}{\underset{|}{CH}}-\overset{O}{\overset{\|}{C}}-H}
$$

（二）α-氢的反应

在醛、酮中，直接和羰基碳相连的碳原子是 α-碳，α-碳原子上的氢原子称为 α-氢，由于受邻近羰基的影响，α-氢原子性质比较活泼。

1. 卤代反应 醛、酮与卤素作用，发生 α-氢的卤代反应，生成 α-卤代醛、酮，如果控制卤素用量，可使反应停止在一卤代、二卤代、三卤代阶段。例如：

$$
\underset{\text{乙醛}}{CH_3-\overset{O}{\overset{\|}{C}}-H} + 3Cl_2 \xrightarrow{H_2O} \underset{\substack{Cl\\ \text{三氯乙醛}}}{Cl-\overset{Cl}{\underset{|}{\overset{|}{C}}}-\overset{O}{\overset{\|}{C}}-H} + 3HCl
$$

$$
CH_3-\overset{O}{\overset{\|}{C}}-CH_3 + Br_2 \xrightarrow[65℃]{CH_3COOH} CH_3-\overset{O}{\overset{\|}{C}}-CH_2Br + HBr
$$

在碱性溶液中，乙醛、甲基酮的三个 α-氢能被卤素取代，生成三卤代物，三卤代物在碱性溶液中不稳定，分解成三卤甲烷（卤仿）和羧酸盐，此反应称为卤仿反应，若使用的卤素是碘，则称为碘仿反应。碘仿为黄色结晶，常用碘仿反应鉴别乙醛和甲基酮。

由于碘的氢氧化钠溶液具有氧化性，含有 $\underset{\substack{|\\ OH}}{\overset{CH_3CH-}{}}$ 结构的醇被氧化后也能发生碘仿

反应。

$$\underset{\underset{\text{CH}_3}{|}}{\overset{\overset{\text{OH}}{|}}{\text{CH}}} \xrightarrow{\text{NaIO}} \quad \xrightarrow{\text{NaIO}} \text{CH}_3\text{COONa} + \text{CHI}_3 \downarrow (\text{黄色})$$

2. 醇醛缩合反应　在稀碱或稀酸的作用下，两分子醛或酮能结合生成一分子 β-羟基醛或 β-羟基酮的反应叫做醇醛缩合反应。醇醛缩合反应是增长碳链的方法之一。例如：乙醛的醇醛缩合反应如下。

乙醛　　　　乙醛　　　　　　　　　　　　　　　β-羟基丁醛

β-羟基醛若有 α-氢，在加热时容易失水生成 α，β-不饱和醛。例如：

β-羟基丁醛　　　　　　　　　2-丁烯醛

（三）还原反应

在有机化合物分子中引入氢原子或脱去氧原子的反应称为还原反应。

醛、酮可以被多种还原剂还原，醛被还原为伯醇，酮被还原为仲醇。

在铂、钯或镍存在下，催化氢化，还原剂选择性不强，既能还原羰基，也能还原分子中的碳碳不饱和键。例如：

$$\text{R}-\overset{\overset{\text{O}}{\|}}{\text{C}}-\text{H(R}')\ +\ \text{H}_2 \xrightarrow{\text{Ni或Pd或Pt}} \text{R}-\overset{\overset{\text{OH}}{|}}{\text{CH}}-\text{H(R}')$$

$$\text{CH}_3-\text{CH}=\text{CH}-\overset{\overset{\text{O}}{\|}}{\text{C}}-\text{H}\ +\ \text{H}_2 \xrightarrow{\text{Ni或Pd或Pt}} \text{CH}_3-\text{CH}_2-\text{CH}_2-\overset{\overset{\text{OH}}{|}}{\text{CH}_2}$$

2-丁烯醛　　　　　　　　　　　　　　　　　正丁醇

金属氢化物 NaBH_4、LiAlH_4 等还原剂，有较高的选择性，能还原羰基，不还原分子中的碳碳不饱和键。例如：

（四）氧化反应

在醛的分子中，醛基上的氢原子比较活泼，容易被氧化，不仅可以被高锰酸钾、重铬酸钾等强氧化剂氧化，也能被托伦（Tollens）试剂和斐林（Fehling）试剂等弱氧化剂氧化。

1. 与托伦试剂反应 托伦试剂是含有无色可溶性银氨配离子的试剂。试剂的主要成分是银氨配离子，遇醛即发生氧化还原反应，有金属银沉淀于洁净的试管壁上形成明亮的银镜，故该反应亦称"银镜反应"。利用"银镜反应"，可区别醛和酮。例如：

$$(Ar)R—\overset{\overset{\displaystyle O}{\|}}{C}—H + 2[Ag(NH_3)_2]^+ + 2\,OH^- \longrightarrow (Ar)R—\overset{\overset{\displaystyle O}{\|}}{C}—O^-NH_4^+ + 2Ag\downarrow + 2H_2O + 3NH_3$$

$$R—\overset{\overset{\displaystyle O}{\|}}{C}—R' + 2[Ag(NH_3)_2]^+ + 2\,OH^- \longrightarrow \text{不反应}$$

2. 与斐林试剂反应 斐林试剂由斐林试剂 A 和斐林试剂 B 两种溶液组成，斐林试剂 A 是硫酸铜溶液，斐林试剂 B 是酒石酸钾钠的氢氧化钠溶液，使用时将两者等体积混合，得到深蓝色的二价铜的配离子溶液。斐林试剂与脂肪醛共热，生成砖红色的氧化亚铜沉淀；与甲醛共热生成铜镜；不与酮或芳香醛反应。利用斐林试剂，可区别脂肪醛和芳香醛。例如：

$$H—\overset{\overset{\displaystyle O}{\|}}{C}—H + 2Cu^{2+}(配离子) + 6\,OH^- \xrightarrow{\triangle} {}^-O—\overset{\overset{\displaystyle O}{\|}}{C}—O^- + 2Cu\downarrow + 4H_2O$$

$$R—\overset{\overset{\displaystyle O}{\|}}{C}—H + 2Cu^{2+}(配离子) + 5\,OH^- \xrightarrow{\triangle} R—\overset{\overset{\displaystyle O}{\|}}{C}—O^- + Cu_2O\downarrow + 3H_2O$$

$$R—\overset{\overset{\displaystyle O}{\|}}{C}—R' + Cu^{2+}(配离子) + OH^- \longrightarrow \text{不反应}$$

$$Ar—\overset{\overset{\displaystyle O}{\|}}{C}—H + Cu^{2+}(配离子) + OH^- \longrightarrow \text{不反应}$$

（五）与希夫试剂反应

品红是一种红色染料，将二氧化硫通入到品红的水溶液中，至溶液的红色褪去，这种无色溶液称为品红亚硫酸试剂，又称希夫（Schiff）试剂。

醛与希夫试剂作用显紫红色，而酮则不显色，因此可用希夫试剂来鉴别醛类化合物。使用这种方法时，不能加热，溶液中不能含有酸、碱性物质和氧化剂，否则会消耗亚硫酸，溶液变回品红的红色，出现假阳性反应。甲醛与希夫试剂作用生成的紫红色物质，加硫酸后紫红色不消失，而其他醛生成的紫红色物质遇硫酸后褪色，故用此方法也可将甲醛与其他醛区分开来。

课堂互动

鉴别下列各组化合物：
1. 丙醛和丙酮
2. 苯甲醛和苯乙酮

三、重要的醛和酮

（一）甲醛

甲醛又称蚁醛，是具有刺激性气味的无色气体，熔点-92℃，沸点-19.5℃，易溶于水。40%的甲醛水溶液称为"福尔马林"，是常用的消毒剂和防腐剂，常用于生物标本的固定和防腐。甲醛化学性质活泼，易聚合生成多聚甲醛，多聚甲醛加热后可解聚生成甲醛。甲醛可与浓氨水反应，生成环状结构的六亚甲基四胺白色晶体，药品名为乌洛托品，医药上用作尿道消毒剂。

甲醛是重要的有机合成原料。常用以制造酚醛树脂、脲醛树脂、聚甲醛树脂等，可用于制造炸药、染料等。还可用于房屋、家具和种子的消毒。

拓展阅读

甲醛的危害

甲醛污染在房屋装修中普遍存在。据我国疾病预防控制中心统计，目前92%以上的新装修房屋室内甲醛超标，其中76%室内甲醛浓度超过规定值的5倍以上。更重要的是甲醛的挥发点在19℃，特别是进入冬季，在密闭的空调房或暖气房中，室内温度一般都在20℃以上，恰恰为甲醛的肆意挥发制造了"温床"，其释放更为活跃，浓度大大增加。

据我国发布的流行病学统计显示，目前每年新增癌症患者40%以上与室内装修污染密切相关；约70%不孕不育患者家中1~2年内进行过房屋装修；每年因装修污染引起的上呼吸道感染而致死亡的儿童约有210万，城市白血病患儿90%以上曾生活在新装修房屋环境。这些触目惊心的数字无不与被世界卫生组织确定为致癌和致畸形物质的甲醛密切相关，作为导致家居装修污染最大祸首的甲醛已成为我国家居装修面临的迫切需要解决的难题。

（二）乙醛

乙醛是有刺激性气味易挥发的无色液体，沸点21℃，易溶于水、乙醇、乙醚。乙醛是重要的工业原料，可用于合成乙酸、乙酐、丁醇、季戊四醇、聚乙醛和三氯乙醛等。乙醛易聚合生成具有环状结构的三聚乙醛或四聚乙醛，三聚乙醛是有香味的液体，难溶于水。三聚乙醛加稀硫酸蒸馏，解聚而放出乙醛。

乙醛的氯代物三氯乙醛，易与水结合生成水合三氯乙醛。水合三氯乙醛是无色晶体，易溶于水、乙醚及乙醇。是比较安全的催眠药和镇静药。

（三）苯甲醛

苯甲醛是最简单的芳香醛，无色油状液体，有杏仁香味，又称为苦杏仁油。熔点-26℃，沸点179℃，微溶于水，易溶于乙醇、乙醚、三氯甲烷等有机溶剂。苯甲醛常以结合态存在于水果的果实中，如桃、梅、杏等的核仁中。

苯甲醛容易被氧化，暴露在空气中即被氧化成白色的苯甲酸晶体，因此在保存苯甲醛时常加入少量的对苯二酚作为抗氧剂。苯甲醛也是一种重要的化工原料，用于制备药物和染料等化工产品。

（四）丙酮

丙酮是最简单的酮，无色液体，有特殊气味，沸点56.5℃，与水、乙醇、乙醚、三氯甲烷等混溶，是一种良好的有机溶剂，用作油脂、树脂、化学纤维、塑料等的溶剂。丙酮还是重要的化工原料，用于合成有机玻璃、环氧树脂、橡胶等产品。

糖尿病患者由于体内代谢紊乱，体内常有过量丙酮，随呼吸或尿液排出。临床上检查患者尿中是否含有丙酮，常用亚硝酰铁氰化钠的氨水溶液，若有丙酮存在，尿液试验呈鲜红色。也可用碘仿反应检查，若有丙酮存在，会有黄色碘仿析出。

第三节　醌

案例导入

案例：大黄、何首乌、芦荟、丹参等中药材中，都含有醌类化合物，醌类化合物的生物活性是多方面的，如丹参中丹参醌类具有扩张冠状动脉的作用，用于治疗冠心病、心肌梗死等。

讨论：1. 什么是醌？怎样分类？如何命名？
　　　　2. 醌类化合物有哪些典型的化学性质？

具有醌型结构的化合物大都为有色物质。对位的醌多呈黄色，邻位的醌多呈红色或橙色。许多染料和指示剂含有醌的结构。维生素 K 等生理活性物质是醌类的衍生物。

一、醌的定义、分类和命名

醌是 α,β-不饱和环状共轭二酮，醌分子中存在着环己二烯二酮的结构特征。醌可分为苯醌、萘醌、蒽醌、菲醌；醌型结构有对醌型和邻醌型两种。醌环不是芳环，醌环没有芳香性。

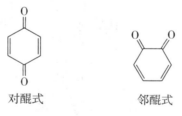

对醌式　　　　　　　　邻醌式

醌的命名是以苯醌、萘醌等为母体命名。例如：

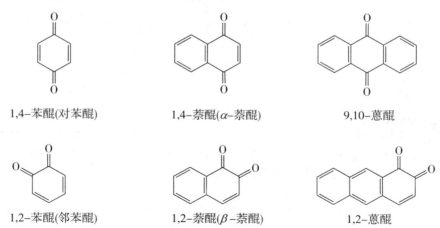

1,4-苯醌(对苯醌)　　　　1,4-萘醌(α-萘醌)　　　　9,10-蒽醌

1,2-苯醌(邻苯醌)　　　　1,2-萘醌(β-萘醌)　　　　1,2-蒽醌

二、对苯醌的化学性质

对苯醌的化学性质主要表现为:碳碳双键的加成反应;羰基的加成反应;1,4-加成反应;还原反应等。

1. 羰基的加成反应 对苯醌的羰基能与羟胺发生加成反应,生成肟。例如:

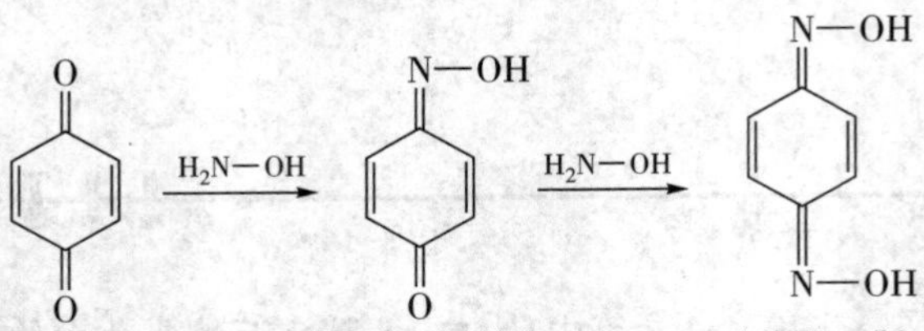

对苯醌　　　　对苯醌一肟　　　　对苯醌二肟

2. 碳碳双键的加成反应 对苯醌的碳碳双键能与溴发生加成反应。例如:

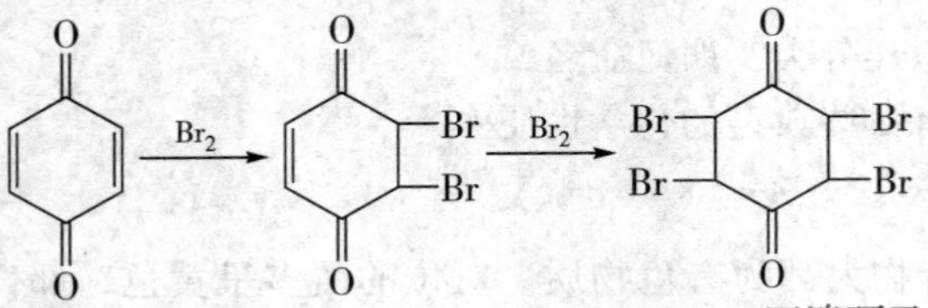

2,3,5,6-四溴环己二酮

3. 1,4-加成反应 对苯醌能与氢卤酸、氢氰酸、亚硫酸氢钠等发生 1,4-加成反应。例如:

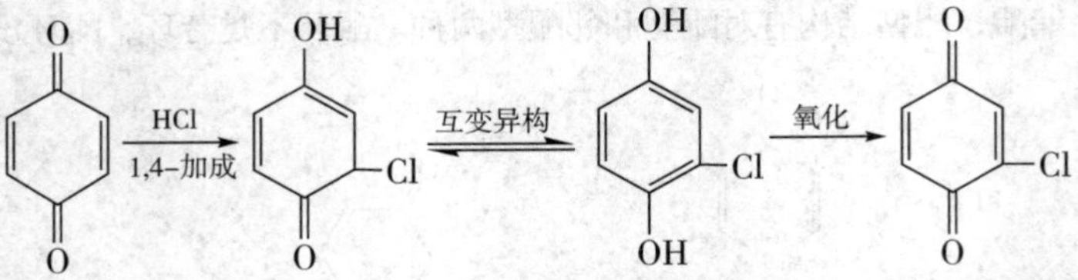

2-氯-1,4-苯二酚　　　2-氯-1,4-苯醌

4. 还原反应 对苯醌容易被还原成对苯二酚。例如:

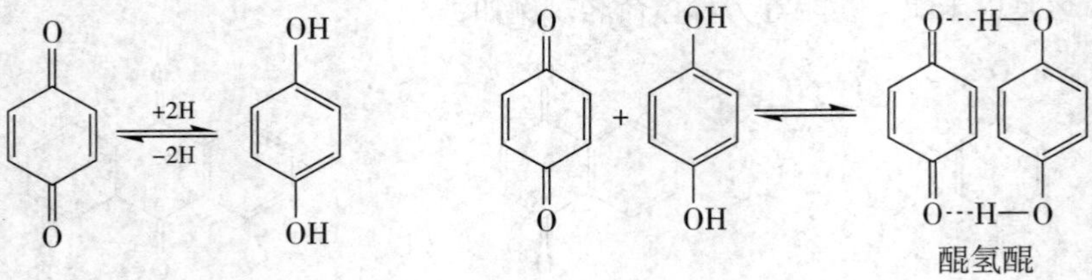

醌氢醌

📊 **重点小结**

1. 羰基的两端分别与烃基和氢原子相连的称为醛(甲醛的羰基与两个氢原子相连)。醛的官能团是醛基。羰基的两端均连接烃基的称为酮。酮的官能团是酮基。

2. 醛、脂肪甲基酮及少于 8 个碳的环酮与氢氰酸加成生成 α-羟基腈,与饱和亚硫酸氢钠水溶液加成生成 α-羟基磺酸钠的白色晶体。

3. 醛、酮与氨的衍生物羟胺、肼、苯肼、2,4-二硝基苯肼、氨基脲等加成,加成产物脱水后，生成肟、腙、苯腙、缩氨脲等缩合产物。可用于鉴别或分离、提纯醛、酮。

4. 醛与醇在干燥氯化氢的作用下发生加成反应，生成半缩醛。半缩醛羟基与醇羟基脱水，生成缩醛。缩醛对碱及氧化剂稳定，在酸性溶液中水解成原来的醛，可利用此性质保护羰基。

5. 乙醛、甲基酮能发生碘仿反应，即可与碘的氢氧化钠溶液作用，生成黄色碘仿结晶。乙醇和能氧化甲基酮的仲醇，也可发生碘仿反应。

6. 托伦试剂是含有无色可溶性银氨配离子的试剂。托伦试剂遇醛可发生"银镜反应"，利用"银镜反应"，可区别醛和酮类。

7. 斐林试剂与脂肪醛共热，生成砖红色的氧化亚铜沉淀；与甲醛共热生成铜镜；不与酮或芳香醛反应。利用斐林试剂，可区别脂肪醛和芳香醛。

8. 将二氧化硫通入到品红的水溶液中，至溶液的红色褪去，这种无色溶液称为品红亚硫酸试剂，又称希夫（Schiff）试剂。醛与希夫试剂作用显紫红色，而酮则不显色，因此可用希夫试剂来鉴别醛类化合物。

9. 醌是 α，β-不饱和环状共轭二酮，醌分子中存在着环己二烯二酮的结构特征。醌可分为苯醌、萘醌、蒽醌、菲醌；醌型结构有对醌型和邻醌型两种。

目标检测

1. 填空题

（1）醛的结构通式为_____，官能团是_____。酮的结构通式为_____，官能团是_____。

（2）甲醛的结构式为_____，其40%的甲醛水溶液俗称为_____。

（3）斐林试剂分为_____和_____，使用时两者_____混合。脂肪醛能与斐林试剂反应生成_____色沉淀，酮和芳香醛则_____。

（4）在硝酸银氨水溶液中加入乙醛，水浴加热后看到_____，乙醛发生了_____反应。

（5）乙醛氧化生成_____，加氢还原生成_____。醛加氢还原生成_____醇，酮加氢还原生成_____醇。

2. 单项选择题

（1）下列化合物中，属于不饱和脂肪醛的是

    A. 苯甲醛   B. 乙醛   C. 丙醛   D. 2-丁烯醛

（2）下列化合物中，属于脂环酮的是

    A. 环己酮   B. 苯乙酮   C. 丙酮   D. 2,4-戊二酮

（3）丙醛与羟胺反应后生成

    A. 肟   B. 肼   C. 腙   D. 缩氨脲

（4）乙醛与乙基溴化镁反应后，水解产物是

    A. 1-丁醇   B. 2-丁醇

    C. 2-甲基-1-丙醇   D. 2-甲基-2-丙醇

（5）在干燥氯化氢催化下，乙醛能与甲醇发生

A. 氧化反应　　　B. 还原反应　　　　　C. 醇醛缩合反应　　　D. 加成反应

(6) 在强碱存在下，不能发生碘仿反应的物质是

　　A. 乙醛　　　　　B. 丙酮　　　　　　　C. 丙醛　　　　　　　D. 乙醇

(7) 下列化合物中，能与斐林试剂反应生成砖红色沉淀的是

　　A. 环己酮　　　　B. 乙醛　　　　　　　C. 苯乙醛　　　　　　D. 丙酮

(8) 下列化合物中，能与斐林试剂反应生成铜镜的是

　　A. 环己酮　　　　B. 乙醛　　　　　　　C. 甲醛　　　　　　　D. 丙酮

(9) 下列化合物中，能与托伦试剂反应生成银镜的是

　　A. 环己酮　　　　B. 乙醇　　　　　　　C. 苯甲醛　　　　　　D. 丙酮

(10) 下列试剂中，能与醛反应呈现紫红色的是

　　A. 托伦试剂　　　B. 斐林试剂　　　　　C. 希夫试剂　　　　　D. 卢卡斯试剂

3. 命名或写出下列化合物的结构式

(1) 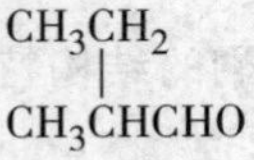 CH₃CH₂—CH(CH₃CHO)...（结构式）

(2) 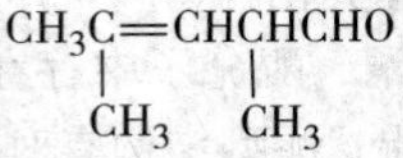 (CH₃)₂C=CHCH(CH₃)CHO...（结构式）

(3) 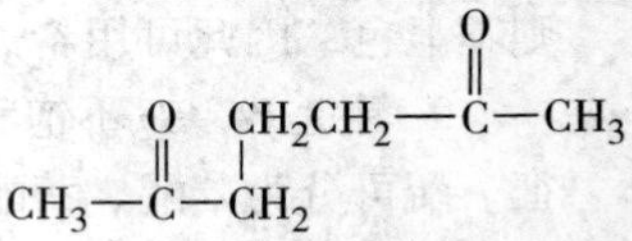 CH₃—CO—CH₂—CH₂—CH₂—CO—CH₃...（结构式）

(4) 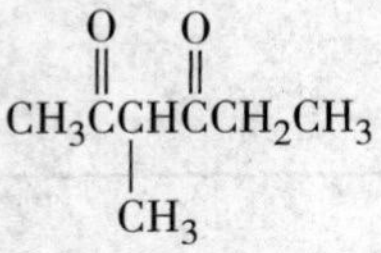 CH₃C(O)C(CH₃)C(O)CH₂CH₃...（结构式）

(5) 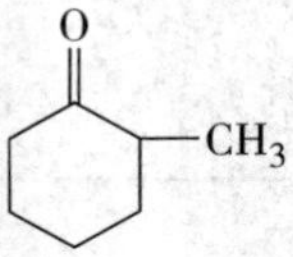 2-甲基环己酮...（结构式）

(6) 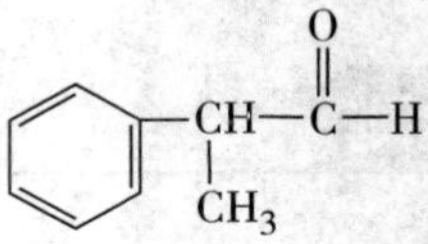 C₆H₅—CH(CH₃)—CHO...（结构式）

(7) 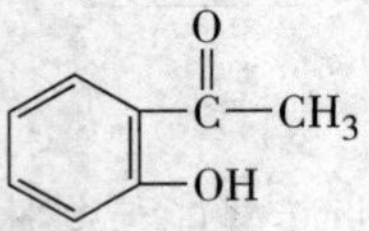 邻羟基苯乙酮...（结构式）

(8) 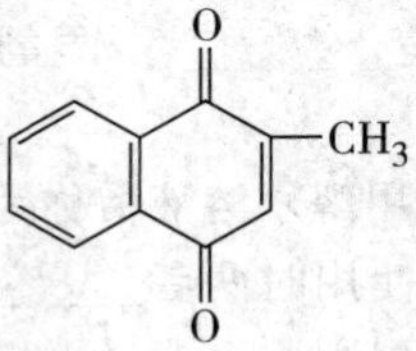 2-甲基-1,4-萘醌...（结构式）

(9) 3-苯基-2-丁酮

(10) β-萘醌

(11) 2,4-二甲基戊醛

(12) 丙酮

(13) 2-甲基丁醛

(14) 3-甲基-2,4-戊二酮

(15) 4-甲基环己酮

4. 完成下列反应式

(1) CH₃CH₂—CHO + HOCH₂CH₃ $\xrightarrow{\text{干燥HCl}}$

(2) CH₃—CO—CH₃ $\xrightarrow[\text{或I}_2\text{,OH}^-]{\text{NaIO}}$

(3) CH₃CH₂—CHO $\xrightarrow{\text{OH}^-}$

(4) CH₃—CH=CH—CHO $\xrightarrow{\text{NaBH}_4}$

(5)

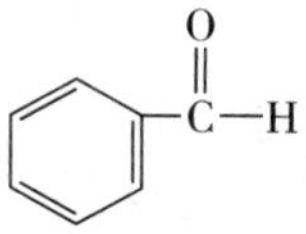

$$\text{C}_6\text{H}_5\overset{\overset{\displaystyle O}{\|}}{\text{C}}-\text{H} + [\text{Ag}(\text{NH}_3)_2]^+ + \text{OH}^- \longrightarrow$$

(6)

$$\text{CH}_3\text{CH}_2-\overset{\overset{\displaystyle O}{\|}}{\text{C}}-\text{H} + \text{Cu}^{2+}(\text{配离子}) + \text{OH}^- \xrightarrow{\triangle}$$

5. 用化学方法鉴别下列各组化合物

（1）甲醛、乙醛、丙醛

（2）丙醛、丙酮、丙醇

（3）苯甲醛、苯乙酮、苯甲醇

（4）戊醛、2-戊酮、3-戊酮

（郑国金）

第八章

羧酸及其衍生物

学习目标

知识要求 1. **掌握** 羧酸及羧酸衍生物的结构和命名；主要化学性质。
         2. **熟悉** 羧酸及其衍生物的分类；羧酸的物理性质；羧酸的还原反应和脱羧反应。
         3. **了解** 一些常见的羧酸及其衍生物。

技能要求 1. 能判断羧酸及其衍生物的结构并能将其分类；能熟练地对羧酸及其衍生物进行命名。
         2. 会书写羧酸及其衍生物的典型化学反应方程式；会用羧酸及其衍生物的性质鉴别相关有机物。

分子中含有羧基（—COOH）的化合物称为羧酸。除甲酸外，羧酸也可以看作是烃分子中的氢原子被羧基取代的衍生物。羧酸分子中羧基中的羟基被其他官能团取代后的产物称为羧酸衍生物，酰卤、酸酐、酯和酰胺是常见的羧酸衍生物。

在自然界中，羧酸常以游离态、羧酸盐或其衍生物形式广泛存在于动植物中。许多羧酸及其衍生物是动植物代谢的中间产物；有些参与动植物的生命过程；有些具有强烈的生物活性，能防病治病；有些是医药工业的重要原料。因此，羧酸及羧酸衍生物都是与药物关系十分密切的重要有机物。

第一节 羧酸

案例导入

案例：草酸钙肾结石是肾结石病症中最常见的一种类型，约有 80% 的肾结石都是草酸钙肾结石，因此不容忽视。肾结石的形成，主要是由饮食中可形成结石的有关成分摄入过多引起的。摄入富含钙的天然食物与减少草酸食物摄入和吸收，是预防肾结石的两个重要手段。

讨论：1. 草酸钙肾结石是怎样形成的？为什么多吃富含钙的食物能预防肾结石？
      2. 你知道草酸的化学名称和结构式吗？

一、羧酸的结构、分类和命名

（一）羧酸的结构

一元羧酸结构通式为 (Ar)R—$\overset{\overset{\text{O}}{\|}}{\text{C}}$—OH 或简写为 (Ar)RCOOH（甲酸 R 为 H）。

羧酸分子中羧基的碳原子是 sp^2 杂化，三个 sp^2 杂化轨道分别与两个氧原子和另一个碳原子或氢原子形成三个 σ 键，这三个 σ 键在同一平面上，键角约 120°。羧基碳原子未参与杂化的有一个电子的 p 轨道与羰基氧原子上有一个电子的 p 轨道"肩并肩"重叠形成一个 π 键，同时羟基氧原子有一对孤对电子的 p 轨道与 π 键形成 p-π 共轭体系。其结构如图 8-1 所示。

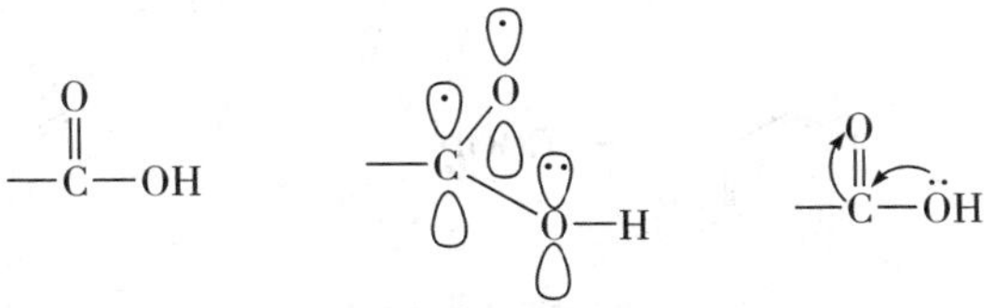

图 8-1　羟基的结构

由于共轭作用，使得羧基不是羰基和羟基的简单加合，所以羧基中既不存在典型的羰基，也不存在着典型的羟基，而是两者互相影响的统一体。

（二）羧酸的分类

根据羧酸分子中烃基的种类不同，羧酸可分为脂肪族羧酸、脂环族羧酸和芳香族羧酸；根据烃基是否饱和，可分为饱和羧酸和不饱和羧酸；按羧酸分子中所含羧基的数目不同，羧酸又可分为一元羧酸、二元羧酸和多元羧酸。

（三）羧酸的命名

羧酸是人们认识较早的一类化合物，常见的羧酸多采用俗名，一般都是根据其来源而得名。例如，甲酸俗名为蚁酸，最初得自于蚂蚁；醋酸是乙酸的俗名，是食醋的主要成分。许多高级一元羧酸，因最初是从水解脂肪得到的又称为脂肪酸。如十六酸称为软脂酸，十八酸称为硬脂酸。

羧酸的系统命名原则与醛相同，把"醛"字改为"酸"字即可。

1. 饱和脂肪酸　选择分子中含羧基的最长碳链作为主链，根据主链碳原子数目称为"某酸"。主链编号从羧基中的碳原子开始，取代基的位次用阿拉伯数字标示。简单的羧酸习惯上也常用希腊字母来表示取代基的位置，即与羧基直接相连的碳原子位置为 α，依次是 β、γ、δ……ω。ω 是指碳链最末端的位置。

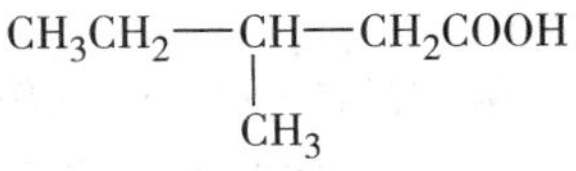

$$CH_3CH_2—\underset{\underset{CH_3}{|}}{C}H—CH_2COOH \qquad CH_3\underset{\underset{CH_3}{|}}{C}HCH_2—\underset{\underset{CH_2CH_3}{|}}{C}HCOOH$$

3-甲基戊酸　　　　　　　　4-甲基-2-乙基戊酸
β-甲基戊酸　　　　　　　　γ-甲基-α-乙基戊酸

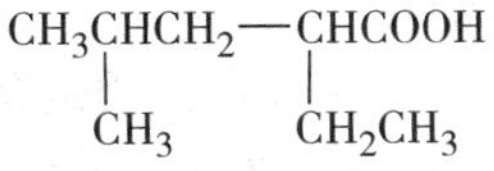

2. 不饱和脂肪酸　首先选择包含羧基和不饱和键在内的最长碳链作为主链，称为"某烯酸"或"某炔酸"。主链碳原子的编号仍从羧基开始，将双键、叁键的位次写在某烯酸或某炔酸名称的前面。当主链碳原子数大于 10 时，需要在表示碳原子数的汉字后加上"碳"字。

$$CH_3C=CHCOOH$$
$$|$$
$$CH_3$$

3-甲基-2-丁烯酸

$$CH_3(CH_2)_4CH=CHCH_2CH=CH(CH_2)_7COOH$$

9, 12-十八碳二烯酸(亚油酸)

3. 二元脂肪酸 选择包含两个羧基在内的最长碳链作为主链，称为某二酸。

$$HOOCCH_2CH_2COOH$$

丁二酸

$$HOOCCHCH_2CHCOOH$$
$$| \qquad |$$
$$CH_3 \quad CH_3$$

2, 4-二甲基戊二酸

4. 脂环羧酸和芳香羧酸 将脂环和芳环看做取代基，以脂肪羧酸作为母体加以命名。

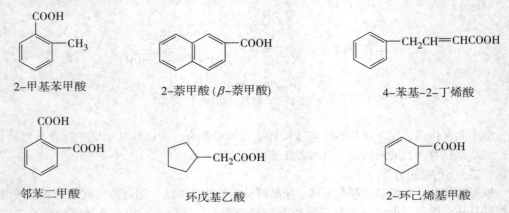

2-甲基苯甲酸　　　　　2-萘甲酸 (β-萘甲酸)　　　　　4-苯基-2-丁烯酸

邻苯二甲酸　　　　　环戊基乙酸　　　　　2-环己烯基甲酸

案例分析

　　草酸钙肾结石就是草酸和钙离子结合后在肾脏中沉淀下来就形成结石。草酸是最简单的二元酸，化学名称为乙二酸，结构简式 HOOC—COOH。草酸遍布于自然界植物中。草酸被人体吸收，在血液中遇到钙离子，形成溶解度很低的草酸钙，特别是在肾脏里，尿液浓缩的情况下，可能会导致肾结石。摄入富含钙的天然食物，让食物中大量的钙离子在胃肠道中与草酸充分结合，形成草酸钙沉淀，就能有效阻止草酸被小肠吸收，从而降低形成肾结石的可能。

二、羧酸的物理性质

　　饱和一元羧酸中，$C_1 \sim C_3$ 的羧酸是有刺激性气味的液体；$C_4 \sim C_9$ 的羧酸是有令人不愉快气味的液体；C_{10} 以上的高级羧酸是无色无味的固体；二元脂肪酸和芳香酸都是结晶性固体。

　　羧酸分子中因羧基是一个亲水基团，可与水形成氢键，所以 C_4 以下的羧酸可与水混溶，但随着碳链的增长，水溶性迅速降低。高级脂肪酸难溶于水而易溶于乙醇、乙醚、苯等有机溶剂。多元酸的水溶性大于相同碳原子数的一元羧酸；芳香酸水溶性低。

　　羧酸的沸点比相对分子质量相近的醇高，例如甲酸和乙醇的相对分子质量相同，但甲酸的沸点为 100.5℃，乙醇的沸点为 78.5℃。这是因为羧酸分子间能以两个氢键缔合成二聚体，羧酸分子间的这种氢键比醇分子间的氢键更牢固。

$$R-C \overset{O \cdots H-O}{\underset{O-H \cdots O}{\big\langle}} C-R$$

三、羧酸的化学性质

羧基是由羰基和羟基组成的，羧酸的化学性质是由羧基决定的。而羰基与羟基的相互作用和相互影响又使羧酸产生某些新性质。

$$\underset{\alpha\text{-H 的反应}}{R-\overset{H}{\underset{H}{C}}-\overset{O}{C}\overset{\text{脱羧反应}}{\underset{O-H \quad \text{羟基断裂呈酸性}}{}}}$$

羟基被取代的反应

（一）酸性

由于形成了 p-π 共轭体系，使得羟基氧原子上的电子云向羰基转移，氧氢键电子云更偏向氧原子，氧氢键极性增强，在水溶液中，更易电离出 H^+ 而表现出明显的酸性。

$$RCOOH \rightleftharpoons RCOO^- + H^+$$

羧酸酸性的强弱可用 K_a 或 pK_a 来表示，K_a 值越大或 pK_a 值越小，酸性越强。羧酸一般是弱酸，饱和一元羧酸 pK_a 一般在 3~5 之间。其酸性比无机强酸弱，但比碳酸（$pK_a = 6.35$）和苯酚（$pK_a = 10.0$）强，所以，羧酸不仅能与氢氧化钠溶液反应，也能和碳酸钠或碳酸氢钠溶液反应。而苯酚不能与碳酸氢钠反应，利用这个性质，可以分离、鉴别羧酸和酚。

$$RCOOH + NaOH \longrightarrow RCOONa + H_2O$$
$$RCOOH + Na_2CO_3 \longrightarrow RCOONa + CO_2\uparrow + H_2O$$
$$RCOOH + NaHCO_3 \longrightarrow RCOONa + CO_2\uparrow + H_2O$$

在羧酸盐中加入无机强酸时，羧酸又游离出来。利用此性质可分离、精制羧酸。

$$RCOONa + HCl \rightleftharpoons RCOOH + NaCl$$

羧酸的钠、钾、铵盐在水中溶解度较大，临床上常把一些含羧基难溶于水的药物制成羧酸盐，以便配制水剂或注射液使用，例如常用的青霉素就是用它的钾盐和钠盐。

羧酸的结构不同，酸性强弱也不同。在饱和一元羧酸中，甲酸（$pK_a = 3.77$）比其他羧酸（$pK_a = 4.7~5.0$）的酸性都强，这是因为其他羧酸分子中烷基的供电子诱导效应使酸性减弱。一般情况下，饱和脂肪酸的酸性随着烃基的碳原子数增加和供电子能力的增强而减弱。

例如：

$$HCOOH > CH_3COOH > CH_3CH_2COOH > (CH_3)_3CCOOH$$

pK_a 3.77   4.76   4.87   5.05

羧基直接连于芳环上的芳香酸比甲酸的酸性弱，但比其他饱和一元羧酸酸性强。如苯甲酸的 pK_a 为 4.17，这是因为苯环是吸电子基，但苯环的大 π 键与羧基形成了 π-π 共轭体系，使环上的电子云向羧基转移，减弱了氧氢键的极性，H^+ 的离解能力降低，所以苯甲酸酸性较甲酸弱。而烷基对羧基产生的供电子诱导效应（+I），并形成 σ-π 共轭体系，产生供电子的共轭效应（+C），所以其他饱和一元羧酸酸性比苯甲酸弱。

综上所述，一元羧酸的酸性强弱如下：甲酸＞苯甲酸＞其他饱和一元羧酸。

低级二元羧酸的酸性比饱和一元羧酸强。特别是乙二酸，它是由两个电负性大的羧基直接相连而成的，由于两个羧基相互产生吸电子的诱导效应（-I），使酸性显著增强，乙二酸的 $pK_{a_1}=1.46$，其酸性比磷酸的 $pK_{a_1}=1.59$ 还强。但随着羧基距离的增大，羧基之间的影响逐渐减弱，酸性逐渐减弱。

羧酸与其他有关化合物的酸性强弱如下：

$$H_2SO_4、HCl > RCOOH > H_2CO_3 > C_6H_5OH > H_2O > ROH$$

课堂互动

下列化合物酸性强弱顺序如何？

1. 乙酸、甲酸、苯甲酸、苯酚　　2. 对硝基苯甲酸、苯甲酸、对甲基苯甲酸

（二）羧酸衍生物的生成

羧酸分子中羧基上的羟基在一定条件下可被卤素原子（—X）、酰氧基（—OOCR）、烷氧基（—OR）、氨基（—NH₂）取代，生成一系列的羧酸衍生物。常见的羧酸衍生物有酰卤、酸酐、酯和酰胺。

1. 酰卤的生成　羧基中的羟基被卤素取代的产物称为酰卤。其中最重要的是酰氯，它是由羧酸与三氯化磷、五氯化磷或氯化亚砜反应生成的。

$$RCOOH + PCl_3 \longrightarrow R-\overset{\overset{O}{\|}}{C}-Cl + H_3PO_3$$

$$RCOOH + PCl_5 \longrightarrow R-\overset{\overset{O}{\|}}{C}-Cl + POCl_3 + HCl\uparrow$$

$$RCOOH + SOCl_2 \longrightarrow R-\overset{\overset{O}{\|}}{C}-Cl + SO_2\uparrow + HCl\uparrow$$

酰氯很活泼，是一类具有高度反应活性的化合物，广泛用于药物和有机合成中。

2. 酸酐的生成　羧酸（甲酸除外）在脱水剂五氧化二磷存在下加热，两个羧基间脱水生成酸酐。

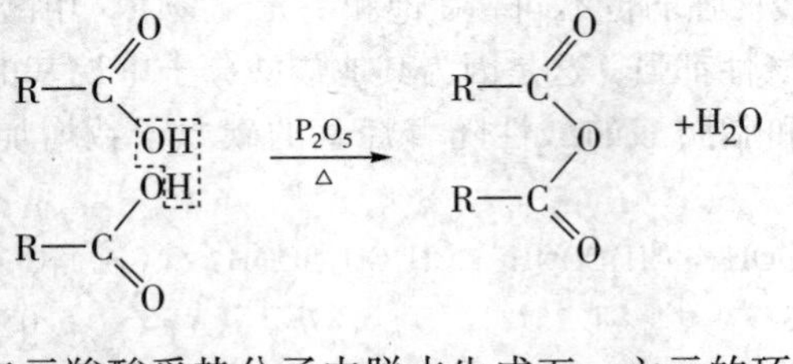

含 4~5 个碳原子的二元羧酸受热分子内脱水生成五、六元的环状酸酐。如：

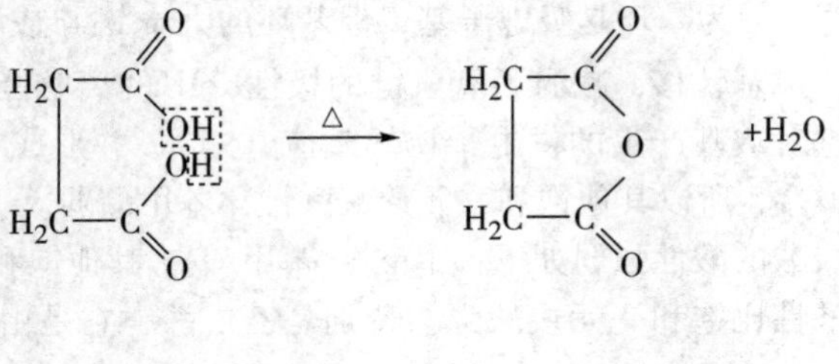

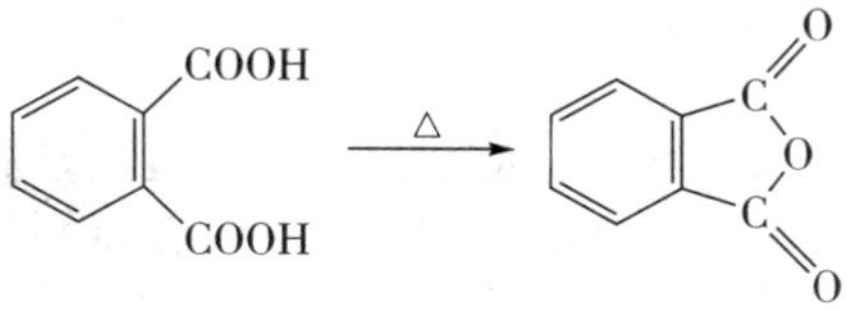

3. 酯的生成 羧酸和醇在强酸（常用浓硫酸）的催化作用下生成酯和水的反应，称为酯化反应。

$$R-\overset{\overset{\displaystyle O}{\|}}{C}-OH + R'-OH \underset{\triangle}{\overset{浓H_2SO_4}{\rightleftharpoons}} R-\overset{\overset{\displaystyle O}{\|}}{C}-OR' + H_2O$$

用含有^{18}O的醇和羧酸进行酯化反应，生成含有^{18}O的酯，这个实验事实说明：酯化反应是羧酸的酰氧键发生了断裂，羧酸分子中的羟基被醇分子中的烃氧基取代，生成酯和水。

$$CH_3-\overset{\overset{\displaystyle O}{\|}}{C}\boxed{-OH + H}-\overset{18}{O}CH_2CH_3 \underset{\triangle}{\overset{浓H_2SO_4}{\rightleftharpoons}} CH_3\overset{\overset{\displaystyle O}{\|}}{C}-\overset{18}{O}CH_2CH_3 + H_2O$$

在同样条件下，酯和水也可以作用生成羧酸和醇，称为酯的水解反应。因此，酯化反应是可逆反应。为了提高酯的产率，可增加反应物的浓度或及时蒸出生成的酯或水，使平衡向生成酯的方向移动。

拓展阅读

酯化反应在药物合成中的应用

在药物合成中，常利用酯化反应将药物转换为前药，以改变药物的生物利用度、稳定性和克服不利因素。如：治疗青光眼的药物塞他洛尔，分子中含有羟基，极性强，脂溶性差，难以透过角膜。将羟基酯化后，其脂溶性会增大，透过角膜能力增强，进入眼球后经酶的水解再生成药物塞他洛尔而起药效。

4. 酰胺的生成 在羧酸中通入氨气，首先生成羧酸的铵盐，铵盐受热分子内脱水生成酰胺。

$$RCOOH + NH_3 \longrightarrow RCOONH_4 \xrightarrow{\triangle} R-\overset{\overset{\displaystyle O}{\|}}{C}-NH_2 + H_2O$$

（三）α-氢的卤代反应

由于羧基吸电子效应的影响，羧酸分子中α-碳原子上的氢原子有一定的活性（比醛、酮的活性弱），在少量红磷催化下，能发生卤代反应而生成α-卤代酸。例如乙酸在少量红磷催化下，甲基上的α-氢原子被氯原子取代生成一氯乙酸。若有足量的卤素存在，乙酸中α-碳原子上的氢原子可以继续逐步被卤素取代，生成二氯乙酸和三氯乙酸。

$$CH_3COOH \xrightarrow[P]{Cl_2} \underset{\underset{\displaystyle Cl}{|}}{CH_2}COOH \xrightarrow[P]{Cl_2} \overset{\overset{\displaystyle Cl}{|}}{\underset{\underset{\displaystyle Cl}{|}}{C}}HCOOH \xrightarrow[P]{Cl_2} Cl-\overset{\overset{\displaystyle Cl}{|}}{\underset{\underset{\displaystyle Cl}{|}}{C}}COOH$$

氯乙酸　　二氯乙酸　　三氯乙酸

若控制反应条件和卤素的用量，可使反应停留在一元取代阶段。

（四）还原反应

羧基中的羰基由于受到羟基的影响，使它失去了典型羰基的性质，难以被一般还原剂或催化氢化还原，但是强还原剂氢化铝锂（LiAlH$_4$）等金属氢化物却能顺利地将羧酸还原为伯醇。例如：

$$RCOOH \xrightarrow[\text{H}_3\text{O}^+]{\text{LiAlH}_4/\text{C}_2\text{H}_5\text{OC}_2\text{H}_5} RCH_2OH$$

氢化铝锂是一种具有高度选择性的还原剂，只还原羰基，不还原碳碳不饱和键。可用于制备不饱的伯醇。例如：

$$CH_2{=}CHCH_2COOH \xrightarrow[\text{H}_3\text{O}^+]{\text{LiAlH}_4} CH_2{=}CHCH_2CH_2OH$$

（五）脱羧反应

羧酸分子脱去羧基的反应称为脱羧反应。饱和一元羧酸对热稳定，通常不易发生脱羧反应。但在特殊条件下，如羧酸的钠盐在碱石灰（NaOH-CaO）存在下加热，可脱羧生成少一个碳原子的烃。实验室用碱石灰与无水醋酸钠强热制备甲烷。

$$CH_3COONa + NaOH \xrightarrow[\text{强热}]{\text{CaO}} CH_4 + Na_2CO_3$$

当一元羧酸的 α-C 上连有强的吸电子基（如卤素、硝基、酰基、羧基等）时，脱羧反应较易发生。

$$\overset{\overset{\text{O}}{\|}}{R-C}-CH_2COOH \xrightarrow{\triangle} \overset{\overset{\text{O}}{\|}}{R-C}-CH_3 + CO_2\uparrow$$

含 2~3 个碳原子的二元羧酸，脱羧生成少一个碳的一元羧酸。

$$HOOCCOOH \xrightarrow{\triangle} HCOOH + CO_2\uparrow$$

$$HOOCCH_2COOH \xrightarrow{\triangle} CH_3COOH + CO_2\uparrow$$

含 6~7 个碳原子的二元羧酸，分子内脱羧又脱水，生成少一个碳的环酮。

$$\underset{\text{CH}_2\text{CH}_2\text{COOH}}{\overset{\text{CH}_2\text{CH}_2\text{COOH}}{|}} \xrightarrow{\triangle} \bigcirc{=}O + H_2O + CO_2\uparrow$$

$$CH_2\underset{\text{CH}_2\text{CH}_2\text{COOH}}{\overset{\text{CH}_2\text{CH}_2\text{COOH}}{<}} \xrightarrow{\triangle} \bigcirc{=}O + H_2O + CO_2\uparrow$$

脱羧反应是生物体内一类重要的生化反应，它是在脱羧酶的催化作用下完成的。

四、重要的羧酸

（一）甲酸（HCOOH）

甲酸俗称蚁酸，因最初是从蚂蚁体内发现而得名。甲酸存在于许多昆虫的分泌物及某些植物（比如荨麻，松叶）中。甲酸为无色液体，有刺激性气味。沸点 100.5℃，能与水、乙醇、乙醚混溶，有腐蚀性。蜂蜇或荨麻刺伤皮肤引起肿痛，就是甲酸造成的。甲酸具有杀菌能力，可作消毒剂或防腐剂。

甲酸的结构比较特殊，羧基与氢原子直接相连，在其分子中既有羧基又有醛基。

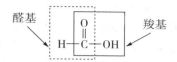

因此，甲酸既有羧酸的一般性质，也有醛的某些性质。甲酸有显著的酸性（$pK_a =$ 3.77），且酸性比其他饱和一元羧酸的酸性强；同时甲酸具有醛的还原性，能与托伦试剂发生银镜反应，能与斐林试剂反应生成砖红色的沉淀，也能被酸性高锰酸钾溶液氧化而使高锰酸钾紫红色褪色。利用这些反应可区别甲酸和其他羧酸。

甲酸在工业上常用作还原剂、甲酰化试剂，也可用作消毒剂和防腐剂。

（二）乙酸（CH_3COOH）

乙酸俗称醋酸，是食醋的主要成分。乙酸为无色有刺激性气味的液体，熔点 16.6℃，沸点 118℃。纯醋酸（无水乙酸）在低温（16.6℃以下）时凝结成冰状固体，因此称为冰醋酸。冰醋酸易吸湿气，需密封保存。乙酸能与水按任意比例混溶，也可溶于乙醇、乙醚和其他有机溶剂。

医药上通常配成 5~20g/L 的乙酸稀溶液作为消毒防腐剂，可用于烫伤、灼伤感染的创面清洗。乙酸还有消肿治癣、预防感冒等作用。在食品添加剂中，乙酸是一种酸度调节剂。

（三）苯甲酸（C_6H_5COOH）

苯甲酸俗名为安息香酸，存在于安息香树胶中而得名。苯甲酸为白色鳞片状或针状结晶，熔点 122.1℃，受热易升华，难溶于冷水，易溶于热水、乙醇、三氯甲烷和乙醚等有机溶剂。

苯甲酸具有一元羧酸的一切性质。苯甲酸对许多真菌、霉菌、酵母菌有抑制作用，其乙醇溶液可用于治疗癣类皮肤病，其钠盐常用作食品、药品的防腐剂。

拓展阅读

化学防腐剂——苯甲酸

苯甲酸是常用的防腐剂，化学性质稳定，在常温下难溶于水，因此在食品中经常用到其钠盐，即苯甲酸钠。苯甲酸是一种广谱抗微生物试剂，对酵母菌、部分细菌效果很好，对霉菌也有一定作用。

苯甲酸被人体吸收后，大部分在 9~15 小时之间，在酶的催化下与甘氨酸化合成马尿酸，剩余部分与葡萄糖醛酸化合形成葡萄糖苷酸而解毒，并全部进入肾脏，最后从尿排出。在苯甲酸安全性实验中，实验人员用添加了 1% 苯甲酸的饲料喂养大白鼠 4 代，实验表明，对大鼠的成长、生殖无不良影响。当然人类的食物当中，苯甲酸是绝对不可能达到 1% 的，因而苯甲酸被普遍认为是比较安全的防腐剂，按照添加剂使用卫生标准使用，目前还未发现任何毒副作用。

（四）肉桂酸（⌬—CH＝CHCOOH）

肉桂酸也称桂皮酸，化学名为 β-苯丙烯酸，是无色晶体，熔点 133℃，难溶于冷水，易溶于热水及乙醇、乙醚等有机溶剂。肉桂酸可用于合成治疗冠心病的药物，在抗癌方面也有很大的应用。

（五）乙二酸（HOOC—COOH）

乙二酸俗称草酸，是最简单的二元羧酸，常以盐的形式存在于许多植物的细胞壁中。草酸是无色晶体，含两分子的结晶水，加热到 $100℃$ 失去结晶水成为无水草酸，可溶于水和乙醇，不溶于乙醚。草酸的酸性比甲酸及其他饱和脂肪二元羧酸都强。它除了具有一般羧酸的性质外，还具有还原性，在酸性溶液中定量被高锰酸钾氧化，在分析化学中作为标定高锰酸钾的基准物质。

$$5HOOC—COOH+2KMnO_4+3H_2SO_4 ＝K_2SO_4+2MnSO_4+10CO_2\uparrow+8H_2O$$

由于草酸的强还原性，它也可用作漂白剂和除锈剂等。例如草酸能把高价铁还原成易溶于水的低价铁盐，因此，可用来除去铁锈或蓝墨水的污渍。

草酸的钙盐溶解度很小，所以，可用草酸作为钙离子的定性和定量分析试剂。

草酸也是制造抗生素和冰片等药物的重要原料。

第二节　羧酸衍生物

案例导入

案例：1915 年，巴拿马举行国际品酒会，很多国家都送酒参展，品酒会上酒中珍品琳琅满目，美不胜收。当时的中国政府派代表携国酒茅台参展，虽然茅台酒质量上乘，但由于首次参展且装饰简朴而在参展会上遭到冷遇。在品酒会的最后一天，中国代表眼看茅台酒在评奖方面无望，急中生智，提着酒走到展厅最热闹的地方，装作失手，将酒瓶摔破在地，顿时浓香四溢。中国代表乘机让人们品尝美酒，不一会儿便成为一大新闻而传遍了整个会场。人人都争着到茅台酒陈列处抢购，认为中国酒比起"白兰地""香槟"更具特色。

研究人员通过化学分析，发现酒香的成分很复杂，但主要来自其中含有的酯类化合物。酯的含量虽然很少，但对酒香的形成有着重要的作用。乙酸乙酯是酒香中最常见的一种酯。

讨论：1. 你知道乙酸乙酯是一种怎样的物质吗？它的结构简式是怎样的？
　　　2. 为什么酒越陈越香？

羧酸衍生物一般是指羧酸分子中的羟基被其他官能团取代后的产物，重要的羧酸衍生物有酰卤、酸酐、酯和酰胺等。羧酸衍生物结构上都含有酰基（ $R-\overset{O}{\underset{\|}{C}}-$ ），所以又称为酰基化合物，可用通式（ $R-\overset{O}{\underset{\|}{C}}-L$ ）来表示。

$$R-\overset{O}{\underset{\|}{C}}-OH \longrightarrow R-\overset{O}{\underset{\|}{C}}-L \quad （—L＝—X、—O-\overset{O}{\underset{\|}{C}}-R'、—OR'、—NH_2）$$

$R-\overset{O}{\underset{\|}{C}}-X$	$R-\overset{O}{\underset{\|}{C}}-O-\overset{O}{\underset{\|}{C}}-R'$	$R-\overset{O}{\underset{\|}{C}}-OR'$	$R-\overset{O}{\underset{\|}{C}}-NH_2$
酰卤	酸酐	酯	酰胺

羧酸衍生物广泛在于自然界中，某些羧酸衍生物具有显著的生物活性，具有一定的药理作用，许多药物分子中都含有羧酸衍生物的结构，这是一类与医药联系十分密切的化合物。

一、羧酸衍生物的分类和命名

酰基是羧酸分子去掉羟基后剩余的基团，而酰基的命名是将相应羧酸的名称“某酸”改为“某酰基”。例如：

乙酰基

丙酰基

苯甲酰基

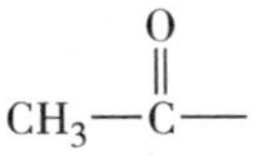

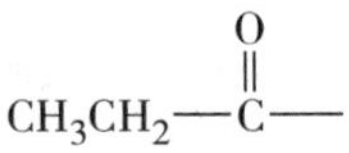

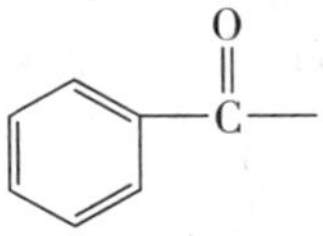

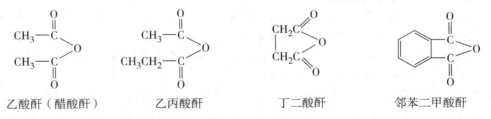

（一）酰卤

酰卤名称是由形成它的酰基和卤素组成的。酰卤根据酰基的名称和卤素的不同来命名，酰基的名称放在前，卤素的名称放在后，称为“某酰卤”。例如：

乙酰氯

丙酰氯

苯甲酰溴

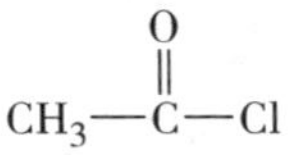

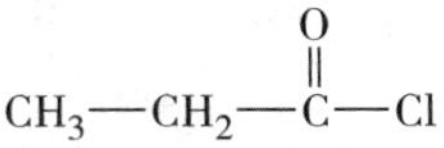

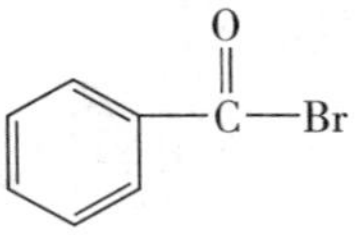

（二）酸酐

酸酐是由两分子羧酸脱水生成的，也可以看成是一个氧原子连接两个酰基所形成的化合物。根据两个脱水的羧酸分子是否相同，可以将酸酐分为单（酸）酐和混（酸）酐。命名单酐时根据相应羧酸的名称而称为“某酸酐”或“某酐”；命名混酐时，小分子的羧酸在前，大分子的羧酸在后；如有芳香酸时，则芳香酸在前，称为“某某酸酐”。例如：

乙酸酐（醋酸酐）

乙丙酸酐

丁二酸酐

邻苯二甲酸酐

（三）酯

一元醇和羧酸形成的酯，由形成它的羧酸和醇加以命名，羧酸的名称在前，醇的名称在后，但需将“醇”改为“酯”，称为“某酸某（醇）酯”。

乙酸乙酯

$CH_3COOC_6H_5$
乙酸苯酯

$CH_3COOCH_2C_6H_5$
乙酸苯甲酯

邻苯二甲酸二甲酯

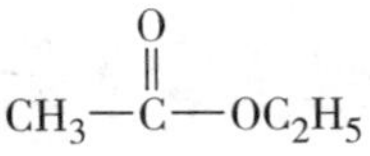

多元醇和羧酸形成的酯称为“某醇某酸酯”。二元羧酸与一元醇可形成单酯（酸性酯）和双酯（中性酯）。分子内的羟基和羧基失水生成内酯，用“内酯”代替“酸”，并标明羟基的位次。例如：

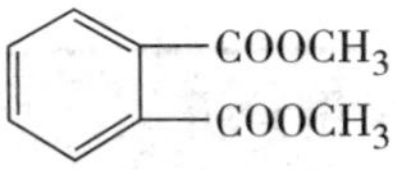

CH₂—OOCCH₃ │ CH₂—OOCCH₃	COOH │ COOCH₂CH₃	COOCH₃ │ COOCH₂CH₃	(γ-戊内酯结构)
乙二醇二乙酸酯	乙二酸氢乙酯	乙二酸甲乙酯	γ-戊内酯

（四） 酰胺

酰胺是酰基与氨基或烃氨基相连形成的化合物，其命名与酰卤相似，也是根据所含的酰基的不同而称为"某酰胺"。当氨基氮原子上的氢原子被烃基取代时，可用"N-"表示取代酰胺中烃基的位置。例如：

$$CH_3\overset{O}{\underset{}{C}}\!-\!NH_2 \qquad \bigcirc\!\!-\overset{O}{\underset{}{C}}\!-\!NH_2 \qquad CH_3CH_2\overset{O}{\underset{}{C}}\!-\!N(CH_3)_2$$

乙酰胺　　　　　　　　苯甲酰胺　　　　　　N,N-二甲基丙酰胺

课堂互动

请说出下列化合物的名称。

$$\bigcirc\!\!-NH\!-\!\overset{O}{\underset{}{C}}\!-\!CH_3 \qquad\qquad \bigcirc\!\!-\overset{O}{\underset{}{C}}\!-\!OCH_2CH_3$$

$$CH_3\!-\!CH_2\!-\!\overset{O}{\underset{}{C}}\!-\!Cl \qquad\qquad CH_3COOCOCH_2CH_3$$

二、羧酸衍生物的物理性质

低级的酰氯和酸酐是具有强烈刺激性气味的液体。低级的酯是具有挥发性的无色液体，有令人愉快的芳香气味，许多水果和花草的香味是由于酯引起的，例如乙酸异戊酯有香蕉香味（俗称香蕉水），正戊酸异戊酯有苹果香味，苯甲酸甲酯有茉莉花香味。高级酯为蜡状固体。酰胺除甲酰胺是液体外，其他多为固体。

酰卤、酸酐和酯分子间不能形成氢键，它们的沸点比分子量相近的羧酸低。酰胺（除 N,N-二取代酰胺外）由于分子间形成氢键缔合，故其沸点比相应的羧酸要高，一般是结晶性固体。

酰卤和酸酐难溶于水，但低级酰卤和酸酐遇水会分解。低级酯微溶于水，其他酯都难溶于水，易溶于有机溶剂。低级酯能溶解多种有机物，且挥发性强，便于分离，是一种良好的有机溶剂。低级酰胺易溶于水，随着相对分子质量增大，在水中溶解度降低。

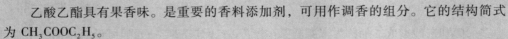

案例分析

乙酸乙酯具有果香味。是重要的香料添加剂，可用作调香的组分。它的结构简式为 $CH_3COOC_2H_5$。

白酒的主要成分是乙醇，贮存过程中，一部分乙醇被氧化而成为乙醛，乙醛进一步氧化生成醋酸，醋酸进一步与乙醇作用生成具有果香味的乙酸乙酯。上述反应速度较慢，时间越长，也就有越多的酯生成，因此酒越陈越香。

三、羧酸衍生物的化学性质

羧酸衍生物分子中均含有酰基，而且与酰基相连的都是吸电子基团，因此它们应该有相似的化学性质。主要表现为带部分正电荷的羰基碳原子易受亲核试剂的进攻，发生水解、醇解、氨解反应；受羰基的影响，α-氢原子表现出一定的酸性。另外，羧酸衍生物的羰基也能发生还原反应。

酰基中的羰基可与其相连的卤素、氧或氮原子产生诱导效应，也可以与卤素、氧或氮原子上的孤对电子形成 p-π 共轭体系。在酰氯分子中，由于氯原子的电负性较强，吸电子的诱导效应大于供电子的共轭效应，C-Cl 键易断裂，因此化学性质活泼。酸酐、酯和酰胺分子中，氧、氮原子电负性小，供电子的共轭效应大于吸电子的诱导效应，反应活性都不如酰氯，其中酰胺反应最慢。

（一）水解反应

酰卤、酸酐、酯和酰胺均可发生水解反应，羧酸衍生物的酰基与水的羟基结合生成羧酸，羧酸衍生物结构中与酰基相连的原子或原子团，结合水中的氢生成相应的产物。

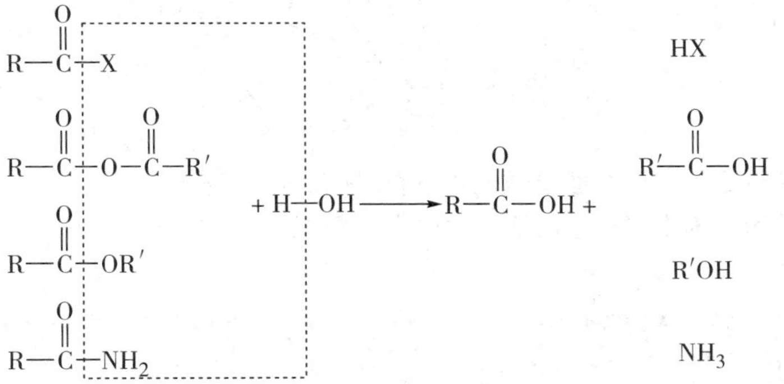

四种不同的羧酸衍生物水解反应的难易程度不同。

酰卤与水在室温下立即反应，低级酰卤甚至可以和空气中的水蒸气迅速反应。例如：乙酰氯在潮湿空气中冒白烟，就是由于乙酰氯迅速水解产生氯化氢所引起的。

酸酐因不溶于水，在室温下与水作用缓慢，若加热或用酸、碱催化，可以加速反应，生成相应的羧酸。

酯的水解反应需要在酸或碱的催化下并且加热才能顺利进行。其中酯的酸催化水解是可逆反应，逆反应是酯化反应；而酯在碱性溶液中水解时，生成的羧酸可与碱作用生成盐，使平衡向右移动，若有足量碱存在时，水解反应可进行到底。

拓展阅读

水解反应与药物的变质

水解反应是导致药物变质失效的主要因素之一。自然界许多具有生理活性的中草药有效成分中常含有 γ- 或 δ-内酯。例如：

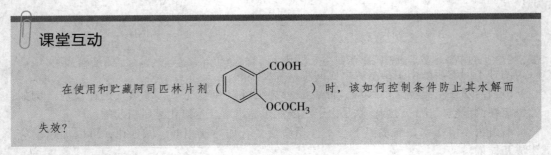

驱蛔药山道年　　　　　抗菌消炎药穿心莲内酯

　　具有内酯结构的药物常因水解开环而失效或减效。例如：治疗青光眼的硝酸毛果芸香碱滴眼剂在 pH 值为 4~5 时最稳定，偏碱时，内酯环易水解开环而失效。

毛果芸香碱　　　　　　　　　　　　　　　毛果芸香酸

　　酰胺的水解较难，需要在酸或碱催化下长时间加热回流才能完成。

　　可见，羧酸衍生物水解反应的活性次序是：酰卤＞酸酐＞酯＞酰胺。

课堂互动

　　在使用和贮藏阿司匹林片剂（ ）时，该如何控制条件防止其水解而失效？

（二）醇解反应

酰卤、酸酐和酯的醇解与水解反应相似。

$$R\text{—}C(=O)\text{—}X$$
$$R\text{—}C(=O)\text{—}OCOR' + H\text{—}OR'' \longrightarrow R\text{—}C(=O)\text{—}OR'' + R'\text{—}C(=O)\text{—}OH$$
$$R\text{—}C(=O)\text{—}OR'$$

HX
R'OH

　　酰卤与醇反应生成酯，反应快，基本上是不可逆的，这是合成酯的好方法，特别适用于制备利用普通酯化反应难以合成的酯。例如酚酯不能用羧酸与酚来制取，采用此法则比较容易。

$$\text{C}_6\text{H}_5-\text{OH} + \text{CH}_3\overset{\overset{\text{O}}{\|}}{\text{C}}-\text{Cl} \longrightarrow \text{C}_6\text{H}_5-\text{O}-\overset{\overset{\text{O}}{\|}}{\text{C}}-\text{CH}_3 + \text{HCl}$$

酯的醇解反应又称为酯交换反应，因其反应结果是醇分子中的烷氧基—OR 取代了酯分子中的烷氧基—OR，生成了新的酯和新的醇。酯交换反应是可逆反应。利用酯交换反应可以制备一些高级的酯或一般难以直接用酯化反应合成的酯。生物体内也有类似酯交换的反应。

（三）氨解反应

酰卤、酸酐、酯还可以与氨反应，生成相应的酰胺。

$$\left.\begin{array}{l} \text{R}-\overset{\overset{\text{O}}{\|}}{\text{C}}-\text{X} \\ \\ \text{R}-\overset{\overset{\text{O}}{\|}}{\text{C}}-\text{O}-\overset{\overset{\text{O}}{\|}}{\text{C}}-\text{R}' \\ \\ \text{R}-\overset{\overset{\text{O}}{\|}}{\text{C}}-\text{OR}' \end{array}\right\} + \text{H}-\text{NH}_2 \longrightarrow \text{R}-\overset{\overset{\text{O}}{\|}}{\text{C}}-\text{NH}_2 + \begin{array}{l} \text{R}'-\overset{\overset{\text{O}}{\|}}{\text{C}}-\text{OH} \end{array} \quad \begin{array}{l} \text{HX} \\ \\ \\ \\ \text{R}'\text{OH} \end{array}$$

拓展阅读

醇解、氨解反应在药物合成上的应用

酯的醇解反应常用于药物及其中间体的合成。例如，局部麻醉药物普鲁卡因的合成。

$$\text{NH}_2-\text{C}_6\text{H}_4-\text{COOC}_2\text{H}_5 \xrightarrow[\quad]{\text{HOCH}_2\text{CH}_2\text{N}(\text{C}_2\text{H}_5)_2} \text{NH}_2-\text{C}_6\text{H}_4-\text{COOCH}_2\text{CH}_2\text{N}(\text{C}_2\text{H}_5)_2$$

普鲁卡因

乙酸酐与水杨酸的酚羟基也可发生类似的醇解反应，得到解热镇痛药物阿司匹林。

$$\begin{array}{c} \text{COOH} \\ \text{C}_6\text{H}_4 \\ \text{OH} \end{array} + (\text{CH}_3\text{CO})_2\text{O} \xrightarrow{\text{浓硫酸}} \begin{array}{c} \text{COOH} \\ \text{C}_6\text{H}_4 \\ \text{OCOCH}_3 \end{array} + \text{CH}_3\text{COOH}$$

阿司匹林

乙酸酐与对氨基苯酚的氨解反应可以制备更易吸收，毒性更低，药效更好的解热镇痛药乙酰氨基酚（扑热息痛）。

$$\text{H}_2\text{N}-\text{C}_6\text{H}_4-\text{OH} + (\text{CH}_3\text{CO})_2\text{O} \longrightarrow \text{CH}_3-\overset{\overset{\text{O}}{\|}}{\text{C}}\text{NH}-\text{C}_6\text{H}_4-\text{OH} + \text{CH}_3\text{COOH}$$

乙酰氨基酚（扑热息痛）

（四）异羟肟酸铁盐反应

酸酐、酯和酰伯胺都能与羟胺发生酰化反应生成异羟肟酸，异羟肟酸与三氯化铁作用，得到红紫色的异羟肟酸铁。

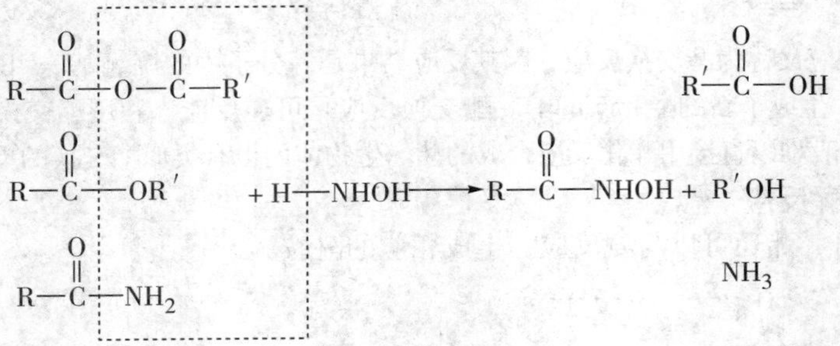

$$3R\!-\!\overset{O}{\underset{\|}{C}}\!-\!NHOH + FeCl_3 \longrightarrow (R\!-\!\overset{O}{\underset{\|}{C}}\!-\!NHO)_3Fe + 3HCl$$

异羟肟酸铁

酰卤、*N*-或 *N,N*-取代酰胺不发生该显色反应。酰卤必须与醇作用转化为酯后才有此反应。异羟肟酸铁反应可用于鉴别羧酸衍生物，也常用于含有酯基药物的检验。

（五）酰胺的特性

1. 酸碱性 在酰胺分子中，由于酰胺分子中氮原子上的孤对电子与羰基的 π 键形成 p-π 共轭，使氮原子上的电子云密度降低，因而减弱了它接受质子的能力；同时 N-H 键极性增强，与氮相连的氢原子变得较易质子化。因此，酰胺一般是中性或接近中性的化合物。而氮上连有两个酰基的酰亚胺类化合物，由于受到两个酰基的影响，则显弱酸性，可与强碱成盐。

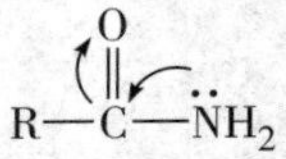

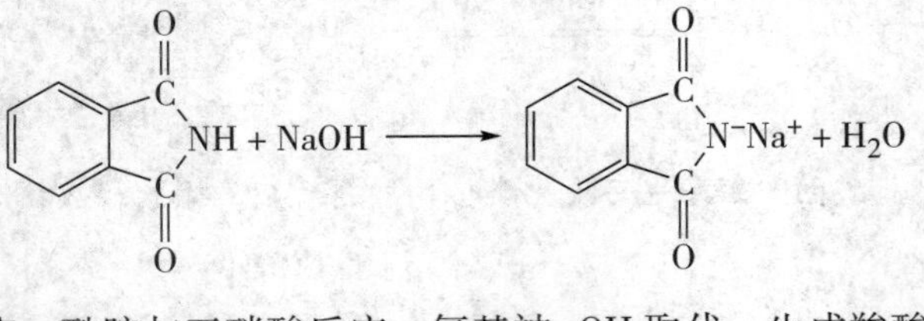

2. 与亚硝酸反应 酰胺与亚硝酸反应，氨基被 -OH 取代，生成羧酸，同时放出氮气。

$$R\!-\!\overset{O}{\underset{\|}{C}}\!-\!NH_2 + HONO \longrightarrow R\!-\!\overset{O}{\underset{\|}{C}}\!-\!OH + N_2\!\uparrow + H_2O$$

拓展阅读

β-内酰胺类抗生素

β-内酰胺类抗生素是指化学结构中具有 β-内酰胺环的一大类抗生素，包括临床最常用的青霉素与头孢菌素，以及新研制的头霉素类、硫霉素类、单环 β-内酰

胺类等非典型 β-内酰胺类抗生素。此类抗生素具有杀菌能力强、毒性低、适应范围广的优点。β-内酰胺环遇水、光、热、酸、碱、酶等不稳定，β-内酰胺环断开生成 β-氨基丙酸，活性降低或消失。

$$\underset{\beta\text{-内酰胺}}{\text{(β-内酰胺环结构)}} \xrightarrow{\;H_2O\;} \underset{\beta\text{-氨基丙酸}}{H_2NCH_2CH_2COOH}$$

所以，临床要将青霉素制成粉针剂，而且注射时需现用现配。

四、重要的羧酸衍生物

（一）乙酰氯（CH_3COCl）

乙酰氯为无色有刺激性气味的液体，遇水或乙醇引起剧烈分解。可溶解在三氯甲烷、乙醚、苯等有机溶剂中。乙酰氯遇到空气中的水即可剧烈水解，产生氯化氢气体而冒白烟，并且放出大量的热。它是是重要的乙酰化试剂，酰化能力比乙酸酐强，广泛用于有机合成。

（二）乙酐（$\underset{CH_3COCCH_3}{\overset{O\quad O}{\|\quad\|}}$）

乙酐又称醋酐，具有刺激气味的无色液体。沸点 139.6℃，微溶于水，在冷水中水解缓慢，能溶于乙醚和苯等有机溶剂。乙酐是良好的溶剂，也是重要的乙酰化试剂，工业上大量用于制造醋酸纤维素，还用于染料、医药、香料等方面。

（三）乙酸乙酯（$CH_3COOCH_2CH_3$）

乙酸乙酯是无色透明液体，有果香味。沸点 77℃，微溶于水，能与三氯甲烷、乙醇、丙酮和乙醚混溶。可用作清漆、人造革、硝酸纤维素、塑料等的溶剂，也可用于染料、药物、香料等。

（四）乙酰乙酸乙酯（$CH_3COCH_2COOCH_2CH_3$）

乙酰乙酸乙酯是无色透明有芳香气味的液体，微溶于水，易溶于乙醇和乙醚，沸点180℃。它是一种重要的有机合成原料，广泛用于医药、塑料、染料、香料、清漆及添加剂等行业。在常温下，乙酰乙酸乙酯的化学性质比较特殊，如与金属 Na 反应放出 H_2 生成钠盐；能使 Br_2/CCl_4 溶液反应褪色；与 $FeCl_3$ 溶液呈紫色反应；与苯肼等生成苯腙；能与与HCN、$NaHSO_3$ 等反应。用物理和化学方法都证明乙酰乙酸乙酯是一个酮式和烯醇式的混合物所形成的平衡体系。乙酰乙酸乙酯的酮式结构中亚甲基的 H 在一定程度上有质子化的倾向，α-H 与羰基氧原子相结合，形成了烯醇式结构。并且，酮式和烯醇式两种异构体可以不断相互转变，并以一定比例呈动态平衡同时共存。

$$\underset{\text{酮式（92.5\%）}}{CH_3-\overset{O}{\overset{\|}{C}}-CH_2-\overset{O}{\overset{\|}{C}}-OC_2H_5} \;\rightleftharpoons\; \underset{\text{烯醇式（7.5\%）}}{CH_3-\overset{OH}{\overset{|}{C}}=CH-\overset{O}{\overset{\|}{C}}-OC_2H_5}$$

像乙酰乙酸乙酯这样两种或两种以上异构体相互转变，并以动态平衡同时共存的现象，称为互变异构现象。

（五）丙二酰脲及巴比妥类药物

丙二酸二乙酯和脲在乙醇钠催化下缩合，生成丙二酰脲。丙二酰脲为无色结晶，熔点245℃，微溶于水。在水溶液中存在下列酮式和烯醇式互变异构现象。

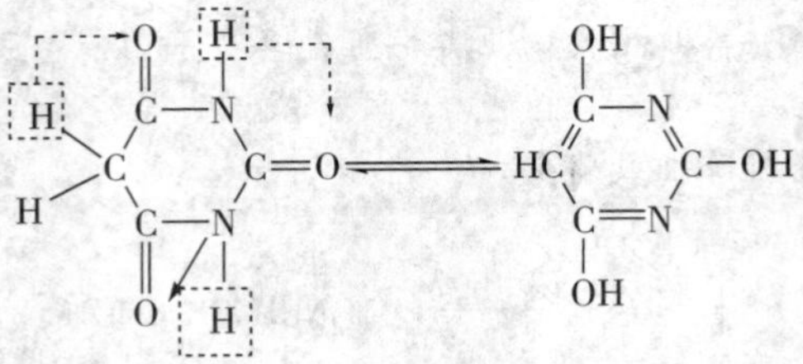

酮式   烯醇式

丙二酰脲的烯醇式结构显示较强的酸性（$pK_a = 3.98$），又称为巴比妥酸。

巴比妥酸的亚甲基上的两个氢被烃基取代后的衍生物呈现镇静催眠的生理活性，统称为巴比妥类药物。其结构通式为：

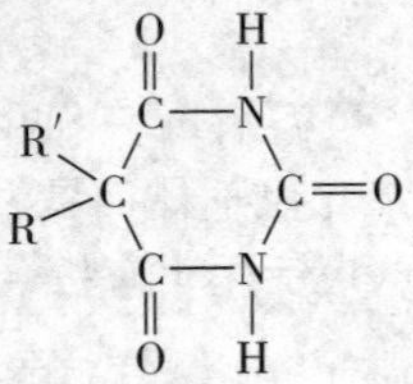

$R = R' = C_2H_5$	巴比妥 （佛罗那）
$R = C_2H_5$，$R' = C_6H_5$	苯巴比妥 （鲁米那）
$R = C_2H_5$，$R' = CH_2CH_2CHCH_3$	异戊巴比妥 （阿米妥）
CH_3	

巴比妥类药物的钠盐易溶于水，常制成钠盐水溶液，供注射用。

拓展阅读

邻苯二甲酸酯类塑化剂

2011 年 5 月 25 日，台湾塑化剂毒饮料案被媒体曝光。台湾省相关部门统计显示，受事件牵连厂商近 300 家，台湾受到污染的产品已经超过 960 项，酿成了重大的食品安全问题，给台湾美食蒙上了阴影。塑化剂风波愈演愈烈，影响范围甚广，连幼儿使用的感冒糖浆都传出含塑化剂，让民众提心吊胆，人心惶惶。什么是塑化剂？它对人体有什么样的危害？

塑化剂也称增塑剂、可塑剂，种类多达百余种，多为羧酸酯类化合物，普遍使用的是为邻苯二甲酸酯类，如台商用的塑化剂 DEHP（化学名邻苯二甲酸二（2-乙基己）酯）。在塑料加工中添加塑化剂，可以使其柔韧性增强，容易加工，用 DEHP 代替棕榈油配制的有毒起云剂也能产生和乳化剂相似的增稠效果。塑化剂 DEHP 在体内长期累积高剂量，可能会造成免疫力下降，损害男性生殖能力。

重点小结

1. 羧酸是分子中含有羧基（—COOH）的化合物，可用 RCOOH 表示。

2. 一元羧酸的酸性比无机强酸的酸性弱，但比碳酸和苯酚的酸性强，这个性质可用于鉴别羧酸和酚。羧酸盐遇强酸则游离出羧酸，利用此性质可分离、精制羧酸。

3. 羧酸羧基中的羟基可被卤素、酰氧基、烷氧基或氨基取代，分别生成酰卤、酸酐、酯或酰胺等羧酸衍生物。

4. 饱和一元酸在一般条件下不易脱羧，需用无水碱金属盐与碱石灰共热才能脱羧。芳香羧酸较脂肪羧酸容易脱羧。

5. 不同的二元羧酸受热可发生脱水或脱羧反应，得到不同的产物。含 2~3 个碳原子的二元酸，脱羧生成少一个碳的羧酸；含 4~5 个碳原子的二元酸，脱水生成五元或六元的环酐；含 6~7 个碳原子的二元酸，分子内脱羧又脱水，生成少一个碳的环酮。

6. 甲酸除具有羧酸所具有的性质外，在结构上也可看作是羟基甲醛，所以，甲酸具有醛的某些特性，即有还原性，能发生银镜反应。

7. 羧酸衍生物结构上的特点是分子中都含有酰基，包括酰卤、酸酐、酯、酰胺。

8. 酰卤、酸酐、酯、酰胺可水解生成相应的羧酸；酰卤、酸酐、酯与醇反应，生成相应的酯；酰卤、酸酐和酯与氨作用生成相应的酰胺。羧酸衍生物发生取代反应的活性次序是：酰卤＞酸酐＞酯＞酰胺。

9. 酸酐、酯和伯酰胺与羟胺作用可生成异羟肟酸，再与三氯化铁作用即生成红紫色的异羟肟酸铁。

10. 酰胺一般是中性化合物，酰亚胺具有明显的酸性；酰胺与亚硝酸反应生成相应的羧酸，并放出氮气。

目标检测

1. 单项选择题

（1）既有羧基结构，又有醛基结构的化合物是
　　A. 丙酸　　　　　　B. 乙酸　　　　　　C. 甲酸　　　　　　D. 丁酸

（2）乙酸的俗称是
　　A. 蚁酸　　　　　　B. 醋酸　　　　　　C. 乳酸　　　　　　D. 水杨酸

（3）下列化合物中，酸性最强的是
　　A. 乙二酸　　　　　B. 乙醇　　　　　　C. 乙酸　　　　　　D. 乙醛

（4）下列化合物中，不能使酸性高锰酸钾溶液褪色的是
　　A. 甲酸　　　　　　B. 乙酸　　　　　　C. 乙醛　　　　　　D. 乙醇

（5）相对分子质量相近的下列化合物沸点最高的是
　　A. 烃　　　　　　　B. 醇　　　　　　　C. 羧酸　　　　　　D. 醛

（6）丁酸和乙酸乙酯的关系为
　　A. 官能团异构　　　B. 碳链异构　　　　C. 位置异构　　　　D. 互变异构

（7）下列化合物中，属于芳香羧酸的是
　　A. 草酸　　　　　　B. 肉桂酸　　　　　C. 亚油酸　　　　　D. 醋酸

（8）不能用于鉴别乙酰乙酸乙酯的试剂是
　　A. 溴水　　　　　　B. 三氯化铁　　　　C. 2,4-二硝基苯肼　D. 希夫试剂

（9）下列属于酯水解产物的是
　　A. 羧酸和醇　　　　B. 羧酸和醛　　　　C. 醇和酚　　　　　D. 羧酸和酮

（10）加热不易发生脱羧反应的是
　　A. 草酸　　　　　　B. 己二酸　　　　　C. 丙二酸　　　　　D. 丁二酸

（11）关于羧酸下列说法错误的是
    A. 能与金属钠反应   B. 能与碱反应
    C. 能与碳酸钠反应   D. 能与酸反应生成酯

（12）苯甲酸及其钠盐可以用作食品和药品的
    A. 乳化剂   B. 防腐剂   C. 酰化剂   D. 洗涤剂

（13）下列化合物中，酸性最弱的是
    A. 对甲基苯甲酸   B. 对硝基苯甲酸   C. 苯甲酸   D. 间硝基苯甲酸

（14）将苯酚与苯甲酸分离时，加入的试剂是
    A. 盐酸   B. 乙醚
    C. 氢氧化钠溶液   D. 碳酸氢钠溶液

（15）下列物质酸性排列正确的是
    A. 碳酸＞乙酸＞苯酚＞乙醇   B. 乙酸＞苯酚＞碳酸＞乙醇
    C. 苯酚＞乙酸＞乙醇＞碳酸   D. 乙酸＞碳酸＞苯酚＞乙醇

（16）$(CH_3)_2CH(CH_2)_2COOH$ 的正确命名是
    A. 2,3-二甲基丁酸   B. 4-甲基戊酸
    C. 2-甲基戊酸   D. 2-乙基丁酸

（17）下列物质与乙醇发生酰化反应，反应速率最快的是
    A. $CH_3CH_2CH_2COCl$ B. $(CH_3CO)_2O$
    C. 乙酸乙酯   D. $CH_3CH_2CH_2CONH_2$

（18）不能生成红紫色的异羟肟酸铁的是
    A. 苯甲酰胺   B. 乙酸乙酯   C. 乙酰氯   D. 乙酸酐

（19）乙酰氯发生水解反应主要产物是
    A. 乙醇   B. 乙醛   C. 乙酸   D. 乙醚

（20）水杨酸和乙酸酐反应的主要产物是

2. 用系统命名法命名下列化合物或写出结构简式

（1）
$$\underset{\quad CH_3 \quad\ \ CH_3}{CH_3CHCH_2CHCOOH}$$

（2）
$$\underset{\ \ CH_2COOH}{CH_3-CHCOOH}$$

（3）
$$\underset{O}{CH_3-\overset{\ \ \|}{C}-NHCH_2CH_3}$$

（4）

（5）

（6）

（7）草酸

（8）乙二酸甲乙酯

（9）β-萘甲酸

（10）乙二醇二乙酸酯

3. 完成下列反应式

(1)

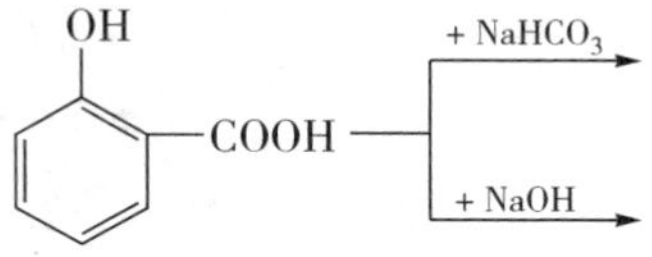

(2) HOOC—COOH $\xrightarrow{\triangle}$

(3) $CH_3-\overset{O}{\overset{\|}{C}}-Cl + H_2O \longrightarrow$

(4)

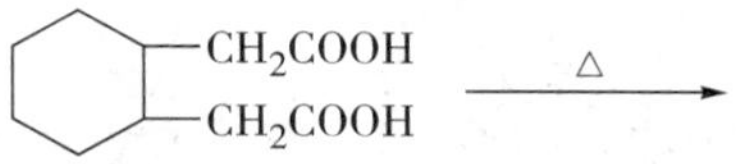

4. 用简单的化学方法区分下列各组化合物
(1) 甲酸、乙酸、丙烯酸
(2) 乙酸乙酯、乙酸、草酸
(3) 苯甲醇、苯甲醛、苯甲酸
(4) 丙酸、丙醇、乙酐
(5) 苯甲醛、苯乙酮、苯乙酸

5. 推导结构式
(1) 某化合物 A 分子式为 $C_3H_6O_2$，具有香味，水解后生成化合物 B 和 C。B 与 $NaHCO_3$ 反应放出 CO_2，并能与托伦试剂或斐林试剂反应；C 能发生碘仿反应，写出 A、B、C 的结构简式。
(2) 化合物 A 的分子式为 $C_4H_8O_2$，经水解可得到 B 和 C，C 在一定条件下氧化可得到 B。写出 A、B 和 C 的结构简式。

（许玉芳）

第九章

取代羧酸

学习目标

知识要求　**1. 掌握**　取代羧酸的命名；取代酸的酸性；取代酸的化学特性。
　　　　　2. 熟悉　取代羧酸的分类。
　　　　　3. 了解　各类重要的取代羧酸的性质及用途。
技能要求　**1.** 能判断各类取代羧酸的结构并能将其分类；能熟练命名各类取代羧酸。
　　　　　2. 会书写各类取代羧酸的典型化学反应方程式；会用取代羧酸的性质鉴别相关有机化合物。

　　羧酸分子中烃基上的氢原子被其他原子或原子团取代所生成的化合物称为取代羧酸，简称取代酸。它们在有机合成和生物代谢中，都是十分重要的物质。根据取代基团的种类不同，取代羧酸可分为卤代酸、羟基酸、羰基酸和氨基酸等。本章只讨论前三种，氨基酸将在第十三章中讨论。

　　取代酸是具有两种或两种以上官能团的化合物。它们不仅具有羧基和取代基的一些典型性质，并且还有羧基与取代基彼此影响所表现的一些特殊性质。

第一节　卤代酸

案例导入

案例：食醋的主要成分是乙酸（俗名醋酸），大家知道乙酸的性质和应用。氯乙酸是乙酸的衍生物，氯乙酸现在广泛用于合成医药、农药、染料和高效除草剂等。

讨论：1. 你知道氯乙酸的组成、性质吗？
　　　2. 氯乙酸与乙酸的性质有何异同？

　　羧酸分子中烃基上的氢原子被卤素取代所生成的化合物称为卤代酸。

一、卤代酸的分类和命名

　　1. 卤代酸的分类　卤代酸根据卤原子和羧基的相对位置不同，卤代酸可分为 α-卤代酸、β-卤代酸、γ-卤代酸和 δ-卤代酸等。

　　2. 卤代酸的命名　卤代酸的命名以羧酸为母体，卤素原子作为取代基来命名。例如：

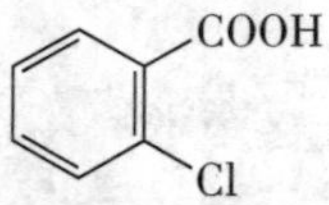

$$CH_3CH_2CHCH_2COOH$$
$$|$$
$$Cl$$

邻氯苯甲酸 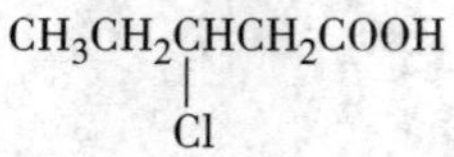　　　　　　　　　　　　3-氯戊酸

二、卤代酸的化学性质

（一）酸性

卤素是吸电子基，羧酸烃基上的氢原子被卤素取代后，通过吸电子诱导效应的作用，使羧基中 O—H 键的极性增强，使氢原子易于解离，酸性增强。卤代酸的酸性强弱取决于卤原子的种类、数目以及卤原子与羧基之间的距离远近。

（1）当卤素原子数目和取代位置相同时，卤原子的电负性越大，其吸电子效应越强，卤代酸的酸性越强。例如：

$$FCH_2COOH > ClCH_2COOH > BrCH_2COOH > ICH_2COOH$$

$\quad$ pK_a $\qquad$ 2.66 $\qquad\qquad$ 2.81 $\qquad\qquad$ 2.90 $\qquad\qquad$ 3.12

（2）当卤素原子种类和取代位置相同时，卤原子数目越多，卤代酸的酸性越强。例如：

$$Cl_3CCOOH > Cl_2CHCOOH > ClCH_2COOH$$

$\quad$ pK_a $\qquad$ 0.64 $\qquad\qquad$ 1.26 $\qquad\qquad$ 2.81

（3）当卤原子种类和数目相同时，卤原子与羧基距离越近，卤代酸的酸性越强。例如：

$$CH_3CH_2\underset{\underset{Cl}{|}}{C}HCOOH > CH_3\underset{\underset{Cl}{|}}{C}HCH_2COOH > \underset{\underset{Cl}{|}}{C}H_2CH_2CH_2COOH$$

$\quad$ pK_a $\qquad$ 2.86 $\qquad\qquad\qquad$ 4.06 $\qquad\qquad\qquad$ 4.52

课堂互动

在 $\text{HOOCCHCH}_2\text{CH}_2\text{COOH}$ 中哪一个羧基的酸性更强？
$\qquad\quad \underset{Cl}{|}$

（二）化学特性

卤代酸具有羧酸和卤代烃的一般通性，由于羧基和卤素相互影响，产生一些特性。如卤代酸在稀碱溶液中，卤素原子可发生亲核取代反应，也可发生消除反应，所发生的反应类型主要取决于卤原子与羧基的相对位置和产物的稳定性。

α-卤代酸中卤原子受羧基的影响较活泼，因此主要水解生成 α-羟基酸。

$$\underset{\underset{X}{|}}{R}CHCOOH \xrightarrow[\triangle]{NaOH/H_2O} \underset{\underset{OH}{|}}{R}CHCOOH$$

β-卤代酸在同样条件下发生消除反应，生成 α,β-不饱和酸。

$$R\underset{\underset{X}{|}}{C}H\underset{\underset{H}{|}}{C}HCOOH \xrightarrow[\triangle]{NaOH/H_2O} RCH{=}CHCOOH$$

γ 或 δ-卤代酸在碱的作用下生成五元或六元环内酯。

$$R\underset{\underset{X}{|}}{C}HCH_2CH_2COOH \xrightarrow{Na_2CO_3/H_2O} \text{（环内酯）}$$

课堂互动

完成下列化学反应式：

1. $CH_3CH_2COOH \xrightarrow[\text{红磷}]{Cl_2} \qquad \xrightarrow[\triangle]{NaOH/H_2O}$

2. $\underset{\underset{X}{|}}{CH_3CHCH_2CH_2CH_2COOH} \xrightarrow[\triangle]{Na_2CO_3/H_2O}$

三、重要的卤代酸

1. 三氟乙酸（CF_3COOH） 是具有强烈刺激性气味的无色液体。溶于水、乙醇和乙醚。

三氟乙酸是许多有机化合物的良好溶剂，与二硫化碳（CS_2）合用可溶解蛋白质；也可用于合成含氟化合物、杀虫剂和染料；是酯化反应和缩合反应的催化剂；羟基和氨基的保护剂，用于糖和多肽的合成。

2. 氯乙酸（$ClCH_2COOH$） 是无色或淡黄色结晶，有刺激性气味。易溶于水，溶于乙醇、乙醚、苯、三氯甲烷、二硫化碳。易潮解，有强烈的腐蚀性。

氯乙酸在医药工业上用于合成咖啡因、巴比妥、肾上腺素、维生素 B_6 等；在染料工业上用于生产靛蓝染料；在农药工业上用于合成乐果、除草剂等。氯乙酸还可用于制备羧甲基纤维素钠、乙二胺四乙酸、有色金属浮选剂和色层分析试剂等。

拓展阅读

碘番酸

碘番酸 $\left[\text{结构式}\right]$ 是白色或略带微红色粉末，无臭无味。不

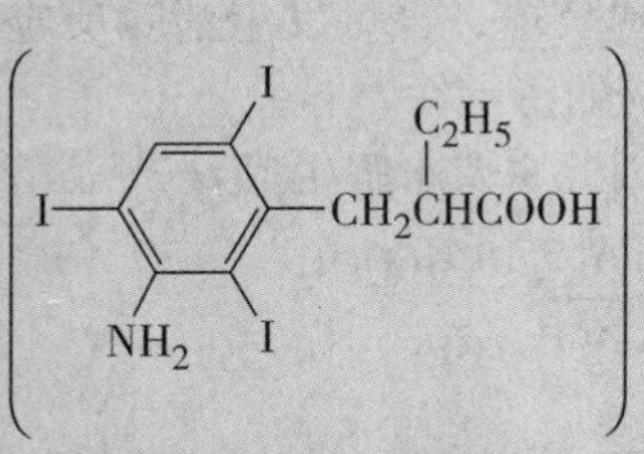

溶于水，可溶于氢氧化钠或碳酸钠溶液、乙醇、乙醚、三氯甲烷。

口服法胆囊造影为临床常用的诊断胆囊疾患的影像学方法。碘番酸可用作胆囊及胆管造影剂。人体口服后经门静脉入血液循环，部分由肝脏排出，再随同胆汁排入胆管与胆囊，到胆囊内被浓缩后在 X 射线下可显影，用以诊断胆囊疾病。对胆囊结石，慢性炎症，良性和恶性肿瘤及一些先天性疾病的诊断准确性较高。CT 应用以后，用很少量的碘番酸（0.5g）即可使胆囊显影，并可根据结石的 CT 值推测出结石的化学性质。但对严重肝病患者、肾病患者、有严重甲状腺功能亢进者及肠道吸收不良者禁用本法检查。

第二节　羟基酸

案例导入

案例：在一些护肤品以及治疗头癣、足癣的软膏药品的说明书中经常会看到含有水杨酸成分。低浓度的水杨酸（通常是 0.5%～2%）能去除老化的角质，使皮肤表面光滑，也可以收缩毛孔。高浓度的水杨酸（一般＞6%）对皮肤具有一定的伤害。对于全身大面积（超过 30%）或长期使用水杨酸的患者，须特别注意水杨酸的中毒效应的产生，包括眩晕、耳鸣、恶心、电解质失调等情况。

讨论：水杨酸属于哪一类有机物？它的化学名称叫什么呢？

　　羧酸分子中烃基上的氢原子被羟基取代所生成的化合物称为羟基酸。

一、羟基酸的分类和命名

　　1. 分类　羟基酸分为醇酸和酚酸两类，羟基连在脂肪碳链上的称为醇酸、连在芳环上的称为酚酸。

$$\underset{\underset{\displaystyle OH}{|}}{CH_3CHCOOH}$$

2-羟基丙酸(醇酸)

邻羟基苯甲酸（酚酸）

　　根据羟基和羧基的相对位置不同，醇酸可分为 α-羟基酸、β-羟基酸、γ-羟基酸和 δ-羟基酸等。

　　2. 命名　醇酸的命名以羧酸为母体，羟基为取代基来命名，主链从羧基碳原子开始用阿拉伯数字依次编号，也可从与羧基相连的碳原子开始依次用希腊字母 α、β、γ……ω 编号。酚酸是以芳香酸为母体，羟基为取代基来命名。许多羟基酸是天然产物，常按其来源采用俗名（表 9-1）。

表 9-1　一些常见羟基酸的结构简式和名称

类别	系统命名	俗名	结构式
醇酸	2-羟基丙酸 （α-羟基丙酸）	乳酸	$\underset{\underset{\displaystyle OH}{\|}}{CH_3CHCOOH}$
	2-羟基丁二酸 （α-羟基丁二酸）	苹果酸	$HOOC-\underset{\underset{\displaystyle OH}{\|}}{CH}-CH_2-COOH$
	2,3-二羟基丁二酸 （α,β-二羟基丁二酸）	酒石酸	$HOOC-\underset{\underset{\displaystyle OH}{\|}}{CH}-\underset{\underset{\displaystyle OH}{\|}}{CH}-COOH$
	3-羟基-3-羧基戊二酸	柠檬酸	$\underset{\underset{\displaystyle CH_2COOH}{\|}}{\overset{\overset{\displaystyle CH_2COOH}{\|}}{HO-C-COOH}}$

类别	系统命名	俗名	结构式
酚酸	邻羟基苯甲酸	水杨酸	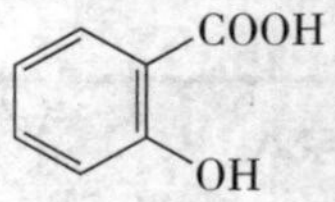
	3,4,5-三羟基苯甲酸	没食子酸	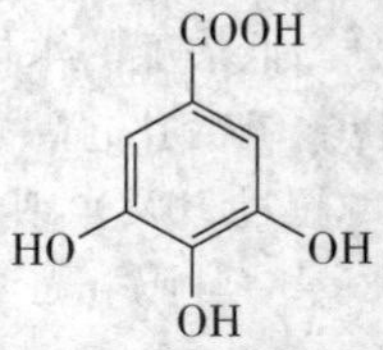

课堂互动

写出下列化合物的名称：

$$CH_3-CH-CH-COOH \qquad HO-\!\!\!\!\bigcirc\!\!\!\!-COOH$$
$$\qquad\quad | \quad\ |$$
$$\qquad\quad OH \ \ CH_3$$

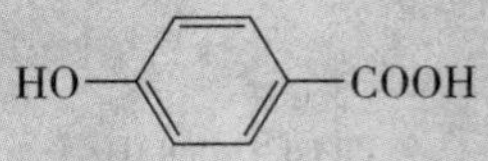

二、羟基酸的物理性质

羟基酸一般为结晶性固体或黏稠状液体。羟基酸由于分子中所含的羟基和羧基都可以与水形成氢键，所以在水中的溶解度大于相应的羧酸和醇。低级的羟基酸可与水混溶。羟基酸的沸点和熔点也比相应的羧酸高。酚酸都为结晶性固体。

三、羟基酸的化学性质

羟基酸分子中既有羟基又有羧基，故兼有羟基和羧基的一般性质，如醇羟基可以氧化、酯化、脱水等；酚羟基有酸性并能与三氯化铁溶液显色；羧基具有酸性可成盐、成酯等。由于羟基和羧基的相互影响，又使得羟基酸具有一些特殊性质。

（一）醇酸

1. 酸性　由于羟基的吸电子诱导效应使醇酸的酸性比相应的羧酸强。诱导效应随着距离的增加而减弱，随着羟基和羧基距离的增大，羟基酸的酸性逐渐减弱。羟基数目越多，酸性越强。

$$CH_3CHCOOH > CH_2CH_2COOH > CH_3CH_2COOH$$
$$\qquad\ | \qquad\qquad\quad |$$
$$\qquad OH \qquad\qquad OH$$

$$pK_a \qquad\quad 3.86 \qquad\qquad 4.51 \qquad\qquad 4.88$$

2. 氧化反应　由于 α-羟基酸中的羟基受羧基的影响，它比醇中的羟基容易氧化。例如，在弱氧化剂托伦试剂的作用下即可把 α-羟基酸氧化成酮酸：

$$\qquad\quad OH \qquad\qquad\qquad\qquad\qquad O$$
$$\qquad\quad | \qquad\qquad\qquad\qquad\qquad\quad ||$$
$$CH_3CHCOOH \xrightarrow{[O]} CH_3CCOOH$$

稀硝酸一般不能氧化醇，但却能氧化醇酸，例如：

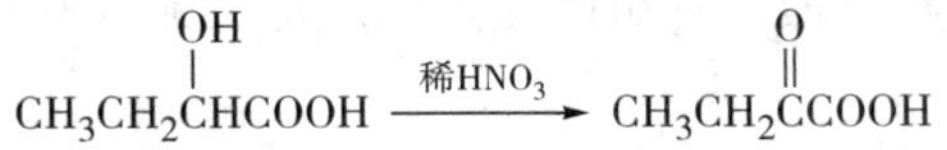

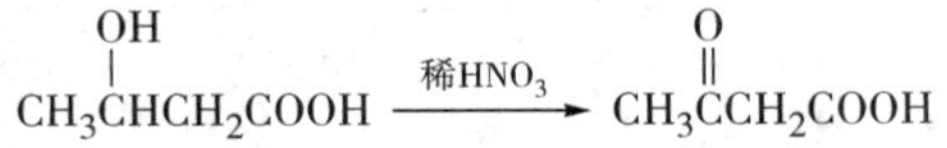

$$CH_3CH_2\underset{\underset{OH}{|}}{C}HCOOH \xrightarrow{稀HNO_3} CH_3CH_2\underset{\underset{O}{\|}}{C}COOH$$

$$CH_3\underset{\underset{OH}{|}}{C}HCH_2COOH \xrightarrow{稀HNO_3} CH_3\underset{\underset{O}{\|}}{C}CH_2COOH$$

在生物体内，醇酸在酶的催化下也能发生类似的氧化反应。例如：

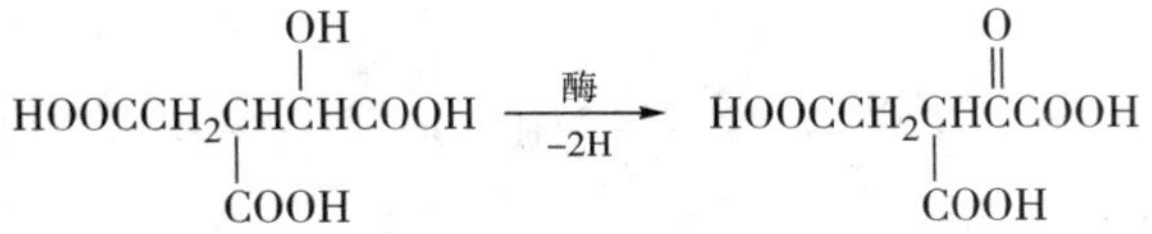

$$HOOCCH_2\underset{\underset{COOH}{|}}{C}H\underset{\underset{OH}{|}}{C}HCOOH \xrightarrow[-2H]{酶} HOOCCH_2\underset{\underset{COOH}{|}}{C}H\underset{\underset{O}{\|}}{C}COOH$$

异柠檬酸   草酰琥珀酸

3. 脱水反应

（1）α-羟基酸 α-羟基酸受热时，一分子 α-羟基酸的羟基与另一分子 α-羟基酸的羧基相互脱水，生成六元环状交酯。

交酯与其他酯一样，与酸或碱的水溶液共热可水解生成原来的 α-羟基酸。

（2）β-羟基酸 β-羟基酸的 α-碳上的氢同时受羧基和羟基的影响而变得非常活泼，受热时易与 β-碳上的羟基脱去一分子水生成 α,β-不饱和酸。

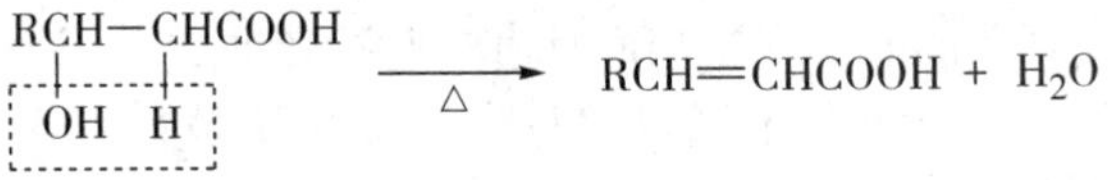

$$\underset{\underset{\boxed{OH \quad H}}{}}{RCH—CHCOOH} \xrightarrow{\triangle} RCH=CHCOOH + H_2O$$

（3）γ-羟基酸常温下发生分子内脱水生成稳定的五元环状的 γ-内酯。δ-羟基酸需加热时才能发生分子内脱水生成稳定的六元环状的 δ-内酯。

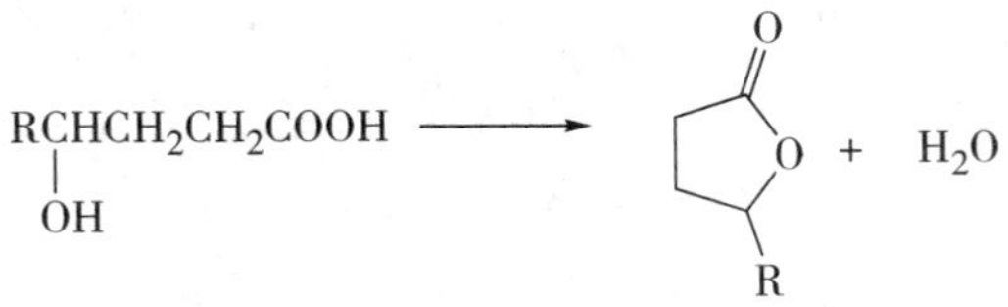

γ- 羟基丁酸 γ-丁内酯

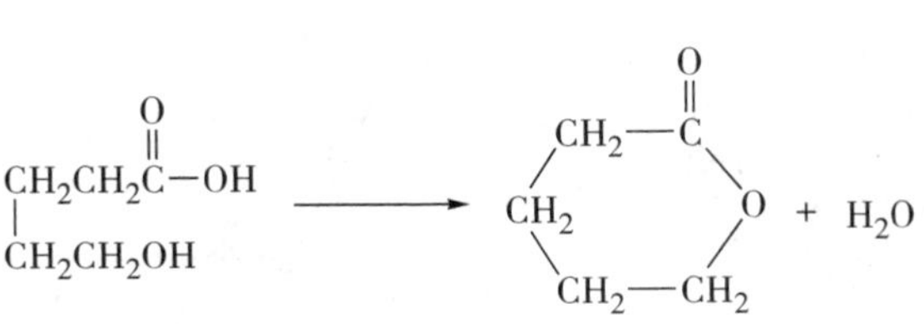

δ-羟基戊酸 δ-戊内酯

4. 脱羧反应

（1）α-羟基酸　α-羟基酸与稀硫酸或酸性高锰酸钾溶液共热，则分解脱羧生成醛或酮。

$$\underset{(R')\ H}{\overset{R}{C}}\ \underset{OH}{\overset{COOH}{\big|}} \xrightarrow[\triangle]{H_2SO_4/H_2O} \underset{(R')\ H}{\overset{R}{C}}{=}O + HCOOH$$

（2）β-羟基酸　β-羟基酸用碱性高锰酸钾溶液处理，则氧化生成β-酮酸后再脱羧生成甲基酮。

$$\underset{OH}{\overset{|}{R}CHCH_2COOH} \xrightarrow[\triangle]{KMnO_4/OH^-} R-\overset{O}{\overset{\|}{C}}-CH_2COOH \xrightarrow{\triangle} R-\overset{O}{\overset{\|}{C}}-CH_3 + CO_2\uparrow$$

课堂互动

完成下列化学反应式：

$$\underset{OH}{\overset{|}{CH_3CH_2CH}}{-}\underset{CH_3}{\overset{|}{CHCOOH}} \xrightarrow{\triangle}$$

$$CH_3\underset{OH}{\overset{|}{CH}}CH_2CH_2COOH \xrightarrow{\triangle}$$

（二）酚酸

酚酸具有酚和芳香酸的一般性质。如与三氯化铁溶液显色，酚羟基和羧基分别成盐、成酯等。同时由于两种官能团的相互影响而具有一些特殊性质。

1. 酸性　在酚酸中，由于羟基和芳环之间既有吸电子诱导效应又有供电子共轭效应，但因空间分布不同，所以，几种酚酸异构体的酸性强弱有所不同。

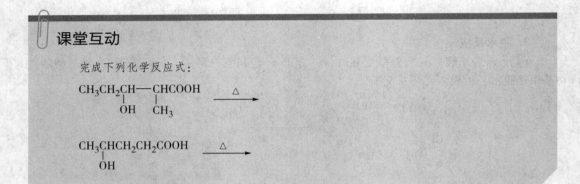

| pKa | 3.00 | 4.12 | 4.17 | 4.54 |

羟基处于羧基的邻位时，其氢原子能与羧基氧原子形成分子内氢键，降低了羧基中羟基氧原子的电子云密度，使羧基氢原子更易解离，同时也使形成的羧酸负离子更加稳定，所以邻羟基苯甲酸酸性比较强。

羟基处于羧基的间位时，羟基的供电子共轭效应对羧基的影响不大，主要通过吸电子诱导效应起作用，但因距离较远作用也不大，因而酸性增强很小。

羟基处于羧基的对位时，主要是羟基的供电子共轭效应大于其吸电子诱导效应，因而不利于羧基氢原子的解离，从而使酸性降低。

2. 脱羧反应 酚酸具有酚或芳香羧酸的通性。邻位和对位羟基酚酸，加热到熔点以上，能发生脱羧反应。

例如，水杨酸加热至熔点（159℃）以上即脱羧生成苯酚。

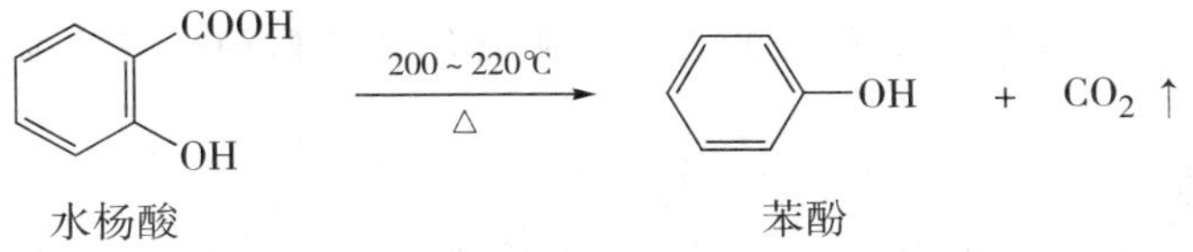

水杨酸　　　　　　　　　　　　　　苯酚

四、重要的羟基酸

羟基酸广泛存在于动植物体内，并对生物体的生命活动起重要作用，也可作为药物合成的原料及食品的调味剂。

（一）乳酸

乳酸系统名称为 α-羟基丙酸，最初从酸牛乳中得到而得名，工业上用葡萄糖经乳酸杆菌发酵制得。人体在剧烈运动时，糖原分解生成乳酸，存积在肌肉里使肌肉感到酸胀。

乳酸常温下为无色或淡黄色糖浆状液体，熔点为18℃，有很强的酸性和吸湿性。能与水、乙醇、乙醚等混溶，但不溶于三氯甲烷和油脂。

医药上，乳酸钙是常用的补钙药物。乳酸还可用作消毒剂，在病房、手术室、实验室等场所采用乳酸蒸气消毒，可有效杀灭空气中的细菌。乳酸聚合得到聚乳酸，聚乳酸可以抽成丝，纺成线，这种线是良好的手术缝合线，缝合愈合后不用拆线，能自动降解成乳酸被人体吸收，无不良后果。此外，化学工业、食品及饮料工业中也大量使用乳酸。

拓展阅读

人与乳酸

乳酸是人体在保持体温和机体运动而产生热量过程中产生的废弃物，是引起身体疲劳的物质之一。人体生存所需要的能量大部分来自于糖分。血液按需要把葡萄糖送至各个器官燃烧，产生热量，这一过程中会产生水、二氧化碳和丙酮酸，丙酮酸与氢结合生成乳酸。如果身体的能量代谢能正常进行，不会产生堆积，将被血液带至肝脏进一步分解为水和二氧化碳，产生能量，疲劳就消除了。

如果运动过于剧烈或持久，或者身体分解乳酸所必需的维生素和矿物质不足，那么体内的乳酸来不及被处理，造成乳酸的堆积。乳酸过多将使体液由弱碱性变为酸性。影响细胞顺利吸收营养和氧气，削弱细胞的正常功能。堆积乳酸的肌肉会发生收缩，从而挤压血管，使血流不畅，造成肌肉酸痛、发冷、头痛、头重感等。乳酸堆积在初期造成酸痛和倦怠，若长期置之不理，造成体质酸化，可能引起严重的疾病。

选择恰当的运动，均衡清淡的营养，尤其是富含维生素 B 族的食物，再加上高质量的睡眠可以帮助来消除乳酸堆积引起的疲劳。

（二）酒石酸

酒石酸的系统名称为 2,3-二羟基丁二酸，常以游离或盐的形式存在于各种植物和果实中，以葡萄中含量最高。酒石酸或其钾盐存在于葡萄汁内，酒石酸氢钾难溶于水和乙醇，所以，葡萄汁发酵制酒时，它以结晶析出，称为"酒石"。酒石用酸处理得到酸，故名酒石酸。

酒石酸是无色半透明的晶体或结晶性粉末，熔点 170℃，有强酸味，易溶于水，不溶于有机溶剂。酒石酸常用来配制饮料，酒石酸氢钾是配制发酵粉的原料。酒石酸钾钠可配制斐林试剂。酒石酸锑钾又称吐酒石，口服有催吐的作用，其注射剂是治疗血吸虫病的特效药。

（三）柠檬酸

柠檬酸又称枸橼酸，系统名称为 3-羟基-3-羧基戊二酸，存在于多种植物的果实中，如柠檬、柑桔、山楂、乌梅等。其中以柠檬中含量最高，故称为柠檬酸。

柠檬酸是一种无色结晶，有较强的酸味，易溶于水及醇。无水枸橼酸熔点 153℃，含一分子结晶水的枸橼酸熔点为 100℃，干燥空气中微有风化性。

柠檬酸常用于糖果和饮料的矫味剂、清凉剂，用于配制汽水和碳酸饮料，也是制药工业的重要原料，并在印染工业中作媒染剂。医药上，柠檬酸钠有抗凝血和利尿作用，柠檬酸的镁盐是温和的泻药，柠檬酸铁铵是常用的补血剂，枸橼酸哌嗪是驱虫药。

（四）苹果酸

苹果酸的系统名称为羟基丁二酸，最初从未成熟的苹果中得到而得名。苹果酸还存在于其他未成熟的果实中，如山楂、葡萄、杨梅、番茄等。

天然苹果酸是无色针状结晶，熔点 100℃，易溶于水和乙醇。苹果酸可用于制药和食品工业，苹果酸钠可作为食盐代用品，供需低食盐病人食用。

（五）水杨酸

水杨酸的系统名称为邻羟基苯甲酸，又名柳酸，主要存在于柳树或水杨树皮中。它是白色针状结晶，熔点 159℃，微溶于冷水，易溶于乙醇、乙醚和热水中。加热至 79℃ 可升华。

水杨酸具有酚和羧酸的性质，如易被氧化、遇三氯化铁水溶液显紫色，水溶液呈酸性，能成盐、成酯等。加热至熔点易发生脱羧反应。水杨酸与溴水作用不仅发生取代反应，同时引起脱羧作用。

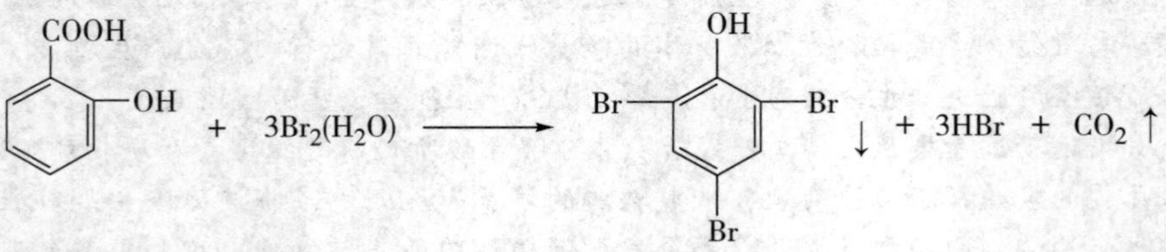

水杨酸具有杀菌防腐、解热镇痛和抗风湿作用，常用作抗风湿病和因霉菌感染引起的皮肤病的外用药。因酸性较强，对食管和胃黏膜的刺激性较大，一般不宜内服。其钠盐可作食品防腐剂和口腔清洁剂，因水杨酸不宜内服，临床上用乙酰水杨酸作为内服药。

乙酰水杨酸商品名为阿司匹林，在冰醋酸中 80℃ 时水杨酸与乙酐共热生成乙酰水杨酸。

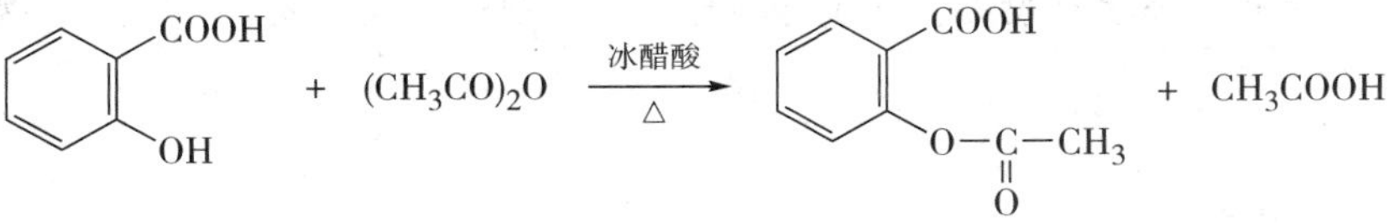

乙酰水杨酸

阿司匹林是白色结晶，熔点 135℃，无臭或微带酸味，难溶于水，易溶于乙醇、乙醚及三氯甲烷等有机溶剂。阿司匹林在潮湿空气中可水解生成水杨酸和乙酸。水解后生成的水杨酸遇 $FeCl_3$ 显紫色，药典上以此检验和鉴别乙酰水杨酸。

拓展阅读

阿司匹林的应用

阿司匹林具有解热、镇痛、抗炎、抗风湿及抗血栓形成的作用。刺激性较水杨酸小，是常用的解热镇痛药。现在还用于防治冠状动脉和脑血管栓塞的形成，预防急性心肌梗死。阿司匹林临床上可用来治疗胆道蛔虫病；可防止抗生素造成的耳聋；预防肠息肉癌变降低肠癌的发病率；还可用于治疗脚癣、偏头痛、糖尿病、老年性白内障、妊娠高血压、老年性痴呆、下肢静脉曲张引起的溃疡等。而且这百年老药的新用途仍在不断地被发现，被人类所应用。

但不是所有的人群都能服用阿司匹林。有哮喘、胃溃疡、血友病、视网膜出血和其他出血性疾病患者不宜服用；没有心血管危险因素的健康人不可把阿司匹林作为预防心血管病的保健药；16 岁以下的青少年禁止服用阿司匹林。

（六）没食子酸

没食子酸又称五倍子酸，系统名称为 3,4,5-三羟基苯甲酸。主要存在于五倍子、槲树皮和茶叶中。可用五倍子与稀酸加热或用酶水解制得。

纯的没食子酸是白色固体，熔点 253℃，易溶于水，易氧化，医药上用作抗氧剂。能与 Fe^{3+} 生成蓝黑色沉淀用于制造蓝黑墨水。加热至 220℃ 脱羧而生成没食子酚（1,2,3-苯三酚，又叫焦性没食子酸）。

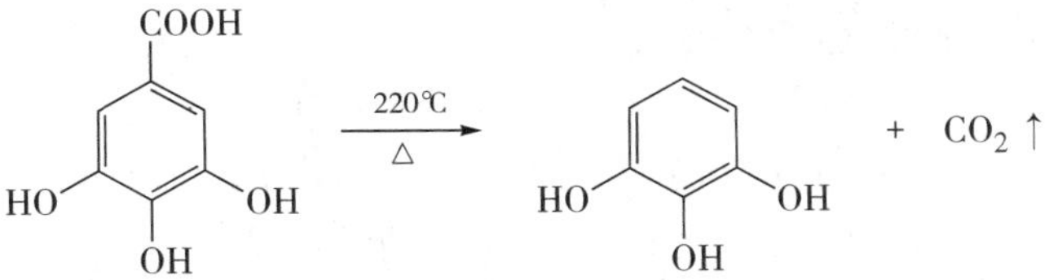

焦性没食子酸是较强的还原剂，可用作照相显影剂。在强碱溶液中可吸收大量的氧气，常用作气体分析的吸氧剂。

没食子酸与葡萄糖及多元醇结合生成的化合物叫鞣质（又叫丹宁或鞣酸）。是中草药中一类较重要的有效成分。鞣质可溶于水或醇中生成胶体溶液，具有涩味。有强还原性和收敛性，有凝固蛋白质的作用，在医药上作外用止血和收敛药，药剂上作防腐杀菌剂，用于治疗皮肤溃疡、烫伤、压疮、湿疹等。鞣酸对胃黏膜有刺激，不宜内服，但可用其衍生物鞣酸蛋白内服治疗胃溃疡和腹泻。鞣质还能与多种生物碱形成沉淀,可用作生物碱及重金属中毒时的解毒剂。

第三节 羰基酸

案例导入

案例:糖尿病的患病率在逐年上升,病因是当人体内代谢紊乱时,脂肪酸在人体内不能完全氧化成二氧化碳和水,而是生成了中间产物β-丁酮酸、β-羟基丁酸和丙酮,血液中这些中间产物的含量增加,血液酸性增强,从而导致酸中毒。

讨论:1. β-丁酮酸属于哪类有机物呢?它的结构、性质如何?
　　　2. β-丁酮酸、β-羟基丁酸和丙酮这三者之间又有什么联系呢?

一、羰基酸的定义、分类和命名

(一) 羰基酸的定义和分类

分子中既含有羰基又含有羧基的化合物叫羰基酸。羰基酸根据所含羰基是醛基还是酮基,将其分为醛酸和酮酸,羰基在碳链的末端的是醛酸,在碳链中间的是酮酸。

$$H-\underset{\underset{O}{\|}}{C}-COOH \qquad\qquad CH_3-\underset{\underset{O}{\|}}{C}-CH_2COOH$$

乙醛酸　　　　　　　　　　3-丁酮酸(β-丁酮酸)

(二) 羰基酸的命名

命名时选含羰基和羧基的最长碳链为主链,称为某醛酸或某酮酸。命名酮酸时还须用阿拉伯数字或希腊字母标明酮基的位置。

$$\underset{丙醛酸}{HC-CH_2COOH} \qquad \underset{丙酮酸}{CH_3\overset{O}{\overset{\|}{C}}COOH} \qquad \underset{4-戊酮酸(\gamma-戊酮酸)}{CH_3\overset{O}{\overset{\|}{C}}CH_2CH_2COOH}$$

用酰基命名,称为某酰某酸。如:

$$\underset{3-丁酮酸(乙酰乙酸)}{CH_3\overset{O}{\overset{\|}{C}}CH_2COOH} \qquad\qquad \underset{丁酮二酸(草酰乙酸)}{HOOC\overset{O}{\overset{\|}{C}}CH_2COOH}$$

二、羰基酸的化学性质

醛酸具有醛和羧酸的典型性质;酮酸除具有一般酮和羧酸的典型性质外,还有以下特性。

(一) α-酮酸的性质

1. 脱羧和脱羰反应 在α-酮酸分子中,羰基与羧基直接相连,由于羰基和羧基都是强吸电子基,使羰基碳和羧基碳原子之间的电子云密度降低,所以碳碳键容易断裂,在一定条件下，可以发生脱羧和脱羰反应。

$$R-\overset{\overset{\displaystyle O}{\|}}{C}-COOH \xrightarrow[\triangle]{稀硫酸} RCHO + CO_2\uparrow$$

$$R-\overset{\overset{\displaystyle O}{\|}}{C}-COOH \xrightarrow[\triangle]{浓硫酸} RCOOH + CO\uparrow$$

生物体内的丙酮酸在缺氧的情况下，发生脱羧反应生成乙醛，然后还原形成乙醇。水果开始腐烂或制作发酵饲料时，常常产生酒味就是这个原因。

课堂互动

完成下列化学反应式：

1. $CH_3\overset{\overset{\displaystyle O}{\|}}{C}COOH \xrightarrow[\triangle]{稀硫酸}$

2. $CH_3\overset{\overset{\displaystyle O}{\|}}{C}COOH \xrightarrow[\triangle]{浓硫酸}$

2. 氨基化反应　α-酮酸与氨在催化剂作用下可生成 α-氨基酸，称为 α-酮酸的氨基化反应。

$$R-\overset{\overset{\displaystyle O}{\|}}{C}-COOH \xrightarrow{NH_3/Pt} R-\overset{\overset{\displaystyle NH}{\|}}{C}-COOH \xrightarrow{[H]} R-\overset{\overset{\displaystyle NH_2}{|}}{C}H-COOH$$

生物体内 α-酮酸与 α-氨基酸在转氨酶的作用下，可以相互转换产生新的 α-酮酸与 α-氨基酸，该反应称为氨基转移反应。

$$\begin{matrix} COOH \\ | \\ C=O \\ | \\ CH_2CH_2COOH \end{matrix} + \begin{matrix} COOH \\ | \\ H-C-NH_2 \\ | \\ CH_3 \end{matrix} \xrightarrow{谷丙转氨酶} \begin{matrix} COOH \\ | \\ H-C-NH_2 \\ | \\ CH_2CH_2COOH \end{matrix} + \begin{matrix} COOH \\ | \\ C=O \\ | \\ CH_3 \end{matrix}$$

（二）β-酮酸的性质

在 β-酮酸分子中，由于羰基和羧基的吸电子效应的影响，使 α-位的亚甲基碳原子上的电子云密度降低，因此亚甲基与相邻两个碳原子之间的键容易断裂，在不同条件下，发生酮式分解和酸式分解。

1. 酮式分解　β-酮酸受热分解脱羧生成酮，该反应称为酮式分解。

$$R-\overset{\overset{\displaystyle O}{\|}}{C}-CH_2COOH \xrightarrow{\triangle} R-\overset{\overset{\displaystyle O}{\|}}{C}-CH_3 + CO_2\uparrow$$

2. 酸式分解　β-酮酸与浓碱供热时，α-碳原子和 β-碳原子之间的键发生断裂，生成两分子羧酸盐，此反应称为酸式分解。

$$R-\overset{\overset{\displaystyle O}{\|}}{C}-CH_2COOH \xrightarrow[\triangle]{40\%NaOH} RCOONa + CH_3COONa + H_2O$$

课堂互动

完成下列化学反应式：

1. $CH_3\overset{\overset{\displaystyle O}{\|}}{C}CH_2COOH \xrightarrow{\triangle}$

2. $CH_3\overset{\overset{\displaystyle O}{\|}}{C}CH_2COOH \xrightarrow[\triangle]{40\%NaOH}$

三、重要的羰基酸

在羰基酸中，以酮酸较为重要。其中 α-酮酸和 β-酮酸是动物体内糖、脂肪和蛋白质代谢的中间产物，在体内可转变成氨基酸。故有重要的生理意义。

（一）乙醛酸

乙醛酸是最简单的醛酸，存在于未成熟的水果和动植物组织内，为无色糖浆状液体，易溶于水。在医药方面，乙醛酸可用作制备阿莫西林及头孢氨苄的原料，也可作制造治疗心血管疾病和高血压的药物。由乙醛酸制成的乙基香兰素，广泛应用于化妆品的调香剂和定香剂、日用化学品和食品的香精。

乙醛酸具有醛和羧酸的典型反应，也可进行康尼查罗反应。

（二）丙酮酸

丙酮酸是最简单的酮酸，具有无色刺激性气味的液体，沸点 165℃，易溶于水、乙醇和乙醚。由于羰基的吸电子作用，其酸性比丙酸强。

丙酮酸是人体内糖、脂肪、蛋白质代谢的中间产物，也是乳酸在人体内的氧化产物，丙酮酸与乳酸在体内酶的作用下可以相互转化。

$$CH_3\overset{\overset{\displaystyle O}{\|}}{C}COOH \underset{[O]}{\overset{酶\,[H]}{\rightleftharpoons}} \overset{\overset{\displaystyle OH}{|}}{CH_3CH}COOH$$

丙酮酸具有酮和羧酸的典型反应，还具有 α-酮酸特有的性质。

（三）β-丁酮酸

β-丁酮酸又称乙酰乙酸，是最简单的 β-酮酸，是一种无色黏稠的液体，可与水和乙醇混溶。

在低温下稳定，温度高于室温易脱羧生成丙酮；β-丁酮酸是人体内脂肪代谢的中间产物，在酶的作用下加氢还原生成 β-羟基丁酸，β-羟基丁酸氧化后又能生成 β-丁酮酸。

$$CH_3\overset{\overset{\displaystyle O}{\|}}{C}CH_2COOH \underset{[O]}{\overset{酶\,[H]}{\rightleftharpoons}} \overset{\overset{\displaystyle OH}{|}}{CH_3CH}CH_2COOH$$

拓展阅读

酮血症

β-丁酮酸、β-羟基丁酸和丙酮三者在医学上统称为酮体。它们是脂肪酸在人体内不能完全氧化成二氧化碳和水的中间产物。当人体内代谢紊乱时，血液中酮体含量就会过多，称为酮血症。健康人体100ml血液中含酮体<1mg，而糖尿病患者100ml血液中酮体含量可高达300~400mg。因此临床上诊断是否患有糖尿病，除了检查尿液中的葡萄糖含量外，还要检查尿液中酮体的含量。血液中酮体含量过高，血液酸性增强，从而导致酸中毒，严重时可引起患者死亡。

临床上主要是检测丙酮的含量，方法是在尿液中滴加 $Na_2Fe(CN)_5NO$（亚硝酰铁氰化钠）和 $NH_3 \cdot H_2O$，若有丙酮存在则显紫红色；滴加 $Na_2Fe(CN)_5NO$ 和 NaOH 则显鲜红色。

重点小结

1. 羧酸分子中烃基上的氢原子被其他原子或原子团取代所生成的化合物称为取代羧酸，简称取代酸。

2. 取代羧酸的命名：以羧酸为母体，把卤素、羟基、羰基等看作取代基命名。

3. 卤代酸具有羧酸和卤代烃的一般通性，由于羧基和卤素相互影响，导致酸性增强。

4. 羟基酸可分为醇酸和酚酸。羟基酸分子中既有羟基又有羧基，兼有羟基和羧基的一般性质，如醇羟基可以氧化、酯化、脱水等，酚羟基有酸性并能与三氯化铁溶液显色；羧基具有酸性可成盐、成酯等。由于羟基和羧基的相互影响，又使得羟基酸有一些特殊性质，如酸性、脱水反应、脱羧反应等。不同类型的醇酸发生脱水与脱羧反应所生成的产物不同。

5. 羰基酸分为醛酸和酮酸。醛酸具有醛和羧酸的典型性质；酮酸除具有一般酮和羧酸的典型性质外，还有羰基与羧基相互影响所产生的特性。在羰基酸中，以酮酸较为重要。其中 α-酮酸和 β-酮酸是动物体内糖、脂肪和蛋白质代谢的中间产物，在体内可转变成氨基酸。

目标检测

1. 选择题

（1）下列化合物中加热能生成内酯的是

A. $CH_3CH_2\underset{\underset{\displaystyle OH}{|}}{CH}COOH$　　　　　　　　B. $CH_3\underset{\underset{\displaystyle OH}{|}}{CH}CH_2COOH$

C. 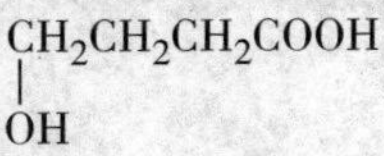 $\underset{\substack{| \\ OH}}{CH_2CH_2CH_2COOH}$

D. 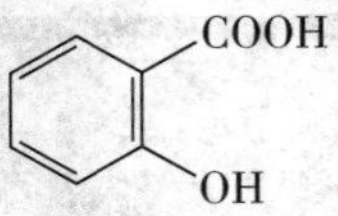 苯环-COOH（邻位OH）

（2）下列化合物中加热易脱羧生成酮的是

A. 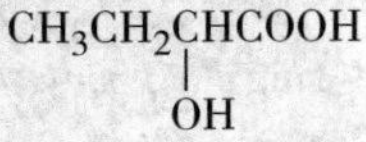 $\underset{\substack{| \\ OH}}{CH_3CH_2CHCOOH}$

B. 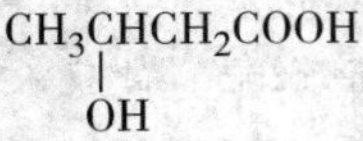 $\underset{\substack{| \\ OH}}{CH_3CHCH_2COOH}$

C. 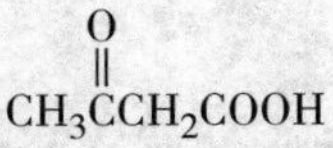 $CH_3\overset{O}{\underset{\|}{C}}CH_2COOH$

D. 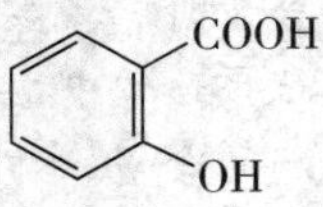 苯环-COOH（邻位OH）

（3）能用于鉴别乙酰水杨酸和水杨酸的试剂是

A. 盐酸 　　　B. 三氯化铁 　　　C. 碳酸氢钠 　　　D. 蓝色石蕊试纸

（4）下列化合物中属于多元酸的是

A. 乳酸 　　　B. 柠檬酸 　　　C. 水杨酸 　　　D. 丙酸

2. 写出下列化合物的系统名称

（1）$\underset{\substack{| \\ OH}}{CH_3CH_2\overset{\overset{\displaystyle CH_3}{|}}{C}HCHCOOH}$

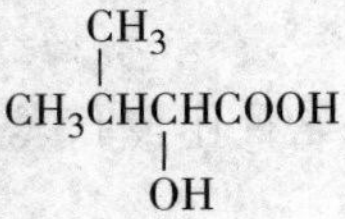

（2）$CH_3\overset{O}{\underset{\|}{C}}\underset{\substack{| \\ CH_3}}{C}HCOOH$

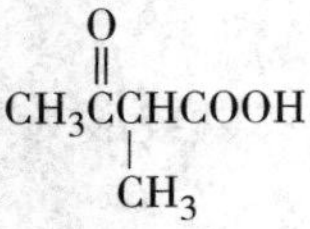

（3）COOH—苯环—（3,4-二OH）

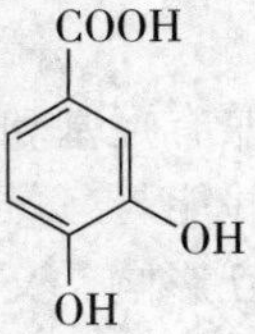

（4）萘环-CH₂COOH（对位Br）

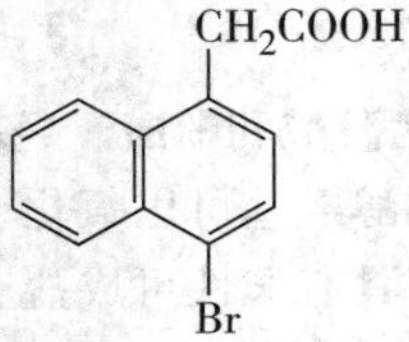

3. 写出下列化合物的结构简式

（1）丁醛酸

（2）2-甲基-3-戊酮酸

（3）阿司匹林

（4）酒石酸

（5）乳酸

（6）柠檬酸

4. 完成下列化学反应

（1）$\underset{\substack{| \\ OH}}{CH_3CH\overset{\overset{\displaystyle CH_3}{|}}{C}HCOOH} \xrightarrow{\triangle}$

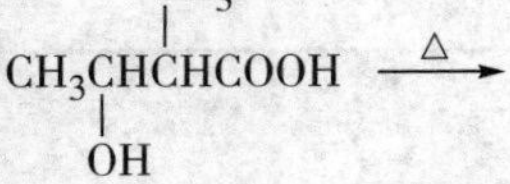

（2）$CH_3\overset{O}{\underset{\|}{C}}\underset{\substack{| \\ CH_3}}{C}HCOOH \xrightarrow{\triangle}$

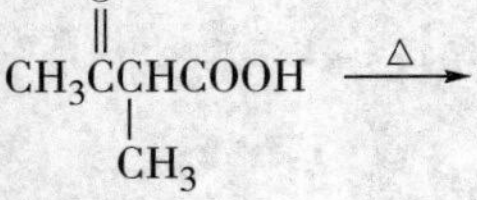

（3）$CH_3\overset{O}{\overset{\|}{C}}\underset{\underset{CH_3}{|}}{CH}COOH \xrightarrow[\triangle]{40\%NaOH}$

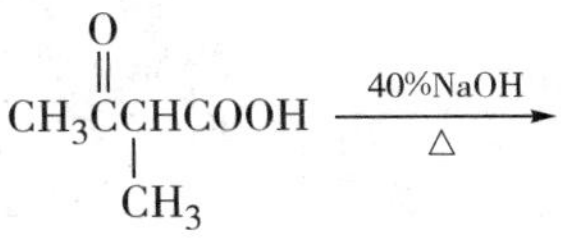

（4）$CH_3CH_2COOH \xrightarrow[红磷]{Br_2} \xrightarrow[\triangle]{NaOH/H_2O}$

（5）$HO-\!\!\left\langle\!\!\bigcirc\!\!\right\rangle\!\!-COOH \xrightarrow{\triangle}$

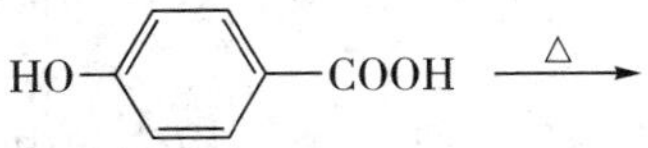

5. 用化学方法鉴别下列各组化合物
（1）苯甲醇、苯甲酸、水杨酸
（2）乙酸乙酯、乙酰乙酸、乙酰乙酸乙酯

（燕来敏）

第十章

对映异构

学习目标

知识要求　**1. 掌握**　手性碳原子、对映异构体及外消旋体等基本概念；对映异构体构型的命名方法。

　　　　　2. 熟悉　偏振光、旋光度、比旋光度、手性分子、非对映异构体和内消旋体等基本概念；旋光度与比旋光度的关系。

　　　　　3. 了解　旋光异构体的性质差异与生理活性差异；外消旋体拆分的一般方法。

技能要求　1. 会书写含一个和两个手性碳原子化合物的对映异构体的费歇尔投影式。

　　　　　2. 会判断对映异构体的构型，并能用 D、L 和 R、S 命名法标记其构型。

同分异构现象在有机化合物中普遍存在。有机化合物的同分异构现象分为构造异构和立体异构。构造异构是指分子中原子相互连接的方式和次序不同所引起的一类异构；立体异构是指分子的构造相同，只是分子中原子或基团在空间的排列方式不同而引起一类异构。

构造异构和立体异构又可细分，具体如下所示。

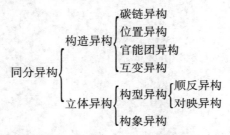

自然界中许多物质都存在对映异构现象，尤其在生物体内，如组成人体蛋白质的氨基酸，给人体提供能量的主要物质——糖类，还有机体代谢和调控过程所涉及的酶等，都存在对映异构现象。另据报道，国内外销售的药物中，约三分之一存在对映异构现象。对映异构又叫旋光异构，是一种与物质的光学性质有关的立体异构现象。本章主要介绍有关对映异构的基础知识。

第一节　偏振光和旋光性

案例导入

案例：爱好摄影的人们在下列场合往往会使用偏振镜：1. 清澈的蓝天，想把蓝天拍得更蓝；2. 清澈的蓝天，蓝天给所有景物都染上了一层蓝色，想消除景物上的蓝色，使得景物更饱和；3. 由于水面反光而看不清水中物体时，想拍摄清楚，例如游鱼；或者

想让水面暗一些；4. 拍摄静物，想消除物体表面的反光；5. 想透过玻璃拍摄玻璃后面
的东西。

讨论：1. 什么是偏振镜？

2. 偏振镜为什么会有以上作用呢？

使用偏振镜前后照片对比

一、偏振光与物质的旋光性

1. 偏振光　光是一种电磁波，光波振动的方向与光的前进方向垂直，普通光的光波
在各个不同的方向上都有振动，如图 10-1 所示，圆圈表示一束朝我们眼睛直射过来的普
通光的横截面，↕ 表示光波振动的平面。如图让它通过一个尼科尔棱镜（Nicol Prism，
由方解晶石加工制成），只有与尼科尔棱镜晶轴平行的光才能通过，通过棱镜后的光只
在一个平面上振动，这种光就称为平面偏振光，简称偏振光，偏振光的振动平面称为振
动面。

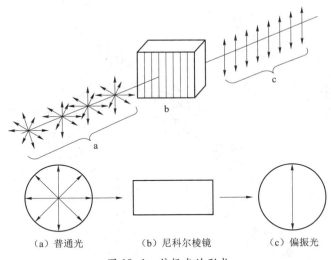

(a) 普通光　　　　(b) 尼科尔棱镜　　　　(c) 偏振光

图 10-1　偏振光的形成

若使偏振光射在第二个尼科尔棱镜上，只有第二个棱镜的晶轴与第一个棱镜的晶轴互
相平行，偏振光才能透过第二个棱镜；若有一定的角度则不能透过。如图 10-2 所示。

2. 旋光性　自然界中有许多物质可使偏振光的振动面发生改变，这种现象称为旋光现
象，物质的这种性质称为旋光性或光学活性，而具有这种性质的物质称为旋光性物质或光
学活性物质。如果在晶轴平行的两个尼科尔棱镜之间，放置一支玻璃管，往玻璃管中分别
放入不同的溶液，然后将光源从第一个棱镜向第二个棱镜的方向照射，并在第二个棱镜后
面观察，可以发现，当放入的溶液不同时观察到的结果不同。有的溶液对偏振光没有作用，

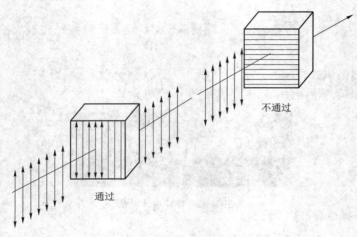

图 10-2　偏振光透过尼科尔棱镜情况

即偏振光仍在原平面上振动；而有的溶液却能使偏振光的振动平面发生旋转。因此，可以把物质分为两类：一类是对偏振光不产生影响的非旋光性物质（图 10-3（a））；另一类是能使偏振光的振动平面发生旋转的旋光性物质（图 10-3（b）、（c））。在图 10-3（c）中的第二个棱镜旋转的方向就代表旋光性物质的旋光方向。能使偏振光的振动平面向逆时针方向旋转的旋光性物质称为左旋体，通常用 "l" 或 "－" 表示，能使偏振光的振动平面向顺时针方向旋转的物质称为右旋体，通常用 "d" 或 "＋" 表示。例如从肌肉运动产生的乳酸为右旋乳酸，表示为（＋）- 乳酸，而从乳糖发酵得到的乳酸为左旋乳酸，表示为（－）- 乳酸。

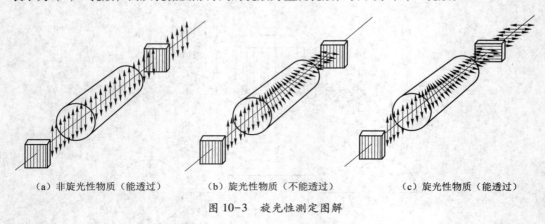

（a）非旋光性物质（能透过）　　　（b）旋光性物质（不能透过）　　　（c）旋光性物质（能透过）

图 10-3　旋光性测定图解

二、旋光度、比旋光度

1. 旋光度　偏振光振动平面旋转的角度，称为旋光度，用 "α" 表示。测定物质旋光度的仪器叫旋光仪，其结构如图 10-4 所示。

2. 比旋光度　物质旋光度的大小除了与物质的分子结构有关外，还与测定时所用溶液的浓度、盛液管的长度、温度、光的波长以及溶剂的性质等因素有关。若把这些影响因素全部确定下来，不同旋光性物质的旋光度各为一常数，通常用比旋光度 $[\alpha]_\lambda^t$ 来表示。旋光度与比旋光度之间的关系可用下式表示：

$$[\alpha]_\lambda^t = \frac{\alpha}{c \times l}$$

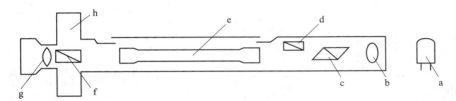

图 10-4 旋光仪结构示意图

a是光源；b是聚光镜；c是起偏镜（是一个固定的尼科尔棱镜），它的作用是将来自光源的普通光变为平面偏振光；d是半荫片；e是盛液管，用来盛装待测定物质的溶液或液体物质；f是检偏镜（是一个可以转动的尼科尔棱镜），用来测定偏振光旋转的角度；h是旋转刻度盘，用来读出偏振光被旋转的角度和方向；g是目镜

式中，α 是由旋光仪测得的旋光度；λ 是所用光源的波长；t 是测定时的温度；c 是溶液的浓度，以每毫升溶液中所含溶质的克数表示；l 是盛液管的长度，以 dm 表示。当 c 和 l 都等于 1 时，$[\alpha]_\lambda^t = \alpha$。因此，在一定温度下，光源波长一定时，将 1ml 中含有 1g 溶质的溶液，放在 1dm 长的盛液管中测出的旋光度称为比旋光度。

测定旋光度时，一般多用钠光灯作为光源，波长是 589.3nm，通常以 D 表示。例如，由肌肉中取得的乳酸的比旋光度 $[\alpha]_D^{20} = +3.8°$，表示该乳酸是在 20℃±0.5℃，以钠光灯作为光源时测得的旋光度，然后通过公式计算而得比旋光度 $[\alpha]_D^{20}$ 为右旋 3.8°。

如果待测的旋光性物质是液体，可直接放入盛液管中测定，不必配成溶液，但在计算比旋光度时，须把公式中的 c 换成该液体的密度 ρ。与物质的熔点、沸点等物理常数一样，一定条件下的比旋光度是旋光性物质的特性常数，有关数据可在手册和文献中查到。测定物质比旋光度，可以鉴别药物，也可以反映药物的掺杂程度。还可以根据比旋光度计算被测物质溶液的浓度及纯度。

所用溶剂不同也会影响物质的旋光度。因此在不用水为溶剂时，需注明溶剂的名称，例如，右旋的酒石酸在 5% 的乙醇中其比旋光度为 $[\alpha]_D^{20} = +3.79$（乙醇，5%）。

课堂互动

1. 在温度为 20℃，以钠光灯为光源，将浓度为 24g/L 的葡萄糖溶液放在 2dm 长的测定管中，测得旋光度为 +2.53°，试计算葡萄糖的比旋光度。

2. 用旋光仪测定某旋光物质的旋光度时，样品管长为 10cm，测得旋光度为 +30°，怎样验证它的旋光度是 +30°，而不是 +390° 或 -330° 呢？

拓展阅读

旋光法在药物分析中的应用

旋光法是利用药物与杂质旋光性的差异，通过测定旋光度或比旋光度来控制杂质限量的方法。如硫酸阿托品为外消旋体，无旋光性，而莨菪碱为左旋体。《中华人民共和国药典》（2015 年版）规定：取本品（硫酸阿托品），按干燥品计算，加水溶解并制成 50mg/ml 的溶液，依法测定，旋光度不得过 -0.40°。以此来控制莨菪碱的含量。

第二节　对映异构

案例导入

案例：1957 年至 1962 年，手性药物沙利度胺（Thalidomide，又名反应停）的服用造成了数万名婴儿严重畸形，是全世界最重大的药物不良反应事件之一。后来研究发现，左式所代表的 R 型异构体有镇静作用并无致畸作用，其致畸作用是由右式所代表的无镇静作用的 S 型异构体所引起。

讨论：1. 什么是手性药物？
　　　　2. 上述事件中涉及的 R、S 型异构体又是指什么？

一、手性分子与旋光性

在日常生活中，我们是否注意到一些有趣的现象：如人的左手和右手、左脚和右脚看起来非常相似，但是左手手套不能戴到右手上，左鞋也不能穿到右脚上。它们的关系就像实物与其在镜子里的镜像关系一样，相似而不能重合。我们将这种实物和镜像不能重合的特性称为手性。

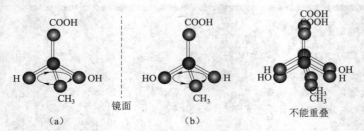

图 10-5　乳酸分子的立体结构模型

1. 手性分子与手性碳原子　乳酸的立体结构模型如图 10-5 所示。这两个模型都是四面体，中心的碳原子都连着—H、—CH$_3$、—OH、—COOH。那么他们代表的是否是同一化合物呢？初看时，他们像是一样的，但是把这两个模型叠在一起就会发现，无论把他们怎样放置，都不能使他们完全重合，这两个模型的关系正像左手和右手的关系一样，相似而不能相互重合，互为实物与镜像的关系（图 10-6）。把不能与其镜像重合的分子称为手性分子。因此乳酸分子是手性分子。

在绝大多数手性分子中都存在这样的碳原子，如乳酸、2-氯-3-溴丁烷、甘油醛、2,3-丁二醇等，这些物质分子中至少有一个与 4 个不相同原子或基团相连接的碳原子，这种与 4 个不相同的原子或基团相连接的碳原子称为手性碳原子或不对称碳原子，以"C*"

图 10-6　左手与右手

表示。如：

$$\underset{OH}{CH_3CHCOOH}^* \qquad \underset{Cl\ \ Br}{CH_3CH-CHCH_3}^{*\ \ *} \qquad \underset{OH\ OH}{CH_2CHCHO}^* \qquad \underset{OH\ \ OH}{CH_3CH-CHCH_3}^{*\ \ *}$$

2. 对映异构体与外消旋体　在立体化学中，凡是手性分子，必有互为实物和镜像的两种构型。互为实物与镜像关系的两个异构体称为对映异构体，简称对映体。一对对映体的构造相同，他们在结构上的差别仅在于空间的排列方式不同。对映异构属于立体构型异构，一般地，凡具有手性的分子就有旋光性，因此，也称为旋光异构。一对对映体中必定有一个为左旋体，另一个为右旋体，而且，它们的比旋光度数值相等，方向相反。将一对对映体等量混合后，就得到没有旋光性的混合物，这种混合物称为外消旋体，用（±）或 *dl* 表示。例如将（+）-乳酸和（-）-乳酸等量混合，由于旋光度大小相等，但方向相反，互相抵消，使旋光性消失，成为外消旋乳酸，用（±）-乳酸或 *dl*-乳酸表示。

课堂互动

判断下列化合物中有无手性碳原子，若有请写出其结构简式并用 * 标示出手性碳原子。

1-丁醇　　　2-丙醇　　　2-丁醇　　　1-氯丁烷　　　2,3-二氯丁烷

分子是否具有手性，与分子是否存在对称面或对称中心等对称因素有关。一般来说，一个分子不存在对称面或对称中心这样的对称因素，这个分子就是手性分子，它就具有旋光性和对映异构。反之，若存在对称面或对称中心，这个分子就是非手性分子，即无旋光性和对映异构。

例如，平面对称分子（图 10-7）、中心对称分子（图 10-8）：

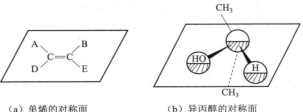

（a）单烯的对称面　　　　　　（b）异丙醇的对称面

图 10-7　平面对称分子

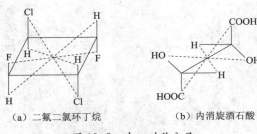

（a）二氟二氯环丁烷　　　　　（b）内消旋酒石酸

图 10-8　中心对称分子

拓展阅读

化学家路易斯·巴斯德对酒石酸钠铵的发现

　　1848 年，巴斯德发现酒石酸钠铵有两种不同晶体，这两种晶体互呈实物与镜像的关系，和左右手的关系一样，相似而不能重合。巴斯德细心地将这两种晶体分开，分别溶于水，用旋光仪检查，发现一种是左旋光的，另一种是右旋光的，而旋光度却相等。同时他还注意到左旋和右旋酒石酸钠铵的晶体外形是不对称的，并进一步联想到其分子结构一定也是不对称的，即分子里原子在空间排列的方式也是不对称的，它们彼此互为实物与镜像的关系，不能重合；并且还指出，旋光异构现象是由于分子中原子在空间的不同排列所引起的。

二、含有一个手性碳原子化合物的对映异构

　　旋光性物质中，最简单的是含有一个手性碳原子的化合物，有 2 个对映异构体，一对对映体，一个是左旋体，另一个是右旋体。例如：

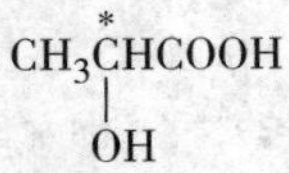

$$CH_3\overset{*}{C}HCOOH \qquad CH_2\overset{*}{C}HCHO \qquad CH_3CH_2\overset{*}{C}HCH_3$$
$$\;\;\;\;\;\;OH \qquad\quad\;\; OH\;OH \qquad\qquad\qquad OH$$

　　　乳酸 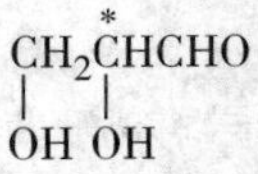　　　　　　　　甘油醛 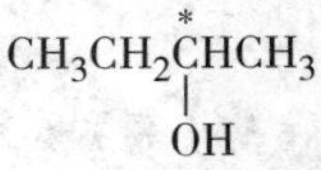　　　　　　　　仲丁醇

（一）对映异构体构型的表示方法

　　对映异构体的构型常用费歇尔（Fischer）投影式表示。其投影规则如下：①将手性碳原子放在纸平面上，以十字交叉线的交叉点表示手性碳原子；②一般把主链放在竖线上，并把命名时编号最小的碳原子放在上端；③横线上相连的两个基团指向纸平面前方，竖线上相连的两个基团指向纸平面后方。

　　根据这个规定，乳酸对映体的费歇尔投影式如图 10-9 所示。

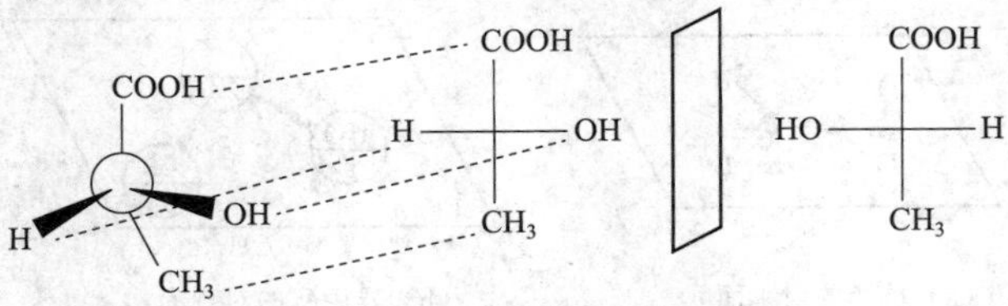

图 10-9　乳酸对映体的费歇尔投影式

费歇尔投影式不能离开纸平面翻转，否则就改变了手性碳原子连接的原子或基团的空间指向（横前竖后），构型就会改变，成为其对映体的构型表示式。如：

$$\begin{array}{c}\text{COOH}\\ \text{HO}\!-\!\!\!-\!\text{H}\\ \text{CH}_3\end{array}\xrightarrow[\text{构型改变}]{\text{翻转}180°}\begin{array}{c}\text{COOH}\\ \text{H}\!-\!\!\!-\!\text{OH}\\ \text{CH}_3\end{array}$$

在用费歇尔投影式表示手性分子时，要注意以下几点。

（1）投影式可在纸平面上旋转 90° 的偶数倍，构型不变。但不能旋转 90° 的奇数倍，否则其构型改变，成为其对映体表示式。如：

$$\begin{array}{c}\text{COOH}\\ \text{H}\!-\!\!\!-\!\text{OH}\\ \text{CH}_3\end{array}\xrightarrow[\text{构型不变}]{\text{旋转}180°}\begin{array}{c}\text{CH}_3\\ \text{HO}\!-\!\!\!-\!\text{H}\\ \text{COOH}\end{array}$$

$$\begin{array}{c}\text{COOH}\\ \text{H}\!-\!\!\!-\!\text{OH}\\ \text{CH}_3\end{array}\xrightarrow[\text{构型改变}]{\text{旋转}90°}\text{H}_3\text{C}\!-\!\!\!-\!\text{COOH (OH)}$$

（2）投影式任意调换某一个手性碳原子上的两个原子或基团偶数次，则构型不变。而调换奇数次，则构型改变，成为其对映体表示式。例如：

$$\begin{array}{c}\text{CH}_3\\ \text{Cl}\!-\!\!\!-\!\text{Br}\\ \text{CH}_2\text{CH}_3\\ \text{A}\end{array}\xrightarrow[\text{一次调换}]{\text{CH}_3\curvearrowright\text{Br}}\begin{array}{c}\text{Br}\\ \text{Cl}\!-\!\!\!-\!\text{CH}_3\\ \text{CH}_2\text{CH}_3\\ \text{B}\\ \text{构型改变}\\ \text{B}\neq\text{A}\end{array}\xrightarrow[\text{二次调换}]{\text{CH}_3\text{CH}_2\curvearrowright\text{Br}}\begin{array}{c}\text{CH}_2\text{CH}_3\\ \text{Cl}\!-\!\!\!-\!\text{CH}_3\\ \text{Br}\\ \text{C}\\ \text{构型不变}\\ \text{C}=\text{A}\end{array}$$

（二）构型的命名方法

1. D、L 命名法　在研究旋光异构现象的早期，无法测定旋光异构体的真实构型。对映体的两种构型异构体虽都可以用费歇尔投影式表示，但哪个代表左旋，哪个代表右旋，从费歇尔投影式是看不出来的。为了确定旋光异构体的构型，1906 年，卢森诺夫（Rosanoff）选定右旋甘油醛为标准，并规定，羟基在手性碳原子右边的右旋甘油醛为 D 型，羟基在手性碳原子左边的左旋甘油醛为 L 型。甘油醛的一对对映体构型标记如下。

$$\begin{array}{cc}\text{CHO} & \text{CHO}\\ \text{H}\!-\!\!\!-\!\text{OH} & \text{HO}\!-\!\!\!-\!\text{H}\\ \text{CH}_2\text{OH} & \text{CH}_2\text{OH}\\ \text{D-(+)-甘油醛} & \text{L-(-)-甘油醛}\end{array}$$

其他含手性碳的化合物的构型，可以通过与甘油醛相联系的方法来确定。由于光学活性化合物在发生化学反应时，只要手性碳上的化学键不断裂，分子的空间构型就不会发生变化，所以，通过不涉及手性碳上化学键断裂的化学反应，可以把许多光学活性异构体的构型与甘油醛联系起来，这种构型称为相对构型。例如：

$$
\begin{array}{ccc}
\underset{\text{D-(-)-甘油酸}}{\overset{\displaystyle COOH}{\underset{\displaystyle CH_2OH}{H{-}{\Big|}{-}OH}}}
\xleftarrow{\ Br_2/H_2O\ }
\underset{\text{D-(+)-甘油醛}}{\overset{\displaystyle CHO}{\underset{\displaystyle CH_2OH}{H{-}{\Big|}{-}OH}}}
\qquad
\underset{\text{L-(-)-甘油醛}}{\overset{\displaystyle CHO}{\underset{\displaystyle CH_2OH}{HO{-}{\Big|}{-}H}}}
\xrightarrow{\ Br_2/H_2O\ }
\underset{\text{L-(+)-甘油酸}}{\overset{\displaystyle COOH}{\underset{\displaystyle CH_2OH}{HO{-}{\Big|}{-}H}}}
\end{array}
$$

"D" 和 "L" 只表示构型，不表示旋光方向。命名时，若既要表示构型又要表示旋光方向，则旋光方向用 "(+)"和 "(−)" 分别表示右旋和左旋。如左旋乳酸的构型与右旋甘油醛（即 D-甘油醛）相同，所以左旋乳酸的名称为 D-(−)- 乳酸，相应的，右旋乳酸就是 L-(+)- 乳酸。

$$
\underset{\text{D-(-)-乳酸}}{\overset{\displaystyle COOH}{\underset{\displaystyle CH_3}{H{-}{\Big|}{-}OH}}}
\qquad\qquad
\underset{\text{L-(+)-乳酸}}{\overset{\displaystyle COOH}{\underset{\displaystyle CH_3}{HO{-}{\Big|}{-}H}}}
$$

D、L 标记法有一定的局限性。有些化合物不易与甘油醛关联，如 CHFClBr，因而难以用 D、L 标记。对于结构比较复杂的分子，相关联时容易引起混乱，甚至采用不同的关联方法会产生矛盾的结果。目前，D、L 标记主要在糖、氨基酸类化合物中使用。

2. R、S 命名法　R、S 是一种绝对构型标记法，它是通过与手性碳原子相连的 4 个原子或基团的空间排列顺序，来标记对映异构体的构型。其方法为：①根据次序规则确定 4 个基团的次序大小顺序为：a>b>c>d；②把排列最后的原子或基团 d 放在离眼睛最远的位置，其余的在同一个平面上来观察，a→b→c 呈顺时针排列为 R 型（R 为拉丁文 Rectus 的词头，意为向右），逆时针排列则为 S 型（S 为拉丁文 Sinister，意为向左），如图 10-10 所示。

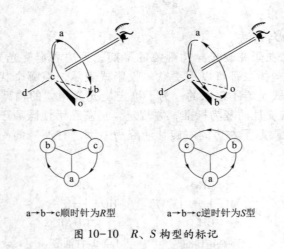

a→b→c 顺时针为 R 型　　　　a→b→c 逆时针为 S 型

图 10-10　R、S 构型的标记

用 R、S 标记乳酸的一对对映体，按次序规则先排列与手性碳原子相连的 4 个原子或基团，次序大小顺序为—OH>—COOH>—CH₃>—H，则以氢原子为四面体的顶端，底部的

3 个角是—OH、—COOH、—CH$_3$，如果它们是按顺时针方向依次排列，是 R-构型，如果是按逆时针方向依次排列，则是 S-构型。

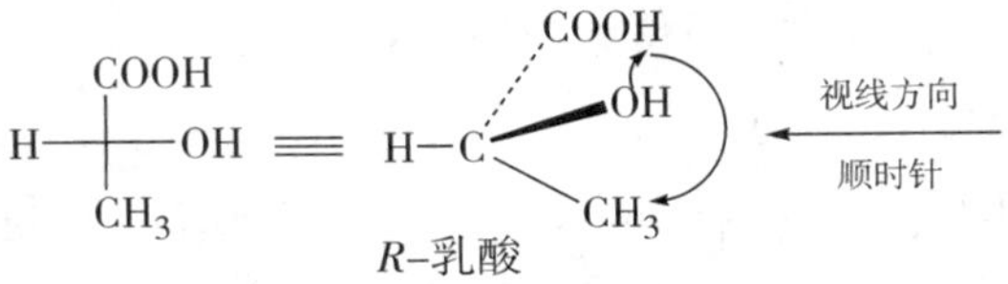

R-乳酸

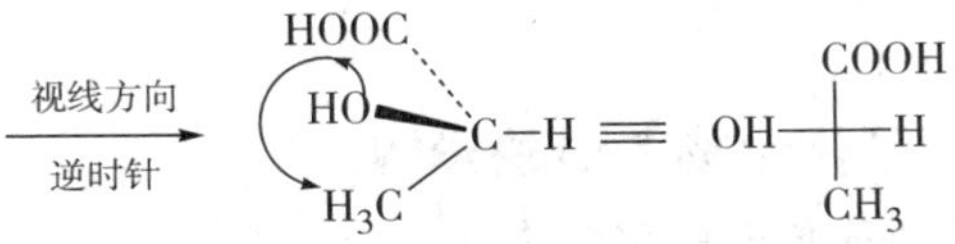

S-乳酸

当化合物的构型以费歇尔投影式表示时，直接从费歇尔投影式的平面相对位置快捷判断其构型的方法是：①当最小基团位于横线时，若其余三个基团由 a→b→c 为顺时针方向，则此投影式的实际构型为 S，反之为 R；②当最小基团位于竖线时，若其余三个基团由 a→b→c 为顺时针方向，则此投影式的实际构型为 R，反之为 S。例如：

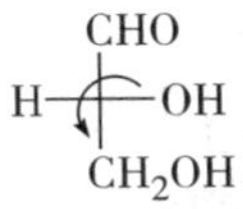

基团次序　OH>CHO>CH$_2$OH>H
最小基团（H）位于横线
逆时针 R-构型

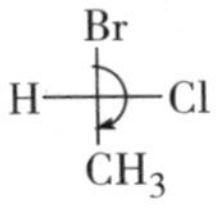

基团次序　Br>Cl>CH$_3$>H
最小基团（H）位于横线
顺时针 S-构型

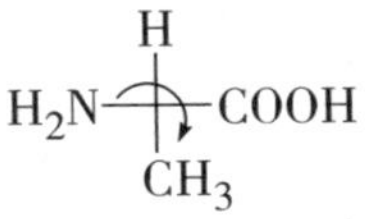

基团次序　NH$_2$>COOH>CH$_3$>H
最小基团（H）位于竖线
顺时针 R-构型

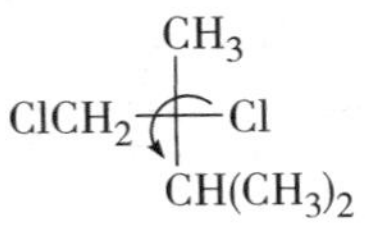

基团次序　Cl>CH$_2$>CH-CH$_3$>CH$_3$
最小基团（CH$_3$）位于竖线
逆时针S-构型

不同旋光性的对映异构体虽然可用 D、L 或 R、S 来表示，但必须注意：①D、L 命名法和 R、S 命名法是两种不同的构型命名体系，它们之间没有必然的联系，手性分子的 D、L 构型和 R、S 构型无对应关系，如 D-甘油醛为 R 构型，而 D-2-溴甘油醛却为 S 构型；②化合物的构型表示的是手性碳原子上基团的空间排列方式，旋光方向是旋光性物质的物理性质，它们之间也没有必然的联系。一个 D 型（或 R 型）的化合物既可以是右旋的，也可以是左旋的，如 D-（+）-葡萄糖和 D-（-）-果糖。

课堂互动

写出下列化合物中手性碳原子的构型（用 R、S 表示法表示）

$$
\begin{array}{c} CH_3 \\ H{-}\!\!\boxed{}\!\!{-}Br \\ C_2H_5 \end{array}
\qquad
\begin{array}{c} COOH \\ HO{-}\!\!\boxed{}\!\!{-}H \\ C_2H_5 \end{array}
\qquad
\begin{array}{c} CH_3 \\ HO{-}\!\!\boxed{}\!\!{-}COOH \\ CH_2OH \end{array}
\qquad
\begin{array}{c} CH_3 \\ Br{-}\!\!\boxed{}\!\!{-}Cl \\ C_2H_5 \end{array}
$$

三、含有两个手性碳原子化合物的对映异构

1. 含有两个不相同手性碳原子的化合物　一个分子中有两个不同的手性碳原子，与它们相连的原子或基团可能有四种不同的空间排列方式，即有四个对映异构体。例如：麻黄碱（结构式中 $\underset{OH}{\overset{*}{CH}}{-}\underset{NHCH_3}{\overset{*}{CH}}{-}CH_3$）分子中有两个不同的手性碳原子，存在四个对映异构体，二对对映体。其费歇尔投影式如下。

(1)	(2)	(3)	(4)
D–(–)–麻黄碱	L–(+)–麻黄碱	D–(–)–伪麻黄碱	L–(+)–伪麻黄碱
(1S，2R)–麻黄碱	(1R，2S)–麻黄碱	(1R，2R)–伪麻黄碱	(1S，2S)–伪麻黄碱

麻黄碱和伪麻黄碱各有一对对映体，即上式中的（1）和（2），（3）和（4）。麻黄碱和伪麻黄碱之间为非对映体的关系。非对映体之间的比旋光度不同，其他物理和化学性质也有差异。其物理性质详见表 10-1。

表 10-1　麻黄碱和伪麻黄碱的物理性质

名称	熔点（℃）	$[\alpha]_D^{20}$	溶解性
（–）– 麻黄碱	40	–6.3°（乙醇），盐酸盐–34.9°	溶于水、乙醇和乙醚
（+）– 麻黄碱	38	+14.4°（4%水），盐酸盐+34.4°	溶于水、乙醇和乙醚
（±）– 麻黄碱	77	0	溶于水、乙醇和乙醚
（–）– 伪麻黄碱	118	–52.5°	难溶于水，溶于乙醇和乙醚
（+）– 伪麻黄碱	118	+51.24°	难溶于水，溶于乙醇和乙醚
（±）– 伪麻黄碱	118	0	难溶于水，溶于乙醇和乙醚

由上可知，含有一个手性碳原子的化合物有 2 个旋光异构体；含有 2 个不同手性碳原子的化合物有 4 个旋光异构体。依此类推，含有 n 个不同手性碳原子的化合物的旋光异构

体数目应有 2^n 个，而对映体则有 2^{n-1} 对。

2. 含有两个相同手性分子碳原子的化合物　含有两个相同的手性碳原子的化合物，其旋光异构体数目往往少于 2^n 规则所预测的数目。例如：酒石酸（$HOOC-\overset{*}{C}H-\overset{*}{C}H-COOH$，$OH$，$OH$）是含两个相同手性 C^* 的化合物，却只有 3 个旋光异构体。

(2R,3S)– meso–酒石酸	(2S,3R)– meso–酒石酸	(2R,3R)-(+)–酒石酸	(2S,3S)-(−)–酒石酸
内消旋体		右旋体	左旋体

a 和 a′实际上是同一种异构体，将 a′在纸平面上旋转 180°，则与 a 完全重叠。a 中有两个构型相反的相同 C^*，如果在它们之间放一面镜子，则这两个相同 C^* 在分子内形成实物和镜像的关系，故整个分子没有旋光性。这种因分子内的两个 C^* 的构型不同，旋光性彼此抵消，分子无旋光性的立体异构体称为内消旋体（meso）。虽然内消旋体有 C^*，但分子内有对称因素，是非手性分子。内消旋体无对映体，但有非对映体，例如 a 和 c，a 和 b 互为非对映体，c 和 b 是一对对映体。等量的 c 和 b 的混合物，形成外消旋体。与外消旋体不同，内消旋体是一种纯净物，不能分离成具有旋光性的化合物。酒石酸的物理性质详见表 10-2。

表 10-2　酒石酸的物理性质

名称	熔点（℃）	$[\alpha]_D^{20}$（20%水）	溶解度（g/100g 水）	pK_{a_1}	pK_{a_2}
（−）– 酒石酸	170	−12°	139	2.93	4.23
（+）– 酒石酸	170	+12°	139	2.93	4.23
（±）– 酒石酸	206	0	20.6	2.96	4.24
meso–酒石酸	140	0	125	3.11	4.80

四、旋光异构体的性质

旋光异构体之间的化学性质几乎是相同的（与手性试剂反应除外）。其不同点主要表现在物理性质、生物活性和毒性等方面。一对对映体之间主要的物理性质，如熔点、沸点、溶解度等都相同，旋光度也相同，只有旋光方向相反。但非对映体之间主要的物理性质则不同。外消旋体虽然是混合物，但它不同于任意两种物质的混合物，它常具有固定的熔点，且熔点范围很窄。如各种麻黄碱及酒石酸的一些物理常数分别见表 10-1、表 10-2。

对映异构体之间的生物活性有很大差别，这也是它们之间的重要区别。因为生物体内的环境是手性的，所以一对对映体在手性生理环境下往往表现出不同的生理活性。如在人体细胞中，对映体中的一种构型能被人体细胞所识别而发生作用，是有生理活性的，但另一种构型不能被人体细胞所识别，因而没有生理活性，甚至是有害的。手性药物的两种构型，一种有活性，另一种没有活性的现象非常普遍。例如，左旋氯霉素具有杀菌作用，右旋则完全无效，维生素 C 右旋体疗效显著，左旋体无效。

拓展阅读

对映异构对药效的影响

对映异构除旋光方向相反外，理化性质基本相同，其生理活性的差别更能反映受体对药物的立体选择性。如 D-(−)-肾上腺素的血管收缩作用较 L-(+)-肾上腺素异构体强 12~20 倍；D-(−)-异丙肾上腺素的支气管扩张作用比 L-(+)-异丙肾上腺素异构体强 800 倍。除了药物受体对药物的光学活性的选择性外，由于生物膜上的蛋白质、血浆和组织上的受体蛋白和酶对药物进入机体后的吸收、分布和排泄过程均有立体选择性优先通过和结合的情况，因此导致药效上的差别。如胃肠道对 D-葡萄糖、L-氨基酸、L-(+)-维生素 C 等有立体选择性，可优先吸收，主动转运。在药物代谢过程中，代谢酶对药物的立体选择性可导致代谢差异。代谢酶多为光学活性大分子，和 D、L 手性药物分子结合，形成新的非对映异构体，产生理化性质上的新差别，导致代谢速率的差异和药效、毒性的差异。

五、外消旋体的拆分

自然界或者通过人工合成得到的手性化合物，多数是以外消旋体形式存在，例如，以丙酸为原料，经过 α-H 的卤代反应，然后水解生成的乳酸是外消旋乳酸。因为一对对映体往往表现出不同的生理活性，所以很多情况下我们需要采用适当的方法将外消旋体中的左旋体和右旋体分开，得到单一的左旋体和右旋体，这就是外消旋体的拆分。

由于对映体之间的理化性质基本相同，所以用一般的物理方法（如蒸馏、重结晶等）难以将对映体中的左旋体和右旋体分开，必须采用特殊的方法。外消旋体的拆分常用的方法如下。

（一）化学拆分法

利用化学性质如酸与碱反应原理，如果某一外消旋体为酸性，可选择有碱性的(+)-胺将其溶解，再根据其溶解度不同，进行分步沉淀分离可得到(+)-酸的胺盐和(−)-酸的胺盐，最后酸化分别得到左旋体和右旋体。

（二）诱导结晶拆分法

这是一种物理的拆分方法，也是最经济的方法。这种方法是先将需要拆分的外消旋体制成过饱和溶液，再加入一定量的纯左旋体或右旋体的晶种，与晶种构型相同的异构体便会立即析出结晶而拆分。

例如，合成抗菌作用的 (1R, 2R)-(−)-氯霉素的中间体 (−)-氨基醇就是采用此法拆分的。此法的优点是成本较低，效果较好；缺点是应用范围有限，它要求外消旋体的溶解度要比纯左旋体或右旋体的要大。

（三）生物化学拆分法

利用生物活性物质酶的专一性，选择适当的酶作为外消旋体的拆分试剂，例如对 (±)-苯丙氨酸的拆分，可以先乙酰化，然后用乙酰水解酶作为它的拆分试剂，由于乙酰水解酶只能使 (+)-N-乙酰苯丙氨酸水解，分离水解产物可得到 (+)-苯丙氨酸。或利用某些微生物在生长过程总是只利用其中一种对映异构体作为它的营养物质，最后得到的是另一种对映异构体。

此法的特点：①外消旋体中的一个异构体被生物体同化，而只得保留另一个异构体，因而原料损失了一半；②用这种方法，溶液不能太浓，还需要在培养液中加入营养物质，这又给产品纯化带来了很大的困难；③恰当的微生物很难找，从而在应用上有一定的局限性。

（四）柱层析法

利用具有光学活性的吸附剂，有时用柱层析的方法，也可以把一对光学活性对映体拆开。一对光学活性对映体和一个光学活性吸附剂形成两个非对映的吸附物，它们的稳定性不同，也就是说，它们被吸附剂吸附的强弱不同，从而就可以分别地把它们冲洗出去。

📊 重点小结

1. 只在一个平面方向上振动的光称为偏振光，自然光通过尼科尔棱镜可以得到偏振光。

2. 当偏振光通过某些物质的溶液时，其振动平面会发生旋转，这种现象称为旋光现象。物质的这种性质称为旋光性，而具有这种性质的物质称为旋光性物质。

3. 旋光性物质使偏振光的振动面发生旋转的角度称为旋光度，旋光度可以用旋光仪测得；比旋光度是物质固定的物理常数。

4. 与四个不相同的原子或基团相连接的碳原子称为手性碳原子。不能与其镜像重合的分子称为手性分子，手性分子中的两种如实物和镜像的关系相似但又不能重合的立体异构体，称为对映异构体，简称对映体。

5. 含有一个手性碳原子的物质有 2 种对映异构体，组成 1 对对映体，对映体的等量混合物称为外消旋体。对映异构体的构型常用费歇尔投影式表示，构型的命名方法有 D、L 命名法和 R、S 命名法两种。

6. 含有两个不同的手性碳原子的物质有 4 种对映异构体，2 对对映体；含有两个相同的手性碳原子的物质只有 3 种对映异构体，1 对对映体和 1 个内消旋体。

7. 将外消旋体的左旋体和右旋体分离，叫做外消旋体的拆分。常用的方法有：化学拆分法、诱导结晶拆分法、生物化学拆分法、柱层析法等。

目标检测

1. 填空题

（1）能使偏振光的_____ 旋转的物质叫做旋光性物质或光学活性物质。

（2）让自然光通过一个尼科尔棱镜，则通过棱镜的光就转变为只在某个平面上振动的光，这种光称为_____ ，偏振光振动的平面称为_____。

（3）物质旋光度的大小除了与物质的分子结构有关外，还随测定时所用溶液的_____、_____、_____、光的波长以及_____等而改变。

（4）在一定温度下，光的波长一定时，以 1ml 中含有 1g 溶质的溶液，放在 1dm 长的盛液管中测出的旋光度称为_____。

（5）对映异构体的构型表示法有两种，即_____ 和_____。

（6）含有一个 C^* 原子的物质有_____个对映异构体，有_____对对映体，其中一个是

_____旋体，一个是_____旋体，两者等量混合时其旋光度为_____，称为_____。

（7）含有两个相同的手性 C^* 原子的物质有_____个对映异构体，有_____对对映体，还有 1 个是_____。

（8）外消旋体的拆分方法有：_____、_____、_____、_____。

2. 单项选择题

（1）对映异构是一种极为重要的异构现象，它与物质下列哪个性质有关

    A. 化学性质   B. 物理性质   C. 旋光性   D. 可燃性

（2）下列化合物是手性分子是

    A. 乙酸   B. 乳酸   C. 乙醇   D. 草酸

（3）下列物质中具有旋光性的是

    A. 丙酸   B. 丁醛   C. 2-戊醇   D. 水杨酸

（4）（±）- 麻黄碱表示的是

    A. 左旋体   B. 右旋体   C. 内消旋体   D. 外消旋体

（5）下列化合物为 D-构型的是

A.
$$\begin{array}{c} COOH \\ H_2N \!-\!\!\!\!\stackrel{|}{\underset{|}{C}}\!\!\!\!-\! H \\ CH_3 \end{array}$$
B.
$$\begin{array}{c} COOH \\ HO \!-\!\!\!\!\stackrel{|}{\underset{|}{C}}\!\!\!\!-\! H \\ CH_2OH \end{array}$$

C.
$$\begin{array}{c} COOH \\ H \!-\!\!\!\!\stackrel{|}{\underset{|}{C}}\!\!\!\!-\! OH \\ CH_3 \end{array}$$
D.
$$\begin{array}{c} COOH \\ HO \!-\!\!\!\!\stackrel{|}{\underset{|}{C}}\!\!\!\!-\! H \\ CH_2NH_2 \end{array}$$

（6）下列化合物为 R-构型的是

A.
$$\begin{array}{c} COOH \\ HO \!-\!\!\!\!\stackrel{|}{\underset{|}{C}}\!\!\!\!-\! H \\ CH_2NH_2 \end{array}$$
B.
$$\begin{array}{c} COOH \\ HO \!-\!\!\!\!\stackrel{|}{\underset{|}{C}}\!\!\!\!-\! H \\ CH_2OH \end{array}$$

C.
$$\begin{array}{c} COOH \\ Cl \!-\!\!\!\!\stackrel{|}{\underset{|}{C}}\!\!\!\!-\! H \\ CH_3 \end{array}$$
D.
$$\begin{array}{c} COOH \\ H \!-\!\!\!\!\stackrel{|}{\underset{|}{C}}\!\!\!\!-\! Cl \\ CH_3 \end{array}$$

（7）2,3-戊二醇的对映异构体有

    A. 4个   B. 3个   C. 2个   D. 6个

（8）关于含有一个手性碳原子的有机物的正确的说法是

    A. 一定有旋光性   B. 一定没有旋光性

    C. 不一定有旋光性   D. 一定是内消旋体

3. 判断下列化合物中有无手性碳原子，若有请写出其结构简式并用 ∗ 标示出手性碳原子

（1）异丁烷   （2）异丁醇

（3）2-甲基丙酸   （4）2-羟基丙酸

（5）2-羟基丁二酸   （6）2-氯丁烷

4. 分子式是 $C_5H_{10}O_2$ 的羧酸，有旋光性，写出它的一对对映体的费歇尔投影式，并用 R，S 标记法命名

5. 用费歇投影式写出下列化合物的构型

（1） CHClBrF (R构型)

（2） $\underset{\underset{Cl}{|}}{CH_3CH_2CHCH}=CH_2$ (S构型)

（3） 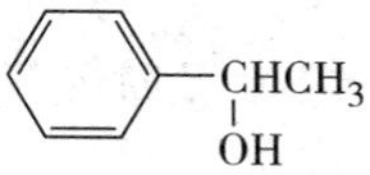
$\underset{\underset{OH}{|}}{\text{〔苯基〕}-CHCH_3}$ (R构型)

（4） $\underset{\underset{Br}{|} \quad \underset{Br}{|}}{C_2H_5CH-CHCH_3}$ (2R,3S构型)

（张雪昀）

第十一章

含氮有机化合物

学习目标

知识要求　**1. 掌握**　硝基化合物和胺的命名及主要化学性质。

　　　　　2. 熟悉　硝基化合物和胺的结构、分类方法、物理性质；硝基对芳环性
　　　　　　　　　　质的影响；季铵盐、季铵碱及重氮化合物的结构和性质。

　　　　　3. 了解　常见的硝基化合物和胺类化合物；偶氮化合物。

技能要求　1. 能判断硝基化合物、胺、重氮化合物、偶氮化合物的结构并能将其分
　　　　　　　类；能熟练地对硝基化合物和胺类化合物进行命名。

　　　　　2. 会书写硝基化合物和胺类化合物的典型化学反应方程式；会用硝基化
　　　　　　　合物和胺类化合物的性质鉴别相关有机物。

　　分子中含有氮元素的有机化合物称为含氮有机化合物。含氮有机化合物广泛存在于自然界，它在生命科学及医药领域占有重要地位。氮元素是蛋白质和核酸的主要成分之一，其中，蛋白质的平均含氮量达到16%。在临床药物中，很多都是含氮的药物，如巴比妥类、磺胺类等。生物碱也是一类含氮有机化合物，它是中药的一类重要的有效成分，现已发现100多个科的植物都含有生物碱。还有生命活动不可缺少的氨基酸也是含氮有机化合物。本章主要探讨硝基化合物、胺、重氮和偶氮化合物等含氮有机化合物。

第一节　硝基化合物

案例导入

案例：2013年某网讯报道了一则新闻，题为"重庆一女白领酷爱香水，竟然导致结婚三年一直不孕"。医生表示，一些香水中含有麝香成分，女性不宜长时间使用，否则容易引发不孕。

　　麝香是一种高级香料，由雄性麝的香腺囊分泌物干燥而成。由于其产量少，故价格昂贵。现在，化妆品中的天然麝香已绝大多数被合成的人造麝香所替代。

讨论：1. 人造麝香到底是些什么物质？

　　　2. 经常使用含人造麝香的香水会对人体有害吗？

　　硝基化合物可看作是烃分子中的一个或多个氢原子被硝基（—NO_2）取代后的衍生物，硝基是它的官能团。其通式为 R—NO_2 或 Ar—NO_2。

一、硝基化合物的结构、分类和命名

（一）硝基化合物的结构

硝基通常表示为 —N$\begin{smallmatrix}O\\\\O\end{smallmatrix}$，但实际测定得知，硝基化合物中氮原子与两个氧原子形成的共价键键长相等。从价键理论的观点来看，氮原子的 sp^2 杂化轨道形成三个共平面的 σ 键，未参加杂化的 p 轨道有一对孤对电子与两个氧原子的 p 轨道"肩并肩"重叠形成 p-π 共轭体系（图 11-1）。

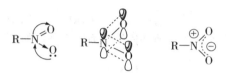

图 11-1 硝基化合物的结构

亚硝酸酯和硝基化合物互为同分异构体。

$$R(或Ar)—N\begin{smallmatrix}O\\\\O\end{smallmatrix} \qquad R(或Ar)—O—N=O$$

硝基化合物   亚硝酸酯

（二）硝基化合物的分类

（1）按烃基的不同分为脂肪族硝基化合物（R—NO_2）和芳香族硝基化合物（Ar—NO_2）。如：

CH_3NO_2

脂肪族硝基化合物   芳香族硝基化合物

（2）按分子中所含硝基的数目分为一元硝基化合物、二元硝基化合物、多元硝基化合物。如：

$CH_3CH_2NO_2$ $O_2NCH_2CH_2NO_2$

一元硝基化合物   二元硝基化合物   多元硝基化合物

（3）根据硝基所连碳原子的种类不同，硝基化合物可分为伯硝基化合物、仲硝基化合物、叔硝基化合物。如：

$CH_3CH_2NO_2$ CH_3CHCH_3 $CH_3C(CH_3)(CH_3)NO_2$

伯硝基化合物   仲硝基化合物   叔硝基化合物

（三）硝基化合物的命名

硝基化合物的命名一般以烃为母体，硝基作为取代基，与卤代烃的命名方法类似。如：

$$CH_3 \quad NO_2$$
$$H_3C-C-CH_2CHCH_3$$
$$CH_3$$

2,2-二甲基-4-硝基戊烷

$$NO_2$$

硝基苯

当分子中，除了—NO_2 以外，还有—OH、—COOH、—CHO 等其他官能团时，则以其他官能团所代表的物质种类为母体，硝基依然作为取代基。如：

$$COOH$$
$$NO_2$$
$$Cl$$

2-硝基-4-氯苯甲酸

二、硝基化合物的物理性质

脂肪族硝基化合物多数是无色油状液体，芳香族硝基化合物除了硝基苯是高沸点液体外，其余多是淡黄色固体，有苦杏仁味。由于硝基是一个强极性基团，因此硝基化合物具有较大的极性，分子间的作用力较大，有较高的沸点和密度。硝基化合物的相对密度大于1，难溶于水，易溶于醇、醚和浓硫酸。随着分子中硝基数目的增加，其熔点、沸点和密度增大、苦味增加，对热稳定性减少，受热易分解爆炸，如 TNT 是强烈的炸药。多数硝基化合物有毒，它的蒸气能透过人的皮肤使人中毒，因此，在贮存和使用硝基化合物时应注意安全。

三、硝基化合物的化学性质

硝基化合物的主要化学性质体现在硝基及其 α-H 的位置上，有加氢还原、硝基式-酸式互变异构以及硝基对芳环上取代反应的影响。如图 11-2 所示。

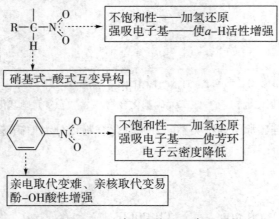

图 11-2　硝基化合物的化学性质

（一）酸性

α-碳上连有氢的伯、仲脂肪族硝基化合物能溶于强碱的水溶液生成盐类，表现出明显的酸性。这是由于硝基是强吸电子基，α-氢易受硝基的影响变得较为活泼，这些硝基化合物中存在类似酮式-烯醇式的互变异构现象。

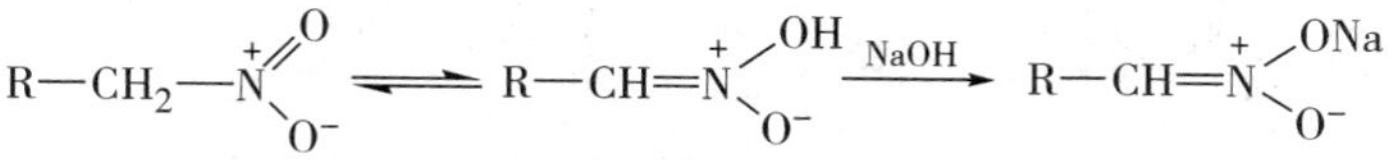

硝基式（主）　　　　　酸式（较少）

例如，硝基甲烷不溶于水，但可逐渐溶于 NaOH 溶液中。

课堂互动

1. 烯醇式的结构特点是什么？
2. 硝基苯和 2-硝基-2-甲基戊烷能否溶于 NaOH 水溶液中，为什么？

（二）还原反应

硝基化合物易被还原，芳香族硝基化合物在不同的还原条件下得到不同的还原产物。在酸性条件下，硝基化合物可被 Fe、Zn、Sn 等还原为胺。例如：

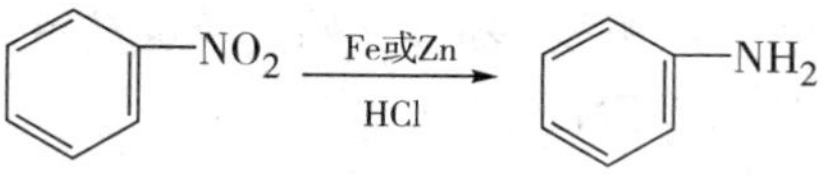

在中性条件下还原，主要生成 N-羟基苯胺。

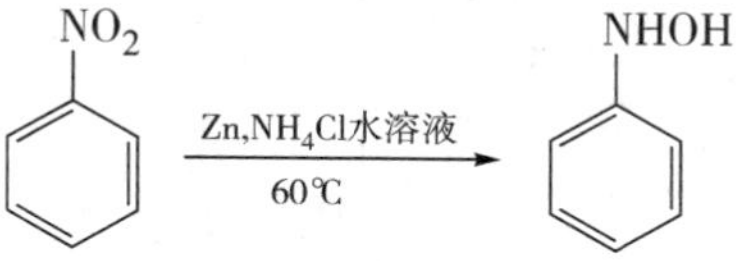

在碱性条件下发生双分子还原，生成偶氮苯或氢化偶氮苯。如：

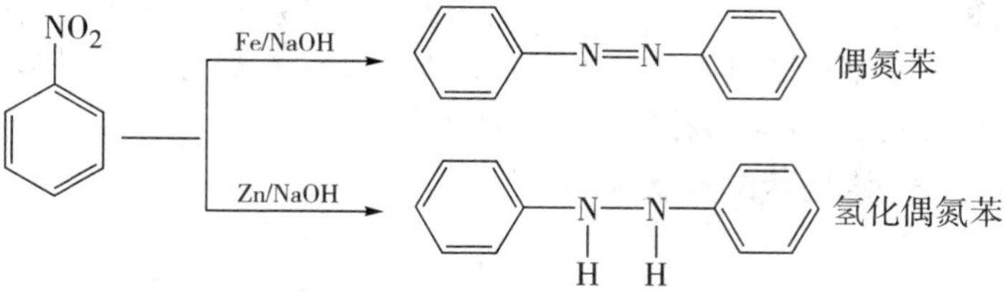

（三）硝基对芳环的影响

1. 对取代反应的影响　—NO₂ 连接在芳环上，对芳环呈现出强的吸电子诱导效应和吸电子共轭效应，使芳环的电子云密度下降，因此，发生在芳环上的亲电取代反应会变得困难，但硝基可使邻位基团的亲核取代反应活性增加。

2. 对苯环上卤素的影响 卤素直接连接在苯环上很难被氨基、烷氧基取代，当苯环上有硝基存在时，则卤代苯的氨基化、烷基化在没有催化剂条件下即可发生。

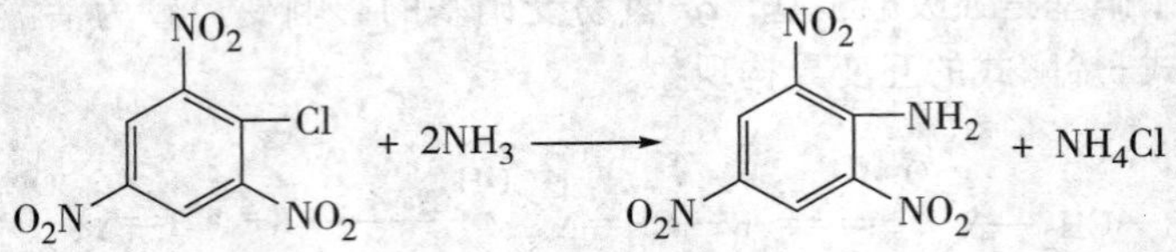

3. 对苯环上羟基酸性的影响 硝基连在芳环上，会使酚的酸性增强。

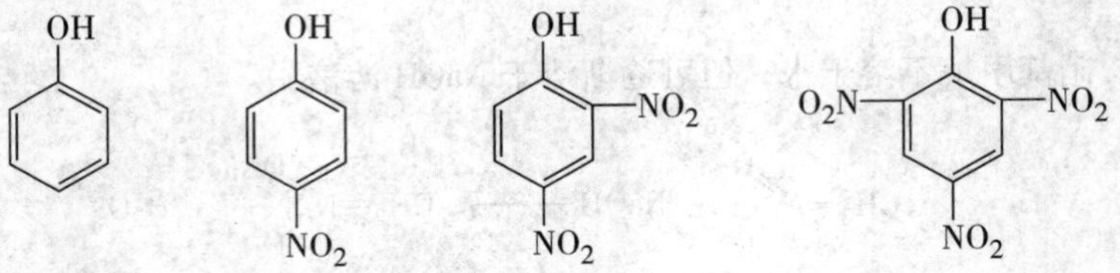

pK_a 9.89	7.15	4.09	0.38

四、重要的硝基化合物

（一）硝基苯

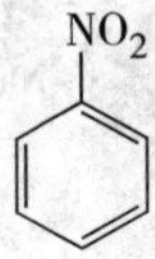

无色或微黄色具有苦杏仁味的油状液体，密度比水大。熔点 5.7℃，沸点 210.8℃，难溶于水，可随水蒸气蒸发，其蒸气有毒。遇明火、高热会燃烧、爆炸。硝基苯是重要的工业原料，用于生产苯胺、染料、香料、炸药等，硝基苯也常用作溶剂。

（二）2,4,6-三硝基甲苯（TNT）

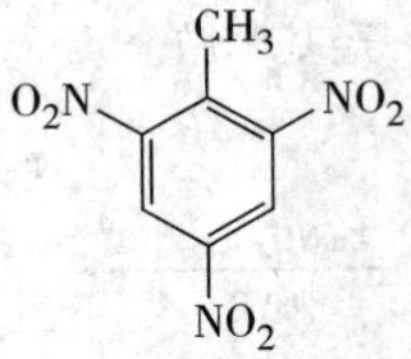

白色或黄色针状结晶，无臭，有吸湿性，难溶于水、乙醇、乙醚，易溶于三氯甲烷、苯、甲苯、丙酮等。受震动时相当稳定，须经起爆剂（雷汞）引发才发生爆炸，是一种优良的炸药。2,4,6-三硝基甲苯具有较强的毒性，尤其要注意的是它能引起慢性中毒，长期接触一定浓度该化合物会引起肝脏损害及眼晶状体改变。

（三）2,4,6-三硝基苯酚（苦味酸）

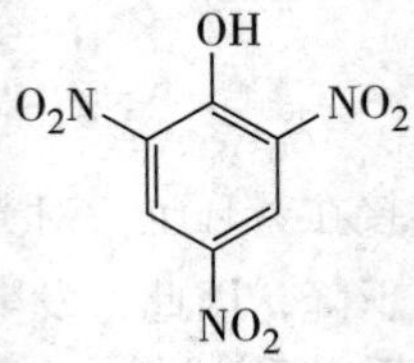

黄色针状或块状结晶，因其具有强烈的苦味又称为苦味酸。苦味酸难溶于冷水，易溶于热水，也溶于乙醇、乙醚、苯和三氯甲烷。用于炸药、火柴、染料、制药和皮革等工业。干燥的苦味酸受到振动可发生爆炸，故保存和运输时应使其处于湿润状态。苦味酸是一种有机强酸，可与许多有机碱生成难溶性盐，可作生物碱沉淀试剂。

拓展阅读

硝基麝香

某些多元硝基化合物有类似于天然麝香的香气，被称为硝基麝香，曾被广泛代替天然麝香用作各种日用香精。其中葵子麝香因对人体皮肤及神经有毒性作用，现已被禁用。酮麝香和二甲苯麝香是我国化妆品的两种限用组分。

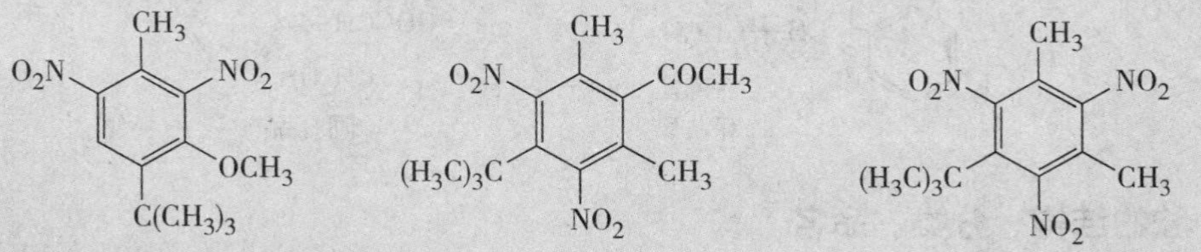

葵子麝香　　　　　　　　　　酮麝香　　　　　　　　　　二甲苯麝香

第二节　胺

案例导入

案例：据韩国媒体报道，大酱、泡菜等发酵食品可以算作韩国的代表食品，因为它们具有抗癌和提高免疫力的功能，所以一直深受人们的喜爱。但这类食品在发酵的过程中，所含的蛋白质与微生物结合，会产生一类叫做生源胺的腐败产物。生源胺有很多种类，其中的酪胺能引起血管收缩，血压上升；组织胺会引起腹泻腹痛、头痛；还有部分生源胺会产生致癌物质；所以，食用时需要特别注意。

讨论：1. 生源胺属于哪一类有机物？
　　　2. 如何减少这些发酵食品中的生源胺呢？

胺类化合物可以看作是 NH_3 中的氢原子被烃基取代后的衍生物。

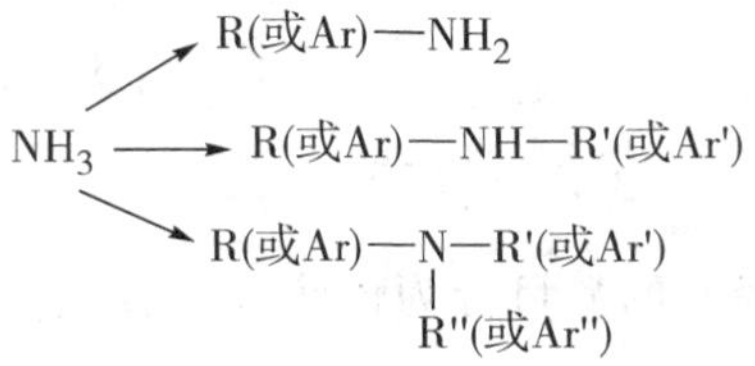

$$NH_3 \longrightarrow \begin{cases} R(或Ar)-NH_2 \\ R(或Ar)-NH-R'(或Ar') \\ R(或Ar)-\underset{\underset{R''(或Ar'')}{|}}{N}-R'(或Ar') \end{cases}$$

许多胺类物质具有生理或药理活性。如机体神经传导物质肾上腺素、多巴胺、乙酰胆碱及 5-羟色胺等是存在于生物体内的生源胺；具有药理活性的麻黄碱、阿托品等生物碱和一些维生素、磺胺类药物是广泛应用的胺类药物。

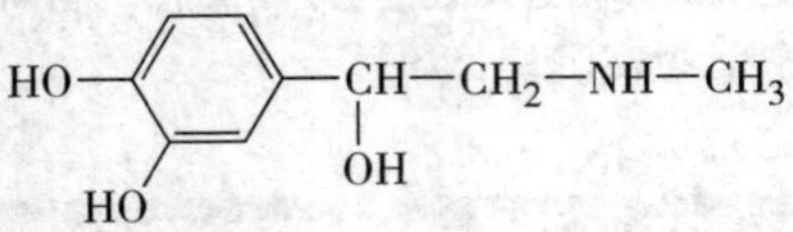

肾上腺素 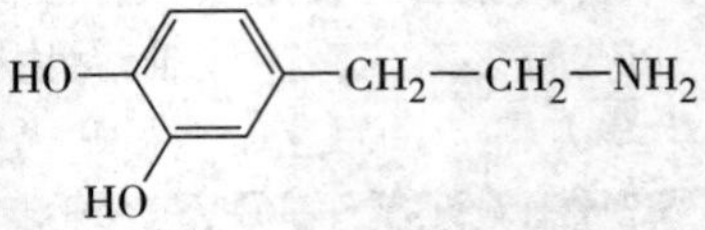　　　　　　　　　　　　　　　多巴胺

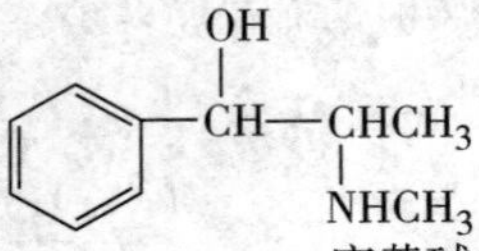

麻黄碱 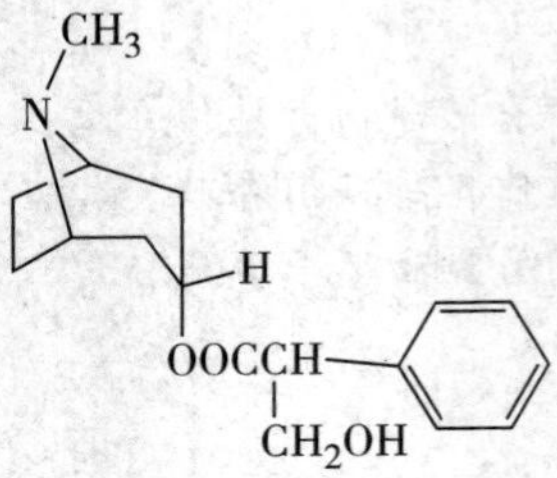　　　　　　　　　　　　阿托品

一、胺的结构、分类、命名

（一）胺的结构

胺的结构与氨相似，氮原子与三个取代基构成三棱锥型结构。

胺分子中，三个取代基（—R 或 H）与氮原子的三个 sp^3 杂化轨道形成三个 σ 键后占据了三棱锥的三个顶点，而氮原子的一对孤对电子（未共用电子对）位于另一个 sp^3 杂化轨道上。

孤对电子的排斥使得 N 原子上各 σ 键的夹角略小于甲烷（正四面体）分子中 H—C—H 键角（109.5°），如图 11-3 所示。

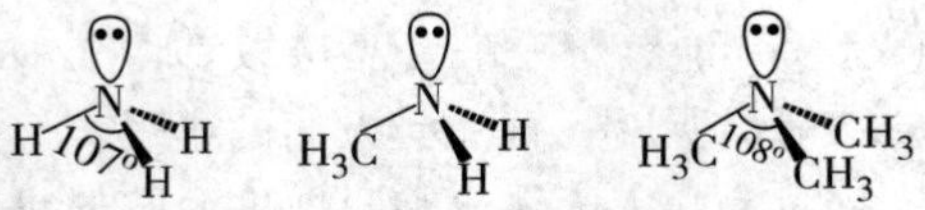

图 11-3　胺的结构

在苯胺中，N 原子也是以不等性 sp^3 杂化轨道成键，其中孤对电子占据的杂化轨道与苯环上的 p 轨道虽不平行，但可以共平面，可与苯环的大 π 键发生部分重叠而产生共轭，使得 N 原子的电子云密度下降，芳环的电子云密度升高。

（二）胺的分类

（1）按氮原子所连接的烃基的不同分为脂肪胺、芳香胺、芳脂胺。

$CH_3NHCH_2CH_3$　　　　　　　　　　　　　　　　　
脂肪胺　　　　　　　　　芳香胺 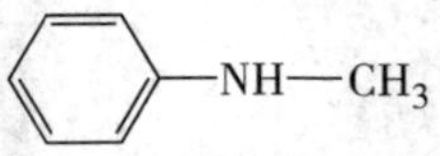　　　　　　　　　芳脂胺

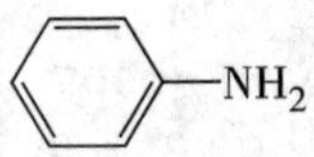

（2）按氮原子上所连接烃基的数目分为伯胺（1°胺）、仲胺（2°胺）、叔胺（3°胺）。

伯胺、仲胺、叔胺分子中所含的官能团分别为—NH_2（氨基）、—NH—（亚氨基）、—N—（次氨基）。

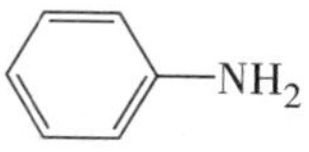
伯胺

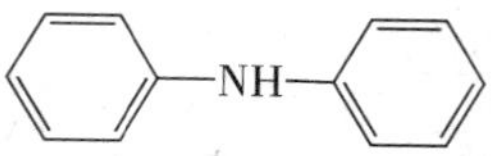
仲胺

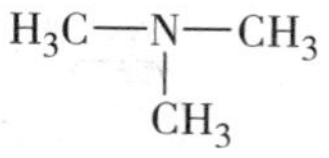
叔胺

课堂互动

1. 把伯胺分子中的—NH_2 替换成—OH 后是否直接得到伯醇？
2. 伯胺、仲胺、叔胺与伯醇、仲醇、叔醇的分类依据有何异同？

需要注意的是，伯胺、仲胺、叔胺分类依据与伯醇、仲醇和叔醇分类依据不同。前者是依据氮原子上的烃基数目，而后者依据的是羟基所连碳原子的类型。

如叔丁醇与叔丁胺，虽然两者都含有叔丁基，但前者是叔醇，后者是伯胺。

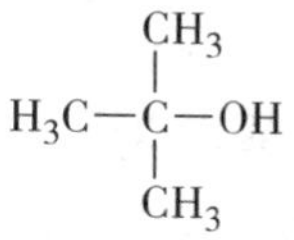
叔丁醇（叔醇）

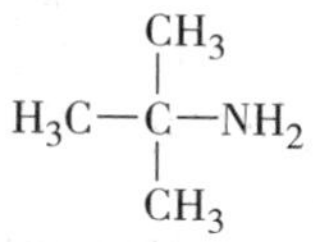
叔丁胺（伯胺）

叔胺分子与卤代烃反应，形成一种结构类似 NH_4^+的季铵离子（R_4N^+），季铵离子与 X^-一起形成季铵盐（$[R_4N]^+X^-$），季铵离子与 OH^-则生成季铵碱（$[R_4N]^+OH^-$）。

（3）根据分子中氨基的数目多少分为一元胺、二元胺、多元胺。

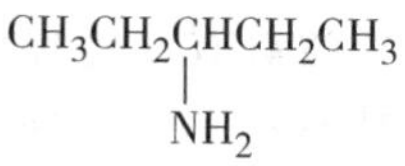
一元胺

$H_2NCH_2CH_2CH_2CH_2NH_2$
二元胺

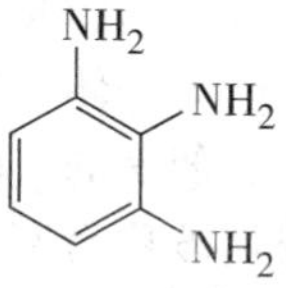
多元胺

（三）胺的命名

1. 简单伯胺的命名 采用普通命名法命名，一般以胺为母体，烃基作取代基，称为某胺。如：

CH_3NH_2
甲胺

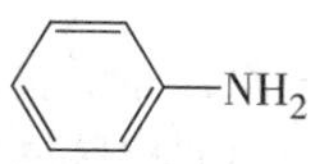
苯胺

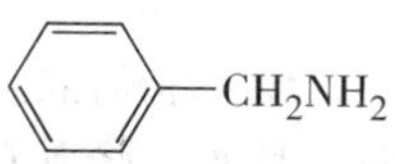
苯甲胺（或苄胺）

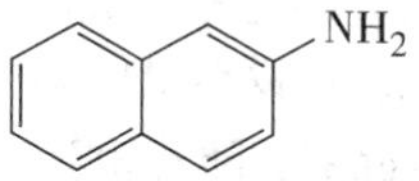
β–萘胺

2. 仲胺、叔胺及多元胺的命名 对仲胺、叔胺及多元胺命名时，若氮原子上所连烃基相同，用二或三表明烃基的数目；若氮原子上所连烃基不同，则按基团的次序规则由小到大排序命名；若是多元胺，则要用具体数字表明官能团的数目。如：

CH₃NHCH₃
二甲胺

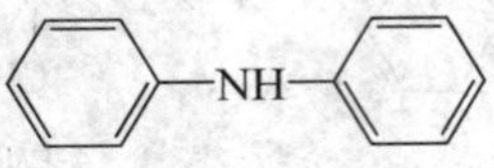

二苯胺

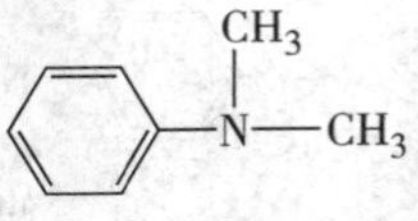

N, *N*-二甲基苯胺

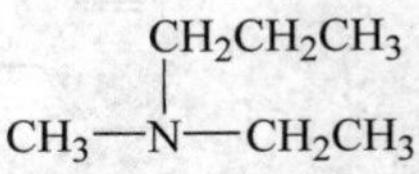

甲乙丙胺

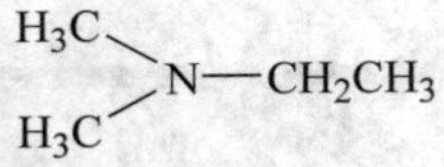

二甲乙胺

H₂NCH₂CH₂CH₂CH₂CH₂NH₂
1,6-己二胺

H₂NCH₂CH₂ CH₂ CH₂ NH₂
1,4-丁二胺（腐胺）

3. 芳脂胺的命名　一般以芳香胺为母体，脂肪烃基为取代基，用"*N*-"或"*N*, *N*-"等编号方式指出脂肪烃基是连接在 N 原子上而非芳环上。如：

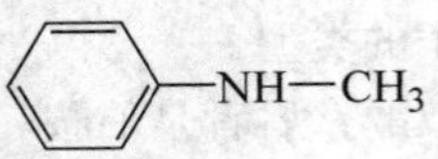

N-甲基苯胺

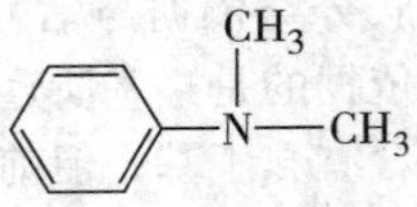

N, *N*-二甲基苯胺

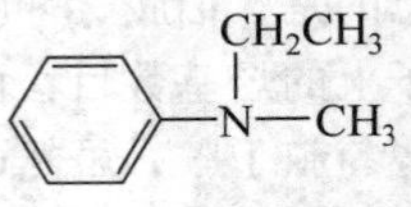

N-甲基-*N*-乙基苯胺

4. 复杂胺的命名　以烃为母体，氨基作为取代基。如：

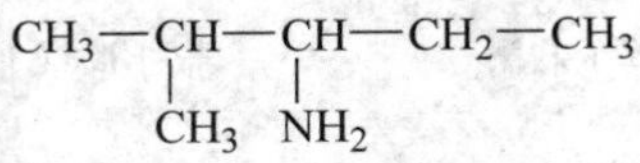

$$CH_3-CH-CH_2-CH_3$$
CH₃ NH₂

2-甲基-3-氨基戊烷

二、胺的物理性质

常温下，低级脂肪胺，如甲胺、二甲胺、三甲胺和乙胺等为无色气体，丙胺以上是液体，十二胺以上为固体。芳香胺是无色高沸点的液体或低熔点的固体。

低级胺有类似氨的气味；三甲胺有鱼腥味；丁二胺和戊二胺等有动物尸体腐败后的气味，它们又分别被称为腐胺与尸胺；高级胺无味。芳香胺有特殊的臭味，并有毒性，长期吸入苯胺蒸气会引起中毒，芳胺还可以通过皮肤渗入使人中毒，β-萘胺和联苯胺是能引起恶性肿瘤的物质，所以使用时应注意防护。

伯胺和仲胺由于能形成分子间氢键，它们的沸点比与其相对分子质量相近的烃和醚要高；由于氮的电负性比氧小，所以胺分子间的氢键弱于醇或羧酸的分子间氢键，因而，胺的熔点和沸点比相对分子质量相近的醇和羧酸低。叔胺不形成分子间氢键，其沸点与相对分子质量相近的烃相近似。

伯、仲、叔胺都能与水形成氢键，低级脂肪胺易溶于水，如甲胺、二甲胺、乙胺和二乙胺等可与水混溶。随着相对分子质量的增加，烃基在分子中的比例增大，胺的溶解度随之迅速降低，所以中级胺、高级胺及芳香胺微溶或难溶于水。绝大多数胺均可溶于有机溶剂。

三、胺的化学性质

由于胺的结构特点决定，胺分子中的氮原子呈现碱性和亲核性，易被氧化，能与 HNO₂ 发生反应。芳香胺分子中，由于 N 原子上的孤对电子与芳环发生共轭作用，使得芳环被活化，芳环上易进行亲电取代反应和氧化反应，而 N 原子的碱性和亲核性较脂肪胺减小。

（一）碱性

胺与氨一样，分子中氮原子上的孤对电子能接受质子，因而呈现碱性。胺的碱性大小实质上是胺分子中 N 与外来 H^+ 结合能力的大小，它主要受电子效应和空间效应两种因素的影响。

$$RNH_2 + H_2O \rightleftharpoons RN\overset{+}{H_3} + OH^-$$

$$K_b = \frac{[RNH_3^+][OH^-]}{[RNH_2]} \qquad pK_b = -\log K_b$$

碱性： 脂肪胺 ＞ 氨 ＞ 芳香胺

pK_b 小于 4.70 4.75 大于 8.40

1. 脂肪胺的碱性 氮原子所连脂肪烃基越多，氮原子上的电子云密度越大，碱性越强，空间位阻越大，碱性越弱。因此，综合考虑两方面因素的影响，脂肪胺碱性由强到弱的顺序为：脂肪仲胺＞脂肪伯胺＞脂肪叔胺。如：

碱性： $(CH_3)_2NH$ ＞ CH_3NH_2 ＞ $(CH_3)_3N$ ＞ NH_3

pK_b 3.27 3.36 4.24 4.75

2. 芳香胺的碱性 比氨弱。这是由于芳环与氮原子发生了吸电子共轭效应，使得氮原子上的电子云密度降低，同时芳环的空间位阻导致氮原子接受质子的能力进一步减弱。因此，芳香胺中氮原子连接的芳环越多，碱性越弱。如：

N,N-二甲基苯胺 ＞ N-甲基苯胺 ＞ 苯胺 ＞ 二苯胺 ＞ 三苯胺

pK_b 8.93 9.15 9.40 13.00 近中性

3. 胺与酸作用生成铵盐 铵盐一般都是具有一定熔点的结晶性固体，易溶于水和乙醇，而不溶于非极性溶剂。由于胺的碱性不强，所以一般只能与强酸反应生成稳定的铵盐。

$$RNH_2 + HCl \longrightarrow RN\overset{+}{H_3}Cl^-$$

由于胺是弱碱，与酸生成的铵盐遇强碱会释放出原来的胺。

$$RN\overset{+}{H_3}Cl^- + NaOH \longrightarrow RNH_2 + NaCl + H_2O$$

可以利用这一性质进行胺的鉴别、分离、提纯。如将不溶于水的胺溶于稀酸形成盐，经分离后，再用强碱将胺由铵盐中释放出来。

拓展阅读

难溶于水的胺类药物的制备

在制药过程中，常把难溶于水的含有氨基、亚氨基或次氨基的药物与酸作用变成铵盐，增加其水溶性，以供临床使用。如局部麻醉药普鲁卡因，在水中的溶解度较小，所以常把它制成普鲁卡因盐酸盐，成盐后易溶于水便于制成注射液。

$$H_2N-\underset{}{\bigcirc}-\underset{O}{\overset{O}{\underset{\|}{C}}}-OCH_2CH_2-\underset{CH_2CH_3}{\overset{CH_2CH_3}{N}}-CH_2CH_3 \cdot HCl$$

盐酸普鲁卡因

（二）酰化与磺酰化反应

1. 酰化反应 酰卤、酸酐和酯是常见的酰基化试剂，伯胺、仲胺均能与酰基化试剂反应生成酰胺。叔胺由于 N 原子上没有 H，故不能发生酰基化反应。酰胺是具有一定熔点的固体，在强酸或强碱的水溶液中加热易水解生成胺。因此，此反应在有机合成中常用来保护氨基。例如：

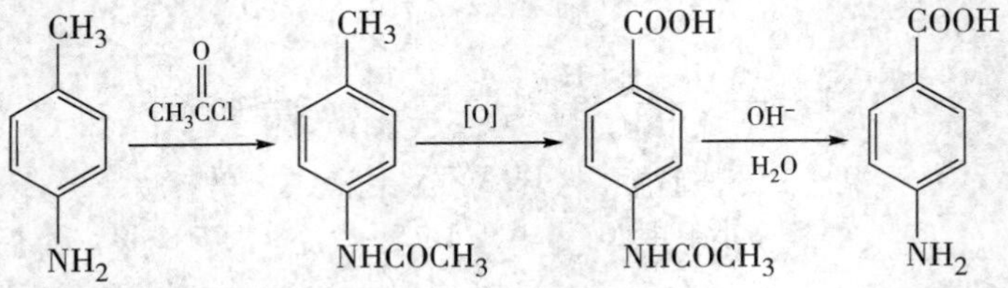

酰化反应对于药物的修饰具有重要的意义。药物分子中引入酰基后常可增加药物的脂溶性，有利于机体吸收，提高或延长其疗效，并降低药物毒性。例如：对氨基苯酚虽然具有解热镇痛的作用，但毒副作用大，对其进行酰化制成对羟基乙酰苯胺（扑热息痛）可大大降低毒副作用，并增强疗效。

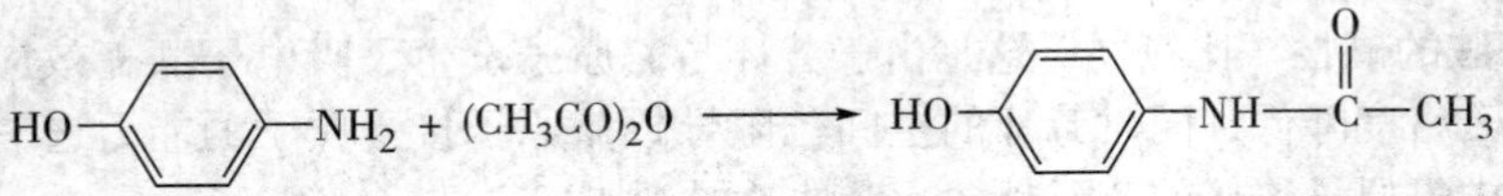

扑热息痛

2. 磺酰化反应 胺与磺酰化试剂反应生成磺酰胺的反应称为磺酰化反应，又称兴斯堡（Hinsberg）反应。常见的磺酰化试剂是苯磺酰氯和对甲基苯磺酰氯。

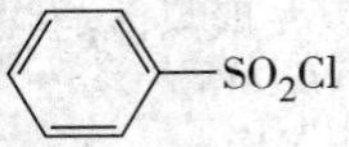

苯磺酰氯

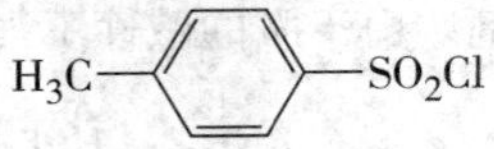

对甲基苯磺酰氯

伯胺和仲胺可与苯磺酰氯或对甲基苯磺酰氯反应，生成相应的磺酰胺。叔胺由于 N 原子上没有 H，不能磺酰化，不溶于氢氧化钠溶液而出现分层现象。而伯胺生成的磺酰胺由于 N 原子上的 H 受磺酰基影响呈弱酸性，可溶于氢氧化钠溶液生成盐；仲胺形成的磺酰胺由于 N 上没有 H，不能与氢氧化钠溶液成盐而呈固体析出。常利用此反应鉴别或分离伯、仲、叔胺。如：

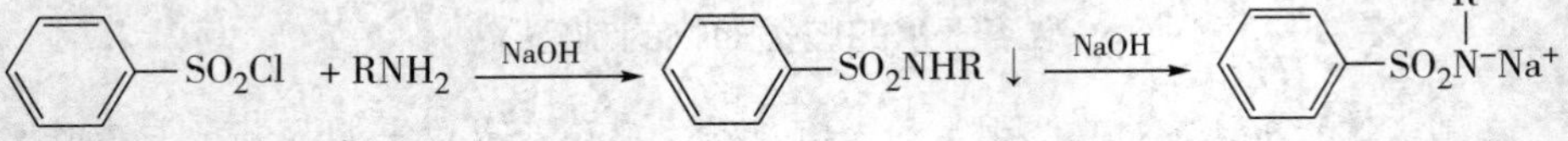

苯磺酰氯　　苯磺酰伯胺　　苯磺酰伯胺钠盐

苯磺酰仲胺

（三）与亚硝酸反应

不同的胺与亚硝酸反应，产物各不相同。由于亚硝酸不稳定，在实际反应中使用的是亚硝酸钠与盐酸（或硫酸）的混合物。根据脂肪族和芳香族伯、仲、叔胺与亚硝酸反应的不同结果，可以鉴别伯、仲、叔胺。

1. 脂肪族胺与亚硝酸反应

（1）脂肪族伯胺与亚硝酸反应生成醇，并定量放出氮气，该反应可用于氨基的定量分析。

$$R—NH_2 + HNO_2 \longrightarrow ROH + H_2O + N_2\uparrow$$

（2）脂肪族仲胺与亚硝酸反应，都生成黄色油状液体或固体 N-亚硝基胺。

$$R_2N\boxed{-H + HO-}NO \longrightarrow R_2N—NO + H_2O$$
$$N\text{–亚硝基胺}$$

（3）脂肪族叔胺因氮原子上没有氢原子，不能发生硝化反应，只能与亚硝酸形成不稳定的盐。

$$R_3N + HNO_2 \longrightarrow [R_3\overset{+}{N}H]NO_2^-$$

2. 芳香族胺与亚硝酸反应

（1）芳香族伯胺与亚硝酸在低温下反应，生成重氮盐，此反应称为重氮化反应。芳香族重氮盐在低温（5℃以下）和强酸水溶液中是稳定的，加热则分解成酚和氮气，干燥的易爆炸。

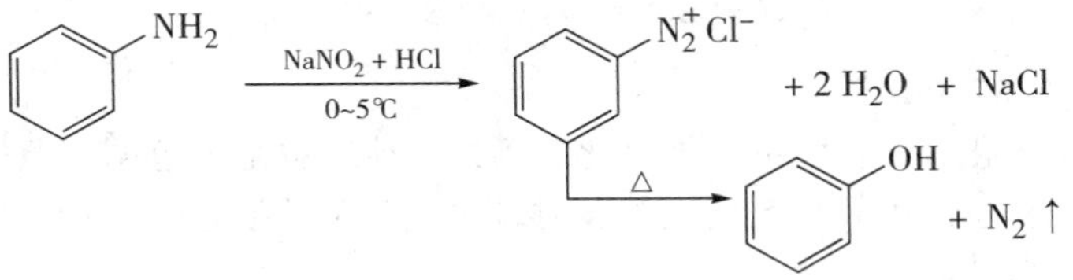

（2）芳香族仲胺与亚硝酸反应，生成不溶于水的黄色油状液体或固体亚硝基胺。例如：

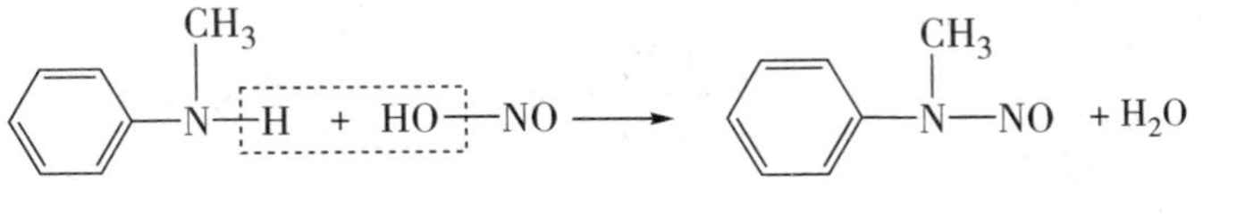

$$N\text{–亚硝基–}N\text{–甲基苯胺}$$

N-亚硝基胺与稀酸共热，可分解为原来的胺，可用来分离、提纯仲胺。此类化合物具有较强的致癌作用。

（3）芳香族叔胺与亚硝酸反应，在芳环上发生亲电取代反应导入亚硝基，生成对亚硝基胺。如：

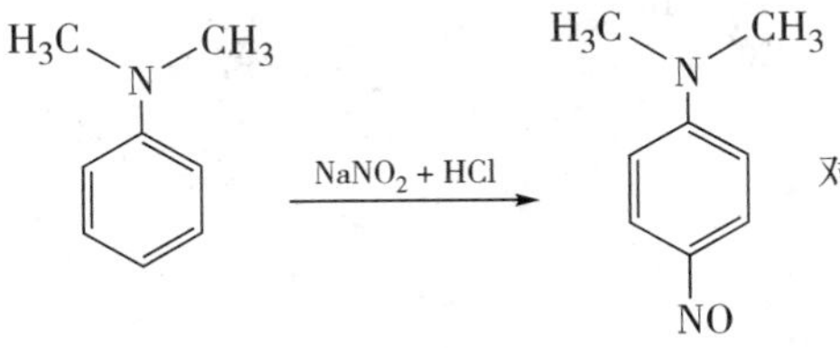

对亚硝基–N, N–二甲基苯胺
(绿色叶片状)

亚硝基芳香族叔胺通常带有颜色，在不同介质中，其结构不同，颜色也不同。如在碱性溶液中呈绿色，在酸性溶液中由于互变成醌式盐而呈桔黄色。

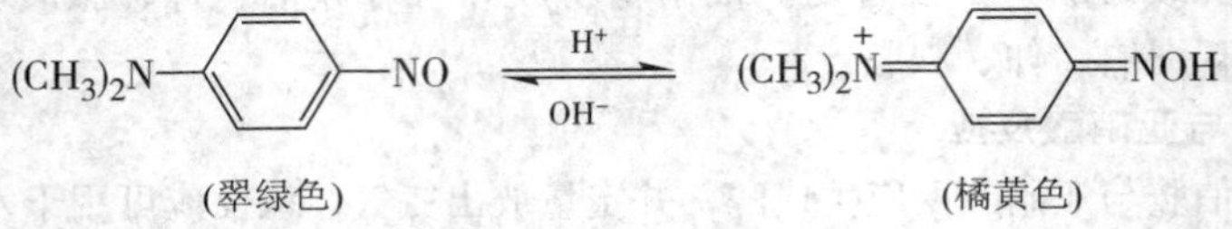

$$(CH_3)_2N-\!\!\!\bigcirc\!\!\!-NO \underset{OH^-}{\overset{H^+}{\rightleftharpoons}} (CH_3)_2\overset{+}{N}=\!\!\!\bigcirc\!\!\!=NOH$$

（翠绿色）　　　　　　　　　　　　　　　（橘黄色）

拓展阅读

亚硝胺的危害

亚硝胺是四大食品污染物之一。迄今为止，已发现的亚硝胺有 300 多种，其中 90% 左右可以诱发动物不同器官的肿瘤。大量实验证明：烟熏或盐腌制的鱼和肉含有较多的亚硝胺类化合物，霉变的食品中也有亚硝胺化合物的形成，其中有的是食品中天然形成的，有的是生产过程中添加亚硝酸盐而形成的。人体可经消化道、呼吸道等途径接触到这些致癌物。

要预防亚硝胺中毒，首先要在食品加工中防止微生物污染，降低食品中亚硝胺含量；同时加强对肉制品的监督、检测，严格控制亚硝酸盐的使用；少吃或不吃隔夜剩饭菜，因为剩菜中的亚硝酸盐含量明显高于新鲜制作的菜；少吃或不吃咸鱼、咸蛋、咸菜。

（四）氧化反应

脂肪胺容易被氧化，芳香胺更易被氧化。例如，纯苯胺是无色的，但暴露在空气中很快就变成黄色或红棕色。用氧化剂处理苯胺时，生成复杂的混合物。在一定条件下，苯胺的氧化产物主要是对苯醌。

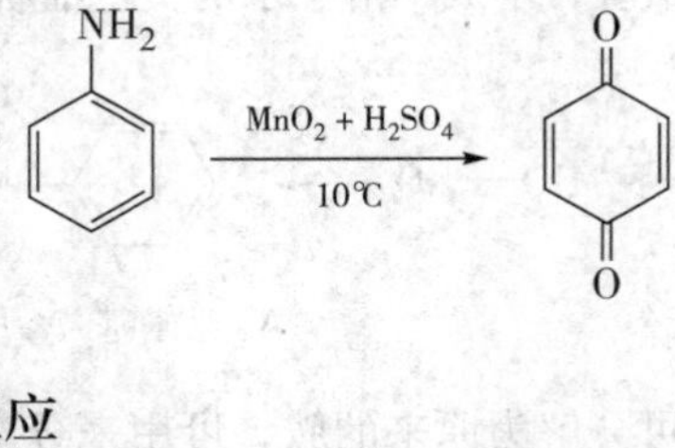

$$\bigcirc\!\!-NH_2 \xrightarrow[10℃]{MnO_2 + H_2SO_4} O=\!\!\!\bigcirc\!\!\!=O$$

（五）芳环上的取代反应

1. 卤代反应　苯胺很容易发生卤代反应，与溴水反应迅速生成 2,4,6-三溴苯胺白色沉淀。此反应能定量完成，可用于苯胺的定性鉴别或定量分析。

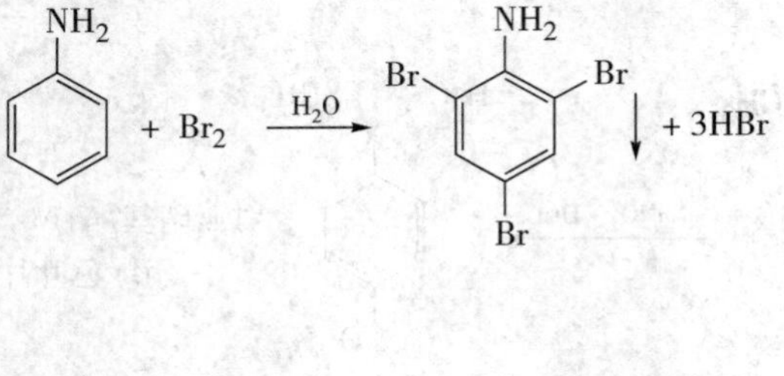

$$\bigcirc\!\!-NH_2 + Br_2 \xrightarrow{H_2O} \text{（2,4,6-三溴苯胺）} \downarrow + 3HBr$$

课堂互动

1. 苯酚与苯胺能否用溴水进行鉴别？
2. 苯酚与苯胺的主要化学性质有哪些异同？

如要把卤代控制在一元卤代阶段，可先降低苯胺的活性后再进行溴代。如：

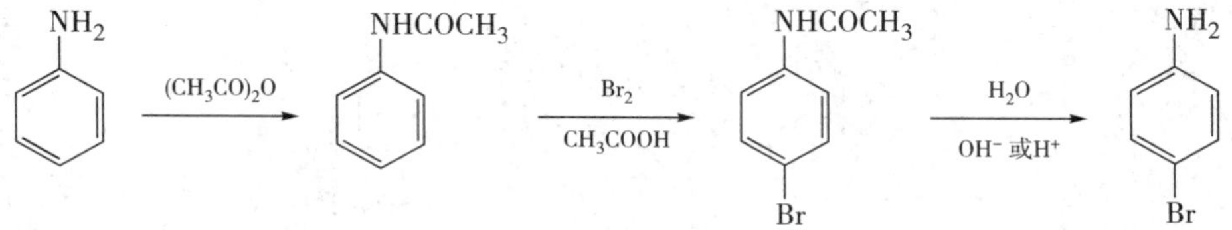

2. 磺化反应　苯胺的磺化是将苯胺溶于浓硫酸中，首先生成苯胺硫酸盐，再高温加热脱水并重排生成对氨基苯磺酸。

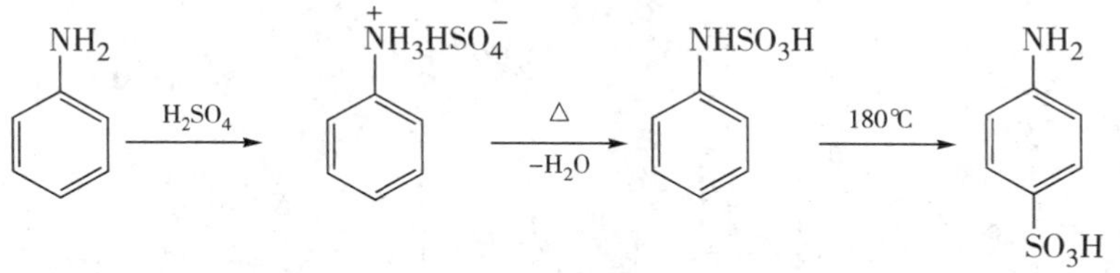

对氨基苯磺酸是白色固体，分子内同时含有碱性的氨基和酸性磺酸基，所以分子内部可形成盐，称为内盐。

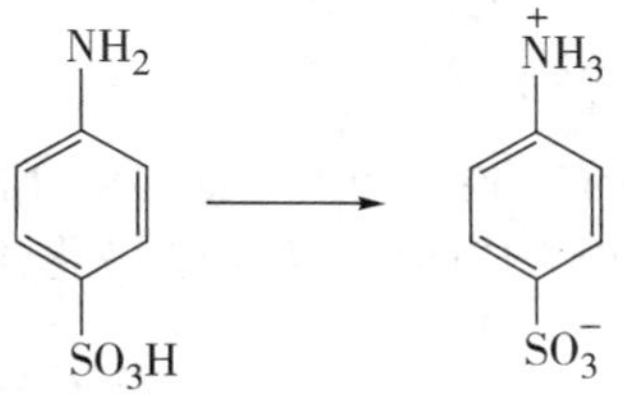

对氨基苯磺酸的酰胺，就是磺胺，是最简单的磺胺药物。

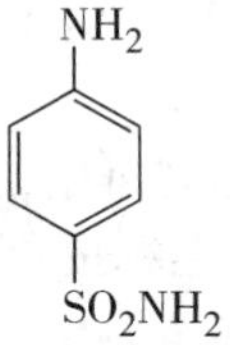

对氨基苯磺酰胺（磺胺）

拓展阅读

磺胺类抗菌素

　　临床常用的磺胺类药物都是以对氨基苯磺酰胺为基本结构的衍生物。磺酰胺基上的氢可被不同杂环取代，形成不同种类的磺胺药。它们与母体磺胺相比，具有效价高、毒性小、抗菌谱广、口服易吸收等优点。

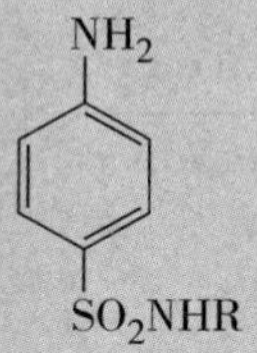

磺胺类抗菌素 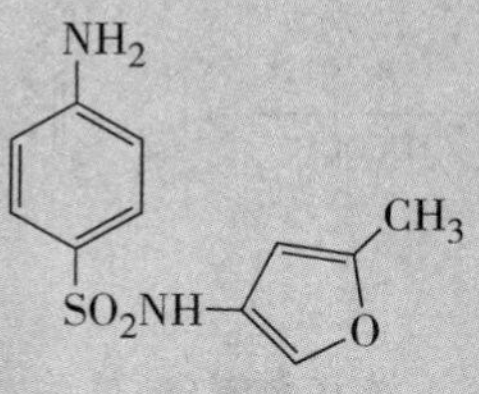　　　　磺胺甲噁唑 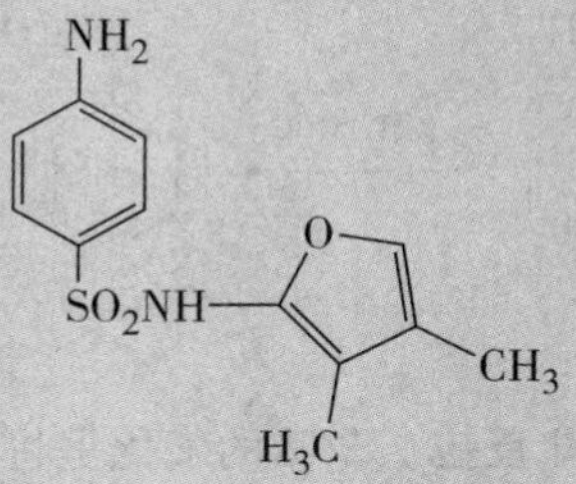　　　　磺胺二甲异噁唑

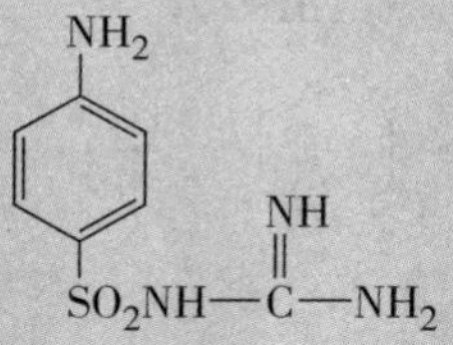

磺胺胍 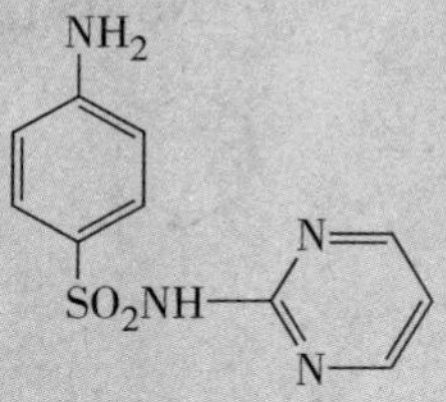　　　　　　磺胺嘧啶

四、季铵盐和季铵碱

　　1. 概念　季铵化合物是氮原子上连有四个烃基的化合物，在结构上可以看作是铵离子 NH_4^+ 中的 4 个氢都被烃基所取代而生成的化合物。季铵化合物分为季铵盐和季铵碱。如：

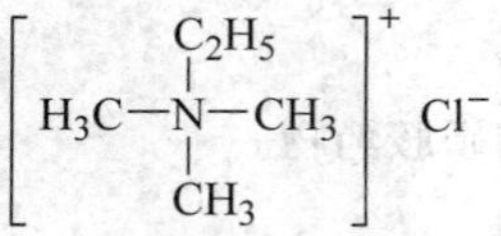

$$\left[\begin{array}{c} C_2H_5 \\ | \\ H_3C-N-CH_3 \\ | \\ CH_3 \end{array} \right]^+ Cl^- \qquad \left[\begin{array}{c} C_2H_5 \\ | \\ H_3C-N-C_3H_7 \\ | \\ CH_3 \end{array} \right]^+ OH^-$$

季铵盐 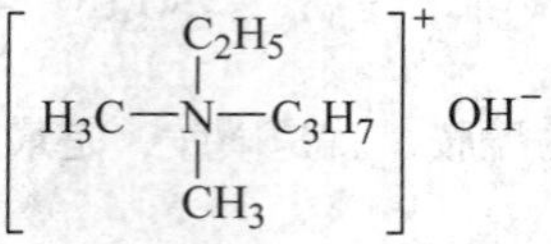　　　　　　　　　　季铵碱

　　2. 命名　若四个烃基相同时，其命名与卤化铵和氢氧化铵的命名相似，称为卤化四某铵和氢氧化四某铵；若烃基不同时，烃基名称按次序规则由小到大进行排列。如：

$(CH_3)_4N^+Cl^-$　　　　　　　　　　　氯化四甲铵

$[(CH_3)_3N^+CH_2CH_3]OH^-$　　　　　　氢氧化三甲基乙基铵

$[HOCH_2CH_2N^+(CH_3)_3]OH^-$　　　　　氢氧化三甲基-2-羟乙基铵（胆碱）

$[C_6H_5CH_2N^+(CH_3)_2C_{12}H_{25}]Br^-$　　溴化二甲基十二烷基苄基铵（新洁尔灭）

　　3. 性质

　　（1）季铵盐　白色结晶固体，有盐的性质，能溶于水，不溶于非极性有机溶剂。季铵盐与无机卤化铵的性质相似，对热不稳定，加热易分解成原来的叔胺和卤代烷。如：

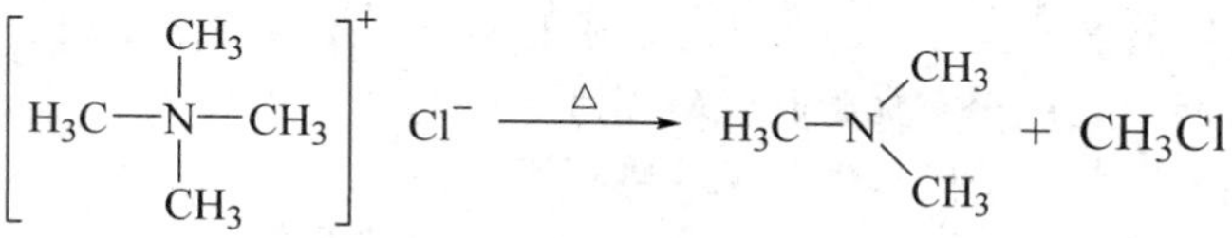

$$\left[\begin{matrix} & CH_3 & \\ H_3C-&N&-CH_3 \\ & CH_3 & \end{matrix} \right]^+ Cl^- \xrightarrow{\triangle} H_3C-N \begin{matrix} CH_3 \\ \\ CH_3 \end{matrix} + CH_3Cl$$

具有一个长链烷基的季铵盐，是一类表面活性剂。具有去污作用，可用作洗涤剂、乳化剂、悬浮剂、起泡剂、分散剂等。

拓展阅读

新洁尔灭

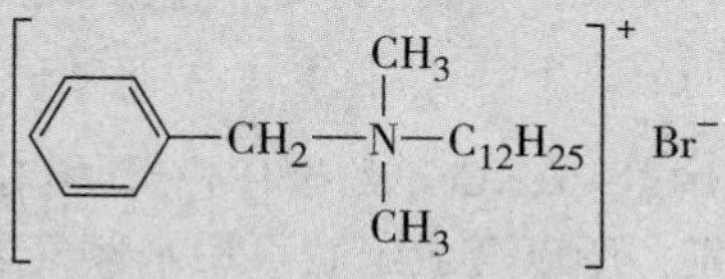

$$\left[\text{—CH}_2\text{—N} \begin{matrix} CH_3 \\ | \\ | \\ CH_3 \end{matrix} \text{—C}_{12}H_{25} \right]^+ Br^-$$

溴化二甲基十二烷基苄铵

溴化二甲基十二烷基苄铵也叫苯扎溴铵、新洁尔灭，为微黄色的黏稠液，吸湿性强，易溶于水和醇。水溶液呈碱性。新洁尔灭是具有长链烷基的季铵盐，是最常用的阳离子型表面活性剂之一，具有洁净、杀菌消毒和灭藻作用，临床上用于皮肤、器皿手术前的消毒。用于医药、化妆品及水处理杀菌与消毒，还用于硬表面清洗及消毒去臭等。

（2）季铵碱　在水中可完全电离，因此是强碱，其碱性与氢氧化钠相当，易吸收空气中的二氧化碳，易潮解，能溶于水。季铵碱对热也不稳定，加热易分解。如：

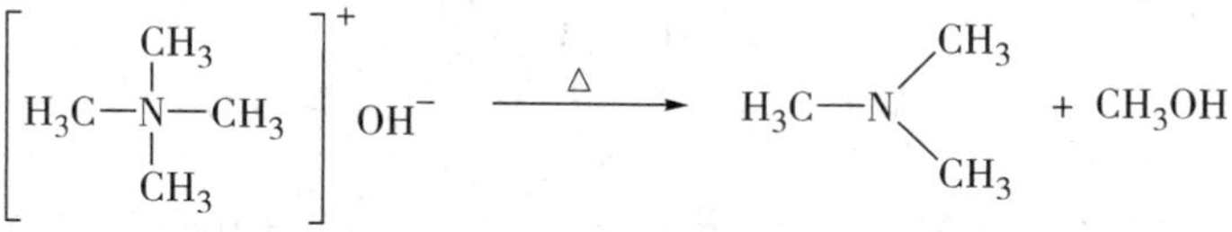

$$\left[\begin{matrix} & CH_3 & \\ H_3C-&N&-CH_3 \\ & CH_3 & \end{matrix} \right]^+ OH^- \xrightarrow{\triangle} H_3C-N \begin{matrix} CH_3 \\ \\ CH_3 \end{matrix} + CH_3OH$$

拓展阅读

胆　碱

胆碱是一种季铵碱。它可以和盐酸作用生成盐。其结构式如下：

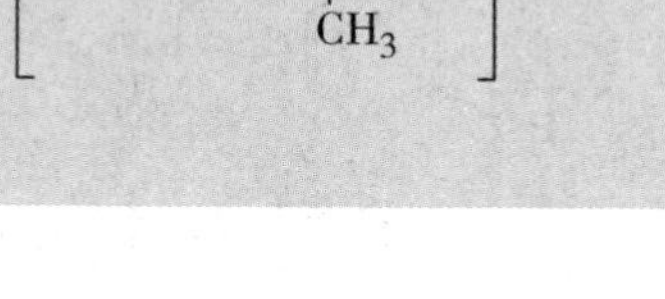

$$\left[HOCH_2CH_2-N \begin{matrix} CH_3 \\ | \\ | \\ CH_3 \end{matrix} CH_3 \right]^+ OH^-$$

胆碱普遍存在于生物体中，在脑组织和蛋黄中含量较多，是卵磷脂的组成部分。胆碱为白色结晶，吸湿性强，易溶于水和乙醇，而不溶于乙醚和三氯甲烷等。它在体内参与脂肪代谢，有抗脂肪肝的作用。

在生物体内，胆碱多以乙酰胆碱的形式存在：

$$\left[CH_3-\overset{\overset{\displaystyle O}{\|}}{C}-OCH_2CH_2-\overset{\overset{\displaystyle CH_3}{|}}{\underset{\underset{\displaystyle CH_3}{|}}{N}}-CH_3 \right]^+ \quad OH^-$$

乙酰胆碱是相邻神经细胞之间，通过神经节传导神经刺激的重要物质，神经冲动过程中生成的乙酰胆碱立即受胆碱酶的催化作用而迅速发生水解，重新生成胆碱。

五、重要的胺

1. 苯胺　无色油状液体，熔点−6.3℃，沸点184℃，相对密度为1.022，微溶于水，易溶于有机溶剂，可随水蒸气挥发，所以合成苯胺可用水蒸气蒸馏方法进行纯化。新蒸馏的苯胺无色，长期放置后因氧化而变为黄、红或棕色。苯胺遇漂白粉溶液显紫色，可用来检验苯胺。苯胺蒸气对人体有毒，能通过皮肤吸收及口鼻吸入而使人中毒。苯胺广泛应用于药物、染料、农药、橡胶助剂和异氰酸酯生产上。

2. 乙二胺（$H_2NCH_2CH_2NH_2$）　无色澄清黏稠液体，熔点8.5℃，沸点116.5℃，有氨气味。易溶于水，溶于乙醇和甲醇，微溶于乙醚，不溶于苯。易从空气中吸收二氧化碳生成不挥发的碳酸盐，应避免露置在大气中。

乙二胺是制备药物、乳化剂和杀虫剂的原料，又可作为环氧树脂的固化剂。乙二胺与氯乙酸作用生成乙二胺四乙酸（EDTA）。EDTA是分析化学上应用较广的金属螯合剂。

EDTA的结构式为：

$$\begin{array}{c} HOOC-H_2C \\ \\ HOOC-H_2C \end{array} N-CH_2-CH_2-N \begin{array}{c} CH_2-COOH \\ \\ CH_2-COOH \end{array}$$

EDTA几乎能与所有的金属离子发生配位反应，是分析化学中最常用的配位剂，它的二钠盐或四钠盐还常用于硬水的软化。同时，乙二胺四乙酸二钠是蛇毒的特效解毒药，就是因为它可与蛋白质络合，使蛇毒失去活性。乙二胺四乙酸钙二钠盐，简称依地酸钠钙，临床用作一些重金属离子中毒的促排解毒剂。

3. 多巴胺　系统命名为4-（2-氨基乙基）-1,2-苯二酚。多巴胺是一种用来帮助细胞传送脉冲的化学物质，它是维持正常生命活动的重要物质，具有调节躯体活动、精神活动、内分泌和心血管活动等作用。多巴胺不足则会令人失去控制肌肉的能力，严重会令病人的手脚不自主地震动或导致帕金森病。

临床常用其盐酸盐，即盐酸多巴胺，用于治疗各种低血压、心力衰竭及休克、心脏复苏时升高血压等。

> ## 拓展阅读
>
> ### 胺类抗肿瘤药物 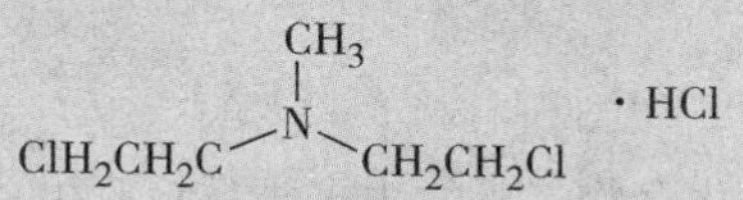
>
> $$CH_3$$
> $$ClH_2CH_2C-\overset{CH_3}{\underset{}{N}}-CH_2CH_2Cl \quad \cdot HCl$$
>
> 盐酸氮芥
>
> 氮芥是最早用于临床并取得突出疗效的抗肿瘤药物。为双氯乙胺类烷化剂的代表，它是一高度活泼的化合物。主要用于恶性淋巴瘤及癌性胸膜、心包及腹腔积液。目前已很少用于其他肿瘤，对急性白血病无效。

第三节　重氮化合物和偶氮化合物

案例导入

案例：2014 年 3 月 4 日，澳洲公平竞争和消费者委员会（ACCC）颁布一起召回案例，某服装品牌的女童紧身牛仔裤及男童牛仔短裤由于含有可裂解出致癌芳香胺的偶氮染料，被宣布召回。

讨论：1. 偶氮化合物的结构特点是什么？
　　　2. 它与重氮化合物的主要区别是什么？
　　　3. 它为何能裂解出致癌芳香胺？

重氮和偶氮化合物分子中都含有—N_2—官能团，其中官能团两端都与烃基相连的称为偶氮化合物；一端与烃基相连，而另一端与其他非碳原子或基团相连（或什么都不连）的称为重氮化合物。

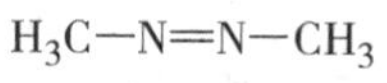

$$H_3C-N=N-CH_3$$
偶氮甲烷 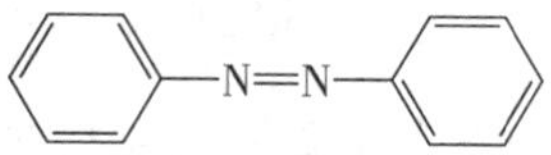　　　　　　　偶氮苯

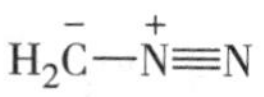

$$H_2\overset{-}{C}-\overset{+}{N}\equiv N$$
重氮甲烷 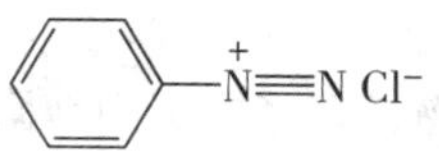　　　　氯化重氮苯 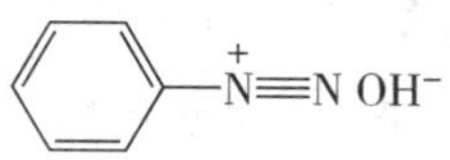　　　　氢氧化重氮苯

一、重氮化合物的结构

重氮化合物的 π 键不仅易与芳环的 π 键共轭，形成大的共轭体系（图 11-4），甚至与

脂肪烃基也能形成共轭结构（图 11-5）。

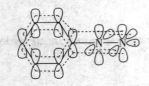

图 11-4 重氮苯正离子的结构

图 11-5 重氮甲烷的结构

二、重氮盐的性质

重氮盐是一类非常活泼的化合物，可发生多种反应，生成多种化合物，在有机合成上非常重要。归纳起来，主要反应有去氮反应和保留氮反应两类。

（一）去氮反应

去氮反应是重氮盐被其他原子或原子团取代，同时放出氮气的一类反应。例如在酸性条件下，将重氮硫酸盐加热水解，重氮基被羟基取代，生成苯酚并放出氮气。

$$\text{(结构式)} \xrightarrow{\text{H}_2\text{O/H}^+} \text{(结构式)} + \text{N}_2\uparrow + \text{H}_2\text{SO}_4$$

（二）保留氮反应

重氮盐保留氮反应包括重氮盐的还原反应以及偶联反应。重氮盐在低温下与芳胺或酚类化合物作用，生成颜色鲜艳的偶氮化合物的反应称为偶联反应。如：

$$\text{(结构式)}-\text{N}_2\text{Cl} + \text{(结构式)}-\text{OH} \xrightarrow[\text{低温}]{\text{OH}^-(\text{PH}=8)} \text{(结构式)}-\text{N}=\text{N}-\text{(结构式)}-\text{OH}$$

偶联反应总是优先发生在对位，若对位被占，则在邻位上反应，间位不能发生偶联反应。

$$\text{(结构式)}-\text{N}_2\text{Cl} + \text{(结构式)} \xrightarrow[\text{低温}]{\text{OH}^-(\text{PH}=8)} \text{(结构式)}$$

一般重氮盐与酚类化合物的偶联反应是在弱碱性介质中进行，而与芳胺的偶联反应是在中性或弱酸性介质中进行。

三、偶氮化合物

偶氮化合物是一类有色的固体化合物，有些能牢固地附着在纤维织品上，常用于染料，被称为偶氮染料。有的偶氮化合物随着溶液的 pH 改变而灵敏地变色，可以作为酸碱指示剂。有的可以凝固蛋白质，能杀菌消毒而用于医药。有的能使细菌着色，作为染料用于组织切片的染色剂。如：

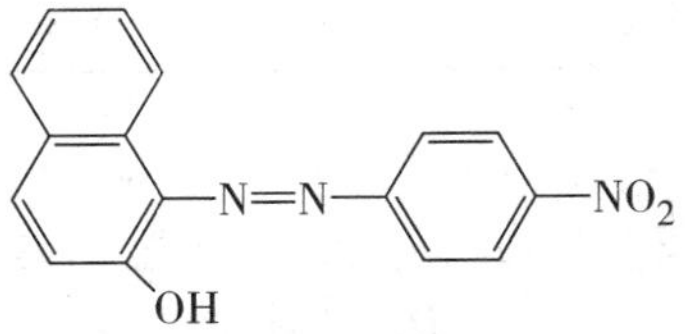

对位红(染料) 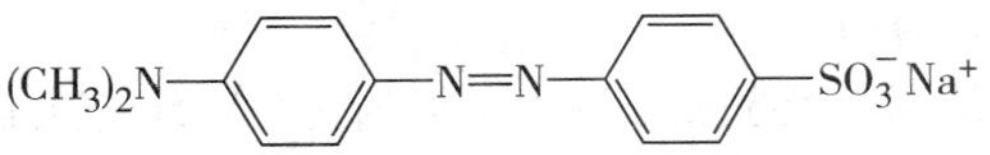　　　　　　　　　甲基橙(酸碱指示剂)

拓展阅读

偶氮染料——苏丹红

苏丹红是一类合成偶氮染料，其品种主要包括苏丹红1号、苏丹红2号、苏丹红3号和苏丹红4号，其化学名称分别为1-苯基偶氮-2-萘酚、1-[(2,4-二甲基苯)偶氮]-2-萘酚、1-[4-(苯基偶氮)苯基]偶氮-2-萘酚、1-2-甲基-4-[(2-甲基苯)偶氮]苯基偶氮-2-萘酚，主要用于溶剂、油、蜡、汽油增色以及鞋和地板等的增光。

国际癌症研究机构（IARC）将苏丹红1号、苏丹红2号及其代谢产物2,4-二甲基苯胺、苏丹红3号和苏丹红4号归为三类致癌物，即动物致癌物，主要基于体外和动物试验的研究结果，尚不能确定对人类有致癌作用。但把苏丹红3号的初级代谢产物4-氨基偶氮苯、苏丹红4号的初级代谢产物邻甲苯胺和邻氨基偶氮甲苯列为二类致癌物，即对人可能致癌物。肝脏是苏丹红1号产生致癌性的主要靶器官，此外还可引起膀胱、脾脏等脏器的肿瘤。

我国对于食品添加剂有着严格的审批制度，我国从未批准将苏丹红染料用于食品生产。2005年3月，肯德基快餐厅的部分食品以及调料中被发现含有苏丹红1号成分。肯德基的母公司百胜餐饮集团随即发表公开声明，向消费者公开道歉，并宣布国内所有肯德基餐厅即刻停止售卖新奥尔良烤翅和烤鸡腿堡，同时销毁所有剩余调料。

重点小结

1. 硝基化合物是烃分子中的一个或多个氢原子被硝基（—NO$_2$）取代后的衍生物。硝基化合物的命名方法类似于卤代烃。硝基化合物的化学性质主要体现在—NO$_2$的强吸电子作用上，如硝基式—酸式互变异构所体现出的酸性以及硝基对芳环上取代反应的影响。

2. 胺类化合物可以认为是NH$_3$中的氢原子被烃基取代后的衍生物。当NH$_4^+$中4个氢原子被烃基取代后的衍生物是季铵盐或季铵碱。

3. 胺类化合物具有碱性，能与HNO$_2$反应生成不同的产物，易被氧化；伯胺、仲胺能发生酰化与磺酰化反应；芳香胺芳环上易发生取代反应。

4. 重氮和偶氮化合物分子中都含有—N$_2$—官能团，重氮盐主要化学反应有去氮反应和保留氮反应两类。

目标检测

1. 单项选择题

（1）在低温下及过量强酸中，下列化合物能与亚硝酸反应生成较稳定的重氮盐的是

    A. N-甲基苯胺　　　　B. 三甲胺　　　　C. 苯胺　　　　D. 二甲胺

（2）下列胺中，碱性最强的是

    A. 二乙胺　　　　　　B. 乙胺　　　　C. 二苯胺　　　　D. 苯胺

（3）重氮盐与芳胺发生偶联反应，需要提供的介质是

    A. 强酸性　　　　　　　　　　　B. 中性或弱酸性

    C. 强碱性　　　　　　　　　　　D. 弱碱性

（4）下列物质中能与亚硝酸反应生成 N-亚硝基化合物的是

    A. CH_3NH_2　　　　　　　　　　B. $C_6H_5NHCH_3$

    C. $(CH_3)_2CHNH_2$　　　　　　D. $(CH_3)_3N$

（5）下列物质中属于季铵碱的是

    A. 苯基$N^+\equiv N\ OH^-$ 　　　　　B. $[H_3C-\overset{\overset{CH_3}{|}}{\underset{\underset{CH_3}{|}}{N}}-CH_3]^+ OH^-$

    C. 苯基$-NH-CH_3$ 　　　　　　D. $(CH_3)_4N^+Cl^-$

（6）下列物质属于叔胺的是

    A. $(CH_3)_3CNH_2$　　　　　　　B. $(CH_3)_3N$

    C. $(CH_3)_2NH$　　　　　　　　D. $(CH_3)_2CHNH_2$

（7）能与苯胺发生酰化反应的物质是

    A. 甲醇　　　　　　B. 甲醛　　　　C. 乙酐　　　　D. 甲胺

（8）既显碱性又能发生酰化反应的物质是

    A. 甲乙胺　　　　　B. 乙酰胺　　　　C. 三甲胺　　　D. 甲乙丙胺

（9）能与盐酸发生成盐反应的是

    A. 苯胺　　　　　　B. 乙酰胺　　　　C. 偶氮甲烷　　　D. 硝基苯

（10）对苯胺的叙述不正确的是

    A. 有毒　　　　　　　　　　　　B. 可发生取代反应

    C. 是合成磺胺类药物的原料　　　D. 可与 NaOH 成盐

2. 多项选择题

（1）脂肪伯胺的性质有

    A. 酸性　　　　　　B. 酰化反应　　　　C. 水解反应　　　D. 碱性

（2）能与溴水反应产生白色沉淀的物质是

    A. 乙烯　　　　　　B. 乙炔　　　　C. 苯胺　　　　D. 苯酚

（3）能和苯胺反应的物质是

    A. 乙醇　　　　　　B. 溴水　　　　C. 盐酸　　　　D. 乙醛

（4）有毒性且能发生酰化反应的物质是

    A. 三乙胺   B. 甲胺   C. 甲乙丙胺   D. 苯胺

3. 命名下列化合物或写出结构简式

（1）$CH_3CH_2NO_2$

（2）$O_2NCH_2CH_2NO_2$

（3）$(CH_3)_2CHNH_2$

（4）

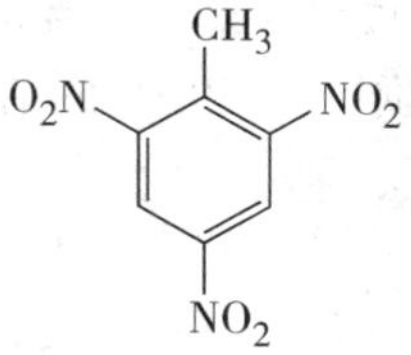

（5）

（6）

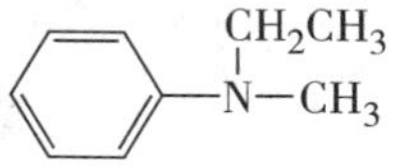

（7） 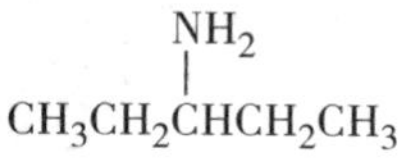
$$CH_3CH_2\overset{\overset{\displaystyle NH_2}{|}}{C}HCH_2CH_3$$

（8）

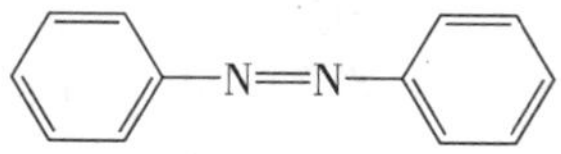

（9）$H_2\overset{-}{C}-\overset{+}{N}\equiv N$

（10）

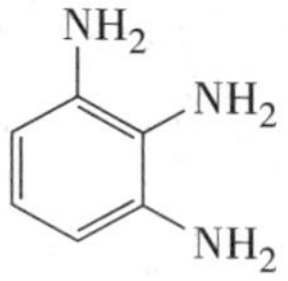

（11） 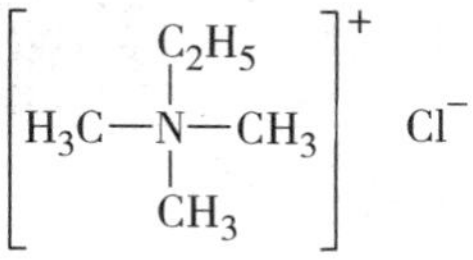
$$\left[H_3C-\overset{\overset{\displaystyle C_2H_5}{|}}{\underset{\underset{\displaystyle CH_3}{|}}{N}}-CH_3 \right]^+ Cl^-$$

（12） 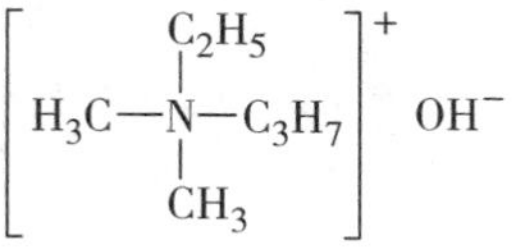
$$\left[H_3C-\overset{\overset{\displaystyle C_2H_5}{|}}{\underset{\underset{\displaystyle CH_3}{|}}{N}}-C_3H_7 \right]^+ OH^-$$

（13）乙二胺

（14）二乙胺

4. 完成下列反应式

（1） 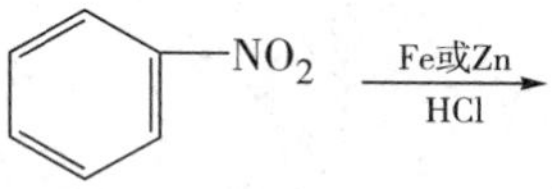
$\xrightarrow[\text{HCl}]{\text{Fe或Zn}}$

（2）$CH_3NH_2 + HCl \longrightarrow$

（3） 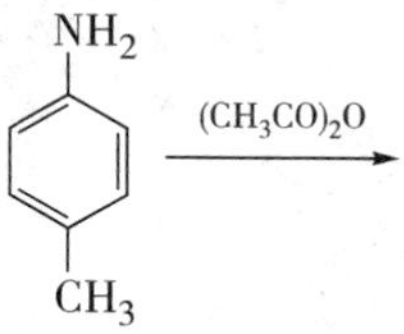
$\xrightarrow{(CH_3CO)_2O}$

（4）$CH_3CH_2NH_2 \xrightarrow[\text{低温}]{\text{NaNO}_2 + \text{HCl}}$

（5） 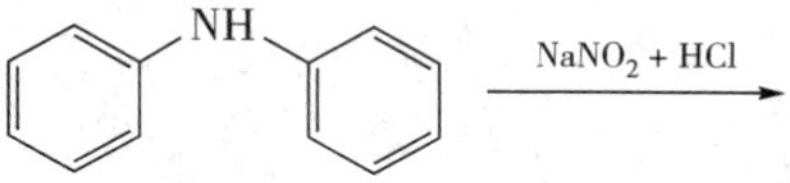
$\xrightarrow{\text{NaNO}_2 + \text{HCl}}$

（6） 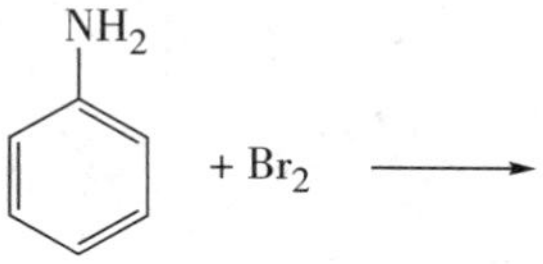
$+ Br_2 \longrightarrow$

5. 用简单的化学方法区分下列化合物

（1）苄胺、硝基苯和苄醇　　　　　　　（2）对甲苯胺、苯酚和苯甲酸

6. 推断结构

化合物 A（分子式为 C_7H_9N）有碱性。A 的盐酸盐和 HNO_2 作用生成 $B(C_7H_7N_2Cl)$，B 加热后能放出氮气，并生成对甲苯酚。在弱碱性溶液中，B 与苯酚作用生成具有颜色的化合物 $C(C_{13}H_{12}ON_2)$。试写出 A、B、C 的结构式。

（李彩云）

第十二章

杂环化合物和生物碱

学习目标

知识要求　**1. 掌握**　杂环化合物的命名及五元、六元杂环化合物的主要化学性质。
　　　　　2. 熟悉　杂环化合物的分类；五元、六元杂环化合物的结构特点；生物碱的一般性质。
　　　　　3. 了解　一些常见的杂环化合物和生物碱。

技能要求　1. 能判断杂环化合物的结构并能将其分类；能熟练地对常见的杂环化合物进行命名或写出重要的杂环化合物的结构简式。
　　　　　2. 会根据杂环化合物的结构理解杂环化合物的化学性质；会根据杂环化合物、生物碱的性质鉴别相关化合物。

案例导入

案例：2008 年 9 月，三鹿集团生产的婴儿奶粉被发现导致多位食用婴儿出现肾结石症状，经检测在其奶粉中发现了化工原料三聚氰胺，随后在伊利、蒙牛、光明、圣元及雅士利等多个厂家的奶粉中检出三聚氰胺。至 2008 年 12 月底，全国累计报告因食用三鹿牌奶粉和其他个别问题奶粉导致泌尿系统出现异常的患儿达 29.6 万人。"三聚氰胺"事件引起全国的高度关注和对乳制品安全的担忧。

讨论：1. 三聚氰胺的化学结构是什么？它属于哪一类有机化合物？
　　　2. 商家为什么要将三聚氰胺加入奶粉中？

第一节　杂环化合物

　　杂环化合物是由碳原子和非碳原子共同组成环状骨架结构的一类有机化合物。环中非碳原子统称为杂原子，常见的杂原子有氮、氧、硫等。前面已学过的环醚、内酯、内酰胺、环状酸酐等化合物都含有杂原子，都是杂环化合物。但是这些化合物的性质与同类的开链化合物类似，因此都并入相应的章节中讨论。本章将主要讨论的是环系比较稳定、具有一定程度芳香性的杂环化合物，即芳杂环化合物。

　　杂环化合物的种类繁多，数量庞大，到目前为止，已注册的 2000 多万个化合物中大约有一半含有杂环结构。杂环化合物在自然界分布极为广泛，许多天然杂环化合物在动、植物体内起着重要的生理作用。例如：植物中的叶绿素、动物血液中的血红素、组成蛋白质的某些氨基酸和核苷酸的碱基等。在现有的药物中杂环化合物也占了相当大的比例，如维生素、激素、抗生素、生物碱等大都含有杂环的结构。因此，杂环化合物在有机化合物

（尤其是有机药物）中占有重要地位。

杂环的成环规律和碳环一样，最常见、最稳定的杂环也是五元环和六元环。因此，本章重点讨论五元、六元杂环化合物。生物碱分子中大多含有杂环，是一类重要的天然有机化合物，本章一并进行讨论。

一、杂环化合物的结构和分类

芳杂环化合物可分为单杂环和稠杂环，单杂环根据环的大小可分为五元杂环和六元杂环等。稠杂环根据稠合环的类型不同可分为苯稠杂环和杂稠杂环等。常见的母体杂环见表12-1。

表12-1　常见的杂环化合物母环的结构、类别和名称

类别	杂环母环结构及名称
五元杂环	吡咯 呋喃 噻吩 吡唑 咪唑 噁唑 异噁唑 噻唑
六元杂环	吡啶 γ-吡喃 哒嗪 嘧啶 吡嗪
稠杂环	吲哚 苯并呋喃 喹啉 异喹啉 嘌呤 喋啶 吩噻嗪

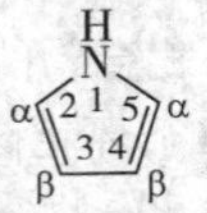

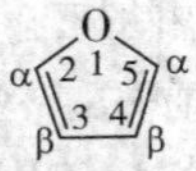

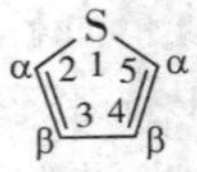

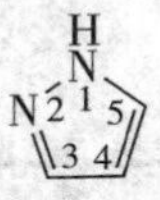

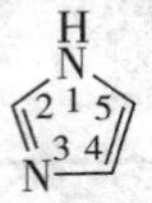

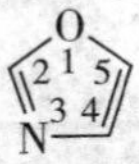

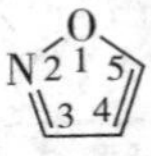

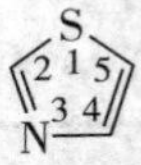

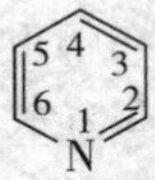

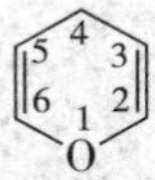

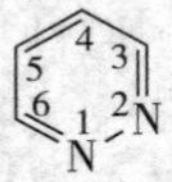

二、杂环化合物的命名

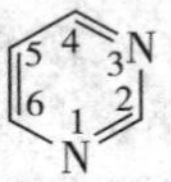

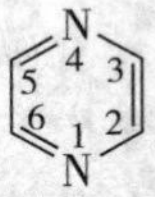

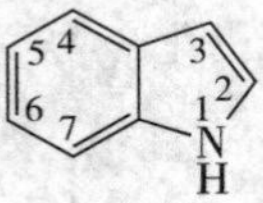

（一）杂环母环的命名

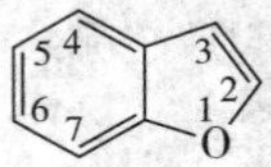

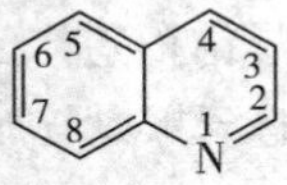

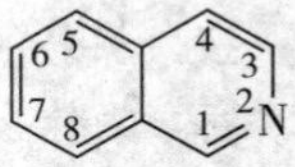

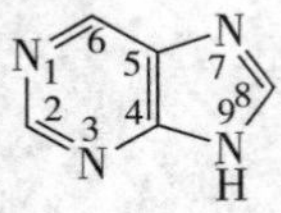

我国采用"音译法"来命名杂环母环，即按照杂环化合物母环英文名称的读音，选用同音汉字加"口"旁组成音译名，其中"口"代表环的结构。常见的杂环母环名称见表12-1。

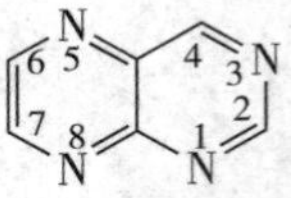

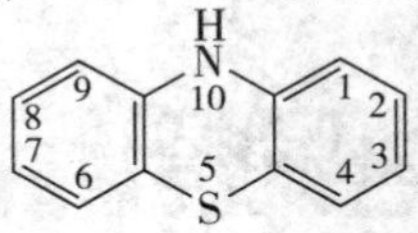

（二）杂环母环的编号规则

当杂环上连有取代基时，为了标明取代基的位置，必须对杂环母环编号。杂环母环编号的主要原则如下。

1. 含一个杂原子的杂环 通常从杂原子开始，依次用阿拉伯数字 1，2，3……编号，或从与杂原子相邻的碳原子开始，依次用希腊字母 α，β，γ……编号。例如：

2. 含两个或多个杂原子的杂环 编号时首先应使杂原子位次尽可能小，然后按 O、S、NH、N 的优先顺序对杂原子进行编号。例如：

3. 有特定名称的稠杂环的编号 有特定名称的稠杂环的编号是特定的，一般有几种情况：有的按其相应的稠环芳烃的母环编号，如表 12-1 中喹啉、异喹啉的编号；有的从一端开始编号，共用碳原子一般不编号，编号时注意杂原子的位号数字尽可能小，并遵守杂原子的优先顺序，如表 12-1 中吩噻嗪的编号；还有些结构有特殊规定的编号，如表 12-1 中嘌呤的编号。

4. 标氢 当杂环满足了杂环中拥有最多数目的非聚集双键后，环中仍有饱和的碳原子或氮原子，则这个饱和原子上所连接的氢原子称为"标氢"或"指示氢"，用其编号加 *H*（大写斜体）标注。例如：

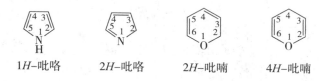

1*H*-吡咯   2*H*-吡咯   2*H*-吡喃   4*H*-吡喃

另外，当含活泼氢的杂环化合物及其衍生物存在着互变异构体，命名时需按上述标氢的方式进行标注。例如：

9*H*-嘌呤   7*H*-嘌呤

（三）取代杂环化合物的命名

当杂环上连有取代基时，先确定杂环母体的名称和编号，使杂原子编号尽可能小，然后将取代基的位次、数目、名称写在母体名称前。例如：

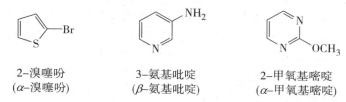

2-溴噻吩   3-氨基吡啶   2-甲氧基嘧啶
(α-溴噻吩)   (β-氨基吡啶)   (α-甲氧基嘧啶)

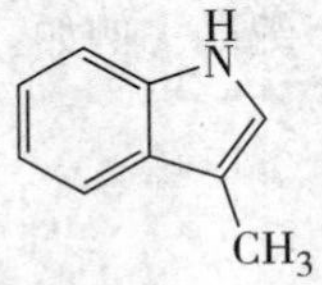

3-甲基吲哚 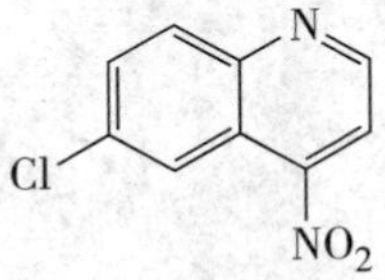   4-硝基-6-氯喹啉 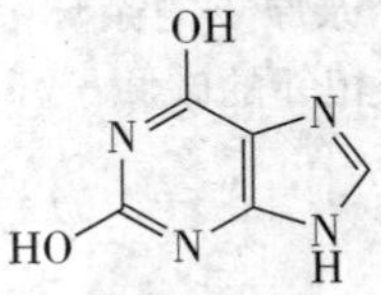   2,6-二羟基嘌呤

当杂环上连有—CHO、—COOH、—SO$_3$H 等基团时，则将杂环作为取代基，以侧链官能团为母体命名。例如：

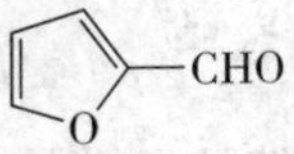

2-呋喃甲醛   3-吡啶甲酰胺   3-喹啉磺酸
(α-呋喃甲醛)   (β-吡啶甲酰胺)   (β-喹啉磺酸)

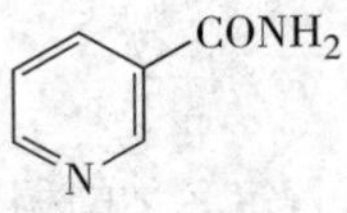

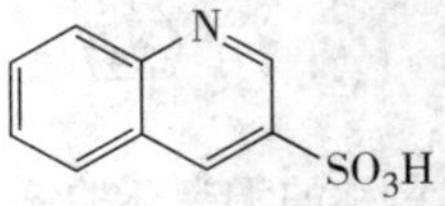

课堂互动

命名下列杂环化合物

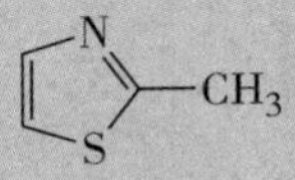

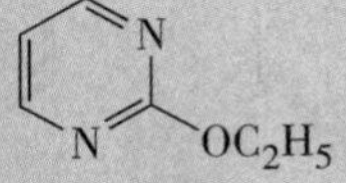

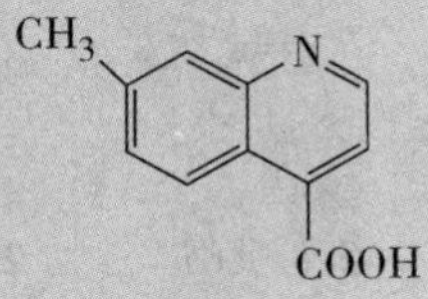

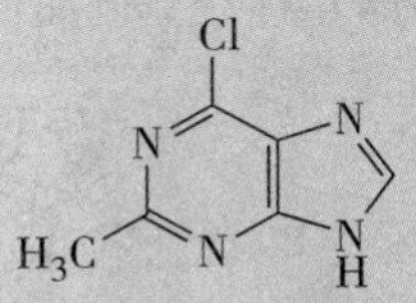

三、五元杂环化合物

五元杂环化合物包括含一个杂原子、含两个或多个杂原子的五元杂环化合物。

（一）含一个杂原子的五元杂环化合物

五元杂环化合物中最重要的是吡咯、呋喃、噻吩及其它们的衍生物。

吡咯   呋喃   噻吩

1. 吡咯、呋喃、噻吩的结构与芳香性 近代物理方法分析表明，吡咯、呋喃和噻吩三个化合物均是平面型的五元环结构。环中碳原子与杂原子均是 sp^2 杂化，相邻原子间彼此以 σ 键构成五元环，每个碳原子未杂化的 p 轨道中有一个电子，杂原子未杂化的 p 轨道中有两个电子，这些 p 轨道相互平行侧面重叠形成闭合的大 π 键，见图 12-1，大 π 键的 π 电子数是 6 个，符合休克尔（Hückel）的 "4n+2" 规则，因此，这些杂环具有一定的芳香性。

在这三个五元杂环中，组成的大 π 键不同于苯，由于 5 个 p 轨道中分布着 6 个电子，因此杂环上碳原子的电子云密度比苯环上碳原子的电子云密度高，所以又称这类杂环为 "多电子"（富电子）芳杂环。多电子杂环的稳定性不如苯环，它们比苯更容易进行亲电取

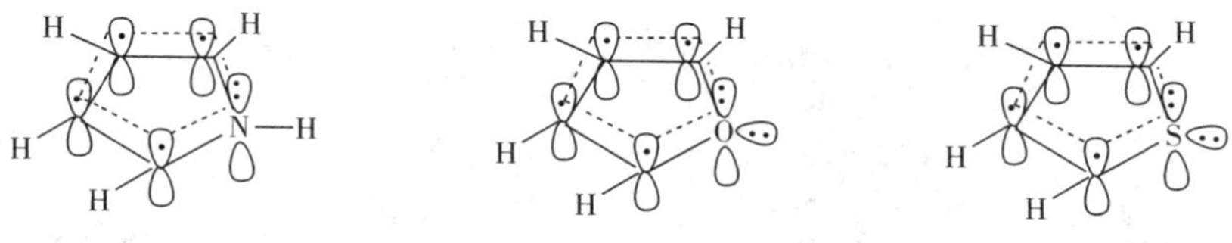

图 12-1　吡咯、呋喃和噻吩的结构示意图

代反应。杂原子氧、硫、氮的电负性比碳原子大，使环上电子云密度分布不象苯环那样均匀，所以呋喃、噻吩、吡咯分子中各原子间的键长并不完全相等，因此芳香性比苯差。由于杂原子的电负性强弱顺序是：氧＞氮＞硫，所以芳香性强弱顺序如下：苯＞噻吩＞吡咯＞呋喃。

2. 吡咯、呋喃、噻吩的性质　吡咯、呋喃、噻吩三个五元杂环化合物都难溶于水。其原因是杂原子的一对 p 电子都参与形成大 π 键，杂原子上的电子云密度降低，与水缔合能力减弱。但是它们的水溶性仍有差别，吡咯氮上的氢可与水形成氢键，呋喃环上的氧与水也能形成氢键，但相对较弱，而噻吩环上的硫不能与水形成氢键，因此三个杂环化合物的水溶性顺序为：吡咯＞呋喃＞噻吩。

（1）酸碱性　吡咯分子中虽有仲胺结构，但并没有碱性，因为其氮原子上的孤对电子参与了环的共轭体系，使其不再具有给出电子对的能力，故吡咯的碱性极弱（$pK_b = 13.6$），与质子难以结合。相反由于这种共轭作用，吡咯的 N-H 键极性增加，氢表现出弱酸性（$pK_a = 17.5$），因此吡咯能与强碱如金属钾或干燥的氢氧化钾共热成盐。

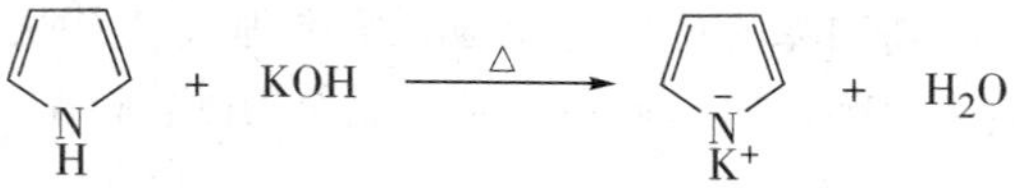

呋喃中的氧原子也因参与形成共轭体系失去了醚的弱碱性，不易生成锌盐。噻吩中的硫原子也不能与质子结合，因此也不显碱性。

（2）亲电取代反应　三个五元杂环都属于多电子杂环，碳原子上的电子云密度都比苯高，亲电取代反应容易发生，活性顺序为：吡咯＞呋喃＞噻吩＞苯，其亲电取代反应主要发生在 α 位上，β 位较少。亲电取代反应需在较弱的亲电试剂和温和的条件下进行。若在强酸性条件下，吡咯和呋喃的杂原子会发生质子化而破坏芳香性，发生水解、聚合等副反应。

①卤代反应　吡咯、呋喃和噻吩在室温条件下与氯或溴反应很强烈，一般不需要催化剂，得到的是多卤代产物。呋喃和噻吩在稀溶剂和低温下反应可得到一氯代或一溴代产物。

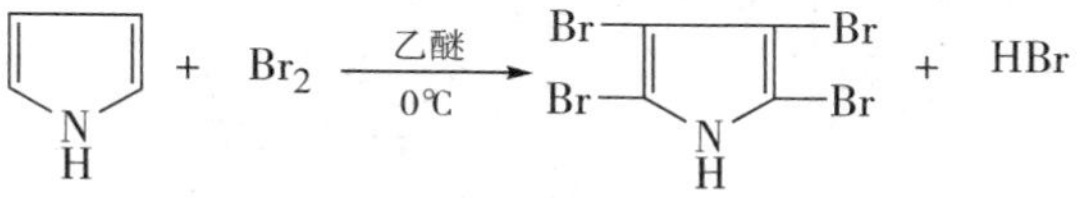

2,3,4,5-四溴吡咯

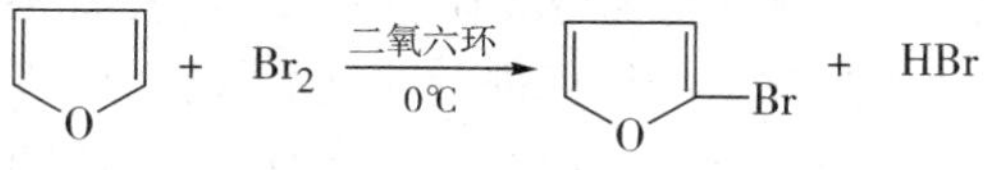

α-溴呋喃

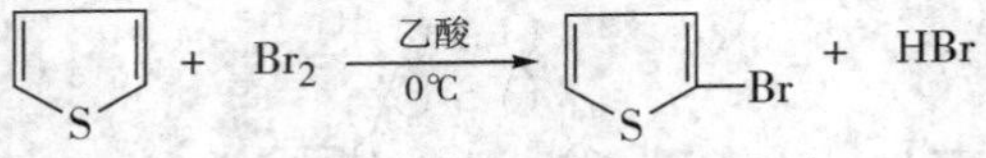

$$\text{（噻吩）} + Br_2 \xrightarrow[0℃]{\text{乙酸}} \text{（α-溴噻吩）} + HBr$$

②硝化反应　吡咯、呋喃和噻吩很容易被氧化，甚至能被空气氧化，硝酸是强氧化剂，因此一般不能用硝酸或混酸进行硝化反应。通常用比较温和的非质子性的硝酸乙酰酯作为硝化试剂，并且反应需在低温条件下进行。

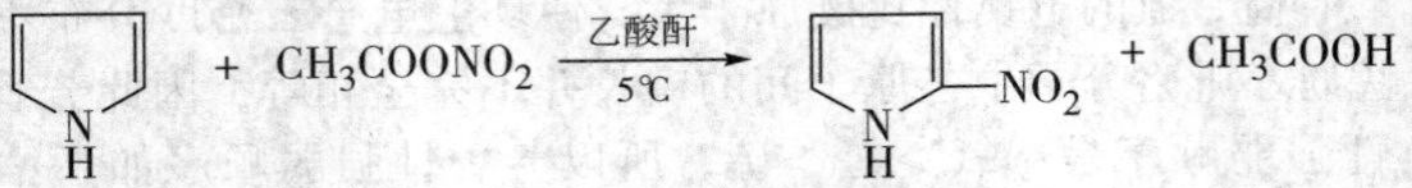

$$\text{（吡咯）} + CH_3COONO_2 \xrightarrow[5℃]{\text{乙酸酐}} \text{（α-硝基吡咯）} NO_2 + CH_3COOH$$

$$\text{（呋喃）} + CH_3COONO_2 \xrightarrow[-5\sim30℃]{\text{乙酸酐}} \text{（α-硝基呋喃）} NO_2 + CH_3COOH$$

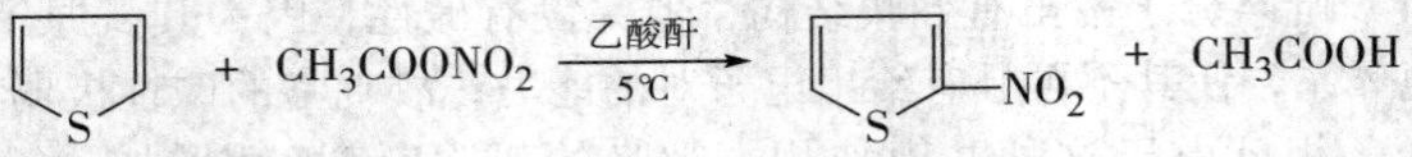

$$\text{（噻吩）} + CH_3COONO_2 \xrightarrow[5℃]{\text{乙酸酐}} \text{（α-硝基噻吩）} NO_2 + CH_3COOH$$

③磺化反应　吡咯、呋喃和噻吩的磺化反应也需要避免直接用硫酸进行磺化，常使用比较温和的非质子性的磺化试剂，如用吡啶三氧化硫作为磺化试剂进行反应。

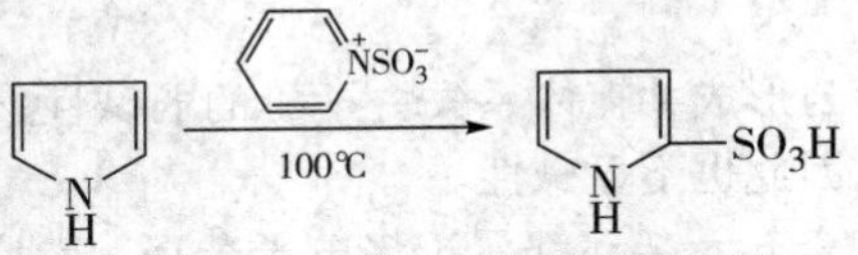

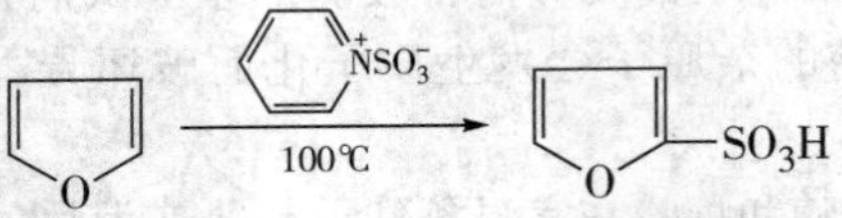

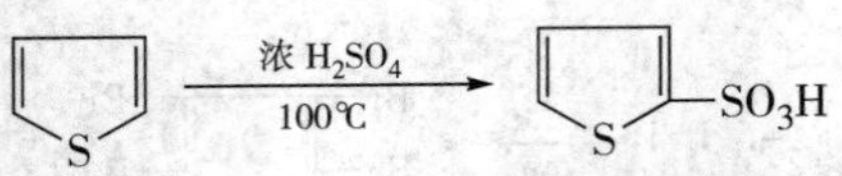

$$\text{（吡咯）} \xrightarrow[100℃]{\overset{+}{N}SO_3^-} \text{（α-吡咯磺酸）} SO_3H$$

$$\text{（呋喃）} \xrightarrow[100℃]{\overset{+}{N}SO_3^-} \text{（α-呋喃磺酸）} SO_3H$$

$$\text{（噻吩）} \xrightarrow[100℃]{\text{浓 } H_2SO_4} \text{（α-噻吩磺酸）} SO_3H$$

由于噻吩比较稳定，可直接用硫酸进行磺化反应。煤焦油中的苯通常含有少量噻吩，噻吩比苯易磺化，可利用此反应把煤焦油中共存的苯和噻吩分离开来。

（3）加成反应　吡咯、呋喃和噻吩均可进行催化加氢反应，失去芳香性得到饱和的杂环化合物。吡咯和呋喃可用一般催化剂还原，噻吩能使一般的催化剂中毒，需使用特殊的催化剂。

$$\text{吡咯} \xrightarrow[\text{高温，高压}]{H_2/Pd} \text{四氢吡咯}$$

$$\text{呋喃} \xrightarrow[\text{高温，高压}]{H_2/Pd} \text{四氢呋喃}$$

$$\text{噻吩} \xrightarrow[\text{高温，高压}]{H_2/MoS_2} \text{四氢噻吩}$$

此外，用浓盐酸浸润过的松木片，遇吡咯蒸气显红色，遇呋喃蒸气显绿色，利用此性质可鉴别吡咯和呋喃。

拓展阅读

血红素

血红素，是血红蛋白分子上的主要稳定结构，为血红蛋白、肌红蛋白等的辅基。血红素中含有吡咯环。血红素与蛋白质结合成为血红蛋白，存在于哺乳动物的红细胞中，是运输氧气的物质。除了运载氧，血红素还可以与二氧化碳、一氧化碳、氰离子结合，结合的方式也与氧完全一样，所不同的只是结合的牢固程度，一氧化碳、氰离子一旦和血红素结合就很难离开，这就是煤气中毒和氰化物中毒的原理，遇到这种情况可以使用其他与这些物质结合能力更强的物质来解毒，比如一氧化碳中毒可以用静脉注射亚甲基蓝的方法来救治。

（二）含两个杂原子的五元杂环化合物

含有两个杂原子的五元杂环化合物通称为唑类。唑类比较重要的有吡唑、咪唑、噻唑和噁唑等。

吡唑　　　　咪唑　　　　噁唑　　　　异噁唑　　　　噻唑

1. 吡唑、咪唑的结构和芳香性　吡唑和咪唑的结构与吡咯相似，环上的碳原子和氮原子均以 sp^2 杂化轨道互相成键，构成平面五元环。其中 1 位氮原子的孤对电子，占据没有参加杂化的 p 轨道，参与并形成了闭合的六电子的共轭大 π 键，因此具有芳香性。而另一个氮原子上所具有的孤对电子，占据 sp^2 杂化轨道，未参与共轭体系的形成。如图 12-2 所示。

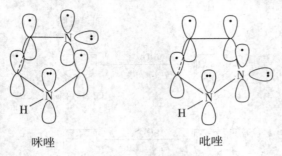

咪唑　　　　　　　　　　　　　吡唑

图 12-2　咪唑和吡唑的结构示意图

2. 吡唑、咪唑的性质　吡唑和咪唑的环上有一个氮原子的孤对电子未参与共轭体系的形成，因而与水形成氢键的能力比吡咯强，在水中的溶解度比吡咯大。碱性也比吡咯强，能与强酸反应生成盐。由于吡唑和咪唑均能形成分子间氢键，因此具有较高的沸点。

吡唑和咪唑都有互变异构现象，以甲基衍生物为例，氮上的氢原子可以在 2 个氮原子间互相转移，形成一对互变异构体。吡唑环上的 3 位和 5 位是等同的，咪唑环的 4 位和 5 位是等同的。2 种互变异构体同时存在于平衡体系中，常称为 3(5)-甲基吡唑和 4(5)-甲基咪唑。

3-甲基吡唑　　　　　　　　　5-甲基吡唑

4-甲基咪唑　　　　　　　　　5-甲基咪唑

吡唑和咪唑因分子中比吡咯增加了一个吸电子的氮原子（类似于苯环上的硝基），其亲电取代反应活性明显降低，对氧化剂、强酸也都不敏感。

拓展阅读

唑类衍生物在医药中的应用

较为常见的吡唑衍生物是吡唑酮及其衍生物。吡唑酮的一些衍生物具有解热镇痛作用，称为吡唑酮类药物，如：

安替比林　　　　　　　　安基比林　　　　　　　　安乃近

许多重要的天然物质中有咪唑环的结构。如：人体的必需氨基酸之一组氨酸的结构中就含有咪唑环。许多药物都是咪唑的衍生物，如广谱驱虫药阿苯达唑（又称肠虫清），以及具有强大抗厌氧菌作用的甲硝羟乙唑（又称灭滴灵）等。

组氨酸　　　　　甲硝唑（灭滴灵）　　　　　阿苯达唑（肠虫清）

噻唑的衍生物中，最重要的是维生素 B_1 和抗菌药青霉素类。维生素 B_1 存在于米糠、瘦肉、酵母、豆类中，人体缺乏维生素 B_1 可引起脚气病、食欲不振、多发神经炎等疾病。青霉素高效、低毒、价廉，被广泛应用于临床。青霉素类药物有多种，各种青霉素之间的差别在于以下结构式中的—R 的不同，抗菌效果最好的是青霉素 G（—R 为苯甲基），为增强稳定性，常制成钠盐或钾盐，供注射用。

维生素 B_1（盐酸硫胺素）　　　　　　　　　　　青霉素

四、六元杂环化合物

六元杂环化合物包括含一个杂原子的六元杂环，如吡啶；含两个杂原子的六元杂环，如嘧啶等。

（一）含一个杂原子的六元杂环化合物

1. 吡啶的分子结构及芳香性　吡啶的结构与苯非常相似，吡啶环上的 5 个碳原子和 1 个氮原子均以 sp^2 杂化轨道相互重叠形成 σ 键，构成一个平面的六元环。每个原子的没有参加杂化的 p 轨道垂直于环平面，每个 p 轨道中有一个电子，这些 p 轨道侧面相互重叠形成一个闭合的大 π 键，π 电子数为 6，符合休克尔（Hückel）的"4n+2"规则，因此吡啶具有一定的芳香性。见图 12-3。

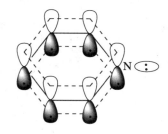

图 12-3　吡啶的结构示意图

由于吡啶环上的氮原子的电负性较大，使 π 电子云向氮原子上偏移，在氮原子周围电子云密度高，而环的其他部分电子云密度降低，尤其是邻、对位上降低显著，所以吡啶的芳香性比苯差。在吡啶分子中，氮原子的吸电子作用使环上碳原子的电子云密度远远少于苯，这类芳杂环又被称为"缺电子"杂环。"缺电子"杂环在化学性质上表现为亲电取代反应变难，亲核取代反应变易，氧化反应变难，还原反应变易。

2. 吡啶的性质　吡啶存在于煤焦油页岩油和骨焦油中，为有特殊臭味的无色液体，沸点 115.5℃，相对密度 0.982，可与水、乙醇、乙醚等任意混合。

（1）碱性　与吡咯不同，吡啶环中氮原子上的孤对电子未参与成键，可接受质子，显弱碱性。吡啶的的碱性（$pK_b = 8.8$），比苯胺（$pK_b = 9.40$）略强，比氨（$pK_b = 4.75$）和脂肪胺（pK_b小于 4.70）弱。

吡啶与强酸可以形成稳定的盐，某些结晶型盐可以用于分离、鉴定及精制工作中。例如：

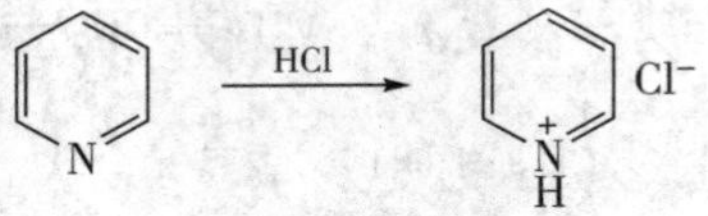

吡啶的碱性在许多化学反应中用做催化剂或脱酸剂，因为吡啶在水中和有机溶剂中均有良好溶解性，它的催化作用常常是一些无机碱无法达到的。

（2）亲电取代反应 吡啶由于环上氮原子的吸电子作用，使环上电子云密度比苯低，因此其亲电取代反应的活性比苯低，与硝基苯相当。亲电取代反应的条件比较苛刻，且产率较低，取代基主要进入 3（β）位。例如：

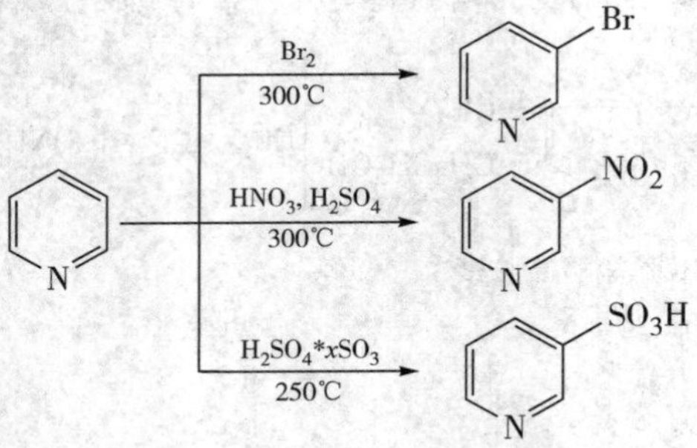

此外，吡啶的亲电取代反应活性虽然比苯低，但却容易与 $NaNH_2$ 等强的亲核试剂发生亲核取代反应，亲核取代主要发生在 2 位和 4 位上。

（3）氧化还原反应 吡啶一般不易被氧化，当吡啶环带有侧链时，则发生侧链的氧化反应。例如：

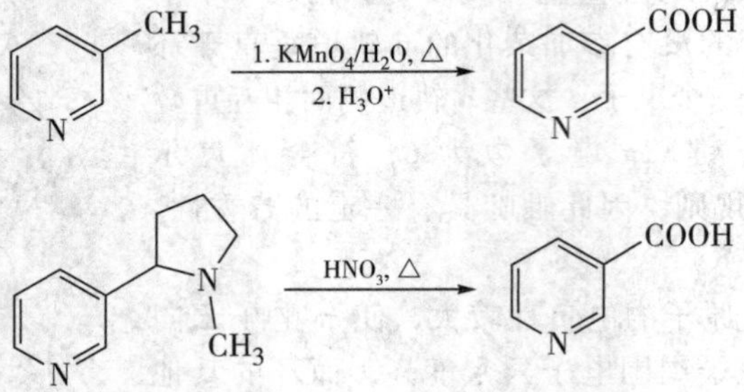

与氧化反应相反，吡啶环比苯环更容易发生加氢还原反应，用催化加氢或化学试剂都可以还原。例如：

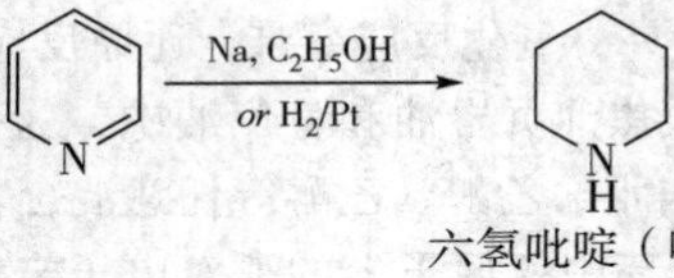

六氢吡啶（哌啶）

拓展阅读

药物中常见的吡啶衍生物

烟酸和维生素 B_6 是药物中常见的吡啶衍生物。烟酸和维生素 B_6 都属于 B 族维生素。烟酸也称作维生素 B_3，它是人体必需的 13 种维生素之一，烟酸在人体内转化为烟酰胺，烟酰胺是辅酶 I 和辅酶 II 的组成部分，参与体内脂质的代谢。烟酸临床上主要用于治疗维生素缺乏引起的糙皮病、口腔炎及血管硬化等，也可作为医药中间体，用于异烟肼、烟酰胺、尼可刹米及烟酸肌醇酯等的生产。维生素 B_6 是人体某些辅酶的组成成分，参与多种代谢过程，特别是与氨基酸的代谢密切相关，临床上可用于治疗各种原因引起的呕吐和脂溢性皮炎等。

烟酸   维生素 B_6

（二）含两个杂原子的六元杂环化合物

重点介绍含两个氮原子的六元杂环化合物。含两个氮原子的六元杂环化合物又称为二氮嗪。二氮嗪共有三种异构体，其结构和名称如下：

哒嗪   嘧啶   吡嗪

哒嗪、嘧啶和吡嗪是许多重要杂环化合物的母核，其中以嘧啶环系最为重要，嘧啶是组成核糖核酸的重要生物碱母体，广泛存在于动植物中，并在动植物的新陈代谢中起重要作用，某些维生素及合成药物（如磺胺药物及巴比妥药物等）都含有嘧啶环系。

1. 结构与芳香性 二氮嗪类化合物都是平面型分子，与吡啶相似。所有碳原子和氮原子均是 sp^2 杂化，每个原子未参与杂化的 p 轨道（每个 p 轨道有一个电子）侧面重叠形成大 π 键，具有芳香性。

2. 性质 二氮嗪类化合物由于氮原子上含有孤对电子，可以与水形成氢键，哒嗪和嘧啶与水互溶，吡嗪由于分子对称，极性小，水溶解度降低。

二氮嗪的碱性均比吡啶弱。因为二氮嗪中两个氮原子的吸电作用相互影响，使其电子云密度都降低，反而减弱了与质子的结合能力。二氮嗪类化合物虽然含有两个氮原子，但当一个氮原子成盐变成正离子后，它的吸电子能力大大增强，致使另一个氮原子上电子云密度大大降低，再难与质子结合，故它们都是一元碱。

嘧啶的化学性质与吡啶相似，亲电取代反应更难发生，其硝化、磺化反应很难进行，但可以发生卤代反应，卤素进入电子云密度相对较高的 5 位上。当环上连有—OH、—NH₂ 等供电子基时，环上电子云密度增加，反应活性增加，能发生硝化、磺化反应。

二氮嗪母环不易氧化，当有侧链及苯并二氮嗪氧化时，侧链及苯环可氧化成羧酸及二元羧酸。

拓展阅读

具有特殊生理活性的嘧啶衍生物

嘧啶本身在自然界中并不存在，但嘧啶衍生物广泛存在于生物体内，有些具有重要的生理活性，例如胞嘧啶、尿嘧啶、胸腺嘧啶是组成核酸的重要碱基。

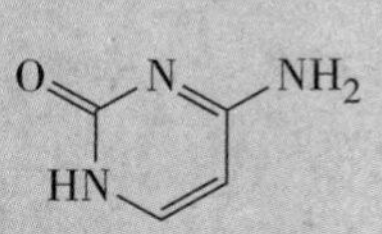

胞嘧啶 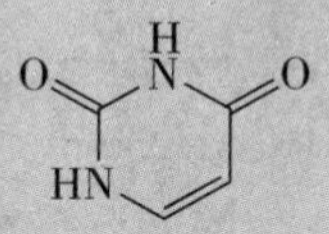　　　　　　　尿嘧啶 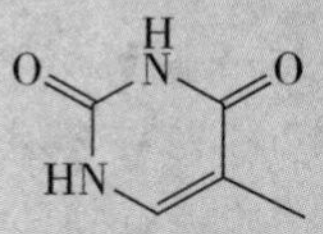　　　　　　胸腺嘧啶

许多药物中也含有嘧啶环结构，例如抗菌药物磺胺嘧啶、抗肿瘤药物氟尿嘧啶、镇静催眠药苯巴比妥等。嘧啶环还是维生素 B_1、维生素 B_2 的重要结构部分。

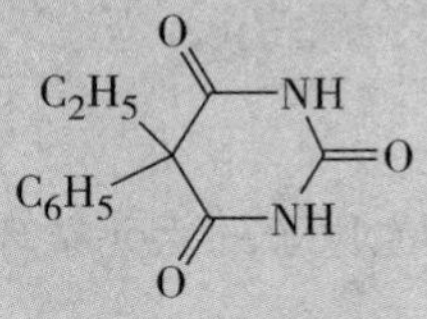

苯巴比妥（镇静催眠药） 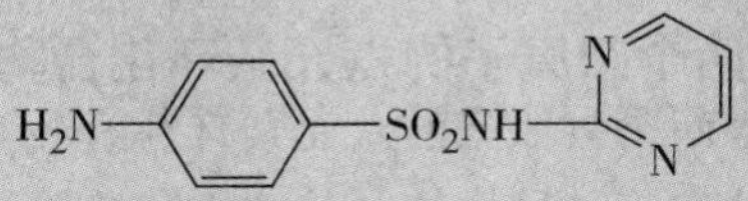　　　　　　磺胺嘧啶（抗菌药）

五、稠杂环化合物

苯稠杂环主要有吲哚、喹啉、异喹啉及其它们的衍生物等。杂环稠杂环主要有嘌呤、喋啶及其它们的衍生物等。

（一）吲哚

吲哚又称苯并吡咯，有吲哚和异吲哚两种异构体。吲哚为无色或浅黄色片状结晶，浓时具有强烈的粪臭味，扩散力强而持久，高度稀释的溶液有香味，可作为香料使用。

吲哚　　　　　　　异吲哚

吲哚具有芳香性，其稳定性比吡咯强，一般不与酸、碱及氧化剂反应，在特殊的条件下，可进行亲电取代反应，反应主要发生在 β 位上。吲哚及其衍生物在自然界广泛分布，主要存在于天然花油中（如茉莉花、水仙花、苦橙花、香罗兰等），也存在于煤焦油中。许多吲哚衍生物具有生理和药理活性，如必需氨基酸色氨酸是吲哚的衍生物，某些生物碱、植物生长素是吲哚的衍生物，5-羟色胺（5-HT）、利血平、褪黑素、毒扁豆碱等药物也都是吲哚衍生物。

| 5-HT | 褪黑素 |

（二）喹啉

喹啉又称苯并吡啶，有喹啉和异喹啉两种异构体。喹啉主要存在于煤焦油和骨油中，为无色油状液体，有特殊气味。

| 喹啉 | 异喹啉 |

喹啉分子中含吡啶结构，其化学性质与吡啶相似。喹啉显碱性（$pK_b = 9.1$），其碱性比吡啶弱。比吡啶更容易发生亲电取代反应，反应主要发生在 5 位和 8 位上。异喹啉化学性质与喹啉相似。许多生物碱如吗啡、小檗碱等分子中都含有异喹啉的基本结构。

（三）嘌呤

嘌呤是由咪唑环和嘧啶环稠合而成，嘌呤分子中存在着以下互变异构。

| 9H-嘌呤 | 7H-嘌呤 |

嘌呤为无色晶体，熔点 217℃，易溶于水，难溶于有机溶剂。分子中有三个氮原子含有未参与共轭的孤对电子，嘌呤既显弱酸性，又显弱碱性，其酸性（$pK_a = 8.9$）比咪唑强，碱性（$pK_b = 11.7$）比嘧啶强。

嘌呤本身在自然界中并不存在，但其衍生物却广泛存在于动植物体内，并具有重要的生理作用和药理作用。如核酸的重要组成部分鸟嘌呤、腺嘌呤，核酸的代谢产物尿酸，生物碱茶碱、可可碱、咖啡碱都是黄嘌呤的衍生物等。嘌呤类化合物还具有抗肿瘤、抗过敏、降低胆固醇、扩张支气管、强心等作用。因此，嘌呤衍生物在生命活动过程中起着非常重要的作用。

| 腺嘌呤 | 鸟嘌呤 |

| 尿酸 | 黄嘌呤 |

（四）喋啶

喋啶由嘧啶环和吡嗪环稠合而成，因最早发现于蝴蝶翅膀色素中而得名。

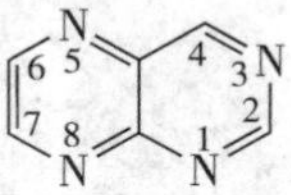

喋啶为黄色片状结晶，熔点 140℃。喋啶环广泛存在于动植物体内，是天然药物的有效成分。如叶酸及维生素 B_2 的分子中都有喋啶环结构。

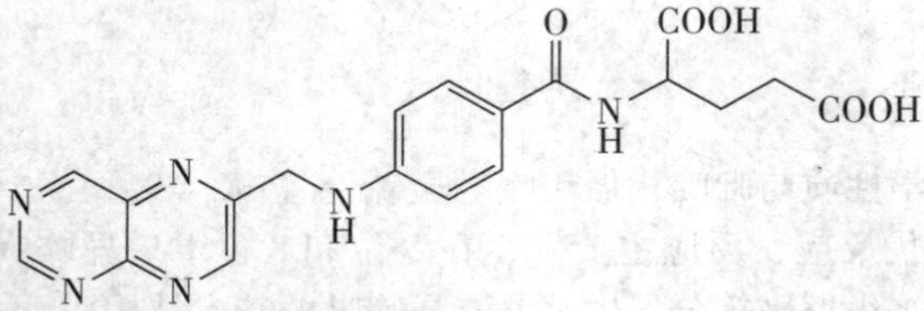

叶酸

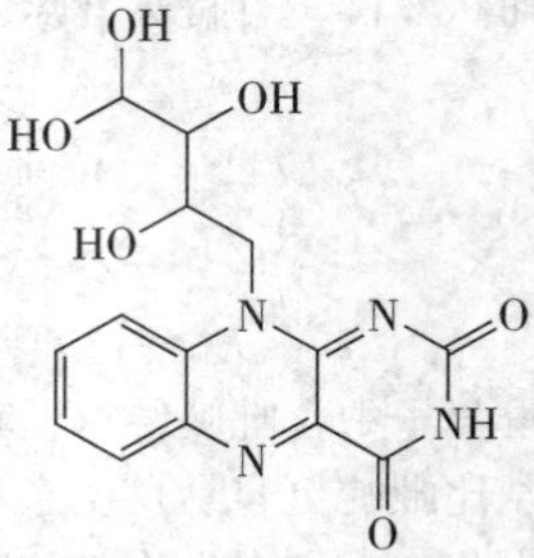

维生素 B_2（核黄素）

第二节　生物碱

案例导入

案例： 姜阿姨在菜市场买了丝瓜炖鸡汤，吃的时候发现丝瓜很苦，但没舍得扔，还是硬着头皮将一锅鸡汤喝了，此后，一家三口上吐下泻，被紧急送往医院抢救。经过长达 6 个小时的急救，3 人总算脱离了危险。医院化验结果显示，姜阿姨一家的呕吐物、排泄物中均含有碱糖苷生物碱，这种毒素源自苦丝瓜，也正是这种生物碱造成 3 人出现中毒症状，并险些要了他们的命。专家提醒市民：不苦的蔬菜出现苦味（如丝瓜、黄瓜、瓠瓜等），谨慎食用。

讨论： 什么是生物碱？生物碱分布在什么地方？

生物碱是一类存在于生物体内具有明显生理活性的碱性含氮有机化合物，由于生物碱主要存在于植物中，所以又称为植物碱。生物碱大都与有机酸或无机酸结合成盐存在于植物体内，但也有少数以游离碱、苷或酯的形式存在。从各种植物中分离提取的已知生物碱约有 10000 种左右，许多生物碱是极有价值的药物，如鸦片中的吗啡有镇痛作用，黄连中的小檗碱有抗菌消炎作用，麻黄中的麻黄碱有平喘作用等。目前，中草药的研究和生物碱的研究正相得益彰，为生命科学开拓了广阔的应用前景。

一、生物碱的分类和命名

生物碱的分类方法很多，常按照生物碱的基本结构分类，如：有机胺类、吡咯衍生物类、咪唑衍生物类、吡啶衍生物类、嘌呤衍生物类、异喹啉衍生物类、吲哚衍生物类、莨菪烷类、喹唑酮类、甾体类等。

生物碱大多根据其来源命名，例如从麻黄中提取的生物碱叫麻黄碱，从长春花中分离出的一种生物碱叫长春碱等。

二、生物碱的一般性质

生物碱的种类繁多，结构复杂，相互间性质存在差异，但大多数生物碱都具有一些相似的性质，称为生物碱的一般性质。

（一）生物碱的物理性质

大多数生物碱为无色或白色的味苦的结晶固体，少数为非结晶体和液体。大多数生物碱分子中含有手性碳原子，具有旋光性，多为左旋体；多数不溶或难溶于水，易溶于乙醇、乙醚、丙酮、三氯甲烷和苯等有机溶剂中，少数如黄麻碱、烟碱、咖啡因等可溶于水。

（二）生物碱的化学性质

1. 碱性　绝大多数生物碱具有胺类或含氮杂环结构，一般呈碱性，能与无机酸或有机酸结合成盐，这些盐一般易溶于水。利用此性质临床上常将生物碱类药物制成易溶于水的盐类应用，如磷酸可待因、硫酸阿托品、盐酸吗啡等。

2. 生物碱的沉淀反应　大多数生物碱能与一些试剂生成难溶于水的有色的盐或配合物沉淀。这些能使生物碱发生沉淀反应的试剂统称为生物碱沉淀剂。利用生物碱的沉淀反应可以检验生物碱的存在或鉴别生物碱。生物碱沉淀试剂的种类较多，多数为重金属盐类或分子较大的复盐，例如碘化铋钾（$BiI_3 \cdot KI$）、碘化汞钾（K_2HgI_4）、磷钨酸（$H_3PO_4 \cdot 12WO_3 \cdot 2H_2O$）、磷钼酸（$Na_3PO_4 \cdot 12MoO_3$）、苦味酸（2，4，6-三硝基苯酚）、碘-碘化钾、鞣酸、氯化汞（$HgCl_2$）等，其中最灵敏的是碘化铋钾和碘化汞钾。

3. 生物碱的显色反应　生物碱还可以与一些试剂发生显色反应，并且结构不同显示的颜色也不同，这些能使生物碱发生显色反应的试剂统称为生物碱显色剂。利用生物碱的显色反应也可以检验生物碱的存在或鉴别生物碱。生物碱显色剂的种类也有很多，常用的显色剂有：浓硫酸、甲醛-硫酸试剂、钒酸-硫酸试剂、钼酸-硫酸试剂、钼酸钾、浓硝酸等。例如，1%的钒酸铵-浓硫酸试剂遇吗啡显棕色、遇莨菪碱显红色、遇马钱子碱显血红色、遇奎宁显淡橙色、遇番木鳖碱显蓝紫色。甲醛-浓硫酸试剂遇可待因显蓝色、遇吗啡显紫红色。

三、重要的生物碱

（一）烟碱

烟碱又称尼古丁，是一种存在于茄科植物（茄属）中的生物碱，由吡啶环与四氢吡咯环所组成，也是是烟草所含的十二种生物碱中含量最多的一种（生烟叶含量为 2%～8%），它在烟叶中以苹果酸盐或柠檬酸盐的形式存在。烟碱为无色油状液体，味辛辣，沸点247℃，天然存在的烟碱为左旋体，易溶于水、乙醇、乙醚等溶剂，随水蒸气挥发而不分解。烟碱会使人上瘾或产生依赖性，烟碱有剧毒，少量能兴奋中枢神经，重复大量使用会抑制中枢神经，引起头痛、呕吐、恶心，严重时导致心脏麻痹而死亡。烟碱无药用价值，可用作农用杀虫剂。

烟碱

（二）麻黄碱

麻黄碱（麻黄素）在结构上是一个非杂环生物碱，属于胺类化合物，主要存在于中草药麻黄中。麻黄碱是无色无臭的结晶，熔点 38.1℃，易溶于水和乙醇，可溶于三氯甲烷、乙醚、苯和甲苯中。麻黄碱分子中含有两个不同的手性碳原子，有两对对映异构体，其中左旋麻黄碱有生理作用，临床上常用它的盐酸盐。麻黄碱具有兴奋交感神经、升高血压、扩张支气管、收缩鼻黏膜及止咳、平喘等功效，临床用于治疗支气管哮喘、百日咳、枯草热、鼻黏膜肿胀和各种原因引起的低血压以及其他过敏性疾病，大部分感冒药中都含有麻黄碱成分。同时，麻黄碱是制造冰毒的重要原料，已被纳入易制毒化学品管理。

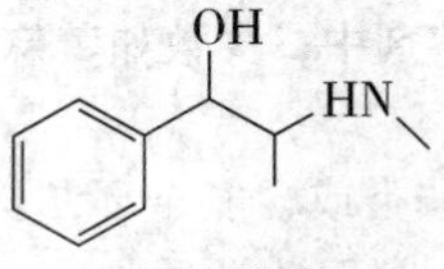

麻黄碱

（三）茶碱、可可碱和咖啡碱

茶碱、可可碱和咖啡碱分别存在于茶叶、可可豆和咖啡中，也可以用人工合成。它们都是无色的针状结晶，味微苦，易溶于热水，难溶于冷水。茶碱、可可碱和咖啡碱都是黄嘌呤的衍生物。茶碱有利尿作用和松弛平滑肌作用；咖啡碱又称咖啡因，有兴奋中枢神经、止痛、利尿作用；可可碱有抑制胃小管再吸收和利尿作用。

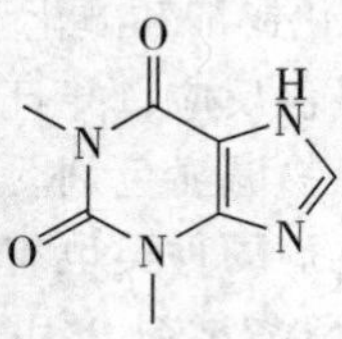

茶碱	可可碱	咖啡碱
(1,3-二甲基黄嘌呤)	(3,7-二甲基黄嘌呤)	(1,3,7-三甲基黄嘌呤)

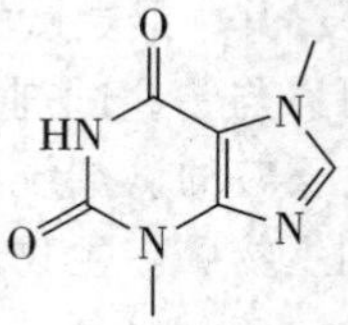

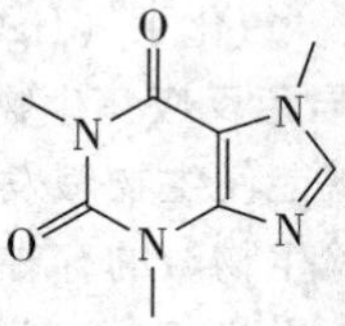

（四）吗啡、可待因和海洛因

罂粟科植物鸦片中含有 20 多种生物碱，其中比较重要的有吗啡、可待因等。这两种生物碱属于异喹啉衍生物类，可看作为六氢吡啶环（哌啶环）与菲环相稠合而成的基本结构。

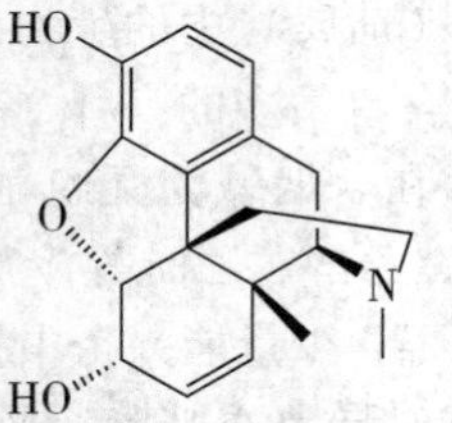

吗啡 R=R′=H
可待因 R=CH₃ R′=H
海洛因 R=R′=CH₃C—

吗啡对中枢神经有麻醉作用，有极快的镇痛效力，但易成瘾，不宜常用。

可待因是吗啡的甲基醚（甲基取代吗啡分子中酚羟基的氢原子）。可待因与吗啡有相似的生理作用，镇痛作用比吗啡弱也能成瘾，主要用作镇咳药。

麻醉剂海洛因是吗啡的二乙酰基衍生物，即二乙酰基吗啡（两个乙酰基分别取代吗啡分子中两个羟基的氢原子）。

海洛因镇痛作用较大。并产生欣快和幸福的虚假感觉，但毒性和成瘾性极大，过量能致死。海洛因被列为禁止制造和出售的毒品。

（五） 阿托品和莨菪碱

莨菪碱是一种莨菪烷型生物碱，存在于许多重要中草药中，如颠茄、北洋金花和曼陀罗等。天然存在于植物中的莨菪碱为左旋体，很不稳定，在溶液中易渐渐失去旋光变为消旋体，即颠茄碱，又称为阿托品。

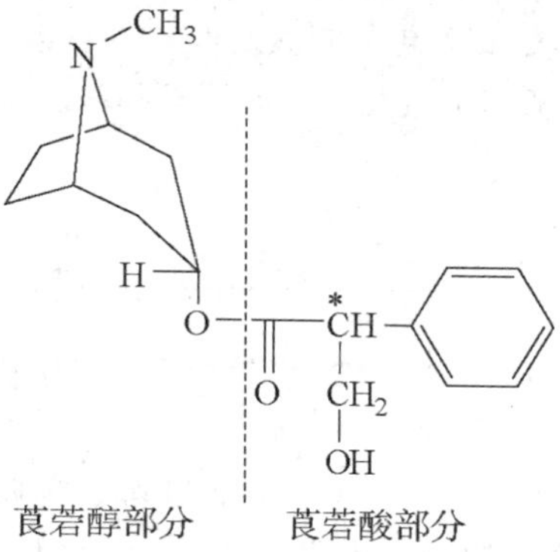

莨菪醇部分　　莨菪酸部分

阿托品为抗胆碱药，能可逆性阻断 M 胆碱受体，具有松弛内脏平滑肌，解除平滑肌痉挛，抑制腺体分泌，散大瞳孔，兴奋呼吸中枢等作用。临床上常用其硫酸盐，用于抢救感染中毒性休克、有机磷农药中毒、缓解内脏绞痛、麻醉前给药及减少支气管黏液分泌等的治疗。

拓展阅读

珍爱生命　拒绝毒品

我国刑法规定，毒品是指鸦片、海洛因、甲基苯丙胺（冰毒）、吗啡、大麻、可卡因以及国家规定管制的其他能够使人形成瘾癖的麻醉药品和精神药品。

海洛因，俗称"白粉"，是吗啡的二乙酰基衍生物。对人类的身心健康危害极大，长期吸食、注射海洛因可使人格解体、心理变态和寿命缩减，尤其对神经系统伤害最为明显，过量会呼吸抑制而死亡。海洛因是当今世界滥用最为广泛的毒品，在所有毒品中，涉及海洛因制造、走私、滥用的毒品犯罪案件高居首位，被称为世界毒品之王，被联合国认定为一级管制毒品，也是各国监控、查禁的最主要毒品之一。

冰毒即甲基苯丙胺、去氧麻黄素，外观为纯白结晶体，故被称为"冰"。对人体中枢神经系统具有极强的刺激作用，且毒性强烈。冰毒的精神依赖性很强，吸食后会产生强烈的生理兴奋，大量消耗人的体力和降低免疫功能，严重损害心脏、大脑组织甚至导致死亡。还会造成精神障碍，表现出妄想、好斗、错觉，从而引发暴力行为。

近几年又有新型毒品"摇头丸"出现，服用后会使人摇头不止，行为失控，有暴力攻击倾向，易引发各种暴力犯罪。

毒品的泛滥直接危害人的身心健康，并给经济发展和社会进步带来巨大威胁。日趋严重的毒品问题已成为全球性的灾难，世界上没有哪一个国家和地区能够摆脱毒品之害。由贩毒、吸毒诱发的盗窃、抢劫、诈骗、卖淫和各种恶性暴力犯罪严重危害着许多国家和地区的治安秩序。有些地方，贩毒、恐怖、黑社会三位一体，已构成破坏国家稳定的因素。大量的毒品交易，巨额的毒资流动直接或间接地威胁国际经济的正常运转。至今为止毒品问题仍是世界的头等公害，据统计，全球每年因滥用毒品致死的人数高达20万，上千万人因吸毒丧失劳动能力。毒品带给人类的只会是毁灭。毒品摧毁的不仅是人的肉体，还有人的意志。毒品正危害着美好的社会和家庭，我们应珍爱生命，远离毒品。

📊 重点小结

1. 杂环化合物是由碳原子和非碳原子共同组成环状骨架结构的一类有机化合物。

2. 五元杂环化合物中最重要的是吡咯、呋喃、噻吩及其它们的衍生物。吡咯、呋喃和噻吩三个化合物均是平面型的五元环结构，含一个大 π 键，具有芳香性。

3. 吡咯、呋喃、噻吩都属于多电子杂环，碳原子上的电子云密度都比苯高，亲电取代反应是其主要的化学反应，活性顺序为：吡咯＞呋喃＞噻吩＞苯，其亲电取代反应主要发生在 α 位上，β 位较少。其亲电取代反应有卤代、硝化、磺化反应等。

4. 含有两个及以上杂原子的五元杂环化合物通称为唑类，重要的有吡唑、咪唑、噻唑和噁唑等。

5. 六元杂环化合物中重要的有吡啶、嘧啶等。吡啶的结构含一个大 π 键，具有一定芳香性。在吡啶分子中，氮原子的吸电子作用使环上碳原子的电子云密度远远少于苯，这类芳杂环又被称为"缺电子"杂环。"缺电子"杂环在化学性质上表现为亲电取代反应变难，亲核取代反应变易，氧化反应变难，还原反应变易。

6. 吡啶环中的氮原子上还有一个含一对孤对电子的 sp^2 杂化轨道没有参与成键，因此吡啶显碱性。

7. 含两个氮原子的六元杂环化合物又称为二氮嗪，其中以嘧啶环系最为重要，嘧啶是组成核糖核酸的重要生物碱母体，广泛存在于动植物中。

8. 生物碱是一类存在于生物体内的具有明显生理活性的碱性含氮有机化合物。

9. 生物碱的一般性质包括碱性、沉淀反应、显色反应等。

目标检测

1. 选择题

（1）下列含有两个氮原子的杂环化合物是

  A. 呋喃　　　　　B. 喹啉　　　　　C. 嘧啶　　　　　D. 噻唑

（2）下列含有 S 原子的杂环化合物是

　　A. 吡喃　　　　　B. 噻吩　　　　　C. 嘌呤　　　　　D. 吡咯

（3）下列含有两个不同杂原子的杂环化合物是

　　A. 咪唑　　　　　B. 哒嗪　　　　　C. 吲哚　　　　　D. 噻唑

（4）下列化合物芳香性强弱顺序正确的是

　　A. 苯＞吡咯＞呋喃＞噻吩　　　　　B. 苯＞噻吩＞吡咯＞呋喃

　　C. 呋喃＞吡咯＞苯＞噻吩　　　　　D. 吡咯＞呋喃＞噻吩＞苯

（5）下列关于咪唑和吡唑的叙述正确的是

　　A. 他们互为同分异构体　　　　　B. 他们的碱性与吡咯相当

　　C. 他们是同种化合物　　　　　　D. 他们的水溶性与吡咯相近

（6）下列物质中，既显弱酸性又显弱碱性的是

　　A. 吡啶　　　　　B. 吡咯　　　　　C. 噻吩　　　　　D. 呋喃

（7）下列化合物能使高锰酸钾褪色的是

　　A. 苯　　　　　　B. 吡啶　　　　　C. 3-甲基吡啶　　D. 3-硝基吡啶

（8）下列化合物不属于稠杂环的是

　　A. 喹啉　　　　　B. 嘧啶　　　　　C. 吲哚　　　　　D. 嘌呤

（9）吡咯发生磺化反应的试剂是

　　A. 浓硝酸　　　　B. 浓硫酸　　　　C. 发烟硫酸　　　D. 吡啶三氧化硫

（10）下列关于生物碱表述错误的是

　　　A. 易溶于水　　　　　　　　　B. 一般显碱性

　　　C. 分子中都含有氮原子　　　　D. 分子中多含有氮杂环

2. 填空题

（1）吡咯、呋喃、噻吩中杂原子分别是_____、_____、_____。

（2）吡咯、吡啶与苯比较，_____易发生亲电取代反应，_____易发生亲核取代反应。

（3）核酸中碱基是_____、_____的衍生物。

（4）生物碱的一般性质包括：_____、_____、_____。

（5）常见的生物碱有_____、_____、_____、_____等。

3. 命名下列化合物或写出结构式

（1） 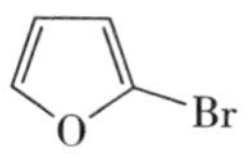　（2） 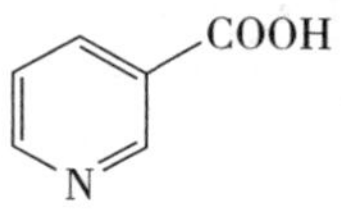　（3） 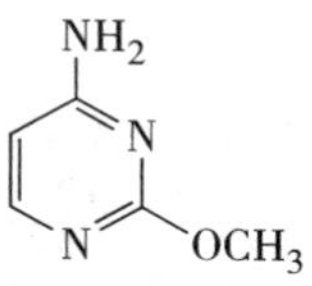　（4）

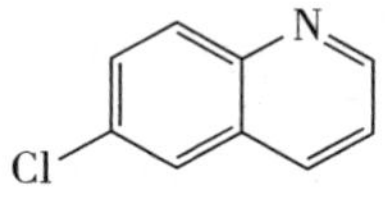

（5）3-甲基咪唑　（6）3-吲哚乙酸　（7）2-呋喃甲醛　（8）2-氨基-6-羟基嘌呤

4. 完成下列反应

（1）

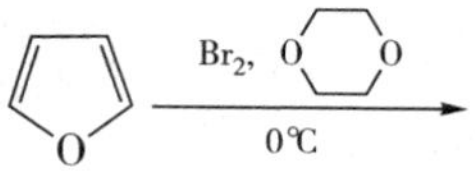

（2） $\underset{\text{H}}{\overset{\displaystyle\frown}{N}}$ $\xrightarrow[\text{NaOH, Ac}_2\text{O, 0℃}]{\text{CH}_3\text{COONO}_2}$

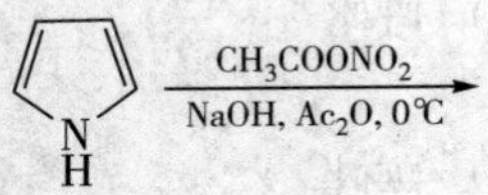

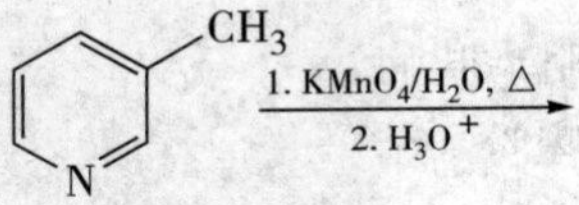

（3） $\underset{N}{\overset{\text{CH}_3}{\bigcirc}}$ $\xrightarrow[\text{2. H}_3\text{O}^+]{\text{1. KMnO}_4/\text{H}_2\text{O, }\triangle}$

（4） $\underset{N}{\bigcirc}$ $\xrightarrow{\text{Na, C}_2\text{H}_5\text{OH}}$

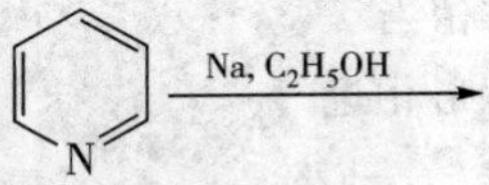

（李靖柯）

第十三章

氨基酸和蛋白质

学习目标

知识要求　**1. 掌握**　氨基酸的结构与命名；氨基酸的化学性质。
　　　　　2. 熟悉　氨基酸的分类；氨基酸的物理性质；蛋白质的组成、分类和性质。
　　　　　3. 了解　蛋白质的结构。

技能要求　1. 能判断氨基酸的结构并能将其分类，能熟练地对氨基酸进行命名。
　　　　　2. 会用氨基酸、蛋白质的性质鉴别相关有机物。

　　氨基酸是一类具有特殊重要意义的化合物，其中许多是与生命起源和生命活动密切相关的蛋白质的基本组成单位，是人体不可缺少的物质，有些可直接作为药物。

　　蛋白质是生物体内极为重要的生物大分子，是构成生命的物质基础，具有多种生物学功能。生物所特有的生长、繁殖、运动、消化、分泌、免疫、遗传和变异等一切生命过程都与蛋白质密切相关。几乎全部生命现象和所有细胞活动都是通过蛋白质的介导来表达和实现的，没有蛋白质就没有生命。蛋白质是由氨基酸构成的，因此，氨基酸是构建蛋白质的基石。要学习和研究蛋白质的结构和性质，首先必须掌握氨基酸的结构和性质。

第一节　氨基酸

案例导入

案例：小萌今年 8 岁了，他爱吃饺子，每到鲅鱼上市的时候，奶奶就给他包鲅鱼饺子吃。后来家人发现，每次吃完饺子后，小萌晚上就睡不好觉，嗓子发出"呼呼"的声音，不停地哮喘，时而还能憋醒。经医生确诊小萌患的是哮喘，而引起哮喘的凶手是鲅鱼，是因为鲅鱼过敏而诱发的。很多海鱼特别是鲅鱼，鱼肉中含血红蛋白较多，富含组氨酸，当鱼不新鲜或发生腐败时，细菌在其中大量繁殖，可使组氨酸脱去羧基变成有毒的组胺。组胺可使毛细血管扩张充血和支气管收缩，引起一系列的临床反应。

讨论：1. 组氨酸属于哪一类有机物呢？
　　　2. 组氨酸是怎么变成有毒的组胺的？

　　氨基酸是一类分子中既含有氨基又含有羧基的化合物。根据氨基和羧基的相对位置，氨基酸可分为 α、β、γ 等类型。自然界已经发现的氨基酸有几百种，但存在于生物体内用于组成蛋白质的氨基酸主要有 20 种（表 13-1），它们的化学结构具有共同点，均属

α-氨基酸（脯氨酸为 α-亚氨基酸），即其氨基都连接在 α-碳原子上。本节仅讨论 α-氨基酸。

一、氨基酸的结构、分类和命名

（一）结构

α-氨基酸的结构通式如下（式中 R 代表不同的侧链基团）：

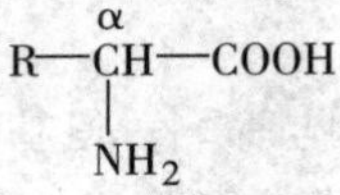

$$R-\overset{\alpha}{\underset{NH_2}{CH}}-COOH$$

除甘氨酸外，组成蛋白质的其他氨基酸分子中的 α-碳原子均为手性碳原子，所以这些氨基酸具有旋光性。氨基酸的构型通常采用 D、L 构型命名法，以甘油醛为参考标准，在费歇尔投影式中，凡氨基酸分子中 α-NH$_2$ 的位置与 L-甘油醛手性碳原子上—OH 的位置相同者为 L 型，相反者为 D 型。构成蛋白质的氨基酸均为 L 型。如果用 R、S 标记法命名，除半胱氨酸 α-碳原子为 R 构型外，其余 α-氨基酸均为 S 构型。

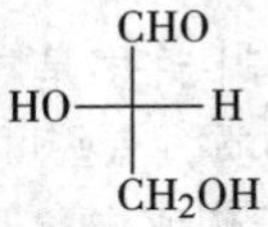

L-甘油醛 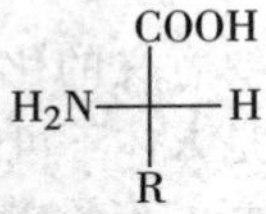　　　　　　L-氨基酸

表 13-1 存在于蛋白质中的 20 种常见氨基酸

名　称	中文缩写	符号	结构式	等电点
甘氨酸 （氨基乙酸）	甘	Gly（G）	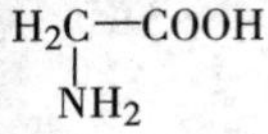 $H_2C-COOH$ 下 NH_2	5.97
丙氨酸 （α-氨基丙酸）	丙	Ala（A）	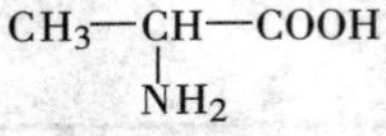 $CH_3-CH-COOH$ 下 NH_2	6.02
缬氨酸* （α-氨基异戊酸）	缬	Val（V）	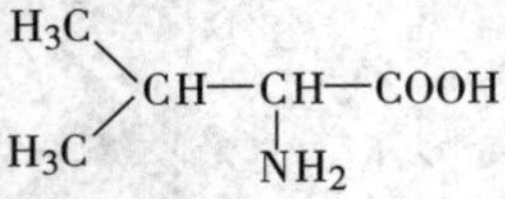 H_3C、H_3C CH-CH-COOH 下 NH_2	5.96
亮氨酸* （α-氨基异己酸）	亮	Leu（L）	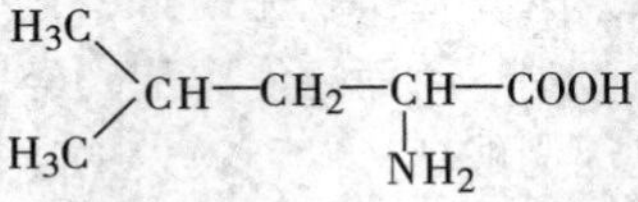 H_3C、H_3C CH-CH$_2$-CH-COOH 下 NH_2	5.98
异亮氨酸* （α-氨基-β-甲基戊酸）	异亮	Ile （I）	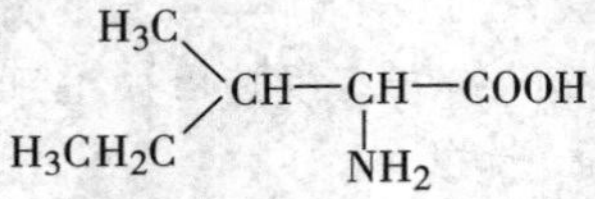 H_3C、H_3CH_2C CH-CH-COOH 下 NH_2	6.02
脯氨酸 （α-羧基四氢吡咯）	脯	Pro（P）	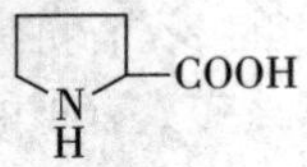 环 -COOH，N H	6.30
苯丙氨酸* （α-氨基-β-苯基丙酸）	苯	Phe（F）	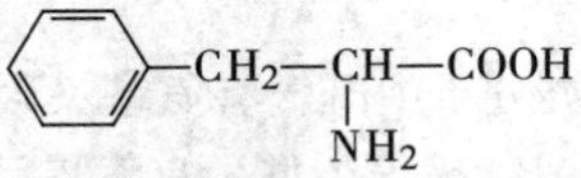 苯环-CH$_2$-CH-COOH 下 NH_2	5.48

续表

名　称	中文缩写	符号	结构式	等电点
甲硫（蛋）氨酸* （α-氨基-γ-甲硫基丁酸）	甲硫	Met（M）	$CH_3-S-CH_2-CH_2-\underset{\underset{NH_2}{\vert}}{CH}-COOH$	5.74
丝氨酸 （α-氨基-β-羟基丙酸）	丝	Ser（S）	$HO-CH_2-\underset{\underset{NH_2}{\vert}}{CH}-COOH$	5.68
谷氨酰胺 （α-氨基戊酰胺酸）	谷酰	Gln（Q）	$H_2N-\overset{\overset{O}{\Vert}}{C}-CH_2-CH_2-\underset{\underset{NH_2}{\vert}}{CH}-COOH$	5.65
苏氨酸* （α-氨基-β-羟基丁酸）	苏	Thr（T）	$CH_3-\underset{\underset{OH}{\vert}}{CH}-\underset{\underset{NH_2}{\vert}}{CH}-COOH$	5.70
半胱氨酸 （α-氨基-β-巯基丙酸）	半胱	Cys（C）	$HS-CH_2-\underset{\underset{NH_2}{\vert}}{CH}-COOH$	5.07
天冬酰胺 （α-氨基丁酰氨酸）	天酰	Asn（N）	$H_2N-\overset{\overset{O}{\Vert}}{C}-CH_2-\underset{\underset{NH_2}{\vert}}{CH}-COOH$	5.41
酪氨酸 （α-氨基-β- 对羟基苯基丙酸）	酪	Tyr（Y）	$HO-\text{〇}-CH_2-\underset{\underset{NH_2}{\vert}}{CH}-COOH$	5.66
色氨酸* ［α-氨基-β- （3-吲哚基）-丙酸］	色	Trp（W）	$CH_2-\underset{\underset{NH_2}{\vert}}{CH}-COOH$	5.89
天冬氨酸 （α-氨基丁二酸）	天	Asp（D）	$\underset{COOH}{\overset{CH_2}{\vert}}-\underset{NH_2}{\overset{CHCOOH}{\vert}}$	2.77
谷氨酸 （α-氨基戊二酸）	谷	Glu（E）	$\underset{COOH}{\overset{CH_2CH_2}{\vert}}\underset{NH_2}{\overset{CHCOOH}{\vert}}$	3.22
赖氨酸* （α,ω-二氨基己酸）	赖	Lys（K）	$\underset{NH_2}{\overset{CH_2CH_2CH_2CH_2}{\vert}}\underset{NH_2}{\overset{CHCOOH}{\vert}}$	9.74
精氨酸 （α-氨基-δ-胍基戊酸）	精	Arg（R）	$H_2N-\overset{\overset{NH}{\Vert}}{C}-NHCH_2CH_2CH_2\underset{\underset{NH_2}{\vert}}{CH}COOH$	10.76
组氨酸 ［α-氨基-β- （5-咪唑基）丙酸］	组	His（H）	$CH_2-\underset{\underset{NH_2}{\vert}}{CH}-COOH$	7.59

注：*为营养必须氨基酸。

　　有些氨基酸在人体内不能合成，只能依靠食物供给，这类氨基酸称为营养必需氨基酸，主要有 8 种（表 13-1 中标有*者）。此外，组氨酸和精氨酸在婴幼儿和儿童时期因体内合成不足，也需依赖食物补充。

（二）分类

根据氨基酸分子中烃基 R 的不同，可分为脂肪族氨基酸、芳香族氨基酸和杂环氨基酸。脂肪族氨基酸是具有开链结构的氨基酸，如甘氨酸；芳香族氨基酸在结构中带有芳香环，如苯丙氨酸；杂环氨基酸在结构中具有杂环结构，如脯氨酸。

根据氨基酸分子中羧基和氨基的相对数目可分为中性氨基酸、酸性氨基酸和碱性氨基酸。酸性氨基酸的羧基数目多于氨基，如天冬氨酸；中性氨基酸的氨基和羧基数目相同，如丙氨酸；碱性氨基酸的氨基数目多于羧基，如赖氨酸。

注意这种分类的"中性""碱性"和"酸性"并不是指氨基酸水溶液的 pH。中性氨基酸溶于纯水时，由于羧基的电离略大于氨基，因此其水溶液的 pH 略小于 7。

（三）命名

氨基酸的系统命名法与羟基酸类似，是以羧酸为母体，氨基为取代基，称为"氨基某酸"。用阿拉伯数字或希腊字母来标明氨基和取代基的位次。

$$CH_3-CH-COOH$$
$$\overset{|}{NH_2}$$

α-氨基丙酸
(2-氨基丙酸)

$$\bigcirc-CH_2-CH-COOH$$
$$\overset{|}{NH_2}$$

β-苯基-α-氨基丙酸
(3-苯基-2-氨基丙酸)

氨基酸更常用的是俗名，即按其来源和特性命名。例如天冬氨酸最初是从植物天门冬的幼苗中发现的；胱氨酸是因它最先来自尿结石而得名；甘氨酸因具有甜味而得名。

二、氨基酸的理化性质

α-氨基酸都是无色或白色晶体，熔点一般在 230~300℃ 之间，熔融时易分解放出二氧化碳。α-氨基酸都能溶于强酸或强碱溶液中，但难溶于乙醚、乙醇等有机溶剂。在纯水中各种氨基酸的溶解度差异较大，加乙醇能使许多氨基酸从水溶液中沉淀析出。

氨基酸分子内既含有氨基又含有羧基，因此它们具有氨基和羧基的典型性质。同时，由于两种官能团在分子内的相互影响，又具有一些特殊的性质。

（一）羧基的反应

1. 成盐反应　氨基酸分子中的羧基具有一定的酸性，因此能与强碱氢氧化钠反应生成氨基酸的钠盐。

$$RCHCOOH+NaOH \longrightarrow RCHCOONa+H_2O$$
$$\overset{|}{NH_2} \qquad\qquad\qquad \overset{|}{NH_2}$$

2. 酯化反应　在少量酸的催化作用下，氨基酸可以与醇反应生成酯。

$$RCHCOOH+R'OH \overset{H^+}{\longrightarrow} RCHCOOR'+H_2O$$
$$\overset{|}{NH_2} \qquad\qquad\qquad \overset{|}{NH_2}$$

3. 脱羧反应　氨基酸在一定的条件下发生脱羧反应，生成相应的胺。

$$RCHCOOH \overset{Ba(OH)_2}{\underset{\triangle}{\longrightarrow}} RCH_2NH_2+CO_2\uparrow$$
$$\overset{|}{NH_2}$$

在生物体内，氨基酸在脱羧酶的作用下发生脱羧反应。如蛋白质在腐败时，由精氨酸等发生脱羧反应生成丁胺，俗称腐胺；由组氨酸发生脱羧反应生成组胺，过量的组胺在体内储存可引起刺激性反应。

（二）氨基的反应

1. 与酸反应成盐 氨基酸分子中氨基的氮上有一对未共用电子对，可以接受质子，表现出一定碱性，因此氨基酸可以与酸反应成盐。

$$\underset{\underset{NH_2}{|}}{RCHCOOH}+HX \longrightarrow \underset{\underset{NH_3^+X^-}{|}}{RCHCOOH}$$

2. 与亚硝酸反应 α-氨基酸中的氨基可以与亚硝酸反应放出氮气，并生成 α-羟基酸。

$$\underset{\underset{NH_2}{|}}{RCHCOOH}+HNO_2 \longrightarrow \underset{\underset{OH}{|}}{RCHCOOH}+N_2\uparrow+H_2O$$

由于此反应可以定量释放出氮气，因此，通过测定 N_2 的体积可计算出氨基酸分子中氨基的含量，也可以测定蛋白质分子中游离氨基的含量，此方法称范斯莱克（Van Slyke）氨基测定法。

3. 氧化脱氨反应 氨基酸通过氧化脱氨可先生成 α-亚氨基酸，再水解生成 α-酮酸和氨。此反应是生物体内氨基酸分解代谢的重要途径之一。

$$\underset{\underset{NH_2}{|}}{RCHCOOH} \xrightarrow{[O]} \underset{\underset{NH}{||}}{RCCOOH} \xrightarrow{H_2O} \underset{\underset{O}{||}}{RCCOOH}+NH_3\uparrow$$

（三）氨基酸的特性

1. 两性电离和等电点 氨基酸分子中含有酸性的羧基和碱性的氨基，因此，它既能与酸反应，也能与碱反应，是两性化合物。氨基酸分子内的羧基和氨基相互作用也能生成盐，这种盐称为内盐。内盐分子中既有带正电荷的部分，又有带负电荷的部分，又称为两性离子。

氨基酸在水溶液中的存在形式随 pH 的变化可表示如下。

$$R-\underset{\underset{NH_2}{|}}{CH}-COOH$$

$$R-\underset{\underset{NH_2}{|}}{CH}-COO^- \underset{OH^-}{\overset{H^+}{\rightleftharpoons}} R-\underset{\underset{NH_3^+}{|}}{CH}-COO^- \underset{OH^-}{\overset{H^+}{\rightleftharpoons}} R-\underset{\underset{NH_3^+}{|}}{CH}-COOH$$

阴离子	两性离子	阳离子
(pH＞pI)	(pH＝pI)	(pH＜pI)

实验证明，一般情况下，氨基酸是以两性离子的形式存在于在晶体或水溶液中，这种特殊的离子结构，是氨基酸具有高熔点、能溶于水而不溶于有机溶剂等性质的根本原因。

在水溶液中，氨基酸可以发生两性电离，可逆的解离出正离子为碱式电离；解离出负离子为酸式电离。解离的程度和方向取决于溶液的 pH，在不同的 pH 水溶液中氨基酸带电情况不同，在电场中的行为也不同。当一种氨基酸溶液 pH 调节到某一特定值时，氨基酸主要以两性离子的形式存在，氨基酸所带的正负电荷相等，分子呈电中性，在电场中不泳动，这时溶液的 pH 称为该氨基酸的等电点，常用 pI 表示。当溶液的 pH＞pI 时，氨基酸主要以阴离子形式存在，在电场中向正极泳动；当溶液的 pH<pI 时，氨基酸主要以阳离子形式存在，在电场中向负极泳动。各种氨基酸由于其组成和结构不同，因此具有不同的等电点。等电点是氨基酸的一个特征常数，常见氨基酸的等电点见表 13-1。

氨基酸在等电点时的溶解度最小，容易析出，通过调节溶液的 pH，可以使不同的氨基酸在各自的等电点分别结晶析出；另外，在同一 pH 缓冲溶液中，各种氨基酸的电泳方向和速率不同，利用以上性质可以鉴别、分离和提纯氨基酸。

课堂互动

丙氨酸水溶液中存在哪些离子？哪些分子？调节 pH>6.02，丙氨酸主要以什么形式存在？调节 pH<6.02 时，丙氨酸又主要以什么形式存在？

2. 成肽反应 两分子 α-氨基酸在酸或碱存在下受热，一个 α-氨基酸分子中的羧基和另一 α-氨基酸分子中的氨基脱去一分子水生成二肽。

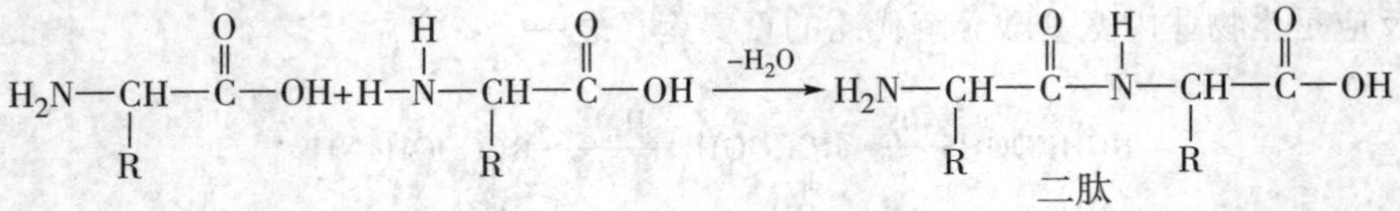

$$H_2N-CH-C-OH+H-N-CH-C-OH \xrightarrow{-H_2O} H_2N-CH-C-N-CH-C-OH$$

二肽

二肽分子中含有的酰胺键（—C—N—）称为肽键。由于二肽分子中仍含有自由的氨基和羧基，因此还可以继续与氨基酸脱水成为三肽、四肽……

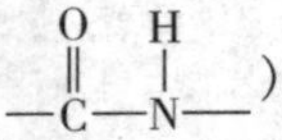

（四）显色反应

α-氨基酸与水合茚三酮在溶液中共热时，生成蓝紫色化合物。

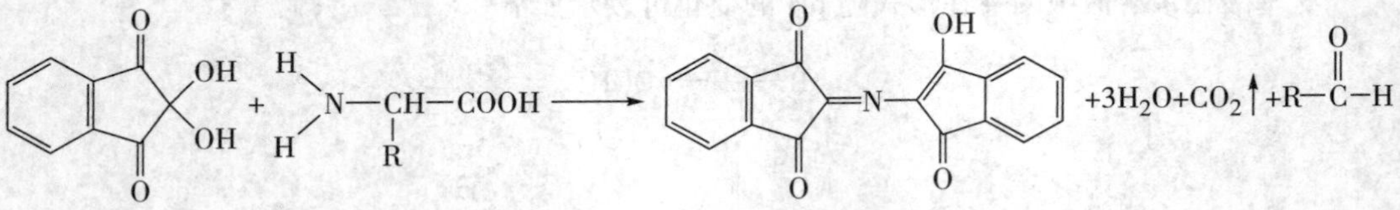

水合茚三酮 + $H-N-CH-COOH$ → 蓝紫色化合物 + $3H_2O+CO_2\uparrow$ + $R-C-H$

水合茚三酮　　　　　　　　　　　　蓝紫色化合物

这个反应非常灵敏，通过比较产物颜色的深浅或测定生成 CO_2 的体积，可定量测定 α-氨基酸的含量，是鉴定 α-氨基酸最迅速、最简单的方法。

拓展阅读

赖氨酸药物

赖氨酸是人体必需氨基酸之一，是帮助其他营养物质被人体充分吸收和利用的关键物质，人体只有补充了足够的赖氨酸才能提高食物蛋白质的吸收和利用，达到均衡营养，促进生长发育，增强免疫功能。同时赖氨酸是控制人体生长的重要物质生长抑素中最重要的也是最必需的成分，对人的中枢神经和周围神经系统都起着重要作用。常见的含有赖氨酸的药物有复方赖氨酸颗粒和赖氨酸注射液等。

第二节　蛋白质

案例导入

案例： 某地 100 多名出生时健康的婴儿，在喂养期间变得四肢短小，身体瘦弱，脑袋显得较大，因此被称为"大头娃娃"。在几个月的时间内，10 多名"大头娃娃"相继夭折。是什么原因呢？调查发现罪魁祸首是婴儿每天食用的奶粉。经检验，这些奶粉中蛋白质的含量大多为 2%～3%，最低的只有 0.37%，大大低于国家标准 12%～18%。医生介绍，长期食用劣质奶粉的婴儿由于缺乏身体发育所必需的蛋白质等，造血功能发生障碍，内脏功能衰竭，免疫力低下，因此出现上述症状，甚至夭折。

讨论： 1. 什么是蛋白质？
　　　 2. 蛋白质有哪些功能？

蛋白质和多肽没有严格的区别，都是由氨基酸残基通过肽键相互连接而形成的生物大分子，一般把相对分子质量超过 10000 的多肽称为蛋白质。

一、蛋白质的组成和分类

蛋白质主要由碳、氢、氧、氮四种化学元素组成，大多数蛋白质还含有硫，有些蛋白质还含有磷，少量蛋白质还含有微量金属元素如铁、铜、锰、锌等，个别蛋白质含有碘。蛋白质内四种主要化学元素的含量为：碳 50%～55%、氢 6%～7%、氧 19%～24%、氮 13%～19%。在人体内只有蛋白质含有氮元素，其他营养素不含氮。因此，氮成了测量体内蛋白质存在数量的标志。一般来说蛋白质的平均含氮量为 16%，即人体内每 6.25g 蛋白质含 1g 氮，所以只要测定出体内含氮量，就可以计算出蛋白质的含量。

蛋白质种类繁多，一般按其化学组成的不同可分为单纯蛋白质和结合蛋白质。仅含有 α-氨基酸的蛋白质称为单纯蛋白质，如清蛋白、组蛋白、精蛋白等。除含有单纯蛋白质外，还含有非蛋白物质（又称辅基，如糖类、脂类、磷酸和有色物质等）的一类蛋白质称为结合蛋白质。根据辅基的不同分为色蛋白、脂蛋白、糖蛋白、核蛋白、磷蛋白等。

二、蛋白质的结构

蛋白质的结构很复杂，常将蛋白质结构分为一级结构、二级结构、三级结构和四级结构。

一级结构又称为初级结构或基本结构，是指多肽链中氨基酸残基的排列顺序，肽键是一级结构中连接氨基酸残基的主要化学键。任何特定的蛋白质都有其特定的氨基酸排列顺序，有些蛋白质分子只有一条肽链组成，有些蛋白质分子则由两条或多条肽链构成。

蛋白质的二、三、四级结构统称为空间结构、高级结构或空间构象。蛋白质的空间结构是指多肽链在空间进一步盘曲折叠形成的构象。并非所有蛋白质都有四级结构，由一条肽链形成的蛋白质只有一、二和三级结构；由两条以上的肽链形成的蛋白质才可能有四级结构。

三、蛋白质的性质

蛋白质分子中，存在着游离的氨基和羧基，因此具有类似氨基酸的性质，但同时蛋白质又具有高分子化合物的特性。

（一）两性电离和等电点

蛋白质分子肽键的 C 端有—COOH，N 端有—NH₂，与氨基酸一样，属于两性物质，并具有等电点。不同类的蛋白质具有不同的等电点。在等电点时，蛋白质的溶解度最小，蛋白质颗粒不带电易积聚以沉淀析出。蛋白质与氨基酸一样也可以采用电泳技术进行分离。

（二）沉淀

蛋白质溶液的稳定是有条件的、相对的。如果破坏蛋白质表层的水化膜和消除蛋白质所带的电荷，蛋白质在溶液中就会凝聚以沉淀析出。沉淀蛋白质的方法如下。

1. 盐析　在蛋白质溶液中加入电解质（无机盐类如硫酸铵、硫酸钠等）至一定浓度时，蛋白质便会从溶液中沉淀析出，这种现象称为盐析。其原因是利用盐离子具有强亲水性，从而破坏了蛋白质的水化膜；同时盐电离的异种电荷中和了蛋白质的电荷。被破坏了稳定因素的蛋白质分子因此凝聚而沉淀析出。盐析时所需盐的最小浓度称为盐析浓度。不同蛋白质盐析所需盐的浓度是不同的。通过调节盐的浓度，可以使不同的蛋白质分段析出，此现象叫分段盐析。盐析的特点是电解质的用量大，作用是可逆的，盐析一般不会改变蛋白质的性质（不变性），若向体系中加入足够的水，盐析的蛋白质可以重新溶解形成溶液。

2. 加入脱水剂　向蛋白质溶液中加入亲水的有机溶剂，如甲醇、乙醇或丙酮等，能够破坏蛋白质分子的水化膜，使蛋白质沉淀析出。沉淀后若迅速将脱水剂与蛋白质分离，仍可保持蛋白质原有的性质。但这些脱水剂若浓度较大且长时间与蛋白质共存，会使蛋白质难以恢复原有的活性。如 95% 乙醇比 70% 乙醇脱水能力强，但 95% 乙醇与细菌接触时，使其表面的蛋白质立即凝固，结果乙醇不能继续扩散到细菌内部，细菌只暂时丧失活力，并未死亡，而 70% 乙醇可扩散到细菌内部，故消毒效果好。

3. 加入重金属盐　当溶液 pH＞pI 时，蛋白质主要以阴离子形式存在，可与重金属离子（如 Hg²⁺、Ag⁺、Pb²⁺等）结合形成不溶于水的蛋白质盐并沉淀。这样沉淀析出的蛋白质盐会失去原有的活性（变性）。重金属的杀菌作用就是由于它能沉淀细菌蛋白质，蛋清和牛乳对重金属中毒的解毒作用，也是利用了这一性质。

4. 加入生物碱沉淀剂　当溶液的 pH＜pI 时，蛋白质主要以阳离子形式存在，可与苦味酸、鞣酸、三氯醋酸、磷钨酸等生物碱沉淀剂的酸根结合，生成不溶的蛋白质盐。

（三）变性

当蛋白质在某些理化因素（如加热、高压、振荡、搅拌、干燥、紫外线、X 射线、超声波、强酸、强碱、尿素、重金属盐、三氯乙酸、乙醇等）的影响下，空间结构发生变化而引起蛋白质理化性质和生物活性的改变过程称为蛋白质变性。性质改变后的蛋白质称为变性蛋白质。

蛋白质变性的实质是蛋白质分子中的一些副键被破坏，使蛋白质的空间结构发生了改变。这种空间结构的改变使原来藏在分子里面的疏水基团暴露在分子表面，结构变得松散，水化作用减少，溶解性降低，从而丧失原有的理化性质和生物活性。根据变性程度将蛋白质的变性分为可逆变性和不可逆变性。当变性作用对蛋白质空间结构破坏程度较小，解除变性因素，可恢复蛋白质原有的性质，称为可逆变性。反之，称为不可逆变性。加热使蛋白质凝固就属于不可逆变性。

在医学上蛋白质的变性原理已得到广泛的应用。例如：用高温、高压、乙醇、紫外线照射等手段，使蛋白质变性，达到消毒杀菌的目的；在制备和保存生物制剂时，则应避免蛋白质变性，防止失去活性；重金属盐可以使蛋白质变性，重金属对人体有毒，让中毒患者服用大量牛乳及蛋清对重金属盐中毒有解毒作用。

课堂互动

　　蛋白质的沉淀作用和变性作用有何不同？蛋白质变性的实质是什么？说说身边蛋白质变性的应用实例？

（四）颜色反应

蛋白质能发生多种显色反应，此类反应可以用来鉴别蛋白质。

1. 水合茚三酮反应　在蛋白质溶液中加入稀的水合茚三酮溶液共热，呈现蓝紫色。

2. 黄蛋白反应　含有芳环的蛋白质，遇浓硝酸发生硝化反应而立即变成黄色，再加氨水变为橙色，这个反应称为黄蛋白反应。皮肤上溅上硝酸后变黄就是这个原因。

课堂互动

　　用化学方法鉴别苯胺和蛋白质。

3. 缩二脲反应　蛋白质分子中有很多肽键，因此在强碱性溶液中，蛋白质与稀硫酸铜溶液作用，可以发生缩二脲反应，使溶液显红紫色。

4. 米伦反应　在蛋白质溶液中加入米伦试剂（硝酸汞和硝酸亚汞的硝酸溶液）先析出白色沉淀，再加热，沉淀变成砖红色。这一反应是酪氨酸中酚羟基所特有的，因为大多数蛋白质中含有酪氨酸，所以这个反应具有普遍性，用来检验蛋白质中有无酪氨酸存在。

拓展阅读

人工合成胰岛素：生命之门再次打开

　　作为一种蛋白质，胰岛素由 A、B 两条肽链，共 17 种 51 个氨基酸组成，其一级结构 1955 年由英国桑格（S. Sanger）测定。人工合成胰岛素，首先要把氨基酸按照一定的顺序连结起来，组成 A 链、B 链，然后再把 A、B 两条链连在一起。这是一项复杂而艰巨的工作，1959 年，世界权威杂志《自然》曾发表评论文章，认为人工合成胰岛素还有待于遥远的将来。

　　1958 年 12 月底，我国人工合成胰岛素课题正式启动，在前人对胰岛素结构和多肽合成的研究基础上，开始探索用化学方法合成胰岛素。中科院上海有机化学研究所和北京大学化学系负责合成 A 链，中科院上海生物化学研究所负责合成 B 链，并负责把 A 链与 B 链正确组合起来。研究小组经过 6 年多坚持不懈的努力，终于在 1965 年 9 月 17 日，在世界上首次用人工方法合成了结晶牛胰岛素。原国家科委先后两次组织著名科学家进行科学鉴定，证明人工合成牛胰岛素具有与天然牛胰岛素相同的结构、理化性质、生物活力和结晶形状。这是当时人工合成的具有生物活力的最大的天然有机化合物，实验的成功使中国成为第一个合成蛋白质的国家。

　　蛋白质研究一直被喻为破解生命之谜的关节点。由此，胰岛素的人工合成，标志着人类在揭开生命奥秘的道路上又迈出了一步。

重点小结

1. 氨基酸是一类分子中既含有氨基又含有羧基的化合物。存在于生物体内用于组成蛋白质的氨基酸主要有 20 种，均属 α-氨基酸（脯氨酸为 α-亚氨基酸）。

2. 氨基酸分子中由于羧基的存在，表现出一定的酸性；在少量酸的催化作用下，可以与醇反应生成酯；在一定的条件下发生脱羧反应，生成相应的胺。

3. 氨基酸分子中由于氨基的存在，氨基的氮上有一对孤对电子，可以接受质子，表现出一定碱性；氨基可以与亚硝酸反应放出氮气，并生成 α-羟基酸，通过测定 N_2 的体积可计算出氨基酸分子中氨基的含量，也可以测定蛋白质分子中游离氨基的含量；氨基酸通过氧化脱氨可先生成 α-亚氨基酸，再水解生成 α-酮酸和氨。

4. 氨基酸分子中含有酸性的羧基和碱性的氨基，是两性化合物，在水溶液中，可以发生两性电离，具有等电点。利用以上性质可以鉴别、分离和提纯氨基酸。

5. α-氨基酸与水合茚三酮在溶液中共热时，生成蓝紫色化合物。这个反应非常灵敏，通过比较产物颜色的深浅或测定生成 CO_2 的体积，可定量测定 α-氨基酸的含量。

6. 两分子 α-氨基酸在酸或碱存在下受热，可脱水生成二肽，由于二肽分子中仍含有自由的氨基和羧基，因此还可以继续与氨基酸脱水成为三肽、四肽……

7. 蛋白质和多肽没有严格的区别，都是由氨基酸残基通过肽键相互连接而形成的生物大分子，一般把相对分子质量超过 10000 的多肽称为蛋白质。

8. 蛋白质分子中，存在着游离的氨基和羧基，因此具有类似氨基酸的性质，但同时蛋白质又具有高分子化合物的特性。

目标检测

1. 选择题

（1）谷氨酸（pI=3.22）在 pH 为 5.30 的溶液中，存在的主要形式是
  A. 两性离子   B. 阳离子   C. 阴离子   D. 中性分子

（2）将 pI=4.6 的胱氨酸溶解于水，配成 pH=6.5 的溶液，此时胱氨酸的主要存在形式是
  A. 两性离子   B. 阳离子   C. 阴离子   D. 中性分子

（3）临床利用蛋白质受热凝固的性质检验患者尿中的蛋白质，这是属于蛋白质的
  A. 水解反应   B. 变性作用   C. 显色反应   D. 盐析作用

（4）重金属盐中毒时，应急措施是立即服用大量
  A. 生理盐水   B. 冷水   C. 鸡蛋清   D. 食醋

（5）天然蛋白质水解得到的 20 种常见氨基酸
  A. 均为 L 型氨基酸   B. 均为 D 型氨基酸
  C. 构型都为 R 型   D. 都属于 α-氨基酸

（6）天冬氨酸（pI=2.77）溶于水后，在电场中
  A. 向负极移动 B. 向正极移动 C. 不移动   D. 易水解

（7）发生米伦反应的蛋白质必须含有下列哪个残基

A. 甘氨酸　　　　　　B. 酪氨酸　　　　C. 胱氨酸　　　　D. 色氨酸

（8）肽键是蛋白质哪种结构中的主键

A. 一级结构　　　　　B. 二级结构　　　　C. 三级结构　　　　D. 四级结构

（9）下列哪种作用不属于蛋白质变性

A. 制作豆腐　　　　　B. 制作干酪　　　　C. 蛋白质水解　　　　D. 乙醇消毒杀菌

（10）下列哪种物质不会使蛋白质沉淀

A. 葡萄糖　　　　　　B. 乙醇　　　　　　C. 苦味酸　　　　　　D. 硫酸铜

2. 填空题

（1）羧酸分子中_____上的氢原子被_____取代后生成的化合物，称为氨基酸。氨基酸分子中既有_____基团，又有_____基团，因此氨基酸具有两性。

（2）在等电点时，氨基酸在溶液中以_____存在。溶解度_____，在电场中_____。

（3）根据氨基酸分子中氨基与羧基的相对数目，可将氨基酸分为_____、_____、_____氨基酸三类。

（张爱华）

第十四章

糖 类

学习目标

知识要求　**1. 掌握**　单糖的结构；单糖的氧化、成脎、显色反应。

　　　　　2. 熟悉　糖类化合物的分类；单糖的成苷、成酯反应；二糖的结构及化学性质。

　　　　　3. 了解　重要的单糖；淀粉、糖原、纤维素的结构和性质。

技能要求　1. 能判断糖类化合物的结构并能将其分类。

　　　　　2. 会书写重要单糖的结构式。

　　　　　3. 会用糖类化合物的性质鉴别相关有机物。

案例导入

案例： 老李住院了，经化验患有糖尿病，医生嘱咐他今后一定要少吃糖，注意饮食均衡，在保证总热量的前提下，必须要严格控制每餐米、面等主食的摄入量，以防体内血糖的升高。

讨论： 1. 糖是甜的，大米饭不甜，多吃怎么也会使血糖升高呢？

　　　　 2. 还有哪些物质属于糖类化合物呢？它们又有哪些性质呢？

　　　糖类是自然界存在最多、分布最广的一类有机化合物，是生物体的重要组成部分，也是人类生命活动必须的物质之一。日常食用的蔗糖、粮食中的淀粉、哺乳动物乳汁中的乳糖、植物中的纤维素、人体血液中的葡萄糖、肝和肌肉中的糖原、细胞核中的核糖和脱氧核糖等都属于糖类化合物。由于最初发现的糖类物质由碳、氢、氧三种元素组成，且分子中 H、O 原子数的比例为 2∶1，与水相同，因此曾被称为碳水化合物。但后来发现有的糖分子中 H、O 原子数的比例并不一定是 2∶1。所以"碳水化合物"不能确切代表糖类化合物，但因为沿用已久，至今仍有使用。糖类是供给人和动物生命活动能量的最有效的营养物质，是大脑神经系统、肌肉、脂肪组织、胎儿生长发育等代谢的主要能源。人体所需要的能量 70% 以上由糖类化合物提供。糖类与核酸、蛋白质、脂类一起合称生命活动所必需的四大类化合物。糖类化合物也是生物体内组织细胞的重要成分，具有重要的生理作用，是体内合成脂肪、蛋白质和核酸的基本原料。某些糖还具有特殊的生理功能，如糖蛋白是细胞间或生物大分子之间识别信息的分子，肝素具有抗凝血作用，生命的遗传物质核酸的组成成分中也含有糖类物质。糖类在人类生命活动中有着十分重要的意义。

　　　糖类是植物光合作用的初生产物，是一类最丰富的天然产物。糖类在中草药中分布十分广泛，常常占植物干重的 80%～90%。糖类化合物与药物的关系非常密切，如病人需要的葡萄糖输液、生产片剂时常用淀粉作赋形剂、右旋糖酐作血浆制剂、氨基糖苷类抗生素是一大类含糖的抗生素等，有强心作用的毛地黄毒苷、黄夹桃毒苷、铃兰毒苷等水解后都有糖类化合物产生。

从分子结构特点来看，糖类是多羟基醛、多羟基酮及其脱水缩合物。例如葡萄糖是多羟基醛，果糖是多羟基酮，蔗糖则是葡萄糖与果糖脱水结合而成的缩合物，淀粉是由许多葡萄糖分子按照不同方式脱水结合而成的缩合物。糖类化合物的种类很多，根据其能否水解及完全水解后生成单糖数目不同可以分为三类：即单糖、低聚糖和多糖。单糖是指不能水解的多羟基醛或多羟基酮，如葡萄糖、果糖、核糖、脱氧核糖等。低聚糖是指能水解成 2~10 个单糖分子的糖，又称为寡糖。根据水解后生成单糖的数目，低聚糖可以分为二糖、三糖等，低聚糖中最重要的是二糖，如蔗糖、麦芽糖、乳糖等。多糖是指能水解成 10 个以上单糖分子的糖。多糖大多为天然高分子化合物，如淀粉、糖原、纤维素等。

糖类是多官能团化合物，如葡萄糖分子中除了醛基外，还含有 5 个醇羟基，因此，糖类物质既有所含官能团的性质，也有官能团间相互影响的表现。糖类化合物的分子中一般具有多个手性碳原子，具有旋光性和立体异构现象。

糖类常常根据其来源而命名，如最初从葡萄中得到的糖叫葡萄糖，从甘蔗中得到的糖叫蔗糖。而有些糖则采用它的通俗名称，如淀粉、纤维素等。

第一节　单糖

案例导入

案例：临床上，医生给患者输入葡萄糖液，可以为患者提供能量和营养。葡萄糖是细胞生命活动所需要的主要能源物质，是"生命的燃料"，它在细胞内被氧化分解，放出大量的能量，为患者的生命活动提供能量。

讨论：葡萄糖是一类什么样的物质？为什么能为生命活动提供能量？

单糖是结晶固体，能溶于水，大多具有甜味，如葡萄糖、果糖等。单糖可以根据分子中所含碳原子的数目分为丙糖、丁糖、戊糖及己糖等。含有醛基的单糖称为醛糖，含有酮基的单糖称为酮糖。

自然界中以 C_4、C_5 或 C_6 的单糖最为常见。单糖种类很多，但与生命活动关系最密切的主要是葡萄糖、果糖、核糖及脱氧核糖等。从结构和性质来看，葡萄糖和果糖可作为单糖（己糖）的代表。因此，我们以葡萄糖和果糖为例，讨论单糖的结构和性质。

一、单糖的结构

（一）葡萄糖的组成和结构

1. 开链式结构　由元素分析和分子量测定确定了葡萄糖的分子式为 $C_6H_{12}O_6$，大量实验事实充分说明葡萄糖具有开链的 2,3,4,5,6-五羟基己醛的基本结构，分子中有 4 个手性碳原子（C_2、C_3、C_4、C_5），其开链式空间构型可用费歇尔投影式表示如下。

$$
\begin{array}{c}
\text{CHO} \\
\text{H} \underline{\quad} \text{OH} \\
\text{HO} \underline{\quad} \text{H} \\
\text{H} \underline{\quad} \text{OH} \\
\text{H} \underline{\quad} \text{OH} \\
\text{CH}_2\text{OH}
\end{array}
$$

D-(+)-葡萄糖

含有多个手性碳的醛糖或酮糖，不论这个糖有几个手性碳原子，距-CHO 或 $\diagup\!\!\!\diagdown$C=O 最远的手性碳（即与羟甲基相连的碳）上的-OH 在右者为 D-型，在左者则为 L-型，而不管其他手性碳的构型如何。但须注意，D-型或 L-型与其旋光方向无关。己醛糖有 $2^4=16$ 个立体异构体，即 8 对对映体，天然葡萄糖是己醛糖 16 个旋光异构体中的一种。天然存在的单糖大多是 D-型糖。

用费歇尔投影式表示糖的空间构型时，为了书写方便，省去手性碳原子上的氢原子，以半短线"—"表示手性碳原子上的羟基，用一竖线表示碳链；以"△"代表醛基，以"○"代表羟甲基。例如 D-(+)-葡萄糖的结构可以用费歇尔投影式表示如下：

D-(+)-葡萄糖

2. 氧环式结构与变旋光现象 从不同溶剂结晶可得到两种晶体 D-(+)-葡萄糖。一种是从乙醇中结晶出来的，熔点 146℃，比旋光度为+112°；另一种是从吡啶中结晶出来的，熔点 150℃，比旋光度为+18.7°。如将这两种新制的葡萄糖溶液分别置于旋光仪中，可以发现它们的比旋光度逐渐发生变化，一个降低，一个升高，最后二者都达到一个平衡值：+52.7°。这种在溶液中比旋光度自行改变的现象称为变旋光现象。

葡萄糖的开链式结构不但无法解释糖的变旋光现象，而且糖的有些性质也不能用开链结构说明。例如，从葡萄糖的链状结构看，具有醛基，能与 HCN 和羰基试剂等发生类似醛的反应，但在通常条件下却不与亚硫酸氢钠起加成反应；在干燥的 HCl 存在下，葡萄糖只能与等物质的量的醇发生反应生成稳定的缩醛。

通过深入研究，并考虑到醛与醇能发生加成反应，生成半缩醛。在 D-(+)-葡萄糖分子中，同时存在着醛基和羟基，可以发生分子内反应，生成具有半缩醛结构环状化合物。经 X 光衍射实验证明，D-(+)-葡萄糖一般是以 C_5 上的羟基与醛基反应，以含氧的六元环的半缩醛形式存在。糖的这种环状结构又称为氧环式结构，比较稳定。

D-(+)-葡萄糖的开链结构转变为环状结构的过程中，醛基碳原子由 sp^2 杂化转变为 sp^3 杂化，由非手性碳原子转变为手性碳原子。新生成的半缩醛羟基在空间有两种取向，所以有两种异构体存在。两个环状结构的葡萄糖是一对非对映体，它们的区别仅在于 C_1 的构型不同。C_1 上新形成的半缩醛羟基（也称苷羟基）与决定单糖构型的 C_5 上的羟基在同侧者，称为 α-型；在异侧者，称为 β-型。α-型和 β-型为非对映异构体，在 α-型与 β-型两种 D-(+)-葡萄糖中除 C_1 外，其他手性碳的构型完全相同，它们的不同只是在 C_1 的构型上，因而称为 C_1 的差向异构体，又称端基异构体。

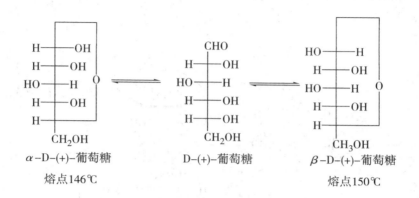

α-D-(+)-葡萄糖   D-(+)-葡萄糖 β-D-(+)-葡萄糖

熔点146℃   熔点150℃

葡萄糖的环状结构可以解释开链结构所不能解释的变旋光等现象。α-D-(+)-葡萄糖和 β-D-(+)-葡萄糖在水溶液中通过开链结构形成一个互变平衡体系。平衡时 α-型约占 36.4%，β-型约占 63.6%，开链型仅占 0.0026%。虽然开链结构所占的比例极少，但 α-型与 β-型之间的互变必须通过它才能实现，有些化学反应也是以开链结构进行的。环状结构和开链结构之间的互变是产生变旋光现象的原因，凡是分子中具有半缩醛或半缩酮结构的糖都会产生变旋光现象，这是一种很普遍的现象，因此，在测定具有变旋光现象的糖溶液的旋光度时，一定要在平衡状态下进行。由于在葡萄糖的环状——链状结构的平衡体系中开链结构占的比例很少，因此，葡萄糖与饱和 $NaHSO_3$ 溶液不发生反应。

3. 哈沃斯（Haworth）透视式 为了更真实和形象地表达单糖的氧环结构，以及分子中各原子及基团之间的相对位置，一般采用哈沃斯透视式来表示。哈沃斯透视式的写法是将环的平面垂直于纸平面，粗线表示在纸平面的前方，细线表示在纸平面的后方；习惯上将六元环中的氧原子写在纸平面的后右上方，将葡萄糖开链结构中位于碳链左侧的氢和羟基写在环平面的上方，位于碳链右侧的氢和羟基写在环平面的下方。D-型糖与L-型糖用哈沃斯透视式表示时，其区别在于 C_5 上的羟甲基的方位，如果成环碳原子按编号由小到大顺时针排列，写在环平面上方者为D-型，在平面下方为L-型；α-型和 β-型的区别在于 C_1 上的半缩醛羟基的方位，半缩醛羟基与羟甲基写在环的异侧的为 α-型，写在环的同侧的为 β-型。

下面以 D-(+)-葡萄糖为例，说明将投影式写成哈沃斯透视式的步骤。根据费歇尔投影式（Ⅰ）的各键在空间的位置可将（Ⅰ）写为（Ⅱ）。因为（Ⅱ）中 C_5 的羟基要形成半缩醛时，必须围绕 C_4-C_5 键轴旋转 $120°$ 成（Ⅲ），这时并不影响其构型。如果 C_5 羟基中的氧按虚线 A 所指，由此平面的上方与羰基连接成环，则 C_1 上新形成的羟基便在环面的下方，即为 α-型（Ⅳ）。反之，如按虚线 B 所指由羰基平面的下方与羰基碳原子相连，则新形成的羟基便在环面的上方，为 β 型（Ⅴ）。

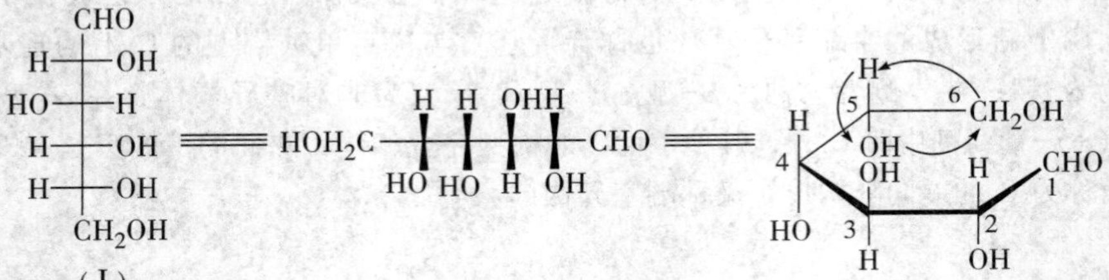

（Ⅰ）
费歇尔投影式

（Ⅱ）

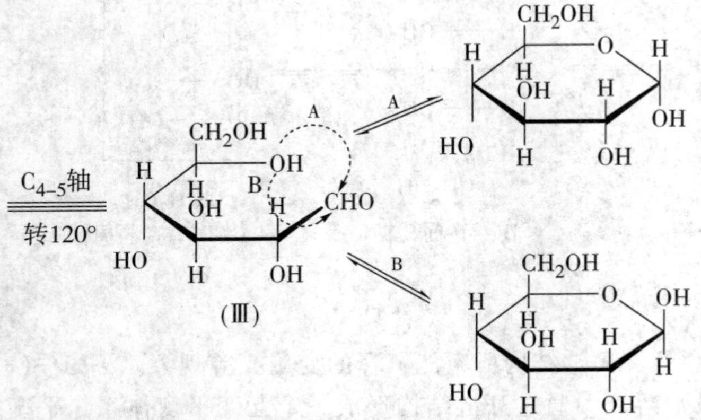

（Ⅳ）α-D-吡喃葡萄糖

（Ⅲ）

（Ⅴ）β-D-吡喃葡萄糖

葡萄糖的环状结构与杂环吡喃相似，故把六元环状的糖称为吡喃糖。

（二）果糖的组成和结构

果糖的分子式为 $C_6H_{12}O_6$，是己酮糖，和葡萄糖互为同分异构体。实验研究证明，在果糖分子中 2 位碳上是酮基，其余 5 个碳原子上分别连有 1 个羟基，其中 C_3、C_4、C_5 上羟基在空间的位置与葡萄糖相同。果糖分子中含三个手性碳原子，离羰基最远的手性碳原子上的羟基在右边，为 D-型，反之为 L-型。己酮糖有 $2^3 = 8$ 个立体异构体，即 4 对对映体。

D-果糖具有开链和氧环式结构，果糖的环状结构有六元环（吡喃型）和五元环（呋喃型）两种形式。五元环是由 4 个碳原子和 1 个氧原子组成，与杂环呋喃相似，故把具有五元环状结构的糖称为呋喃糖。通常，游离态的果糖以六元环状半缩酮形式存在，而结合态果糖则以五元环状半缩酮形式存在。吡喃果糖和呋喃果糖都有 α-和 β-两种构型。在水溶液中，果糖的开链结构和环状结构互变而处于动态平衡，故也有变旋光现象，平衡时的比旋光度为-92°。

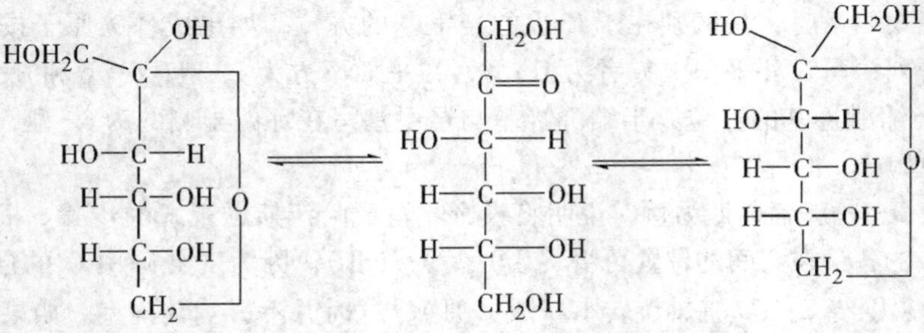

α-吡喃果糖　　　　　　　开链式果糖　　　　　　β-吡喃果糖

果糖的氧环式结构也可以用哈沃斯式表示。下面是果糖的五元环（呋喃型）和六元环（吡喃型）哈沃斯式结构。

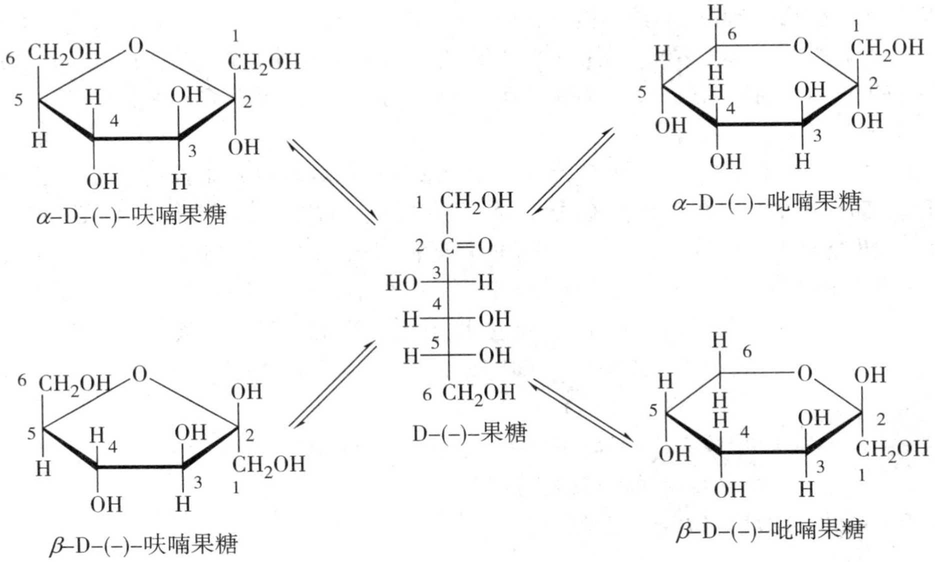

α–D–(–)–呋喃果糖

D–(–)–果糖

α–D–(–)–吡喃果糖

β–D–(–)–呋喃果糖

β–D–(–)–吡喃果糖

二、单糖的性质

（一）物理性质

单糖都是结晶性固体，易溶于水，难溶于乙醇等有机溶剂，有吸湿性。单糖具有甜味，不同单糖甜度各不相同，以果糖为最甜。除二羟基丙酮外单糖都有旋光性，具有环状结构的单糖都有变旋光现象。

（二）化学性质

单糖在水溶液中以环状结构与开链结构互变形式存在。因此，单糖的化学反应有的是以开链结构进行的，有的则以环状结构进行的。

1. 差向异构化 酮糖和醛糖在稀碱性溶液中可发生相互转化。例如，D-果糖在碱性溶液中可以通过烯二醇中间体转化为D-葡萄糖和D-甘露糖，最终形成三种糖的平衡混合物。

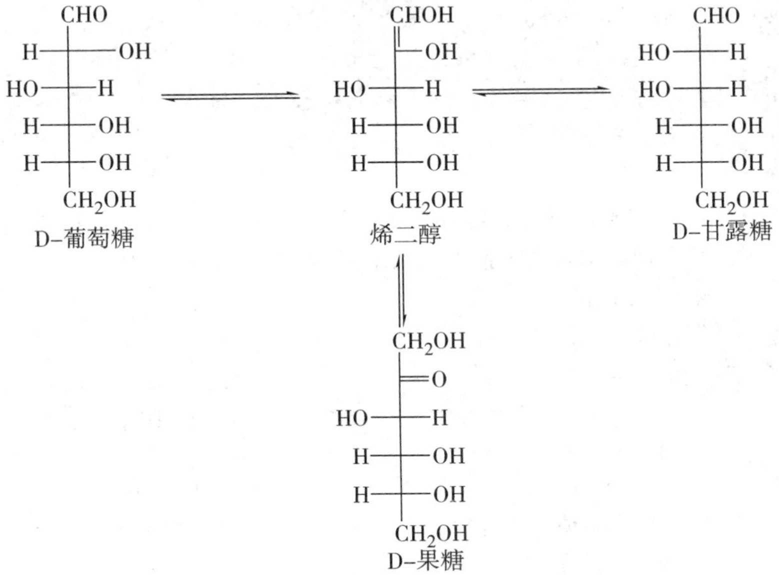

D–葡萄糖　　　　烯二醇　　　　D–甘露糖

D–果糖

在含有多个手性碳原子的旋光异构体之间，只有 1 个手性碳原子的构型不同，而其他手性碳原子的构型完全相同的异构体，它们互称为差向异构体。例如，D-葡萄糖和D-甘露糖仅仅是C_2上的羟基构型不同，所以它们互称为C_2差向异构体。差向异构体之间的转化称为差向异构化。D-葡萄糖或D-甘露糖与D-果糖之间的转化，是醛糖和酮糖的转化。

2. 氧化反应

（1）被碱性弱氧化剂氧化　单糖无论是醛糖或酮糖都可以被碱性弱氧化剂（斐林试剂、托伦试剂、班氏试剂）氧化，具有还原性，称为还原糖。单糖的酮糖在碱性溶液中可异构化成醛糖，故也能被上述弱氧化剂氧化。单糖能将斐林试剂、班氏试剂还原成氧化亚铜砖红色沉淀，能将托伦试剂还原生成银镜。班氏试剂是由硫酸铜、碳酸钠和柠檬酸钠配制成的蓝色溶液，同斐林试剂一样含有Cu^{2+}配离子。但它比斐林试剂稳定，不需临时配制，使用方便。

$$单糖 + 2[Ag(NH_3)_2]OH \longrightarrow 复杂的氧化产物 + Ag\downarrow$$
$$（托伦试剂）$$

$$单糖\ Cu^{2+}（配离子） \longrightarrow 复杂的氧化产物 + Cu_2O\downarrow$$
$$（斐林试剂或班氏试剂）$$

利用单糖的还原性可做定性定量测定。

拓展阅读

尿 糖

尿中出现葡萄糖，主要由于高血糖导致肾小球滤过的葡萄糖超出肾小管的重吸收阈值或肾小管重吸收能力下降导致。如果尿糖阳性，应结合临床区别是生理性糖尿还是病理性糖尿。生理性糖尿多见于饮食过度、应急状态和妊娠；病理性糖尿多见于血糖升高引起的糖尿、肾小管功能受损所导致的肾性糖尿以及一些内分泌异常所引发的糖尿。

临床上常用尿样与班氏试剂反应，根据生成物呈现出的颜色深浅判断尿糖的含量。若比色为蓝色，说明尿中无糖，代表阴性结果，符号为"-"；呈绿色，为一个加号"+"，说明每100ml尿中含糖量为0.3~0.5g；呈浅绿色，为两个加号"++"，说明每100ml尿中含糖量为0.5~1.0g；呈橘黄色，为三个加号"+++"，说明每100ml尿中含糖量为1~2g；呈砖红色，为四个加号"++++"或以上，说明每100ml尿中含糖量为2g以上。

（2）被溴水氧化　溴水可以将醛糖中的醛基氧化为羧基，生成相应的糖酸。但溴水不能氧化酮糖，因此可利用溴水是否褪色来区别酮糖和醛糖。如：

D-葡萄糖 　　$\xrightarrow{Br_2,H_2O}$　　 D-葡萄糖酸

（3）被稀硝酸氧化　稀硝酸的氧化性比溴水强，它能将醛糖中C_1位醛基和C_6位羟甲基

都氧化成羧基而生成糖二酸。如：

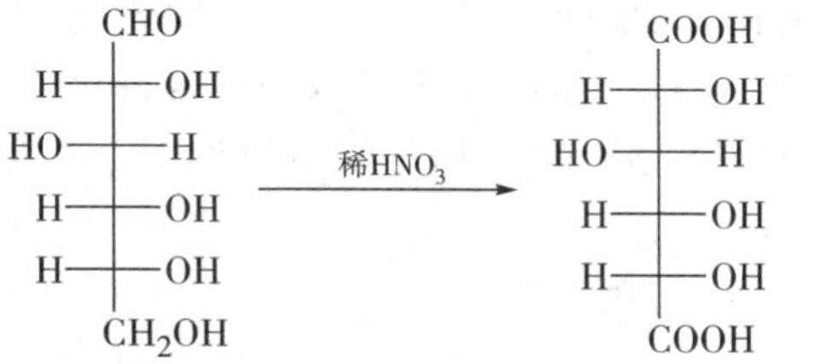

$$\text{D-葡萄糖} \xrightarrow{\text{稀HNO}_3} \text{D-葡萄糖二酸}$$

酮糖也可以被稀硝酸氧化，经碳链断裂而生成较小分子的二元酸。

课堂互动

　　果糖是酮糖，为什么也可以象醛糖一样和托伦试剂、斐林试剂反应？却不能与溴水反应？

3. 成脎反应　单糖具有羰基，可与苯肼反应生成苯腙，生成的苯腙还可与过量的苯肼作用，生成难溶于水的二苯腙黄色结晶，称为糖脎。糖脎的生成可分三个阶段进行。单糖首先与苯肼作用生成苯腙，然后苯腙中原来与羰基相邻碳（醛糖的 C_2，酮糖的 C_1）上的羟基，被苯肼氧化为新的羰基，它再与苯肼作用生成二苯腙。除糖外，α-羟基醛或酮均可发生类似反应。

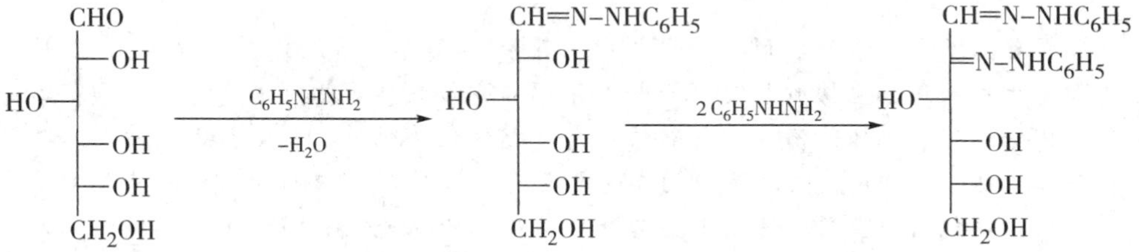

糖脎都是不溶于水的黄色晶体，不同的糖脎晶型不同，熔点不同，在反应中生成的速度也不一样，因此利用该反应可作糖的定性鉴别。凡碳原子数相同的单糖，除 C_1、C_2 外，其余手性碳原子构型完全相同时，都能生成相同的糖脎。如 D-葡萄糖、D-甘露糖和 D-果糖所生成的糖脎都一样。不同的糖生成糖脎所需的时间不同。一般来说，单糖快些，二糖慢些。成脎反应有时可用来帮助测定糖的构型。

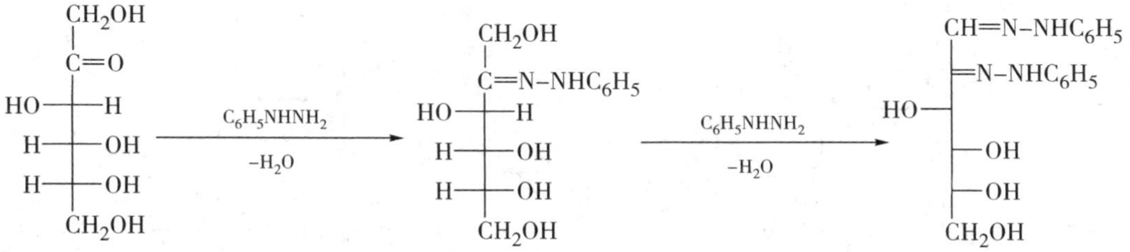

4. 成苷反应 单糖环状结构中的半缩醛羟基较其他羟基活泼，在适当条件下，半缩醛羟基可与醇或酚等含羟基的化合物脱水生成具有缩醛结构的化合物，称为糖苷。由于单糖的半缩醛羟基（又称苷羟基）有 α- 和 β- 之分，故糖苷也有 α- 和 β- 两种构型。如在干燥氯化氢气体催化下，D-葡萄糖与甲醇作用，脱水生成 D-甲基吡喃葡萄糖苷。反应式如下：

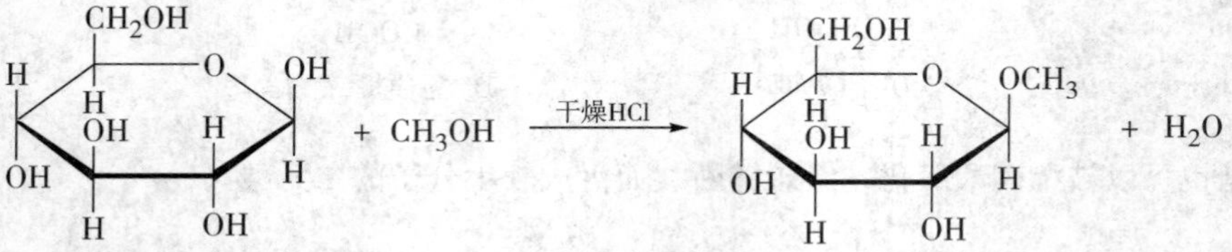

β-D-吡喃葡萄糖　　　　　　　　　　　　　　β-D-甲基吡喃葡萄糖苷

苷，也称甙或配糖体，它是由单糖或低聚糖的半缩醛羟基与另一化合物的羟基、氨基、巯基或带有活泼氢原子的烃基脱水形成的产物，所形成的键叫苷键。糖苷由糖和非糖部分通过苷键结合而成，其非糖部分称为配糖体或苷元。糖苷分子中已没有半缩醛羟基，在水溶液中不能转化为开链结构而产生醛基，因此糖苷无还原性。糖苷为缩醛，在碱性溶液中比较稳定，在酸或酶的催化下则易水解生成原来的糖和非糖物质。

> **拓展阅读**
>
> ### 糖　苷
>
> 　　糖苷广泛分布于植物的根、茎、叶、花和果实中，一般味苦，有些有剧毒。水解时生成糖和其他物质。例如苦杏仁苷，水解的最终产物是葡萄糖、苯甲醛和氢氰酸。糖苷可用作药物。很多中药的有效成分就是糖苷，例如，杏仁中的苦杏仁苷有止咳平喘作用；洋地黄中的洋地黄苷有强心作用，白杨和柳树皮中的水杨苷具有止痛作用。柴胡、桔梗、远志等的有效成分也是糖苷。由于立体构型的不同，糖苷有 α 和 β 两种构型。

5. 成酯反应 单糖分子中的半缩醛羟基和醇羟基均能与酸作用生成酯，与磷酸作用则生成磷酸酯。体内葡萄糖在酶的作用下可与磷酸生成葡萄糖磷酸酯，如葡萄糖-1-磷酸酯、葡萄糖-6-磷酸酯、果糖-1，6-二磷酸酯。其结构式如下：

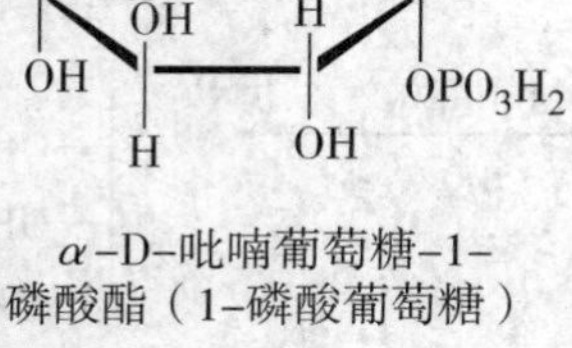

α-D-吡喃葡萄糖-1-　　　　　　　　　　　　α-D-吡喃葡萄糖-6-
磷酸酯（1-磷酸葡萄糖）　　　　　　　　　　磷酸酯（6-磷酸葡萄糖）

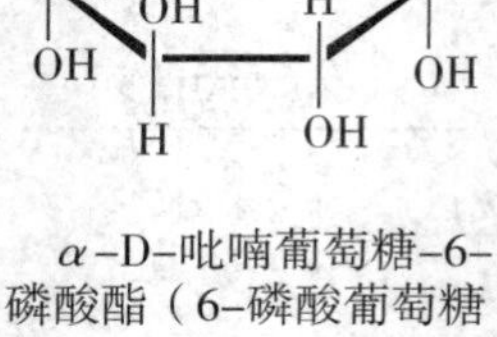

第十四章
糖　类　**233**

α-D-果糖-1,6-二磷酸酯
（1,6-二磷酸果糖）

　　单糖的磷酸酯在生命过程中具有重要意义，它们是人体内许多代谢过程中的中间产物。如葡萄糖-1-磷酸酯是合成糖原的原料，也是糖原在体内分解的最初产物。因此，糖的磷酸酯的生成是体内糖的贮存和分解的基本步骤之一。

　　6. 颜色反应　单糖在浓盐酸或浓硫酸存在下加热，可发生分子内脱水反应，生成糠醛或糠醛衍生物。例如：己醛糖与浓硫酸或浓盐酸共沸，可发生分子内脱水反应，转变为5-羟甲基糠醛（5-羟甲基-2-呋喃甲醛）。

5-羟甲基糠醛

　　糠醛及其衍生物可与酚类、蒽酮、芳胺等缩合生成不同的有色物质，可用于鉴别糖类。

　　（1）莫利许（Molisch）反应　在糖的水溶液中加入 α-萘酚的醇溶液，然后沿容器壁慢慢加入浓硫酸，不得振摇，密度较大的浓硫酸沉到底部，在浓硫酸和糖溶液的交界面很快出现紫色环，这就是莫利许反应。所有糖，包括单糖、低聚糖和多糖，都能发生此反应，而且反应很灵敏，常用于糖类物质的鉴定。

　　（2）塞利凡诺夫（Seliwanoff）反应　塞利凡诺夫试剂是间苯二酚的浓盐酸溶液。在酮糖的溶液中，加入塞利凡诺夫试剂，加热，很快出现红色。在相同的时间内，醛糖反应速率很慢，以至观察不出它的变化。所以，用此实验可以鉴别酮糖和醛糖。

　　（3）蒽酮反应　糖类能与蒽酮的浓硫酸溶液作用，生成绿色物质。这个反应可用来定量测定糖。

　　葡萄糖制剂在加热灭菌过程中容易生成有色物质而变黄，也是由于生成了羟甲基糠醛。因此为有效防止有色物质生成，应将葡萄糖溶液的pH值控制在3~4之间并使灭菌温度不要过高。

三、重要的单糖

（一）葡萄糖

　　D-葡萄糖是自然界分布最广、最重要的己醛糖。游离态葡萄糖常见于果实、蜂蜜、动物血液中。人体血液中的葡萄糖称为血糖，正常人空腹血糖浓度正常值为3.89~6.11mmol/L。尿液中的葡萄糖称为尿糖，当血糖浓度超过 8.89~10.0mmol/L 时，超过肾小管最大重吸收能力，葡萄糖则随尿排出，出现糖尿。结合态的葡萄糖是许多低聚糖、多糖和糖苷等的组成部分，在生物化学变化中起着重要作用。

　　葡萄糖是无色结晶，易溶于水，难溶于乙醇，有甜味，甜度为蔗糖的70%。葡萄糖的水溶液有右旋性，故又称其为右旋糖。D-葡萄糖广泛存在于自然界，不仅在植物体内存在，而且在动物体内也有存在。它是组成蔗糖、麦芽糖等二糖及淀粉、糖原、纤维素等多糖的基本单元。葡萄糖在工业上多由淀粉水解制得。葡萄糖的含量测定使用旋光法。

葡萄糖是人体内新陈代谢不可缺少的营养物质，在医药上具有广泛的用途。葡萄糖是常用的营养剂，并具有强心、利尿、解毒等作用，用于血糖过低、心肌炎的治疗和补充体液。

（二）果糖

D-果糖也是自然界中分布较广的一种单糖，是天然存在的糖中最甜的糖，甜度为蔗糖的133%。游离的果糖主要存在于水果和蜂蜜中，大量的果糖以结合状态存在于蔗糖中。人摄入的果糖约占食物中糖类总量的1/6。果糖也是菊科植物根部所含多糖-菊根粉的组成成分。在动物的前列腺和精液中也含有相当量的果糖。

果糖为无色结晶，熔点为105℃，易溶于水，可溶于乙醇。天然的果糖具有左旋性，所以又称其为左旋糖。

果糖及葡萄糖都能与磷酸作用生成磷酸酯，作为体内代谢的重要中间产物，1,6-二磷酸果糖不仅是体内糖代谢过程的中间产物，而且是高能营养性药物，有增强细胞活力和保护细胞的作用，可作为急救心肌梗死及各类休克的辅助药物。

（三）核糖、2-脱氧核糖

核糖和2-脱氧核糖是重要的戊糖，它们是核酸的重要组成成分。核糖的分子式为$C_5H_{10}O_5$，脱氧核糖的分子式为$C_5H_{10}O_4$，它们都是D-型醛糖，具有左旋性，半缩醛环状结构中含有呋喃环，其开链及环状结构如下：

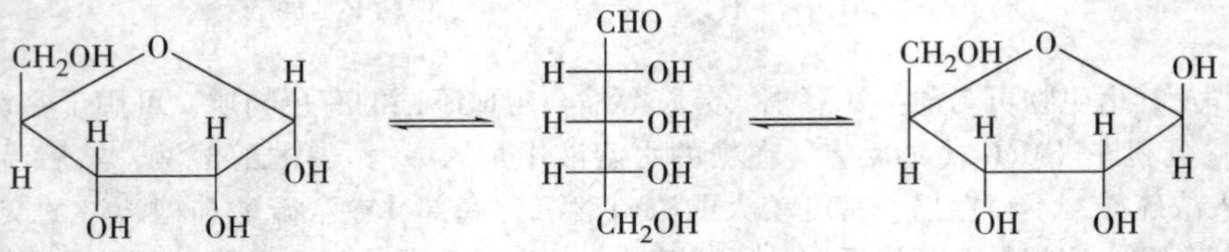

α-D-(-)-核糖　　　　　D-(-)-核糖　　　　　β-D-(-)-核糖

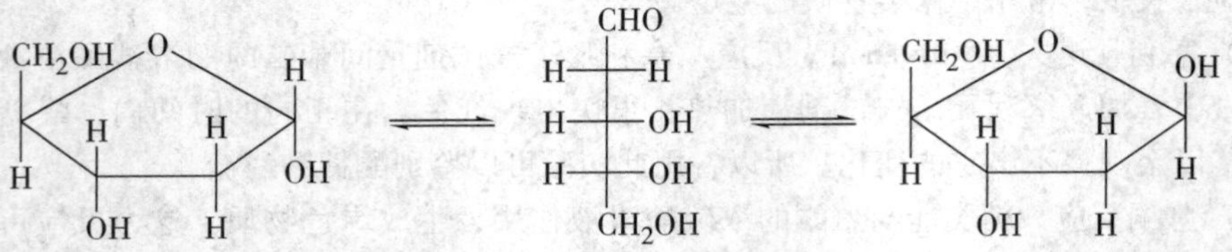

α-D-(-)-2-脱氧核糖　　　D-(-)-2-脱氧核糖　　　β-D-(-)-2-脱氧核糖

D-(-)-核糖为结晶体，熔点95°，比旋光度为-21.5°；D-(-)-2-脱氧核糖的比旋光度为-60°。这两种糖在自然界均不以游离态存在。核糖是核糖核酸（RNA）的组成部分，RNA参与蛋白质及酶的生物合成过程。脱氧核糖是脱氧核糖核酸（DNA）的组成部分。DNA存在于绝大多数活细胞中，是携带遗传信息的主要物质。

拓展阅读

核 酸

核酸是由许多核苷酸聚合成的生物大分子化合物，为生命的最基本物质之一。它包括脱氧核糖核酸（DNA）和核糖核酸（RNA）两大类。核酸完全水解产生嘌呤和嘧啶等碱性物质、戊糖（核糖或脱氧核糖）和磷酸的混合物。RNA中的戊糖是D-核糖，DNA中的戊糖是D-2-脱氧核糖。

（四）半乳糖

D-(+)-半乳糖是己醛糖，是 D-葡萄糖的 C_4 差向异构体，具有右旋光性，是许多低聚糖的组分，与葡萄糖以苷键结合成乳糖存在于哺乳动物的乳汁中，也是组成脑苷和神经中枢的重要物质，脑髓中有一些结构复杂的脑苷酯含有半乳糖。半乳糖通常以吡喃型环状结构存在，也有 α 和 β 两种构型。

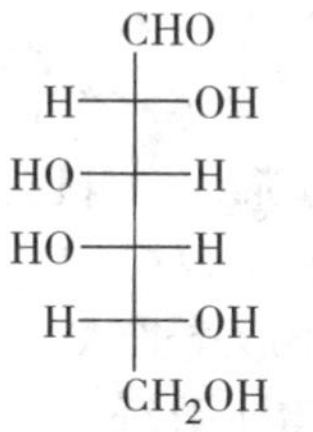

D-(+)-半乳糖　　　　　　　　α-D-吡喃半乳糖

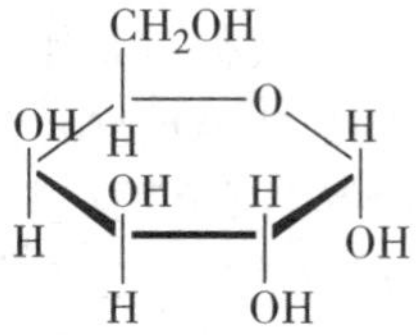

半乳糖为晶体，具有还原性和变旋光现象，平衡时的比旋光度为+83.3°。

第二节　低聚糖

案例导入

案例：低聚糖广泛应用于食品、保健品、饮料、医药、饲料添加剂等领域，集营养、保健、食疗于一体。它是面向二十一世纪"未来型"新一代功效食品，是一种具有广泛适用范围和应用前景的新产品，近年来国际上颇为流行。美国、日本、欧洲等地均有规模化生产，我国低聚糖的开发和应用起于 20 世纪 90 年代中期，近些年发展迅猛。

讨论：什么是低聚糖？你知道它的组成、结构和性质吗？

低聚糖又称寡糖，由 2~10 个单糖分子缩合而成，按照水解生成单糖分子的多少，低聚糖又可分为二糖、三糖……等。二糖是比较重要的寡糖，常见的蔗糖、麦芽糖、乳糖都是二糖。含有低聚糖分子单元的糖共聚物具有重要的生物学价值，因此，低聚糖的研究也随着对他们生物学功能的了解为人们所重视。下面以二糖为例，介绍低聚糖的结构特征和主要性质。

单糖分子中的半缩醛羟基（苷羟基）与另一分子单糖中的羟基（可以是苷羟基，也可以是其他羟基）作用，脱水而形成的糖苷称为二糖。其中一分子单糖的苷羟基与另一分子糖的其他羟基缩合而成的二糖称为还原性二糖，一分子单糖的苷羟基与另一分子糖的苷羟基缩合而成的二糖称为非还原性二糖。

一、蔗糖

蔗糖的分子式为 $C_{12}H_{22}O_{11}$，它是由 1 分子 α-D-葡萄糖中的 C_1 半缩醛羟基和 1 分子 β-D-果糖的 C_2 半缩酮羟基脱水，以 α,β-1,2-苷键结合而成的糖苷，其结构式为：

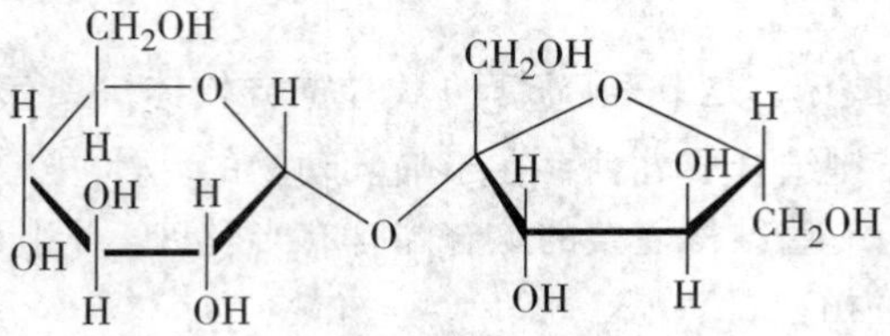

蔗糖是为白色晶体，易溶于水，甜味高于葡萄糖。蔗糖是自然界分布最广的二糖，在甘蔗和甜菜中含量较高。我们日常生活中食用的白糖、红糖、冰糖等都是蔗糖。蔗糖甜度仅次于果糖，是重要的甜味添加剂，在医药上常用来制造糖浆，也可作为药物的防腐剂。

由于蔗糖分子中不含半缩醛羟基，它不能被托伦试剂、斐林试剂、班氏试剂等氧化。因此，蔗糖是一种非还原性二糖，没有变旋光现象，也不能形成糖脎。

蔗糖的水溶液具有右旋性，用稀酸或蔗糖酶水解可获得 1 分子 D-葡萄糖和 1 分子 D-果糖的混合物，具有左旋性，与水解前的旋光方向相反，因此，工业上把蔗糖的水解称为转化，水解后的混合物称为转化糖。转化糖用于饮料工业中。

$$C_{12}H_{22}O_{11}+H_2O \xrightarrow{H^+} C_6H_{12}O_6 + C_6H_{12}O_6$$

蔗糖   D-葡萄糖   D-果糖

$[\alpha]_D^{20} =+66°$ $[\alpha]_D^{20} =+52°$ $[\alpha]_D^{20} =-92°$

转化糖

$[\alpha]_D^{20} =-20°$

拓展阅读

转化糖注射液

转化糖是用稀酸或酶对蔗糖作用后所得含等量的葡萄糖和果糖的混合物。转化糖注射液是由等量的葡萄糖与果糖混合制成的输液剂，为无色或几乎无色的澄明液体，味甜。本品为复方制剂，其组分为每 250ml 含果糖 6.25g 与葡萄糖 6.25g，辅料名称：注射用水。适应证为药物稀释剂、适用于需要非口服途径补充水分或能源的患者的补液治疗。其作用机制与葡萄糖和果糖的作用机制类似，可以产生与单用葡萄糖相等的能量，其中的果糖可以使葡萄糖更快地被机体利用。通常静脉滴注，用量视病情需要而定。成人常用量为每次 250~1000ml，并控制滴注速度。

二、麦芽糖

麦芽糖是白色晶体，分子式为 $C_{12}H_{22}O_{11}$，易溶于水，甜味不如蔗糖，是食用饴糖的主要成分。麦芽糖可由淀粉经淀粉酶水解制得。谷物种子发芽时，种子内的淀粉被淀粉酶水解产生麦芽糖。

实验证明，麦芽糖是由一分子 α-D-葡萄糖的 C_1 半缩醛羟基与另一分子 α-D-葡萄糖 C_4 上的羟基脱水以 α-1,4-糖苷键结合而成的二糖。麦芽糖结构式如下：

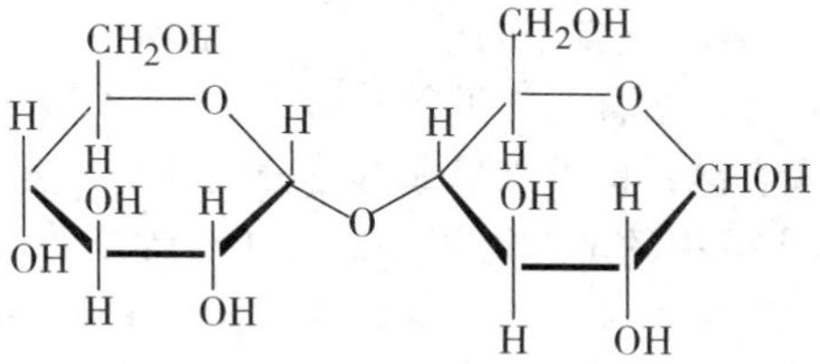

　　麦芽糖分子中仍有一个半缩醛羟基存在，具有还原性，能被托伦试剂、斐林试剂及班氏试剂等氧化，属于还原性二糖。能产生变旋光现象，也能形成糖脎（与葡萄糖相似）。

　　人体在消化食物时，其中的淀粉可以在淀粉酶的作用下水解生成麦芽糖，因此，麦芽糖是淀粉在消化过程中的一个中间产物。麦芽糖在无机酸或 α-葡萄糖苷酶作用下水解成 2 分子 D-葡萄糖。

三、乳糖

　　乳糖存在于哺乳动物的乳汁中，人乳中含量为 6%～8%，牛乳中含量为 4%～6%。它还是奶酪生产的副产物，甜度约为蔗糖的 70%。

　　乳糖由 1 分子 β-半乳糖与 1 分子 D-葡萄糖以 β-1,4-苷键结合而成的二糖，结构为：

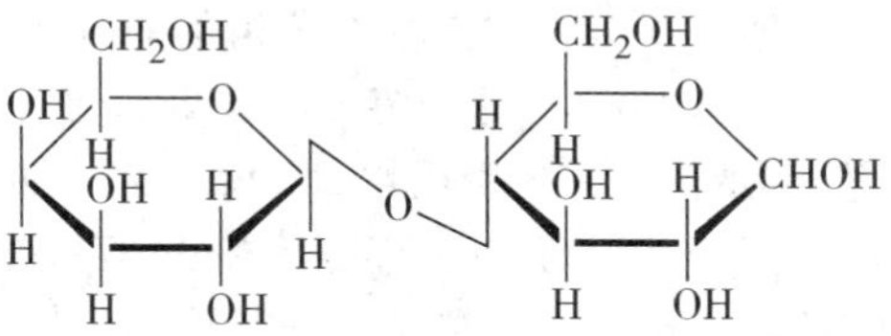

　　乳糖分子中仍存在半缩醛羟基，属还原性二糖，亦具有变旋现象。乳糖甜味弱，极少用作营养品，医药上利用乳糖吸湿性小的特点，作为药物的稀释剂以配制散剂和片剂。乳糖晶体中含 1 分子结晶水（$C_{12}H_{22}O_{11} \cdot H_2O$），熔点为 202℃，易溶于水。在酸或乳糖酶的催化下，乳糖能发生水解生成一分子葡萄糖和一分子半乳糖。

第三节　多糖

案例导入

　　案例：主食是传统餐桌上的主要食物，是所需能量的主要来源。由于主食是糖类化合物特别是淀粉的主要摄入源，因此以淀粉为主要成分的稻米、小麦、玉米等谷物，以及土豆、甘薯等块茎类食物被不同地域的人当作主食。淀粉是一种多糖，研究人员对谷类、薯类、豆类等 14 个不同品种淀粉的相对分子质量分布进行了测定，测定结果表明不同品种淀粉的相对分子质量分布差别很大，分散度都较高。即使不同来源的同种淀粉样品，它们平均相对分子质量虽很接近，但其相对分子质量分布和分散度差异也很大。在各类淀粉中以块茎类淀粉的相对分子质量最大。

　　讨论：淀粉是一种多糖，它们的结构和性质怎样？

　　多糖是由许多（数百以至数千个）单糖分子通过苷键连接而成的高分子化合物。常见

的多糖可用通式 $(C_6H_{10}O_5)_n$ 表示。多糖的结构单位是单糖，相对分子质量通常是几万至几百万。各结构单位之间以苷键相结合，常见的苷键有 α-1,4、α-1,6、β-1,3 和 β-1,4 等。多糖的各结构单位可以连成直链，也可以形成具有分支的链。直链一般是以 α-1,4、β-1,3 和 β-1,4-苷键连成的。分支链中的链与链之间的连接点常是 α-1,6-苷键。

多糖按照结构可分为匀多糖、杂多糖、黏多糖，匀多糖由相同的单糖组成的多糖。例如由 D-葡萄糖组成的淀粉、糖原、纤维素等。杂多糖由不同的单糖组成的多糖。例如阿拉伯胶是由戊糖和半乳糖组成的。黏多糖由 D-葡萄糖酸与一些氨基糖或其衍生物组成的。多糖在自然界分布很广，有的是构成植物和某些动物骨干结构的不溶性多糖，如纤维素；有的是作为简单糖的储存形式，在需要时通过体内酶的作用再释放出简单的糖，像人体肝脏中的糖原是血糖的储存形式；有的具有特殊的生物活性，像人体中的肝素有抗凝血作用，肺炎球菌的细胞壁中的多糖有抗原作用。

多糖大部分为无定形粉末，没有甜味，无还原性。多糖大多数不溶于水，少数能溶于水形成胶体溶液。多糖能被酸或酶催化水解，水解的最终产物为单糖。

一、淀粉

淀粉是绿色植物光合作用的产物，是植物体储存营养物质的一种形式。淀粉是人类最主要的食物，也是重要的工业原料。淀粉广泛存在于植物的种子、块根、块茎等部位，如，大米中约含淀粉 80%，小麦中约含 70%，马铃薯中约含 20% 等。

淀粉由直链淀粉和支链淀粉组成，淀粉用水处理后，得到的可溶解部分为直链淀粉，不溶而膨胀部分为支链淀粉。如玉米淀粉中，直链淀粉占 27%，其余为支链淀粉；糯米几乎全部为支链淀粉。直链淀粉比支链淀粉容易被消化。图 14-1 与图 14-2 分别为直链淀粉和支链淀粉的结构示意图。两者在分子大小、糖苷键类型和分子形状上都存在差别，人们通常所说的淀粉是两种淀粉的混合物。

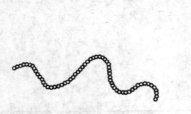

图 14-1　直链淀粉

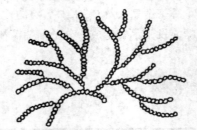

图 14-2　支链淀粉

直链淀粉又称糖淀粉，能溶于热水。直链淀粉由于分子内氢键的相互作用，使长链卷曲成螺旋形状。直链淀粉形成螺旋后，遇碘时，中间的通道正好能容纳进入的碘分子，通过范德华力，碘进入螺旋圈的中空部分形成复合物而显深蓝色。直链淀粉是由许多葡萄糖单位以 α-1,4-苷键结合而成，其结构式为：

α-1,4-苷键

支链淀粉又称胶淀粉，支链淀粉的相对分子质量比直链淀粉大，不溶于水，在热水中则溶胀呈糊状，有很强的黏性，遇碘呈紫红色。与直链淀粉相比，支链淀粉具有分支，其中葡萄糖单位之间的连结苷键除了 α-1,4-糖苷键外，还有 α-1,6-苷键，其结构式如下：

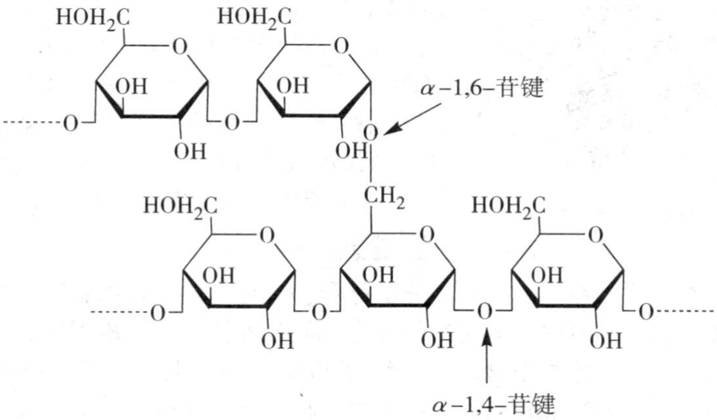

淀粉是白色无定形粉末，在酸或酶作用下水解，先生成糊精，继续水解得到麦芽糖，最终水解产物是 D-葡萄糖。淀粉的水解过程可借水解产物遇碘所显颜色的不同而确定。

$$(C_6H_{10}O_5)_n \xrightarrow[H^+或酶]{H_2O} (C_6H_{10}O_5)_m \xrightarrow[H^+或酶]{H_2O} C_{12}H_{22}O_{11} \xrightarrow[H^+或酶]{H_2O} C_6H_{12}O_6$$

   淀粉　　　　　　　糊精　　　　　　麦芽糖　　　　　D-葡萄糖

糊精是白色或淡黄色粉末，溶于冷水，有黏性，用作黏合剂也可作浆糊用。淀粉在药物制剂中被大量用作赋形剂，还用作制备葡萄糖等药物的原料。此外，淀粉还用于制备羧甲基淀粉钠（CMSNa），CMSNa 具有较强的吸湿性，吸水后最多可使其体积溶胀 300 倍，但不溶于水，只吸水形成凝胶，不会使溶液的黏度明显增加，可用作药片及胶囊的崩解剂。

淀粉是人类的主要食物。人们咀嚼米饭或馒头时，淀粉在唾液淀粉酶的作用下，开始水解，产生一小部分麦芽糖，但淀粉在人体的水解主要是在小肠中，在胰脏分泌的淀粉酶的作用下，最终将淀粉水解成葡萄糖。生成的葡萄糖经过肠壁吸收，进入血液，供给人体的营养需要。

课堂互动

1. 直链淀粉遇碘显蓝色属于物理现象还是化学现象？
2. 怎样用实验证明淀粉部分水解和完全水解？

二、糖原

糖原是存在于动物体内的多糖，是动物体内糖的储存形式，又称动物淀粉。动物将食物消化后所得的葡萄糖以糖原的形式储存于肝脏和肌肉中，称为肝糖原和肌糖原。

糖原的结构和支链淀粉相似，只是在糖原中支链比淀粉更多、更稠密，相对分子质量也更大，形成像树叉状的紧密结构。糖原结构单位亦是 D-葡萄糖，结构单位之间以 α-1,

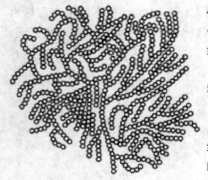

图 14-3　糖原结构示意图

4-苷键结合，链与链之间的连接点以 α-1,6-苷键结合，但糖原侧链多、密和短，相对分子量可高达 1 亿。糖原的结构示意图如图 14-3 所示。

糖原是无色粉末，溶于热水，溶解后成胶体溶液。糖原遇碘呈红色，其水解的最终产物为葡萄糖。

糖原在人体代谢中对维持血糖浓度起着重要的作用。当血糖浓度升高时，在胰岛素的作用下，肝脏和肌肉等组织就能把多余的葡萄糖转变为糖原储存起来；当血糖的浓度降低时，在机体的调节作用下，肝糖原就分解为葡萄糖进入血液中，以维持血糖浓度。

三、纤维素

纤维素是自然界分布最广的天然高分子化合物，是构成植物细胞壁的基础物质，也是植物体的支撑物质。一切植物中均含有纤维素，但各种植物中纤维素的含量不同，植物细胞膜大约 50% 是纤维素，木材中含纤维素约为 40%～50%，棉花中含纤维素达 92%～95%，脱脂棉和滤纸几乎是纯的纤维素制品。纤维素的相对分子质量巨大，如棉花纤维的相对分子质量约为 60 万，苎麻纤维的相对分子质量几乎达到 200 万。因此纤维素比淀粉更难以水解，一般需要在浓酸中或用稀酸高温高压下才能进行水解，其水解的最终产物是葡萄糖。

纤维素为白色固体，不溶于水，与碘不发生颜色反应。纤维素是由几千个葡萄糖单位经 β-1,4-糖苷键连接而成的长链分子，一般无分支链，其结构如下：

$$\beta\text{-1,4-苷键}$$

食草动物如牛、羊、兔等的胃能分泌纤维素水解酶，可以将纤维素水解成葡萄糖，所以纤维素可以作为这些食草动物的饲料。而人类消化道由于缺乏能使纤维素水解的酶，因此不能将它转化为葡萄糖而利用，纤维素不能直接作为人类的营养物质。但食物中的纤维素能促进肠蠕动和分泌消化液，有助于食物的消化和排泄，是人类不可缺少的食物。因此，多吃蔬菜、水果以保持足量的纤维素，对保持健康有着重要意义。

拓展阅读

膳食纤维

人类膳食中的纤维素主要含于蔬菜和粗加工的谷类中，虽然不能被消化吸收，但有促进肠道蠕动，利于粪便排出等功能。草食动物则依赖其消化道中的共生微生物将纤维素分解，从而得以吸收利用。食物纤维素包括粗纤维、半粗纤维和木质素。食物纤维素过去被认为是"废物"，现在人们认为它在保障人类健康，延长生命方面有着重要作用。膳食纤维素的主要功能有：治疗糖尿病、预防和治疗冠心病、降压作用、抗癌作用、减肥、治疗肥胖症、治疗便秘。

重点小结

1. 从分子结构特点来看，糖类是多羟基醛、多羟基酮及其脱水缩合物。

2. 葡萄糖是己醛糖，果糖是己酮糖，两者互为同分异构体。天然存在的单糖大多是 D 型糖。单糖具有开链和氧环式结构，其氧环式结构也可用哈沃斯式表示。单糖在水溶液中以环状结构与开链结构互变形式存在。

3. 酮糖和醛糖在稀碱性溶液中可发生相互转化。在含有多个手性碳原子的旋光异构体之间，只有 1 个手性碳原子的构型不同，而其他手性碳原子的构型完全相同的异构体，它们互称为差向异构体。差向异构体之间的转化称为差向异构化。

4. 单糖能将斐林试剂、班氏试剂还原成氧化亚铜砖红色沉淀，能将托伦试剂还原生成银镜。单糖容易被弱氧化剂氧化，具有还原性。利用单糖的还原性可做定性定量测定。醛糖可被溴水氧化，而酮糖不能，利用溴水可以区别醛糖和酮糖。

5. 单糖可与过量苯肼反应，生成糖脎。糖脎都是不溶于水的黄色晶体，不同的糖脎晶型不同，熔点也不同，在反应中生成的速度也不一样，因此利用该反应可作糖的定性鉴别。

6. 糖苷是由单糖或低聚糖的半缩醛羟基与另一化合物的羟基、氨基、巯基或带有活泼氢原子的烃基脱水形成的产物，所形成的键叫苷键。糖苷广泛存在于自然界，是某些中草药的有效成分。单糖分子与酸作用生成酯，与磷酸作用生成磷酸酯。

7. 单糖可发生颜色反应，莫利许反应是糖类的通用检查方法，塞利凡诺夫反应可根据显色的快慢与颜色特征来区别醛糖和酮糖。蒽酮反应可用来定量测定糖。

8. 低聚糖又称寡糖，二糖是比较重要的寡糖。二糖是单糖分子中的半缩醛羟基（苷羟基）与另一分子单糖中的羟基（可以是苷羟基，也可以是其他羟基）作用，脱水而形成的糖苷。

9. 蔗糖、麦芽糖、乳糖都是重要的二糖，在酸或酶的作用下发生水解生成单糖。蔗糖是非还原性二糖，麦芽糖、乳糖是还原性二糖。

10. 多糖是由许多（数百以至数千个）单糖分子通过糖苷键连接而成的高分子化合物。常见的多糖可用通式（$C_6H_{10}O_5$）$_n$ 表示。多糖大部分为无定形粉末，没有甜味，无还原性。多糖大多数不溶于水，少数能溶于水形成胶体溶液。多糖能被酸或酶催化水解，水解的最终产物为单糖。

11. 淀粉由直链淀粉和支链淀粉组成，直链淀粉遇碘时显深蓝色，支链淀粉遇碘呈紫红色。淀粉是白色无定形粉末，在酸或酶作用下水解，先生成糊精，继续水解得到麦芽糖，最终水解产物是 D-葡萄糖。淀粉的水解过程可借水解产物与碘所显颜色的不同而确定。

12. 糖原是存在于动物体内的多糖，糖原遇碘呈红色，其水解的最终产物为葡萄糖。糖原在人体代谢中对维持血糖浓度起着重要的作用。

13. 纤维素是自然界分布最广的天然高分子化合物，其水解的最终产物是葡萄糖。纤维素为白色固体，不溶于水，与碘不发生颜色反应。

目标检测

1. 填空题

(1) 血糖是指 _____，正常人在空腹状态下血糖含量为_____。

(2) 天然淀粉由_____和_____组成，直链淀粉遇碘显示_____色。

(3) 糖分子中的半缩醛羟基，又称_____。

(4) 根据糖类的水解情况，糖类可分成_____、_____、和_____。

2. 选择题

(1) 下列对糖类的叙述正确的是

    A. 都可以水解   B. 都是天然高分子化合物

    C. 都含有 C、H、O 三种元素   D. 都有甜味

(2) 关于葡萄糖的说法下列不正确的是

    A. 葡萄糖的分子式是 $C_6H_{12}O_6$

    B. 葡萄糖是一种多羟基醛，因而具有醛和多元醇的性质

    C. 葡萄糖不能水解

    D. 葡萄糖是糖类化合物中最甜的

(3) 下列糖中属非还原糖的是

    A. 麦芽糖   B. 乳糖   C. 蔗糖   D. 果糖

(4) 下列不是同分异构体的是

    A. 葡萄糖与果糖   B. 麦芽糖与蔗糖

    C. 蔗糖与乳糖   D. 核糖与脱氧核糖

(5) 对淀粉和纤维素关系的叙述，错误的是

    A. 都是非还原性糖   B. 都符合通式$(C_6H_{10}O_5)_n$

    C. 互为同分异构体   D. 都是天然高分子化合物

(6) 下列糖中，人体消化酶不能消化的是

    A. 糖原   B. 淀粉

    C. 麦芽糖   D. 纤维素

(7) 糖在人体内储存的形式是

    A. 乳糖   B. 蔗糖

    C. 麦芽糖   D. 糖原

(8) 血糖通常是指血液中的

    A. 葡萄糖   B. 糖原

    C. 麦芽糖   D. 果糖

(9) 检查淀粉是否完全水解应选用的试剂是

    A. 托伦试剂   B. 斐林试剂

    C. 班氏试剂   D. 碘试剂

(10) 葡萄糖和果糖不能发生的反应的是

    A. 氧化反应   B. 成苷反应

    C. 成酯反应   D. 水解反应

3. 写出 D-葡萄糖与下列试剂的反应式

（1）CH_3OH（干燥 HCl）　　　　　（2）苯肼

（3）溴水　　　　　　　　　　　　　（4）稀 HNO_3

4. 用化学方法鉴别下列各组化合物

（1）葡萄糖和蔗糖　　　　　　　　　（2）葡萄糖和果糖

（3）糖原、淀粉和纤维素　　　　　　（4）D-葡萄糖和 D-葡萄糖苷

（杨智英）

第十五章

脂类、萜类和甾体化合物

学习目标

知识要求　**1. 掌握**　油脂的结构和性质；萜类和甾体化合物的基本结构。

　　　　　2. 熟悉　萜类和甾体化合物的分类。

　　　　　3. 了解　类脂；重要的萜类、甾体化合物。

技能要求　1. 能判断脂类、萜类、甾体化合物的结构并能将其分类。

　　　　　2. 会运用异戊二烯规则分析萜类化合物的结构。

　　脂类又称脂质，广泛存在于动植物体内，是维持正常生命活动不可或缺的物质之一。在生物体内，脂类一方面作为生物膜和组织的物质基础，另一方面为机体新陈代谢提供能量。同时，脂类又是脂溶性维生素 A、D、E、K 等生物活性物质的良好溶剂，对促进这些维生素的吸收具有重要作用。类脂是组成原生质的重要物质，它们在细胞内和蛋白质结合在一起形成脂蛋白，构成细胞的各种膜，如细胞膜和线粒体膜等。

　　萜类和甾体化合物是两类重要的天然产物，广泛存在于动植物组织中，其中有些在生理活动中起着十分重要的作用。例如，肾上腺皮质激素就是一类甾体化合物，它对人体电解质和糖的代谢有很大的影响。人体中的胆固醇、胆酸、性激素等都属于甾体化合物。许多萜类和甾体化合物是中药的有效成分，具有重要的药用价值，有的可直接入药，有的作为药物合成的原料。例如，从红豆杉中提取的对乳腺癌、卵巢癌等有良好疗效的紫杉醇就是一类萜类化合物；而具有强心作用的中药有效成分蟾酥则属于甾体化合物。因此，脂类、萜类和甾体化合物与药学有着密切的关系。

第一节　脂类

案例导入

案例：2006 年 2 月，美国食品药品管理局（FDA）对全球最大的快餐集团麦当劳出售的薯条启用新的检测方法，结果显示，在每大份麦当劳薯条中，反式脂肪酸含量从过去的 6g 增加到了 8g，脂肪酸总含量从过去的 25g 增加到了 30g。美国食品药品管理局称，反式脂肪酸可增加人体"不良胆固醇"，增加患心脏病的风险。同时，反式脂肪酸还会减少男性荷尔蒙分泌，危及男性生殖功能。一时间，"反式脂肪酸"作为食品安全领域的焦点引起社会的关注。

讨论：1. 反式脂肪酸是怎么形成的呢？

　　　2. 反式脂肪酸对人体还有哪些危害？如何避免反式脂肪酸的摄入？

一、油脂

油脂是油和脂肪的统称，广泛存在于动、植物体内。习惯上把室温下呈液态的称为油，如花生油、大豆油、菜籽油等；在室温下呈固态或半固态的称为脂肪，如奶油、猪油、牛油等。油脂具有重要的生理功能，是生命活动必需的能源物质，每克油脂分解能提供38kJ的热量，为蛋白质或糖类物质释放能量的两倍。此外，脂肪组织在皮下有保温作用、在脏器周围还能保护内脏免受外力撞伤的作用。

（一）油脂的结构和命名

1. 油脂的结构 从化学结构来看，油脂是一分子甘油与三分子高级脂肪酸形成的酯的混合物，其通式如下：

$$
\begin{array}{l}
CH_2-O-\overset{\displaystyle O}{\overset{\|}{C}}-R \\
CH-O-\overset{\displaystyle O}{\overset{\|}{C}}-R' \\
CH_2-O-\overset{\displaystyle O}{\overset{\|}{C}}-R''
\end{array}
$$

当 R、R′、R″ 相同时，称为单甘油酯；当 R、R′、R″ 不同时，则称为混合甘油酯。天然油脂是各种混合甘油酯的混合物。根据高级脂肪酸碳链中有无双键分为饱和高级脂肪酸和不饱和高级脂肪酸两大类。常见脂肪酸见表 15-1。

表 15-1　油脂中常见脂肪酸的结构和名称

类别	名　称	结构式
饱和脂肪酸	月桂酸（十二酸）	$CH_3(CH_2)_{10}COOH$
	豆蔻酸（十四酸）	$CH_3(CH_2)_{12}COOH$
	软脂酸（十六酸）	$CH_3(CH_2)_{14}COOH$
	硬脂酸（十八酸）	$CH_3(CH_2)_{16}COOH$
	花生酸（二十酸）	$CH_3(CH_2)_{18}COOH$
不饱和脂肪酸	油酸（9-十八碳烯酸）	$CH_3(CH_2)_7CH=CH(CH_2)_7COOH$
	亚油酸（9,12-十八碳二烯酸）	$CH_3(CH_2)_4CH=CHCH_2CH=CH(CH_2)_7COOH$
	亚麻酸（9,12,15-十八碳三烯酸）	$CH_3CH_2(CH=CHCH_2)_3(CH_2)_6COOH$
	桐油酸（9,11,13-十八碳三烯酸）	$CH_3(CH_2)_3(CH=CH)_3(CH_2)_7COOH$
	花生四烯酸（5,8,11,14-二十碳四烯酸）	$CH_3(CH_2)_4(CH=CHCH_2)_4(CH_2)_2COOH$

拓展阅读

油脂的营养价值

油脂是人的主要营养物质之一。它不仅给人体提供热量，而且可以合成细胞的主要成分：磷脂、固醇等。

    油脂的营养价值取决于油脂中必需脂肪酸的含量。所谓必需脂肪酸是指在人体内不能合成但又必需的高级脂肪酸，如：亚油酸、亚麻酸和花生四烯酸等。必需脂肪酸在体内有多种生理作用，如促进发育、胃肠健康和参与胆固醇的代谢等。其中，亚油酸又称特别必需脂肪酸，它具有促进胆固醇和胆汁酸排出的作用，以降低血液中胆固醇的含量。近年来从海洋鱼类和甲壳动物体内分离出的深海鱼油是一种营养价值较高的油脂，人们经常将它作为保健品食用。深海鱼油含有两种不饱和高级脂肪酸，二十碳五烯酸（EPA）和二十二碳六烯酸（DHA）。EPA、DHA 能降低人体内甘油三酯及胆固醇的浓度，从而降低血液黏度，防止动脉粥样硬化及抗血栓，可用于心脑血管疾病的防治。DHA 还是大脑细胞生长的物质基础，有"脑黄金"美称。常见油脂见图 15-1 所示。

（a）食用油   （b）黄油   （c）深海鱼油

图 15-1　油脂

2. 油脂的命名　油脂为高级脂肪酸的甘油酯，其命名方法与酯类化合物的命名相似。通常将甘油的名称写在前面，脂肪酸的名称写在后面，称为甘油某酸酯，如甘油三软脂酸酯。若为混合油酯，则需将脂肪酸的名称分别列出，并在名称前标明脂肪酸的位置。例如：

$$
\begin{array}{l}
CH_2-O-\overset{\overset{\displaystyle O}{\|}}{C}-(CH_2)_{14}CH_3 \\
CH-O-\overset{\overset{\displaystyle O}{\|}}{C}-(CH_2)_{14}CH_3 \\
CH_2-O-\overset{\overset{\displaystyle O}{\|}}{C}-(CH_2)_{14}CH_3
\end{array}
$$

甘油三软脂酸酯

$$
\begin{array}{l}
CH_2-O-\overset{\overset{\displaystyle O}{\|}}{C}-(CH_2)_{14}CH_3 \\
CH-O-\overset{\overset{\displaystyle O}{\|}}{C}-(CH_2)_{16}CH_3 \\
CH_2-O-\overset{\overset{\displaystyle O}{\|}}{C}-(CH_2)_7CH=CH(CH_2)_7CH_3
\end{array}
$$

甘油-α-软脂酸-β-硬脂酸-α'-油酸酯

（二）油脂的性质

1. 物理性质　纯净的油脂是无色、无臭、无味的液体或固体，一般来说，取决于油脂结构中脂肪酸的饱和程度。室温下，饱和脂肪酸含量较高的油脂呈固态，俗称脂肪；不饱和脂肪酸含量较高的油脂呈液态，俗称油。由于天然的油脂都是混合物，往往溶有维生素和色素，因而具有不同的颜色和气味，无固定的熔沸点。

    油脂比水轻，不溶于水，易溶于乙醚、石油醚、三氯甲烷、苯等有机溶剂，因此，可利用这些溶剂对油脂进行分离和提纯。

2. 化学性质　从化学结构看，油脂为高级脂肪酸甘油酯，因而具有酯的典型反应；此外，由于不饱和脂肪酸甘油酯中含有双键结构，所以能发生加成、氧化等反应。

（1）皂化　油脂在酸、碱或酶的催化下易发生水解反应，生成一分子甘油和三分子脂肪酸或其盐。若油脂在碱性溶液中（如 NaOH 或 KOH）水解时，得到甘油和高级脂肪酸的钠盐或钾盐。高级脂肪酸的钠盐就是日常使用的肥皂。因此油脂的碱性水解又称皂化反应。

例如：

$$\begin{array}{c}
CH_2-O-\overset{\displaystyle O}{\overset{\displaystyle \|}{C}}-R \\
| \\
CH-O-\overset{\displaystyle O}{\overset{\displaystyle \|}{C}}-R' \\
| \\
CH_2-O-\overset{\displaystyle O}{\overset{\displaystyle \|}{C}}-R''
\end{array} + 3\ NaOH \xrightarrow{\Delta}
\begin{array}{c}
CH_2-OH \\
| \\
CH-OH \\
| \\
CH_2-OH
\end{array} +
\begin{array}{c}
R-\overset{\displaystyle O}{\overset{\displaystyle \|}{C}}-ONa \\
R'-\overset{\displaystyle O}{\overset{\displaystyle \|}{C}}-ONa \\
R''-\overset{\displaystyle O}{\overset{\displaystyle \|}{C}}-ONa
\end{array}$$

　　由于不同油脂中甘油酯的类型和数目不同，因此油脂发生皂化反应时所需碱的量也不同，1g 油脂完全皂化时所需氢氧化钾的毫克数称为油脂的皂化值。根据皂化值的大小可判断油脂的平均相对分子质量。油脂中甘油酯的平均相对分子质量越大，则 1g 油脂所含甘油酯的物质的量越少，皂化时所需碱的量也越少，即皂化值越小。反之，皂化值越大，表示甘油酯的平均相对分子质量越小，即 1g 油脂所含甘油酯的物质的量越多。

　　（2）加成　如果油脂中含不饱和脂肪酸，油脂就表现出烯烃的性质，能与氢气、碘等发生加成反应。

　　①氢化　含不饱和脂肪酸的油脂可发生催化氢化反应制得氢化油。由于氢化后油脂的饱和度提高，原来的液态油转化为固态或半固态的氢化油（又称硬化油），所以油脂的氢化又称油脂的硬化。

　　硬化油饱和度提高，熔点升高，化学性质稳定，便于贮存、运输和使用。氢化程度较高的油脂常用于制造肥皂，而氢化程度较低的油脂则用于生产人造奶油、黄油等，反式脂肪就是植物油部份氢化过程中产生的。

　　②加碘　碘也能与油脂中的碳碳双键发生加成反应，常用于测定油脂的不饱和度。100g 油脂所能吸收碘的克数称为碘值。碘值越大，说明油脂的不饱和程度越高；碘值越小，表明油脂的不饱和程度越低。

课堂互动

　　用化学方法鉴别三硬脂酸甘油酯和三油酸甘油酯。

　　（3）酸败　油脂在空气中放置过久，会逐渐变质，出现颜色加深，产生难闻的气味，这种变化称为酸败。酸败本质上是不饱和脂肪酸甘油酯中的碳碳双键在空气中的氧、水或细菌的作用下，油脂的不饱和键被破坏，产生有特殊气味的低级醛、酮和羧酸的过程。因此，油脂应保存在干燥、避光的密闭容器中。随着油脂的酸败，游离脂肪酸的含量会增加，油脂中游离脂肪酸的含量是判断油脂酸败程度的重要指标。中和 1g 油脂中的游离脂肪酸所需氢氧化钾的毫克数称为该油脂的酸值。酸值越大，表明油脂酸败程度越严重，常见油脂的皂化值、碘值、酸值见表 15-2。

表 15-2　一些常见油脂的皂化值、碘值和酸值

油脂	皂化值	碘值	酸值
猪油	193~200	46~66	1.56
蓖麻油	176~187	81~90	0.12~0.8
棉籽油	191~196	103~115	0.6~0.9

续表

油脂	皂化值	碘值	酸值
大豆油	189~194	124~136	
亚麻油	189~196	170~204	1~3.5
花生油	185~195	83~93	
桐油	190~197	160~180	

二、类脂

类脂主要是指在结构或性质上与油脂相似的天然化合物，广泛存在于动植物体内，种类也较多，主要包括磷脂、糖脂和蜡等。

（一）磷脂

磷脂是一类含磷的类脂化合物，是构成人体细胞和组织的成分之一，广泛存在于脑、肝脏和神经组织中。植物的种子及胚芽、大豆及蛋黄中也含有丰富的磷脂。根据磷酸酯组分的不同将磷脂分为甘油磷脂和鞘磷脂两类。

1. 甘油磷脂 又称磷酸甘油酯，是磷脂酸的衍生物。磷脂酸是由一分子甘油与两分子高级脂肪酸、一分子磷酸通过酯键形成的含磷有机化合物。若磷脂酸的磷酸部分与胆碱、胆胺、肌醇、丝氨酸等结合成酯，则可得各种甘油磷脂，其中最常见的为卵磷脂和脑磷脂。磷脂酸和甘油磷脂的结构如下：

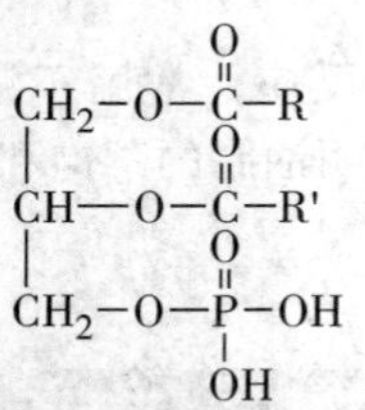

磷脂酸 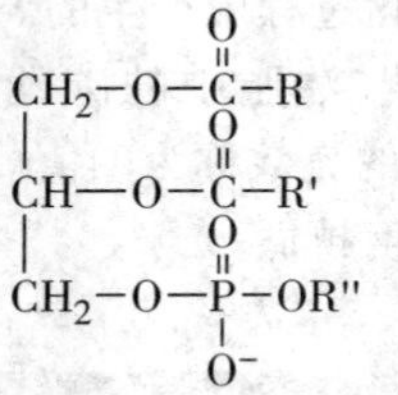　　　　　　　　　　甘油磷脂

α-卵磷脂是磷脂酸分子中磷酸部分上的羟基与胆碱经酯化反应所形成的化合物，又称磷脂酰胆碱。

卵磷脂是白色蜡状固体，不溶于水和丙酮，易溶于乙醚、乙醇、三氯甲烷。由于卵磷脂中的不饱和脂肪酸在空气中氧化，其易变为黄色或棕色。

α-脑磷脂是磷脂酸分子中磷酸部分上的羟基与胆胺经酯化反应所形成的化合物，又称磷脂酰乙醇胺或磷脂酰胆胺。

脑磷脂的结构和理化性质与卵磷脂相似，在空气中因氧化而逐渐变成棕黄色，脑磷脂能溶于乙醚，不溶于丙酮和冷乙醇。

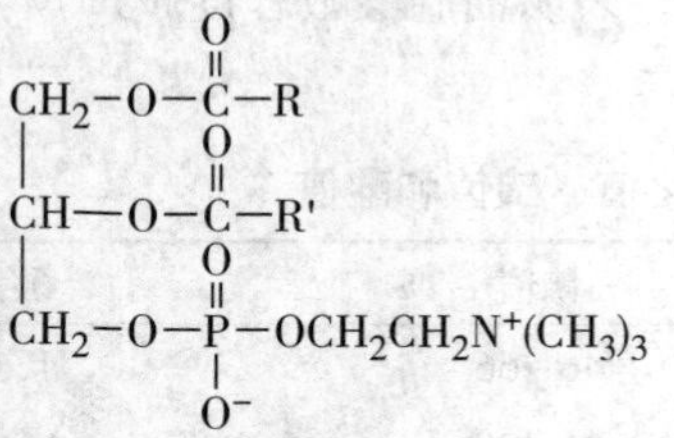

α-卵磷脂　　　　　　　　　　α-脑磷脂

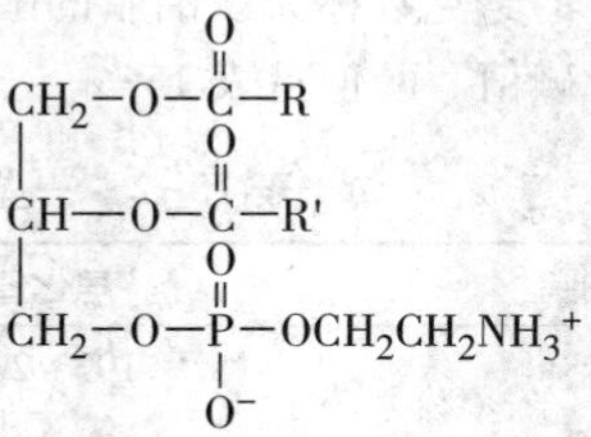

拓展阅读

卵磷脂与脑磷脂的生理作用

卵磷脂，又称为蛋黄素，被誉为与蛋白质、维生素并列的"第三营养素"。在脑、肝脏、神经组织、肾上腺及红细胞中含量较多，蛋黄中含量较丰富（占8%～10%）。卵磷脂在脂肪的吸收和代谢过程中发挥着极为重要的作用，是体内花生四烯酸的主要来源，有助于油脂的转运、消化和吸收，具有抗脂肪肝的作用，可分解体内毒素，消除疲劳，用于防治脂肪肝，预防老年痴呆。美国食品药品监督管理局规定：在婴幼儿奶粉里，必须添加卵磷脂。

脑磷脂与血液凝固有关。凝血激酶是由脑磷脂与蛋白质组成的，它存在于血小板内，能促使血液凝固。

大豆卵磷脂   脑磷脂粉末

图 15-2　卵磷脂和脑磷脂

2. 鞘磷脂　鞘磷脂又称神经磷脂，是由鞘氨醇、高级脂肪酸、磷酸和胆碱组成的，其与甘油磷脂最主要的区别在于不含甘油结构。高级脂肪酸通过酰胺键与鞘氨醇的氨基相连，胆碱与磷酸相连，而磷酸又通过酯键与鞘氨醇的羟基相连。鞘氨醇和鞘磷脂的结构如下。

鞘氨醇

鞘磷脂

鞘磷脂是白色晶体，在空气中不易被氧化，不溶于丙酮和乙醚，而溶于热乙醇中。鞘磷脂广泛存在于动植物细胞膜中，在脑和神经组织中的含量尤为丰富。鞘磷脂是围绕着神经纤维鞘样结构的一种成分，在传递神经冲动时起到绝缘作用。

（二）糖脂

糖脂是由糖、高级脂肪酸和鞘氨醇结合而成的化合物，常与磷脂共存于脑和神经组织中。糖脂种类繁多，其中仅含一个糖基的鞘糖脂统称脑苷脂，有葡萄糖脑苷脂、半乳糖脑苷脂等。

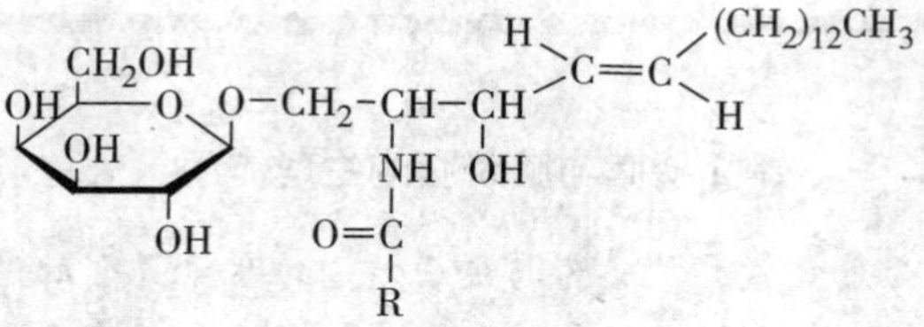

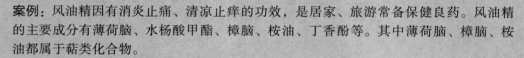

半乳糖脑苷脂

糖脂也是动植物细胞膜的组成成分，主要存在于脑和神经组织中，与细胞的生理活性密切相关。糖脂还是细胞表面抗原的重要组分，具有抗肿瘤、免疫调节等生理活性，且具有作用温和、毒副作用小等优点，因此，适用于某些慢性疾病的防治。

（三）蜡

蜡是高级脂肪酸与脂肪族高级一元醇所形成的酯。构成蜡的脂肪酸和醇的碳原子数都在 16 个以上，且都含偶数碳原子。天然蜡实际是一种混合物，多为固体，不溶于水，能溶于乙醚、苯、三氯甲烷等有机溶剂中。

蜡在空气中不易变质，难于发生皂化反应，在体内也不能被脂肪酶所水解，因此，无营养价值。常见的蜡有蜂蜡、虫蜡、鲸蜡、棕榈蜡和羊毛蜡等，可用来制造蜡纸、鞋油、地板蜡、软膏的基质、润滑油等。

第二节　萜类化合物

案例导入

案例：风油精因有消炎止痛、清凉止痒的功效，是居家、旅游常备保健良药。风油精的主要成分有薄荷脑、水杨酸甲酯、樟脑、桉油、丁香酚等。其中薄荷脑、樟脑、桉油都属于萜类化合物。

讨论：1. 什么是萜类化合物？
　　　2. 萜类化合物有什么结构特征？

萜类化合物是从植物的花、果、叶、茎及根中提取得到的一类具有香味的化合物，它们往往具有挥发性，是许多植物香精油的主要成分。萜类化合物具有祛痰、止咳、驱虫、驱风、发汗、镇痛、活血化瘀等生理活性。

一、萜类化合物的结构

萜类化合物在组成上的共同点是分子中的碳原子数都是 5 的整数倍，可以看作是由若干个异戊二烯单位以不同的方式相连而成，这种结构特点称为萜类化合物的异戊二烯规律。各种异戊二烯的低聚物及其氢化物或含氧衍生物都称为萜类化合物。若干个异戊二烯单位可以连接成链状，也可以连接成环状。

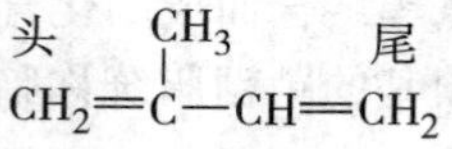

$$\underset{头}{CH_2}=\overset{\overset{CH_3}{|}}{C}-CH=\underset{尾}{CH_2}$$

异戊二烯

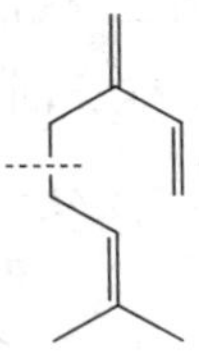

月桂烯 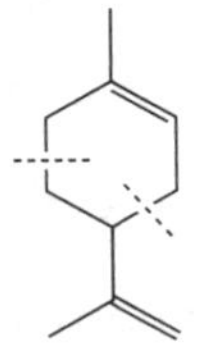　　　　　　　　　　　苧烯

二、萜类化合物的分类

通常根据萜类化合物分子中所含异戊二烯单位数，将其分为单萜、倍半萜、二萜、三萜等，见表 15-3。

表 15-3　萜类化合物的分类

分类	异戊二烯单位数	碳原子数
单萜	2	10
倍半萜	3	15
二萜	4	20
三萜	6	30
四萜	8	40
多萜	>8	>40

课堂互动

画出下列化合物中的异戊二烯结构单位。

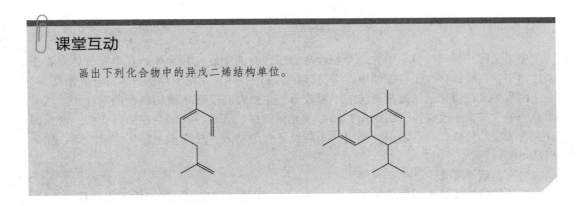

三、单萜类化合物

单萜是由两个异戊二烯单位构成的化合物及其含氧衍生物，根据两个异戊二烯单位连接方式的不同，可分为链状单萜、单环单萜和双环单萜。单萜类多具有挥发性，是植物挥发油的主要成分，许多是香料。

（一）链状单萜

链状单萜是由两个异戊二烯单位头尾相连而成，其分子基本骨架如下：

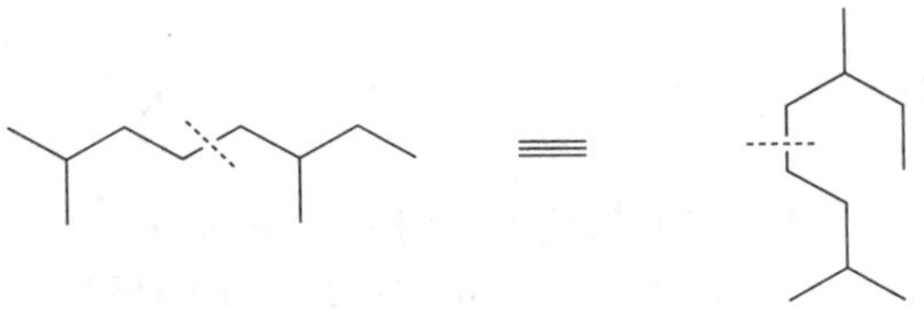

很多链状单萜是香精油的主要成分，分子中通常含有羟基和羰基等官能团。例如月桂油中的月桂烯、玫瑰油中的香叶醇、橙花油中的橙花醇、柠檬油中的 α-柠檬醛（香叶醛）和 β-柠檬醛（橙香醛）等。

月桂烯	香叶醇	橙花醇	α-柠檬醛	β-柠檬醛

α-柠檬醛为 E 构型，带强烈的柠檬香味；β-柠檬醛为 Z 构型，可经橙花醇氧化得到。柠檬醛可用于制作香精，也用于紫罗兰酮和维生素 A 的合成。

（二）单环单萜

单环单萜是由两个异戊二烯单位构成的六元环状化合物，其中比较重要的是苧烯和薄荷醇等。

苧烯	薄荷醇	(−)-薄荷醇

苧烯又称柠檬烯，分子中含一个手性碳原子，有两个旋光异构体。其中左旋体存在于松针油中，右旋体存在于柠檬油中，它们都有柠檬的香味，可用于配制香料及合成橡胶。

薄荷醇又称薄荷脑，是薄荷油的主要成分，主要存在于草本植物薄荷的茎叶中。薄荷醇分子中含三个手性碳原子，因而有四对旋光异构体，天然存在的为左旋薄荷醇。薄荷醇有芳香清凉的气味，具有杀菌、防腐、止痛及止痒的功效，故临床上常用作清凉剂、驱风剂及防腐剂等。

（三）双环单萜

双环单萜骨架是由两个环共用两个或两个以上碳原子构成的，属于桥环化合物的范畴。比较重要的双环单萜类化合物有蒎烯、莰酮和莰醇等。

1. 蒎烯 又称松节烯，根据分子中双键位置的不同分为 α-蒎烯和 β-蒎烯两种异构体。它们均存在于松节油中，但 α-蒎烯是松节油的主要成分，含量占 70% ~ 80%。松节油具有局部止痛作用，可用于肌肉和神经痛的治疗。α-蒎烯又是合成冰片、樟脑的原料。

α-蒎烯	β-蒎烯

2. 莰酮 俗称樟脑，是从樟树的枝叶中提取分离得到的双环单萜类化合物。莰酮分子中有两个手性碳原子，理论上应有四个旋光异构体，但由于桥环的存在，实际上只有一对

旋光异构体。天然樟脑为右旋体。樟脑为有特殊香味、易升华的无色晶体，可用作强心剂和兴奋剂，樟脑还有驱虫的作用，可用作衣物的防蛀剂。

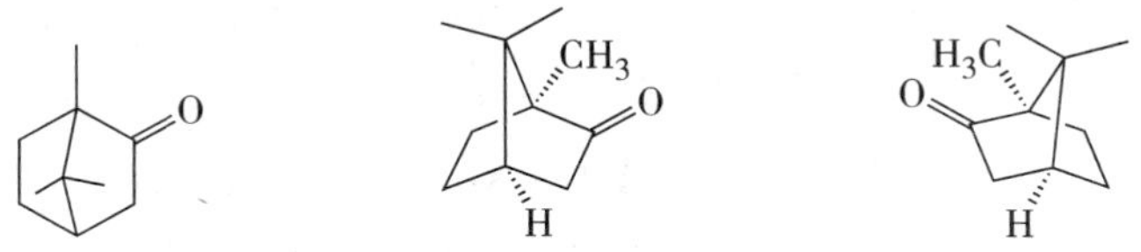

樟脑　　　　　　　（–）–樟脑　　　　　　　（+）–樟脑

3. 莰醇　又称龙脑或冰片，为无色片状晶体，为樟脑的还原产物，具有类似薄荷的气味。龙脑有发汗、解痉、兴奋等药理作用，是人丹、冰硼散、速效救心丸等药的主要成分。

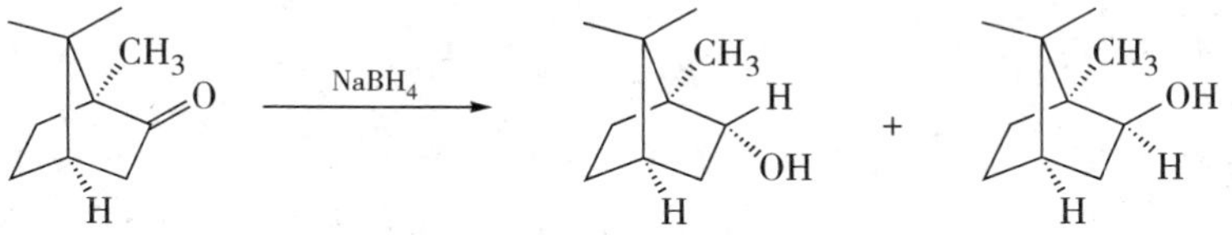

龙脑　　　　　　　异龙脑

四、倍半萜类化合物

倍半萜是由三个异戊二烯单位相连而形成的萜类化合物，也有链状和环状两种结构。其中比较重要的有法尼醇、杜鹃酮和愈创木薁等。

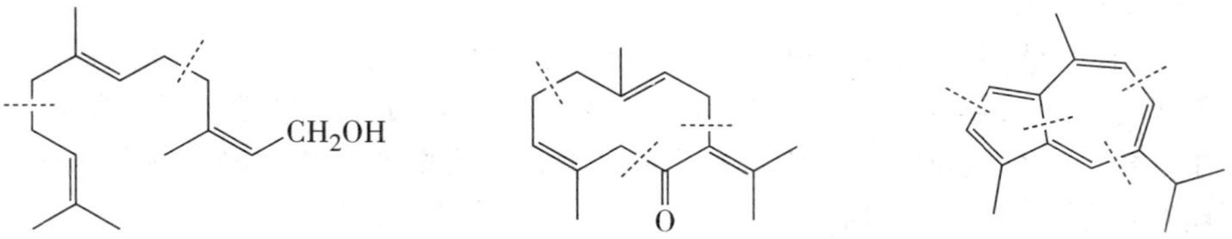

法尼醇　　　　　　　杜鹃酮　　　　　　　愈创木薁

法尼醇又称金合欢醇，主要存在于玫瑰、橙花、香茅草等植物的挥发油中，是一种名贵的香料，用于制高级香精。

杜鹃酮存在于满山红的挥发油中，具有镇咳、祛痰等功效，可用于急慢性气管炎的治疗。

愈创木薁存在于满山红、香樟和桉叶的挥发油中，具有消炎、促进烫伤或灼伤创面的愈合及防止热辐射等功效，可用于烫伤膏的制作。

五、二萜类化合物

二萜是由四个异戊二烯单位相连而成的萜类化合物，同样具有链状和环状两种结构。

植物醇又称叶绿醇，是叶绿素的水解产物之一，是一种比较重要的链状二萜类化合物。天然植物醇为油状液体，几乎不溶于水，是合成维生素 E 和维生素 K 的原料。

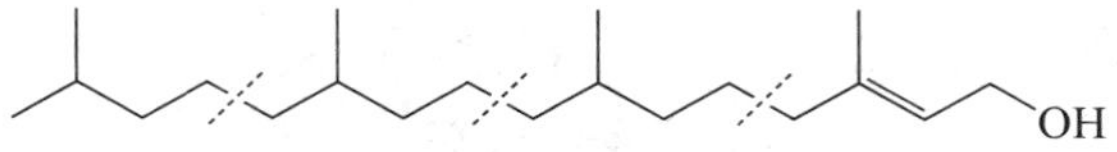

植物醇

维生素 A 是一种脂溶性的单环二萜类化合物，主要存在于奶油、蛋黄和鱼肝油中，是哺乳动物正常生长发育所必需的维生素。当体内维生素 A 缺乏时，视紫红质的合成量减少，视力减退，因此，维生素 A 可用于夜盲症的治疗。

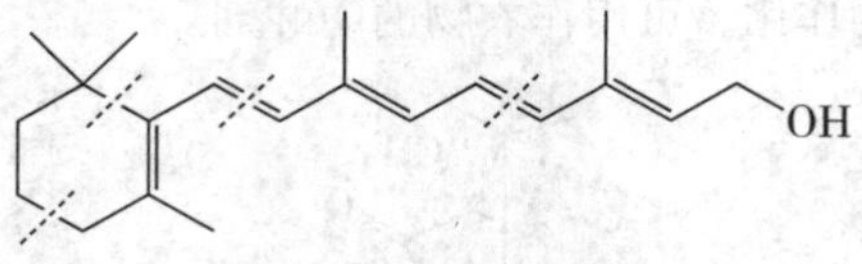

维生素A

维生素 A 为黄色结晶，不溶于水，而易溶于乙醇、甲醇、三氯甲烷和乙醚等有机溶剂。维生素 A 含多个共轭双键，在空气中易氧化，遇紫外线或高温也易被破坏。

拓展阅读

维生素 A 与暗视觉

维生素 A 在体内经氧化形成视黄醛，视黄醛与视网膜上的视蛋白结合为视觉色素——视紫红质，它是暗视觉的物质基础。视紫红质在暗处合成，光中分解。当人刚进入黑暗环境时什么都看不清，过一会儿，就能辨认景物了，这是因为黑暗中视网膜中的视紫红质逐渐增多了。视黄醛的产生和补充都需要维生素 A 作原料，若供应不足，则视紫红质恢复缓慢，就会造成暗视觉障碍，即为夜盲症。

六、三萜类化合物

三萜是由六个异戊二烯单位相连而成的萜类化合物，如角鲨烯和甘草次酸等。

角鲨烯为链状三萜类化合物，主要存在于鲨鱼的鱼肝油中，也存在于橄榄油、菜籽油和酵母中。角鲨烯在生物体内可转化为羊毛甾醇，羊毛甾醇又是生物合成胆甾醇的前体，体现了萜类化合物与甾体化合物的密切关系。

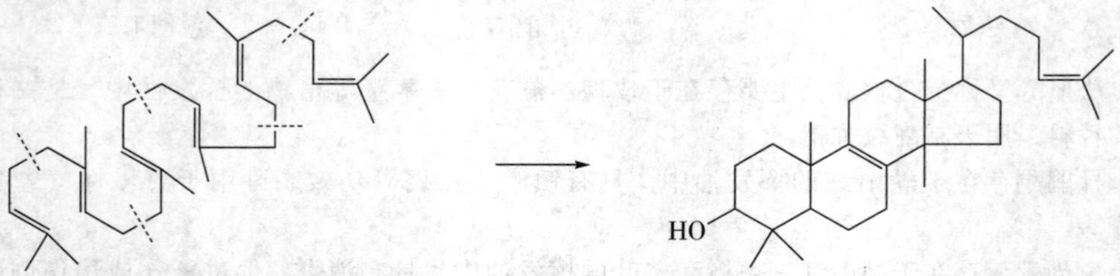

角鲨烯   羊毛甾醇

甘草次酸为五环三萜类化合物，是甘草皂苷的水解产物，具有防癌、抗癌及抗病毒等药物活性。

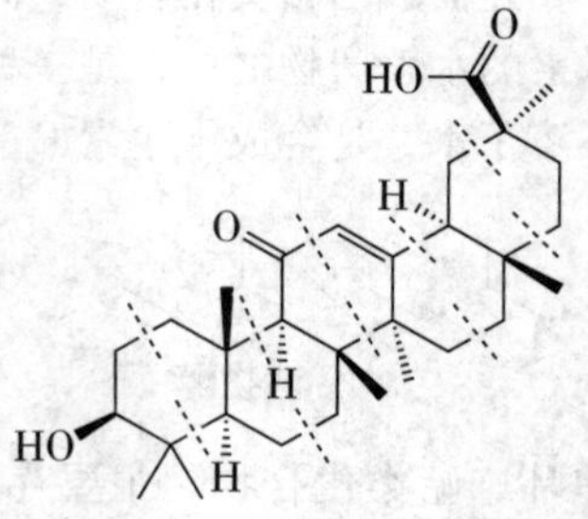

甘草次酸

七、四萜类化合物

四萜是由八个异戊二烯单位相连而成的萜类化合物，这类化合物分子中都含有较长的碳碳双键共轭体系，带有由黄到红的颜色，常见的有胡萝卜素、番茄红素和叶黄素等。

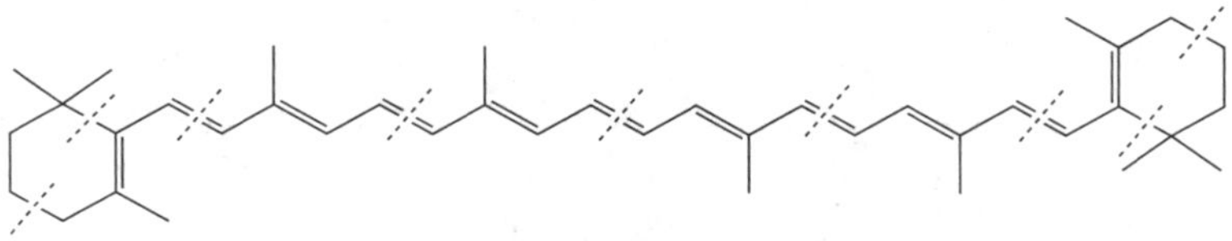

β–胡萝卜素

胡萝卜素是难溶于水的黄色晶体，易溶于有机溶剂，存在于胡萝卜等植物体内。胡萝卜素在动物体内可转化为维生素 A，因此，能治疗夜盲症。

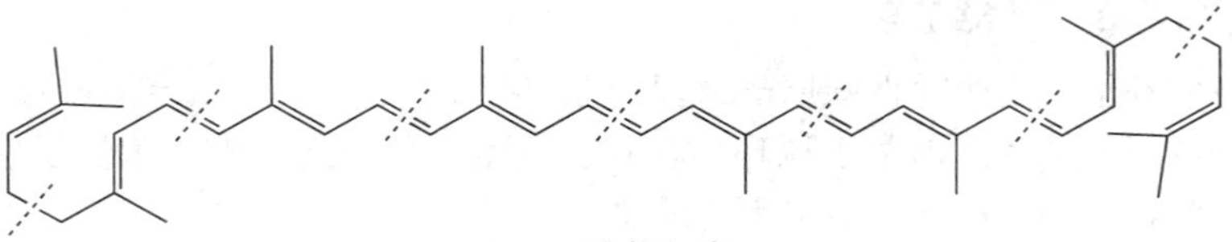

番茄红素

番茄红素和叶黄素具有与胡萝卜素相似的结构，番茄红素存在于番茄、西瓜和柿子等水果中，它们都是重要的天然色素。

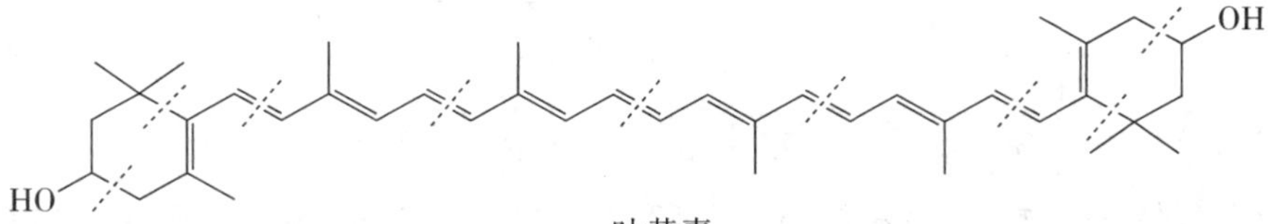

叶黄素

第三节　甾体化合物

案例分析

案例： 2007 年，在冠心病血脂干预技术推广项目启动会上，心血管病专家指出，人群胆固醇水平普遍升高是造成国人冠心病发病和死亡迅速增加的主要原因，因此要重视高胆固醇的防治。

讨论： 1. 胆固醇的化学结构是怎样的？

2. 胆固醇过高有什么样的危害？

甾体化合物广泛存在于动植物体内，含量虽少，但对动植物的生命活动起着十分重要的作用。

一、甾体化合物的基本结构

甾体化合物一般都含环戊烷并多氢菲母核和三个侧链。"甾"字很形象的表示了甾体化合物的结构特点，"田"表示四个环，"<<<"则表示三个侧链。

四个环分别用 A、B、C、D 表示，环上碳原子按下述顺序编号，一般在 C_{10} 和 C_{13} 上各连有一个甲基，称为角甲基，在 C_{17} 上则连有不同碳原子数的碳链。甾体化合物的基本骨架如下：

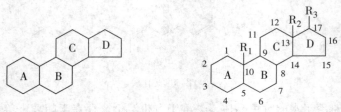

环戊烷并多氢菲　　　　　　　甾体化合物的基本骨架

二、甾体化合物的立体结构

甾体化合物环上有七个手性碳原子，理论上应有 $2^7 = 128$ 个旋光异构体及 A、B、C、D 环之间产生的顺反异构体。但由于稠环的存在及其空间位阻的影响，限制了它们在空间的构型，因此实际存在的异构体的数目大为减少。

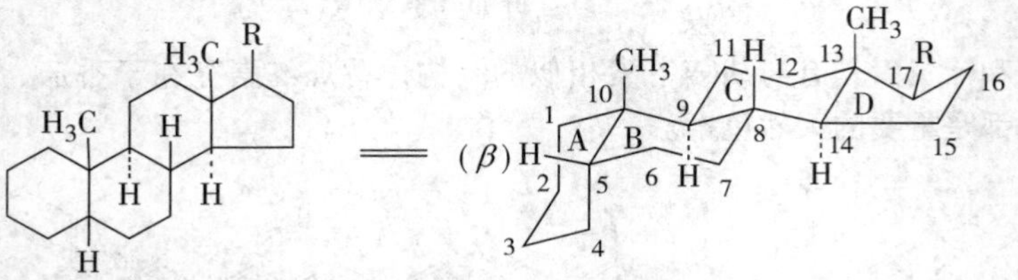

正系,5β-型 (A/B顺式)

大多数甾体化合物的 B 环和 C 环、C 环和 D 环之间都是反式稠合，而 A 环和 B 环间则存在顺式和反式两种稠合方式。当 A 环和 B 环顺式稠合时，其 C_5 上的氢原子与 C_{10} 上的角甲基位于环的同侧，称为正系或 5β-型；当 A 环和 B 环反式稠合时，其 C_5 上的氢原子与 C_{10} 上的角甲基位于环的异侧，称为别系或 5α-型。

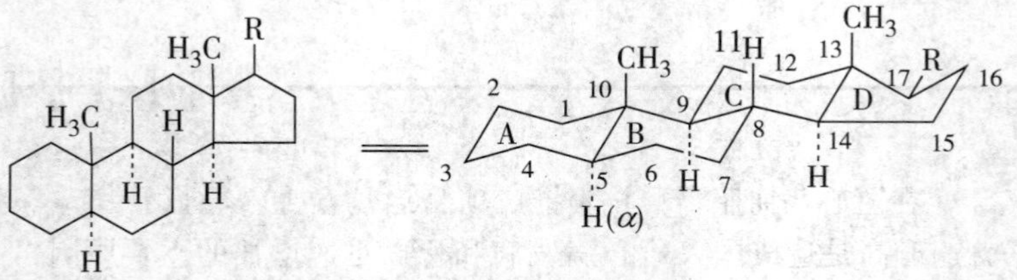

别系,5α-型(A/B反式)

如果 $C_4 \sim C_5$、$C_5 \sim C_6$、$C_5 \sim C_{10}$ 间有 1 个双键，则 A、B 环稠合的构型无差别，也就无正系和别系之分。

课堂互动

1. 甾体化合物中"甾"字的意义是什么？
2. 5α-构型和 5β-构型是如何区分的？

三、甾体化合物的命名

甾体化合物多来源于自然界，常根据其来源或生理作用而命名，也可用系统命名法进行命名。甾体化合物系统命名时首先确定母核的名称，然后在母核名称的前后表明取代基位置、数目、名称及其构型。

（一）甾体化合物母核的名称

甾体化合物根据 C_{10}、C_{13}、C_{17} 上所连侧链的不同，常见的基本母核有六种，其名称见表 15-4。

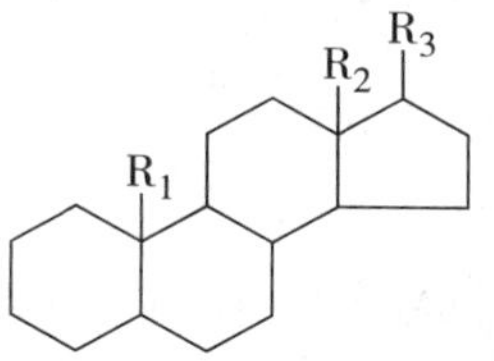

表 15-4　常见的甾体母核结构及其名称

R$_1$	R$_2$	R$_3$	母核名称
H	H	H	甾烷
H	CH$_3$	H	雌甾烷
CH$_3$	CH$_3$	H	雄甾烷
CH$_3$	CH$_3$	CH$_2$CH$_3$	孕甾烷
CH$_3$	CH$_3$	CH(CH$_3$)CH$_2$CH$_2$CH$_3$	胆烷
CH$_3$	CH$_3$	CH(CH$_3$)(CH$_2$)$_3$CH(CH$_3$)$_2$	胆甾烷

（二）甾体化合物的命名原则

（1）甾体母核中含有碳碳双键、羟基、羰基和羧基等官能团时，一般将甾烷改称甾烯、甾醇、甾酮和甾酸等，同时应标明这些官能团的位次、数目和构型。

（2）取代基的名称和位次写在母核之前；不作为取代基的官能团，其名称和位次放在母核之后。当取代基在空间有不同取向时，位于纸平面前方（环平面上方）的原子或基团称为 β 构型；位于纸平面后方（环平面下方）的原子或基团称为 α 构型。

（3）C_5 上连有氢原子时，要用 $5\alpha/5\beta$ 标明构型。

（4）在角甲基去除时，用"去甲基"表示，并在其前面标明失去甲基的位置；若同时失去两个角甲基，则用"双去甲基"表示。

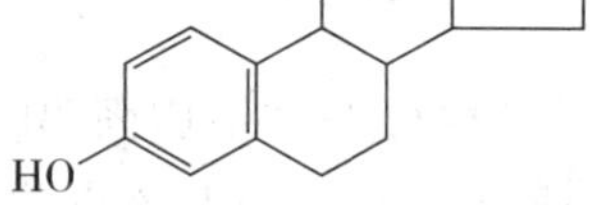

3β-羟基-1,3,5(10)-雌甾三烯-17-酮
（雌酚酮）

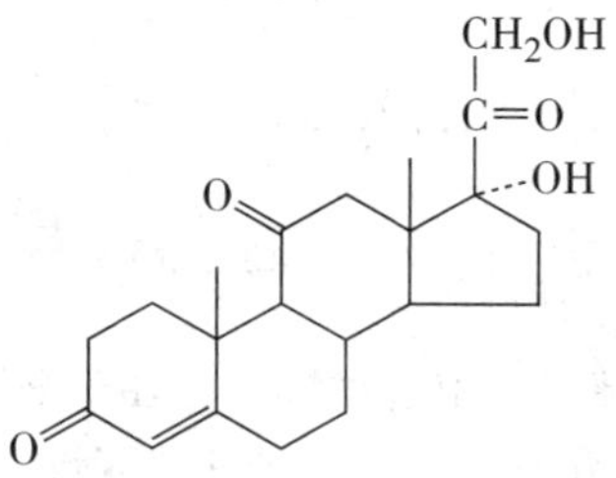

17α,21-二羟基孕甾-4-烯-3,11,20-三酮
（可的松）

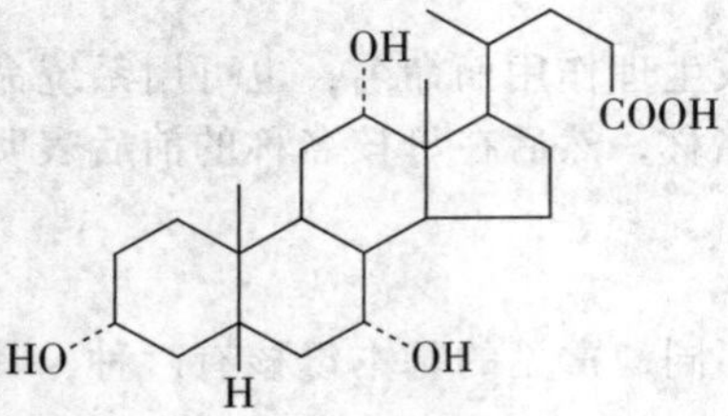

$3\alpha,7\alpha,12\alpha$-三羟基-5β-胆烷-24-酸

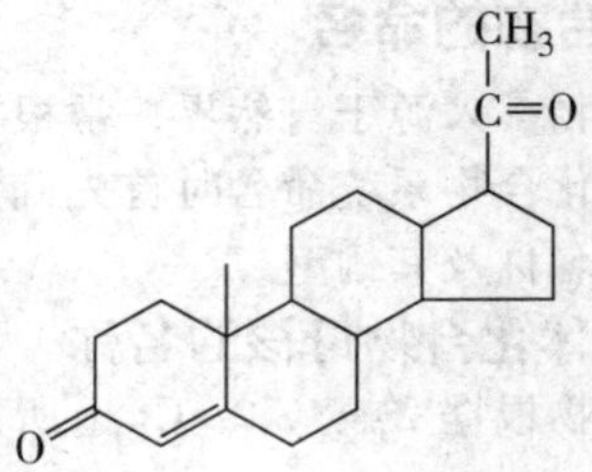

18-去甲基孕甾-4-烯-3,20-二酮

四、重要的甾体化合物

（一）甾醇类

1. 胆固醇 又称胆甾醇，是最早发现的固醇类化合物之一，因其最初从人体胆结石中获得而得名。其结构如下：

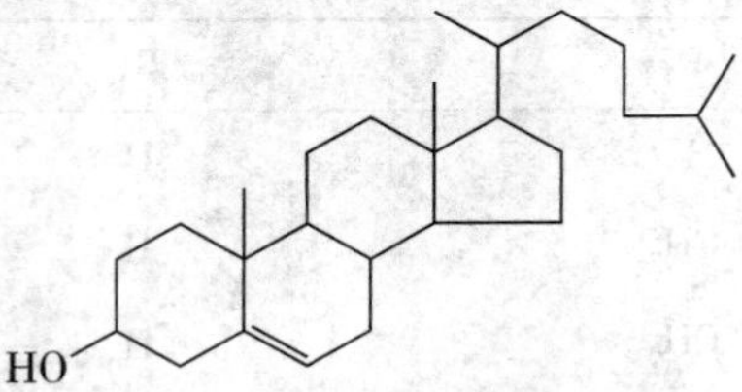

胆固醇

胆固醇存在于人和动物的血液、脂肪、脑髓和胆汁中，蛋黄中的含量也较高。室温下为无色或淡黄色晶体，微溶于水，易溶于乙醚、三氯甲烷和热乙醇等有机溶剂中。

胆固醇是动物维持正常生命活动所必需的物质，摄入不足引起免疫力下降、影响婴幼儿和青少年的生长发育；摄入过多会引起动脉粥样硬化、高血压、冠心病、脑卒中、胆结石等疾病。

2. 7-去氢胆固醇和麦角甾醇 7-去氢胆固醇也是一种动物甾醇，是胆固醇的脱氢产物，与胆固醇在结构上的差异为 $C_7 \sim C_8$ 间是碳碳双键。7-去氢胆固醇存在于人体皮肤中，经紫外线照射，母核的 B 环破裂转化为维生素 D_3。

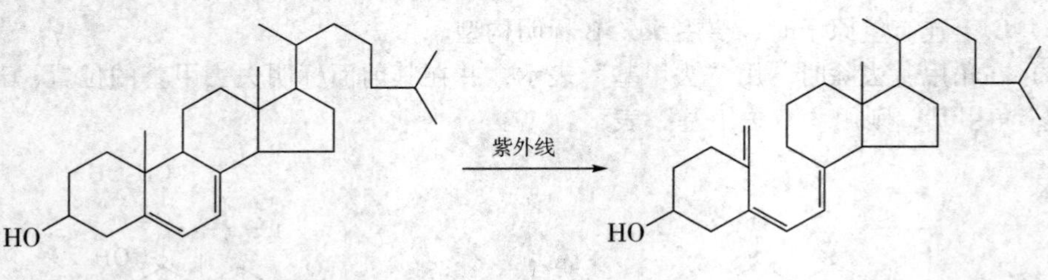

紫外线

7-去氢胆固醇   维生素D_3

麦角甾醇属于植物甾醇，存在于酵母、霉菌及麦角中，其结构与 7-去氢胆固醇的差别在于 C_{17} 的侧链中多了一个甲基和双键。麦角甾醇受紫外线照射时，母核的 B 环也会破裂，转化为维生素 D_2。

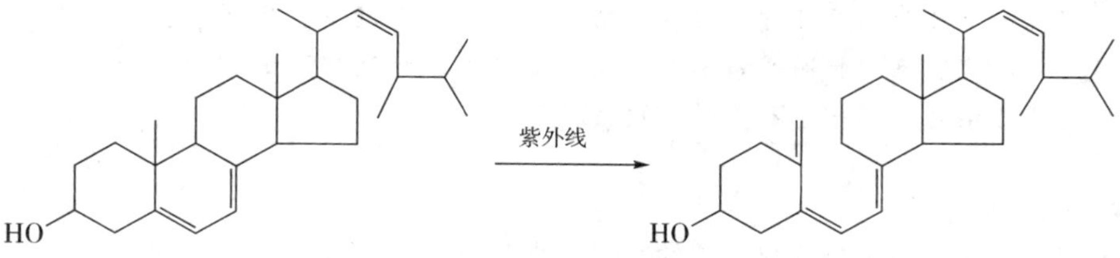

麦角甾醇 → 紫外线 → 维生素D_2

维生素 D 不具备甾体结构，它是 7-去氢胆固醇和麦角甾醇经紫外线照射，B 环开环的产物。维生素 D 广泛存在于动物体中，在鱼类、牛奶和蛋黄中的含量较高。当维生素 D 缺乏时，儿童易患佝偻病，因此维生素 D 又称抗佝偻病维生素，其中维生素 D_2、维生素 D_3 最为重要，生理活性最强。

（二）胆甾酸类

在人和动物的胆汁中含有几种结构与胆固醇相似的酸，如胆酸、脱氧胆酸和石胆酸等，统称为胆甾酸。其中最重要的是胆酸。

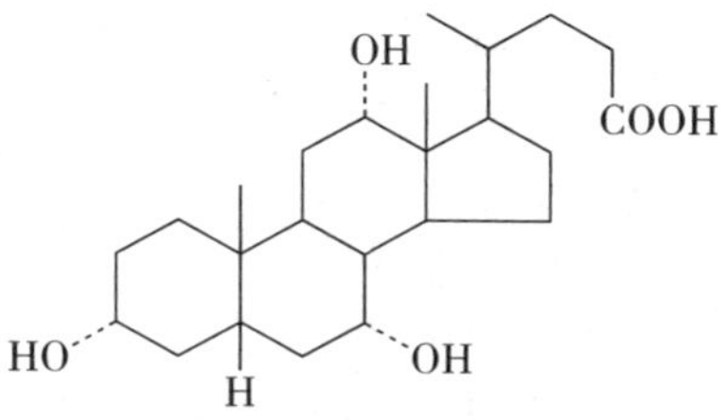

胆酸 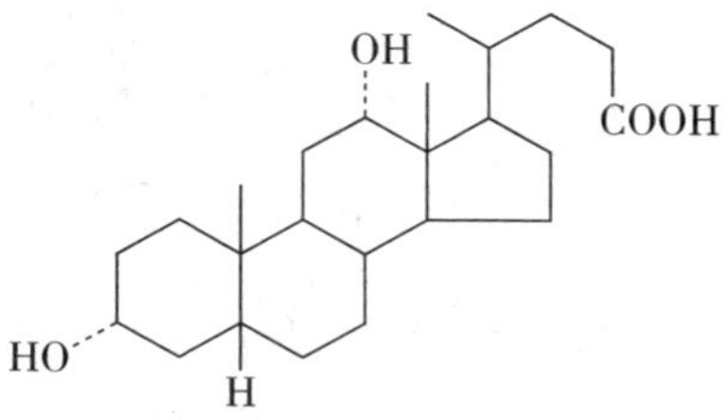　　　　　　　　　　　脱氧胆酸

在胆汁中游离状态的天然胆酸含量较低，多数与甘氨酸或牛磺酸中的氨基通过酰胺键结合形成结合胆酸（如甘氨胆酸或牛磺胆酸等），这些结合胆酸总称胆汁酸。

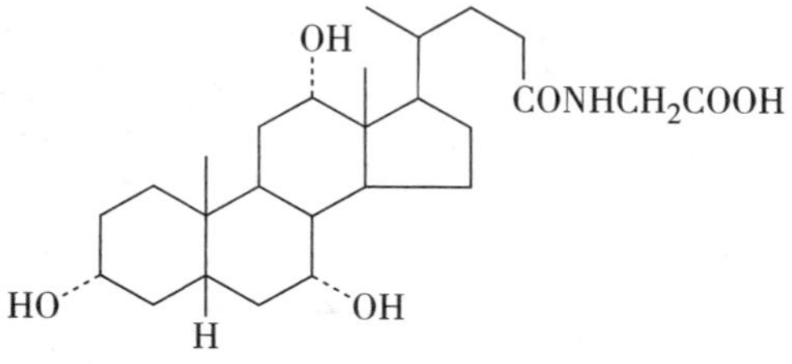

甘氨胆酸 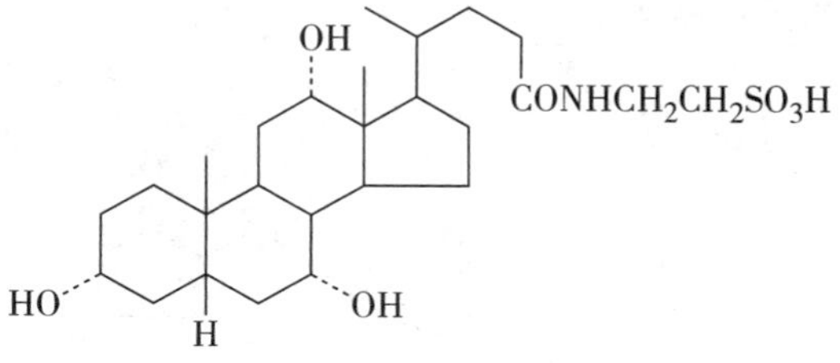　　　　　　　　　　牛磺胆酸

拓展阅读

胆汁酸盐

在人体或动物小肠的碱性条件下，胆汁中大部分胆汁酸以钠盐或钾盐的形式存在，称为胆汁酸盐。胆汁酸盐分子内部既有亲水的羟基和羧基（或磺酸基），又有疏水性的甾环，这种结构能使脂肪分散成细小的微团，具有乳化作用。因此，

胆汁酸盐的主要作用是乳化小肠内的脂肪，促进脂肪的消化和吸收；另外，胆汁酸盐还有抑制胆汁中胆固醇析出的作用。临床上，甘氨胆酸钠和牛黄胆酸钠的混合物可用于治疗胆汁分泌不足引起的疾病。

（三）甾体激素

激素是动物体内各种分泌腺分泌的一大类微量且具有重要生理活性的物质，在机体的生长、发育和生殖过程中发挥着重要的调节作用，是维持正常新陈代谢所必需的。根据其来源和生理功能的不同，分为性激素和肾上腺皮质激素两类。

1. 性激素 是高等动物的性腺所分泌的物质，具有促进性器官形成及维持第二性征的作用。性激素分为雄性激素和雌性激素两类，分别由睾丸和卵巢所分泌。

雄性激素的基本骨架为雄甾烷，其中以睾丸素（睾丸酮）为代表，主要由睾丸间质细胞所分泌。由于睾丸素在体内及消化道中易被破坏，因此目前临床上应用广泛的是睾丸素的衍生物甲睾酮。甲睾酮性质稳定，作用与睾丸素类似，可用于男性睾丸素缺乏引起的疾病。

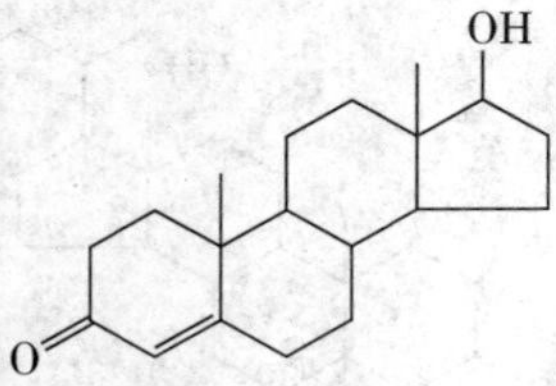

睾丸酮 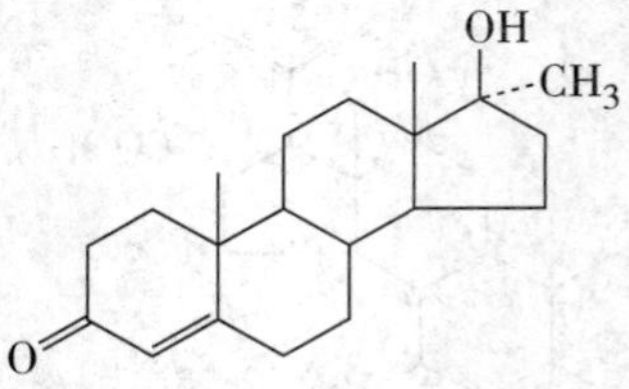　　　　　　　　　　甲睾酮

雌性激素分为雌激素和孕激素两种。雌激素是由成熟的卵泡所分泌，在临床上用于治疗女性更年期综合征、卵巢功能不全及晚期乳腺癌等疾病，如雌二醇等。孕激素是由卵泡排卵后形成的黄体所分泌，临床上可用于先兆性流产和习惯性流产的治疗，如黄体酮等。

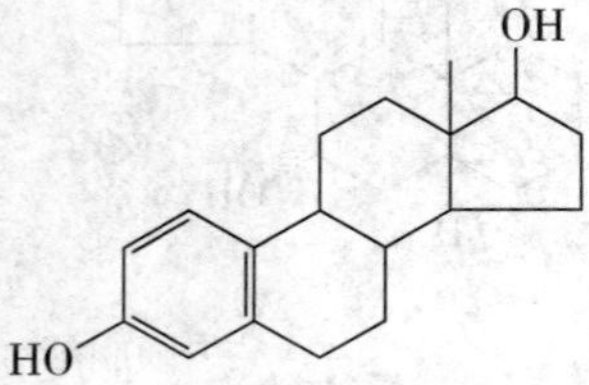

雌二醇 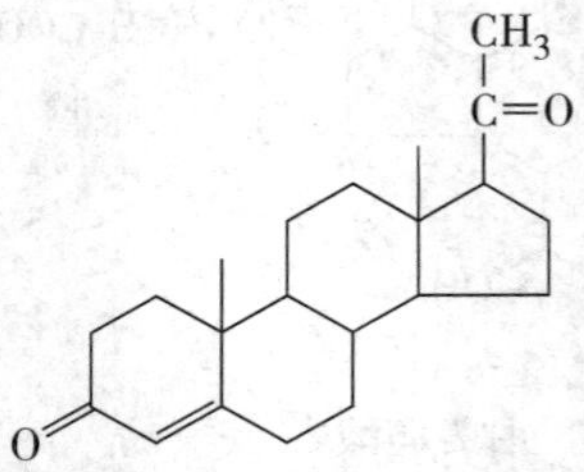　　　　　　　　　　黄体酮

2. 肾上腺皮质激素 肾上腺皮质激素是由肾上腺皮质分泌的，对维持生物体正常生命活动具有重要作用的一类物质。它们共同的母核结构为孕甾烷，且在 C_3 处为羰基，C_4 处为双键，C_{17} 处为 $-COH_2OH$，区别仅在于 C_{11}、C_{17}、C_{18} 的氧化程度不同。肾上腺皮质激素一方面能调节体内糖、蛋白质和脂肪的代谢，可产生抗炎、抗内毒素、抗休克、免疫抑制和抗过敏等药理作用，代表性化合物为可的松、氢化可的松、地塞米松等。

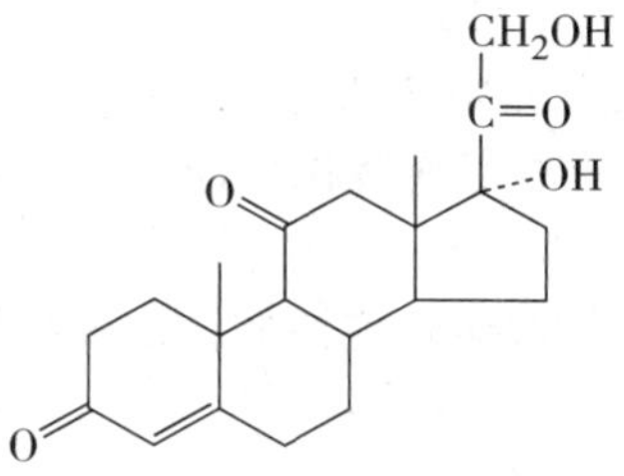

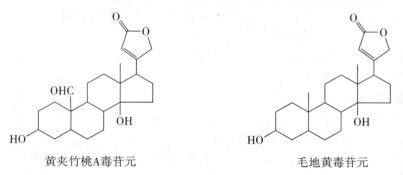

可的松 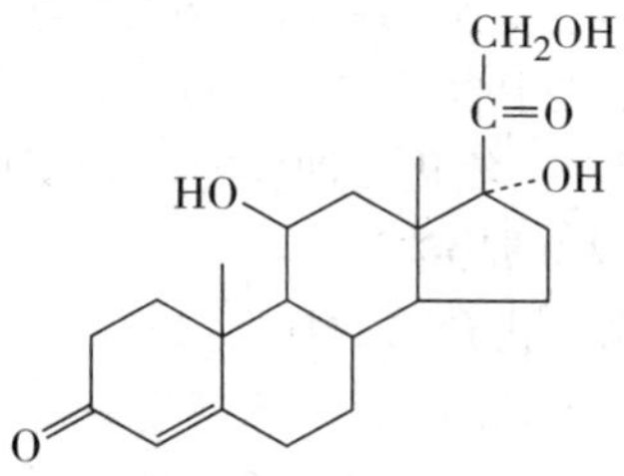　　　　　　　　　　　　氢化可的松

肾上腺皮质激素另一方面能通过"储钠排钾"作用，调控体内电解质的平衡，代表化合物有醛固酮、11-脱氢皮质酮等。

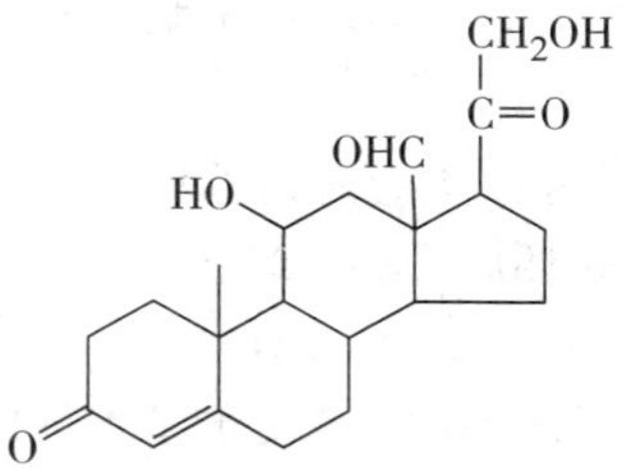

醛固酮 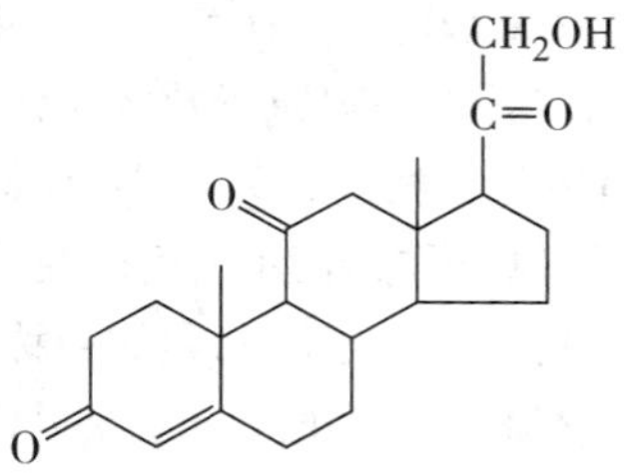　　　　　　　　　　　11-脱氢皮质酮

（四）强心苷

强心苷是由甾体化合物与糖类形成的苷类化合物，常存在于夹竹桃、毛地黄等有毒植物中。它们因很小剂量能使心跳减慢、心跳强度增加的功能而得名，因此，临床常用于心力衰竭和心律失常的治疗。但若超过安全剂量，能使心脏中毒甚至停止跳动。

黄夹竹桃A毒苷元　　　　　　　毛地黄毒苷元

📊 **重点小结** ————————————————————

1. 从化学结构来看，油脂是一分子甘油与三分子高级脂肪酸形成的酯的混合物，根据高级脂肪酸碳链中有无双键分为饱和高级脂肪酸和不饱和高级脂肪酸两大类。

2. 油脂的命名方法与酯类化合物的命名相似，通常将甘油的名称写在前面，脂肪酸的名称写在后面，称为甘油某酸酯。

3. 油脂可在碱性溶液中（如 NaOH 或 KOH）水解得到甘油和高级脂肪酸的钠盐或钾盐。高级脂肪酸的钠盐称为肥皂，因此油脂的碱性水解又称皂化反应。根据皂化值的大小可判断油脂的平均相对分子质量的大小。

4. 油脂中含不饱和脂肪酸时，油脂就表现出烯烃的性质，能与氢气、碘等发生加成反应。氢化后油脂的饱和度提高，原来的液态油转化为固态或半固态的氢化油（又称硬化油）。

5. 萜类化合物的骨架大都以异戊二烯为单位首尾相连而成，这种结构特点称为萜类化合物的异戊二烯规律。

6. 各种异戊二烯的低聚物及其氢化物或含氧衍生物都称为萜类化合物。根据萜类化合物分子中所含异戊二烯单位数，分为单萜、倍半萜、二萜、三萜等。

7. 甾体化合物一般都含环戊烷并多氢菲母核和三个侧链。"甾"字很形象的表示了甾体化合物的结构特点，"田"表示四个环，"<<<"则表示三个侧链。四个环分别用 A、B、C、D 表示，一般在 C_{10} 和 C_{13} 上各连有一个甲基，称为角甲基，在 C_{17} 上则连有不同碳原子数的碳链。

8. 甾体化合物中 A 环和 B 环顺式稠合时，其 C_5 上的氢原子与 C_{10} 上的角甲基位于环的同侧，称为正系或 5β-型；当 A 环和 B 环反式稠合时，其 C_5 上的氢原子与 C_{10} 上的角甲基位于环的异侧，称为别系或 5α-型。

9. 甾体化合物根据 C_{10}、C_{13}、C_{17} 上所连侧链的不同，常见的基本母核有甾烷、雌甾烷、雄甾烷、孕甾烷、胆烷和胆甾烷。

目标检测

1. 选择题

（1）萜类化合物可以看成是由若干个下列哪个结构单元组成的化合物
    A. 正戊烯   B. 异戊烯   C. 丁烯   D. 异戊二烯

（2）蒎烯属于下列哪类化合物
    A. 单萜   B. 倍半萜   C. 二萜   D. 三萜

（3）在松节油中的含量最高的是
    A. 薄荷醇   B. 龙脑   C. 樟脑   D. 蒎烯

（4）氢化可的松属于下列哪一类甾体化合物
    A. 甾醇   B. 胆酸   C. 肾上腺皮质激素   D. 性激素

（5）经阳光照射后可以转化成维生素 D_3 的化合物是
    A. 7-去氢胆固醇   B. 胆酸   C. 肾上腺素   D. 胡萝卜素

（6）下列化合物不属于甾体化合物的是
    A. 胆酸   B. 肾上腺皮质激素   C. 胆固醇   D. 薄荷醇

（7）柠檬醛属于下列哪类化合物
    A. 单萜   B. 倍半萜   C. 二萜   D. 三萜

（8）加热油脂与氢氧化钾溶液的混合物，可产生甘油和脂肪酸钾，这个反应称为油脂的
    A. 酯化   B. 氢化   C. 皂化   D. 酸败

（9）下列脂肪酸在体内不能合成的是
    A. 花生酸   B. 花生四烯酸   C. 硬脂酸   D. 软脂酸

（10）下列关于油脂的叙述中，不正确的是

    A. 油脂没有固定的熔点、沸点

    B. 油脂是高级脂肪酸的甘油酯

    C. 油脂都不能使溴的四氯化碳溶液褪色

    D. 油脂都可以发生皂化反应

（11）下列化合物中不属于萜类化合物的是

A. 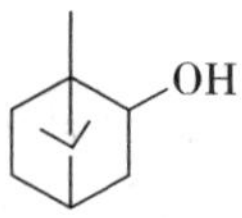   B. 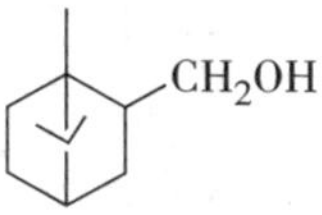   C. 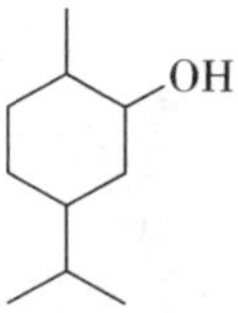   D.

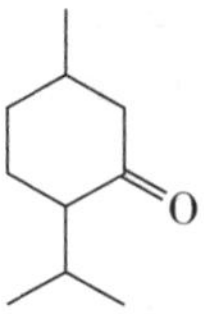

（12）下列各组物质中，前者为附着在容器内壁的物质，后者为选用的洗涤剂。其中搭配合适的是

    A. 银镜、氨水   B. 油脂、热碱液

    C. 石蜡、NaOH 溶液   D. 油脂、水

（13）甾体化合物的母核结构为

    A. 苯并多氢菲   B. 环戊烷并多氢菲

    C. 环己烷并多氢蒽   D. 环己烷并多氢菲

（14）下列结构中不是甾体化合物的是

A. 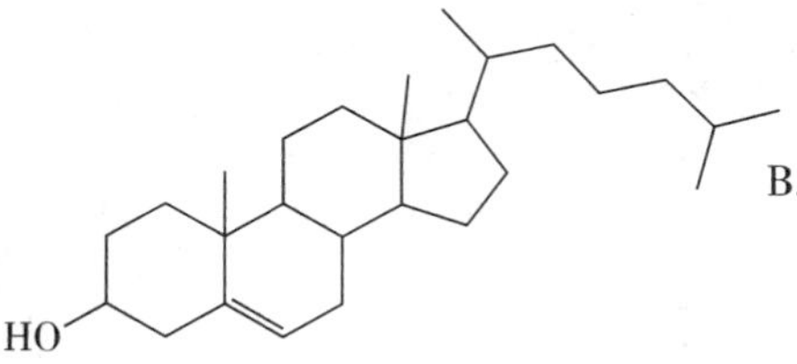 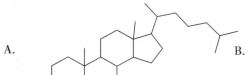   B.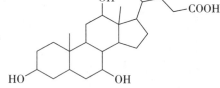

C. 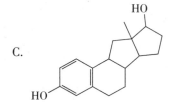   D.

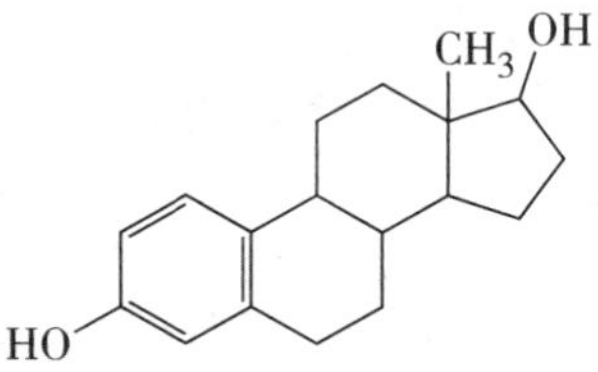

（15）β-胡萝卜素属于

    A. 单萜   B. 二萜   C. 三萜   D. 四萜

2. 填空题

（1）油脂是由三分子_____和一分子_____构成的酯类化合物。

（2）胆酸属于_____类甾体化合物，胆甾酸分子结构中含有_____个羟基和_____个羧基。

（3）蒎烯属于_____状_____萜类，有_____蒎烯和_____蒎烯两种，其结构分别为_____、_____。

（4）甾体化合物的基本结构特征是指分子中具有一个由_____的母核和三个侧链。其中 C_{10} 和 C_{13} 侧链通常连有甲基，称为_____；另一个 C_{17} 侧链常连有一个不同碳原子数的碳链。

（5）甾体化合物分为两种类型：A/B 环_____式稠合的称_____系；A/B 环_____式稠合的称_____系。

（6）皂化值越大，油脂的平均相对分子质量就越_____。碘值越大，油脂的不饱和程度就越_____。

（崔汉峰）

第十六章

药用合成高分子化合物

学习目标

知识要求　1. **掌握**　高分子化合物的概念。
　　　　　2. **熟悉**　高分子化合物的分类、特性、老化、降解；高分子药物的类型及其特点。
　　　　　3. **了解**　高分子化合物的命名；常见的药用高分子材料。
技能要求　能判断简单高分子化合物的单体；链节；聚合度。

当今社会，高分子化合物与人们的生活息息相关，我们日常生活中所用的淀粉、纤维素、蛋白质、酶等属于天然高分子化合物；塑料、橡胶、树脂、合成纤维等属于合成高分子化合物。有机高分子材料现今在医学领域发挥的作用越来越重要，其中，药用合成高分子化合物在药剂工业中的应用日益广泛，药用高分子材料、高分子药物及药用高分子辅料的开发与应用，为人类防病治病提供了新的方法和途径。

本章主要介绍了一些高分子化合物的基本概念及常见的合成高分子药物。

第一节　高分子化合物概述

案例导入

案例： 塑料的广泛应用给人们的生活带来了很多便利，但同时，废弃的塑料制品难降解，且燃烧后会释放有害气体，对环境造成了极大的破坏，因此被称作"白色垃圾"。2008 年，我国颁布了"限塑令"，以解决日益严重的"白色污染"问题。之后，可降解塑料被推广应用于多个领域，给减少或消除白色污染带来了希望。

讨论： 1. 什么是高分子化合物，除塑料以外，还有哪些物质属于高分子化合物？
　　　　2. 案例中提到的降解是怎么回事，有哪些降解方式？

一、高分子化合物的基本概念

高分子化合物简称高分子，又称聚合物，是指相对分子质量很大的长链大分子化合物，其相对分子质量一般在一万到几百万之间。高分子的化学组成一般都比较简单，通常由若干个简单的结构单元通过共价键，以重复的方式连接而成，也可由一种或多种简单的小分子化合物经过聚合反应制得。例如，聚氯乙烯是由许多氯乙烯分子聚合而成的。

$$nCH_2{=}CHCl \xrightarrow{\text{聚合}} \text{—}(CH{-}CH_2)_n\text{—}$$

　　　　氯乙烯　　　　　　　　　聚氯乙烯

聚氯乙烯的结构为：

$$-CH-CH_2 \vdots CH-CH_2 \vdots CH-CH_2 \vdots CH-CH_2- $$
$$\quad | \qquad\qquad | \qquad\qquad | \qquad\qquad | $$
$$\quad Cl \qquad\qquad Cl \qquad\qquad Cl \qquad\qquad Cl $$

链节　　　　链节

聚合成高分子化合物的小分子称为单体，如氯乙烯。组成高分子的重复结构单位称为链节，如—CHCl—CH$_2$—。表示链节数目的 n 称为聚合度。聚合度是衡量高分子化合物相对分子质量大小的指标，聚合度越高，相对分子质量越大。

高分子的相对分子质量=聚合度×链节量。

实际上，同一种高分子化合物是由链节相同、聚合度不同的化合物组成的混合物。我们讲的高分子化合物的相对分子质量指的是平均相对分子质量，聚合度也是平均聚合度。高分子化合物中相对分子质量大小不等的现象称为高分子的多分散性（即不均一性）。一般情况下，高分子化合物的分散性越大，其性能越差。合成高分子化合物时，为了提高高分子化合物的性能质量，必须注意控制相对分子质量和分散性。

课堂互动

试说出 的单体、链节和聚合度。

二、高分子化合物的分类

高分子化合物有很多种类，其分类方法多种多样。常用的分类方法有以下三种。

（一）按来源分类

可将高分子化合物分为天然高分子、天然高分子衍生物和合成高分子。

（二）按性能分类

可将高分子化合物分为塑料、橡胶和纤维。

塑料按其热熔性能又可分为热塑性塑料（如聚乙烯、聚氯乙烯等）和热固性塑料（如酚醛树脂、环氧树脂等）两大类。塑料的共同特点是有较好的机械强度，可作结构材料使用。

橡胶分为天然橡胶和合成橡胶，合成橡胶是由人工合成的高弹性聚合物，具有绝缘性、气密性、高弹性、耐油、耐低温和耐高温等性能，如顺丁橡胶、丁苯橡胶、异戊橡胶和乙丙橡胶等。

纤维分为天然纤维和合成纤维，合成纤维是以低分子化合物为原料，经过化学合成和机械加工制得的均匀的线形或丝状的高聚物。具有弹性大、强度高、耐磨、耐腐蚀、防蛀等优良性能，如锦纶、涤纶、腈纶和维纶等。

（三）按用途分类

可将高分子化合物分为通用高分子、工程材料高分子、功能高分子等。

通用高分子被广泛应用于建筑、交通运输、农业、电气电子工业等国民经济主要领域和人们的日常生活，如塑料、橡胶、纤维、黏合剂、涂料等。

工程材料高分子具有耐高温、耐辐射和优良的机械强度等性能，被广泛用作工程材料，如聚碳酸酯、聚酰亚胺等。

功能高分子具有特定的功能，可作为功能材料使用。如离子交换树脂、高分子催化剂、高分子药物、高分子试剂、功能性分离膜、导电高分子、感光高分子、医用高分子材料、液晶高分子材料等。

三、高分子化合物的命名

高分子化合物的系统命名法较为复杂，人们常采用习惯命名或商品名对其进行命名。

1. 习惯命名

（1）天然高分子的习惯命名　天然高分子常用俗名进行命名，如淀粉、纤维素、蛋白质等。某些天然高分子根据其来源进行命名，如阿拉伯胶、甲壳素、海藻酸等。

（2）合成高分子的习惯命名　合成高分子通常按制备方法及单体名称进行命名。

由烯烃等单体通过加聚反应制得的加聚物，或个别特殊的缩聚物，往往在单体名称前面加"聚"字进行命名。如：聚乙烯、聚氯乙烯等。

由两种或两种以上单体通过缩聚反应制得的混缩聚物，大多数是在简化后的单体名称后面加上"树脂"二字进行命名。例如，由苯酚和甲醛制得的缩聚物称为酚醛树脂，由尿素和甲醛制得的缩聚物称为脲醛树脂。

由不同单体共聚制得的橡胶，采用在单体简称的后面加"橡胶"二字的方法进行命名。例如，由丁二烯和苯乙烯制得的共聚物称为丁苯橡胶，由丁二烯和丙烯腈制得的共聚物称为丁腈橡胶。

2. 商品名　许多高分子采用商品名称进行命名。例如，聚己内酰胺纤维的商品名为尼龙-6，聚对苯二甲酸乙二酯纤维的商品名为涤纶，聚丙烯腈纤维的商品名为腈纶，聚二甲基硅氧烷的商品名为硅油等。

拓展阅读

塑料瓶底的秘密

在一般的塑料瓶如矿泉水瓶、保鲜杯、太空杯等的底部，都会在一个箭头围成的三角形里标注一些特定的数字，如1、2、3……。这些数字代表什么含义呢？

"1"为PET材质，化学名聚对苯二甲酸乙二醇酯。受热易变形，可释放出对人体有害的物质，一般用在矿泉水或碳酸饮料的包装上。

"2"为HDPE材质，化学名高密度聚乙烯。一般用于沐浴产品或清洁用品等的包装。

"3"为PVC材质，化学名聚氯乙烯。通常用来制雨衣、塑料盒、塑料袋等，由于其不耐高温，且会释放出有毒、有害物质，因此被禁止用于食品及饮料行业包装。

"4"为LDPE材质，化学名低密度聚乙烯。耐热性不强，通常用来制作保鲜膜。食物中的油脂可能会溶出LDPE中的有害物质，因此使用时，应尽量避免其与油脂接触。

"5"为PP材质，化学名聚丙烯。通常用于制作微波炉餐盒。

"6"为PS材质，化学名聚苯乙烯。耐热抗寒，一般用于制作方便面盒或快餐盒。在高温或强酸、强碱环境下可溶出对人体有害物质。

"7"为 PC 其他类，主要指其他没有列出来的树脂和混合物。通常会出现在水瓶、水杯和奶瓶上。

四、高分子化合物的特性

1. 溶解度差　高分子化合物通常不溶于水，线型高分子可溶解于适当的有机溶剂中，如聚氯乙烯可溶于环己醇；网状的体型高分子一般不溶解。

2. 可塑性　高分子化合物材料中，线型分子一般具有热塑性，在加热或加压后，形状发生改变，即使温度或压力恢复原状后，其形状也不再改变。利用这一特性，可将高分子材料加工成各种形状的产品。

3. 高弹性　在外力作用下，某些高分子化合物的分子链可被拉直伸长，有的伸长率高达 1000%，一旦外力消失，仍可恢复原状，表现出良好的弹性。

4. 良好的机械强度　高分子化合物由于其分子链具有线型和网状结构，分子中的原子数目又非常多，因此分子间作用力较大，具有良好的机械强度。某些高分子化合物可代替一些金属，制成多种机械零件，有的强度比金属还大。例如，将 10kg 高分子材料或金属材料做成 100m 长的绳子吊重物，锦纶绳能吊 15500kg，涤纶绳能吊 12000kg，金属钛绳能吊 7700kg，碳钢绳能吊 6500kg。

5. 性能与温度相关　高分子化合物的机械强度较大，表现出一定的硬度、抗拉、抗压、抗冲击和抗弯曲的性能，且其性能一般都会受到温度的影响。低温时，高分子化合物易变硬变脆；高温时，又会发生软化、熔融、热氧化、热分解和燃烧等现象。

6. 电绝缘性　不含极性基团的高分子化合物，如聚乙烯、聚丙烯等，由于分子中不存在自由电子和离子，键的极性也很小，因此不易导电，是良好的电绝缘材料，可用于包裹电缆、电线，制成各种电器设备的零件等。分子中含有极性基团的高分子化合物，如聚氯乙烯、聚酰胺等，其绝缘性随分子极性的增强而降低。

高分子化合物除具有上述几种特性外，还有耐油、耐磨、不透水、不透气等特性。

五、合成高分子化合物的老化与降解

（一）老化

高分子化合物在光、热、高能射线等物理因素和氧、水、酸、碱等化学因素的作用下失去弹性、可塑性和机械强度的过程称为老化。

高分子发生老化，主要是其结构和性能发生了两方面的变化：一是链与链之间发生交联反应，产生体型结构，使高分子化合物变硬、变脆，从而失去弹性；二是高分子链发生裂解，使链变短，高分子化合物变软、变黏，从而失去机械强度。这两个过程几乎同时发生。所以在高分子合成或加工过程中，常常加入一些对抗老化或延缓老化的物质，例如光屏蔽剂、光稳定剂和抗氧剂等。

（二）降解

高分子链被分裂成较短链的过程称为降解，又称为裂解。引起高分子化合物降解的因素有物理因素、化学因素及生物因素等。由化学因素引起的降解反应有氧化、水解、胺解等反应；能引起降解的物理因素有光、热以及机械作用等；而引起降解的生物因素包括酶或微生物的作用等。

拓展阅读

"白色污染" 对环境的危害

所谓"白色污染",是人们对塑料垃圾污染环境的一种形象称谓(图 16-1)。它是指用聚苯乙烯、聚丙烯、聚氯乙烯等高分子化合物制成的各类生活塑料制品使用后被弃置成为固体废物,由于随意乱丢乱扔并且难以降解,以致造成环境严重污染的现象。

"白色污染"存在两种危害:视觉污染和潜在危害。视觉污染指的是塑料袋、盒、杯、碗等散落在环境中,给人们的视觉带来不良刺激,影响环境的美感。"白色污染"的潜在危害则是多方面的。

图 16-1 "白色污染"

1. 一次性发泡塑料饭盒和塑料袋盛装食物严重影响人们的身体健康。当温度达到 65℃ 时,一次性发泡塑料餐具中的有害物质将渗入到食物中,会对人的肝脏、肾脏及中枢神经系统等造成损害。

2. 使土壤环境恶化,严重影响农作物的生长。我国目前使用的塑料制品的降解时间,通常至少需要 200 年。

3. 填埋作业仍是我国处理城市垃圾的一个主要方法。填埋后的场地由于地基松软,垃圾中的细菌、病毒等有害物质很容易渗入地下,污染地下水,危及周围环境。

4. 若把废塑料直接进行焚烧处理,将给环境造成严重的二次污染。塑料焚烧时,不但产生大量黑烟,而且会产生迄今为止毒性最大的物质之一——二噁英。二噁英进入土壤中,至少需 15 个月才能逐渐分解,它会危害植物。二噁英对动物的肝脏及脑有严重的损害作用。焚烧垃圾排放出的二噁英对环境的污染,已成为全世界关注的极为敏感的问题。

第二节 药用合成高分子化合物

实例分析

实例:1. 青霉素是一种广谱抗菌药,应用十分广泛。它具有易吸收、见效快的特点,但只能制成粉针剂,不能口服,也不能制成水针剂,且药效时间短。

2. 小分子抗癌药常常伴有恶心、脱发、全身不适等不良反应。

讨论:1. 如何改造青霉素药物,使其药效延长?

2. 如何减少小分子抗癌药物的不良反应?

人类早期用作药物的高分子化合物都是天然高分子化合物，天然高分子如多糖、多肽和蛋白质及酶类药物的使用已经有比较漫长的历史，东汉张仲景（公元142—219）在《伤寒论》和《金匮要略》记载的栓剂、洗剂、软膏剂、糖浆剂及脏器制剂等十余种制剂中，首次记载用动物胶汁、炼蜜和淀粉糊等天然高分子为丸剂的赋形剂，并且至今仍然沿用。虽然天然高分子药物在医药中占有一定的地位，但由于其在来源、品种多样性、理化性质、药理作用等方面存在一定的局限性，远远不能满足人类防病、治病的需要。因此，近百年间，大量人工合成的低分子药物被广泛用于疾病治疗，为人类预防和治疗疾病做出了巨大的贡献。但低分子药物往往存在着选择性低、半衰期短、在人体内新陈代谢的速度快、易排泄等缺点，因此，治疗期间需要频繁给药。过高的药剂浓度往往导致病人出现过敏、急性中毒和其他副作用。

合成高分子药物的出现，弥补了天然高分子药物和低分子药物的不足，丰富了药品的种类，为预防和治疗疾病、保护人类健康提供了新的手段。高分子药物因其分子量大不易被分解，在血液中停留时间较长，能延长药效。对某些小分子药物选择合适的高分子载体，可以更接近进攻病变细胞的靶区或改变药物在靶区内的分布及增加渗透作用，使药物增效。合成高分子药物时，人们可以通过选择不同的单体、改变共聚组分来调节药物的释放速度，避免间歇给药使血药浓度呈波形变化，从而使释放到体内的药物浓度比较稳定，实现降低药物的毒、副作用，提高药物活性的目的。因此，高分子药物具有长效、高效、低毒、靶向和缓释等优点。因此以合成高分子药物取代或补充传统的小分子药物，已成为新药开发的重要方向之一。

根据结构和制剂形式的不同，高分子药物大致可分为四类，即具有药理活性的高分子药物、高分子载体药物、高分子配合物药物和高分子包埋的小分子药物等。

一、具有药理活性的高分子药物

具有药理活性的高分子药物只有整条高分子链才显示药理活性，与它们对应的低分子模型化合物一般没有药理作用。该类药物本身具有能与生理组织作用的理化性质，能克服机体的功能障碍，治愈人体组织发生的病变。

传统使用的激素、酶制剂、肝素、葡萄糖、驴皮胶等均为天然药理活性高分子，合成的具有药理活性的高分子药物被人类研发和应用的历史并不长，有些药物的药理作用尚不十分清楚。一些具有药理活性的合成高分子，可直接作为药物使用。例如，聚丙烯酰胺可以减少管道阻力，被用于治疗动脉硬化及由此引起的心血管疾病；聚乙烯硫酸钠具有抗凝作用，对肿胀、血肿、浮肿等具有软化和促吸收作用；硅油消泡剂可用于治疗肺水肿；某些主链上带有叔氨基的高分子化合物经动物实验发现具有抗肿瘤作用；聚丙烯酸、聚甲基丙烯酸以及马来酸酐与其他单体的共聚物，经水解后可得到马来酸共聚物具有抗病毒作用；聚-2-乙烯-N-氧吡啶用于治疗矽肺；考来烯胺（降胆敏）可用于降低血胆固醇等。

二、高分子载体药物

高分子化的低分子药物称为高分子载体药物。高分子载体药物是一种新兴的给药技术，该类药物用与低分子药物不起化学反应的高分子化合物作药物载体，低分子药物的分子中常含有氨基、羧基、羟基、酯基等活性基团，低分子药物利用这些基团与高分子化合物相结合。高分子在药物中起骨架和载体的作用，真正发挥疗效作用的仍然是低分子活性基团。

高分子载体药物能控制药物缓慢释放，因此药性持久、疗效提高、且排泄减少。此外，高分子载体药物的稳定性好，无毒，副作用小，能把药物有选择性地输送到体内的确定部位，并能识别变异细胞，不会在体内长时间积累，水解后可被吸收或被直接排出体外。

高分子载体药物中含有四类基团：药理活性基团、连接基团、输送基团和使整个高分子能溶解的基团。连接基团可使低分子药物与高分子化合物主链形成稳定的或暂时的结合，之后在体液和酶的作用下，通过水解、离子交换或酶促反应，使药物基团重新断裂下来。输送基团是与生物体的某些性质相关的基团（如磺酰胺基团与酸碱性密切相关），它可将药物分子有选择地输送到特定的组织细胞中。可溶基团用来使得整个药物可溶，并且无毒。被固定在载体上的药物可以是一种或多种。当多种药物固定在载体上时，它们相互协作，通常可以显著增强药效。

现今，临床上使用的很多药物属于高分子载体药物。例如，青霉素 G 与乙烯醇-乙烯胺共聚物以酰胺键相结合，或以乙烯吡咯烷酮-乙烯胺共聚物、乙烯吡咯烷酮-丙烯胺共聚物作骨架，都可得到水溶性的高分子青霉素，这些青霉素均具有很好的稳定性和药物长效性；维生素 B$_1$ 中的羟基与聚丙烯酸的羧基结合后，维生素 B$_1$ 的药效大大提高；维生素 C 中羟基与聚合物的羧基以酯的形式结合，也可得到维生素 C 聚合物；阿司匹林与聚乙烯醇或乙酸纤维素进行共融酯化后，可得到高分子化的阿司匹林；5-氟尿嘧啶在一定条件下与双氯乙酸乙二醇酯进行聚合，可得到 5-氟尿嘧啶高分子酯，该高分子载体药物降低了 5-氟尿嘧啶的毒性。

乙烯醇-乙烯胺共聚物载体青霉素

阿司匹林与聚乙烯醇熔融酯化形成高分子化的阿司匹林

拓展阅读

高分子抗癌药物

低分子抗癌药常常伴有恶心、脱发、全身不适等不良反应。如将这些药物与高分子结合，可定向地将药物输送到病灶处（图 16-2），为变异细胞所吸收，不会在全身循环过久，从而有效降低了毒性作用。

在低分子抗癌药中，有很大部分是核酸碱类化合物。现已将核酸碱类抗癌药大分子化。这些核酸碱类聚合物具有 DNA 或 RNA 的某些性质，可以被肿瘤细胞所吸收，制止肿瘤细胞的复制，起到抗癌作用。

图 16-2 将药物输送到病灶处

三、高分子配合物药物

高分子化合物的某些基团中所含的氮原子或氧原子能与金属离子或小分子发生配位反应，生成具有一定物理或化学稳定性的高分子配合物。这些高分子配合物药物能保持有原化合物的生理活性，同时又降低了药物的毒性和刺激性，还能因配位平衡而保持一定的浓度，达到了低毒、高效和缓释的作用。

碘酒的消毒效果很好，曾是最常用的外用杀菌剂，但其刺激性和毒性较大。让碘与聚乙烯吡咯烷酮发生配位反应，可形成水溶性的高分子配合物——碘伏，碘伏与碘酒具有相同的杀菌效果。碘伏中聚乙烯吡咯烷酮可溶解分散 9% ~ 12% 的碘，溶液呈紫黑色，但医用碘伏一般浓度较低（$c \leqslant 1\%$），呈现浅棕色。由于高分子配合物中碘的释放速度缓慢，因此，碘伏较碘酒刺激性小，安全性高，可用于皮肤、口腔和其他部位的消毒，碘伏是目前临床上最常用的外用消毒剂。此外，聚乙烯吡咯烷酮与 β-胡萝卜素、甲苯磺丁脲、苯妥英、阿吗琳、灰黄霉素、利血平及多种磺胺药物等化合物形成的配合物，同样具有很好的药理活性。

碘-聚乙烯基吡咯烷酮聚合物（碘伏）

一些高分子化合物与金属离子形成的配合物具有抗菌性和抗癌性。如用聚乙烯醇和铜盐制备出聚乙烯醇铜（Ⅱ）配合纤维，经金黄色葡萄球菌的抗菌实验，表明其有强的抗菌性和杀菌力；芦丁对癌细胞无抑制作用，铜离子对癌细胞只有轻微的杀伤作用，而芦丁铜配合物的杀伤作用则明显增强；阿霉素对多种癌症有效，但其对心脏产生毒性，因而被限制应用，阿霉素与铁铜形成配合物后，对心血管系统的毒副作用大大减轻，可直接口服，同时，该配合物易于被肠道吸收且容易进入癌细胞，增加了疗效。

四、高分子包埋的小分子药物

高分子包埋的小分子药物中，起药理活性作用的是低分子药物，这些低分子药物以物理的方式被包裹在高分子膜中，并通过高分子材料逐渐释放。该类药物的典型代表物为微胶囊，微胶囊是以高分子膜为外壳，内部包有被保护或被密封药物的微小包囊物。

低分子药物被高分子膜包裹后，可以避免其与人体直接接触，有效药物只有通过渗透高分子壁或侵蚀高分子膜才释放，可借助于人体消化系统不同部位消化液的组成和 pH 值的差异及不同囊壁溶解环境的不同，使药物在所需部位溶解而控制释放。因此，该类药物能够延缓、控制药物的释放速度，使药物进入到人体后在一定的时间内释放，达到对药物治疗剂量进行有效控制的目的。还可屏蔽药物的一些不良性质（如毒性、刺激性、苦味等），降低药物毒副作用，增加药物的稳定性和有效利用率，实现药物的靶向输送，提高药物的治疗效果。此外，微胶囊的药物不与空气接触，可防止药物在储存、运输过程中发生氧化、吸潮、变色等现象，其稳定性大大提高。

例如，由邻苯二甲酸醋酸纤维素制成的肠溶药物微胶囊在中性口腔环境及酸性胃液中均不溶解，避免了食药之苦和对胃壁黏膜的刺激。秋水仙碱是一种良好的抗癌药物，用于癌症的化疗，但由于其具有高毒性，在杀死癌细胞的同时，也会造成正常细胞的损伤。科学家将秋水仙碱包裹在明胶微球体中，使其具有长期的细胞毒素效果，并通过控制明胶的溶解速度对药物的释放进行控制，达到了降低药物毒副作用的目的。氨茶碱能有效地治疗支气管扩张，但其有效治疗剂量与中毒剂量非常接近，血液中氨茶碱浓度一旦超标，病人就会出现恶心、呕吐、心律不齐、心肺功能衰竭等不良反应。用羟丙基甲基纤维素包埋氨茶碱制成微胶囊，该胶囊具有很好的缓释性，保证了用药的安全。维生素 C 的分子中含有相邻的二烯醇结构，在空气中极易发生氧化反应，因而颜色变黄，为了延缓这一过程，可用乙基纤维素、羟丙基甲基纤维素苯二甲酸酯等高分子材料充当壁膜，制成维生素 C 微胶囊。这种维生素 C 微胶囊能够有效延缓维生素 C 的氧化，并能在进入人体两小时内被完全溶解、释放出来。

课堂互动

试说出各类高分子药物的特点。

五、药用高分子材料

（一）药用高分子材料的主要用途

药用高分子材料在药学中可用作片剂（湿法制粒或直接压片）和一般固体制剂（胶囊剂）的崩解剂、黏合剂、赋形剂、外壳；用作控释、缓释制剂的骨架材料和包衣材料；用作液体制剂或半固体制剂的辅料；用作生物黏着性材料；用作可降解的高分子材料；用作新型给药装置的组件及药品的包装材料等。

（二）常见的药用高分子材料

1. 聚丙烯酸（PAA）和聚丙烯酸钠（PAAS）

$$\left[CH_2 - \underset{\underset{COOH}{|}}{CH} \right]_n \qquad \left[CH_2 - \underset{\underset{COONa}{|}}{CH} \right]_n$$

聚丙烯酸 聚丙烯酸钠

聚丙烯酸为白色固体，具有较强的吸湿性，对人体无毒，皮肤贴敷试验亦未见刺激性。主要用于霜剂、软膏、乳膏、搽剂、巴布剂等外用药剂及化妆品中作为基质、增稠剂、分散剂、增黏剂等。近年来，人们发现聚丙烯酸的一些衍生物能够控制某些药物有效成分的释放速度，并能促进吸收等，因此聚丙烯酸在药物控制释放体系中的应用价值正在被进一步地研究。

2. 卡波姆

$$\left[CH_2 - \underset{\underset{COONa}{|}}{CH} \right]_x \left[C_3H_5 - 蔗糖 \right]_y$$

卡波姆为具强吸湿性的白色松散粉末，无毒、对皮肤无刺激性，但对眼黏膜有严重的刺激。高分子量的卡波姆可作软膏、霜剂或植入剂的亲水性凝胶的基质，中等分子量的作助悬剂或辅助乳化剂，低分子量的可作内服或外用药液的增黏剂，也用于制备黏膜粘附剂以达到缓释药物效果，还可作为缓、控释制剂的骨架材料。

3. 聚丙烯酸树脂 通常把丙烯酸酯、甲基丙烯酸酯、甲基丙烯酸等单体的共聚物统称为聚丙烯酸树脂，其中甲基丙烯酸与甲基丙烯酸甲酯的共聚物的结构式为：

$$\left[CH_2-\underset{\underset{COOH}{|}}{\overset{\overset{CH_3}{|}}{C}}\right]_{n_1}\left[CH_2-\underset{\underset{COOCH_3}{|}}{\overset{\overset{CH_3}{|}}{C}}\right]_{n_2}$$

丙烯酸树脂是一类安全、无毒的药用高分子材料，易溶于甲醇、乙醇、异丙醇、丙酮等有机溶剂。具有良好的成膜性，能够在药片上形成薄膜，主要用作片剂、微丸、缓释颗粒等的薄膜包衣材料，也可用作缓控释制剂的骨架材料。

4. 聚乙烯醇树脂（PVA）

$$\left[CH_2-\underset{\underset{OH}{|}}{CH}\right]_n$$

聚乙烯醇是白色至奶油色粉末，是一种水溶性的合成树脂。无臭、无毒、浓度高达10%时对眼、皮肤无刺激，是一种安全的外用辅料；还是一种良好的成膜和凝胶材料，广泛用于凝胶剂、透皮制剂、涂膜剂、膜剂中。另外，PVA还是较理想的助悬剂及增稠、增黏剂，最大用量10%。

5. 聚乙烯吡咯烷酮（PVP）

$$\left[\underset{HC-CH_2}{\overset{N}{\underset{|}{\bigcirc}}}\overset{O}{\underset{|}{\parallel}}\right]_n$$

聚乙烯吡咯烷酮又称聚维酮。白色或乳白色；无臭、无味的粉末，安全无毒。吸湿性强，在水、乙醇、三氯甲烷和异丙醇中易溶解，不溶于乙醚、丙酮。聚乙烯吡咯烷酮可与一些药物形成可溶性复合物，如碘、普鲁卡因、丁卡因、氯霉素等与之结合以后可延长药物的作用时间，在药物制剂方面应用广泛，在液体制剂中，作为助悬剂、增稠剂和胶体保护作用；在药物片剂中，是良好的黏合剂和薄膜包衣材料等，还可作为骨架材料和涂膜剂的主要材料，对皮肤无刺激性。

6. 聚乙二醇（PEG）

$$HO\left[CH_2-CH_2-O\right]_nH$$

聚乙二醇是水溶性的不挥发的油状物，可溶于大多数极性溶剂，溶解度随相对分子质量的增加而下降。在脂肪烃、苯等非极性溶剂中不溶。吸湿性强。化学性质稳定，耐热、无腐蚀性，无毒。对皮肤无刺激性和敏感性，可用作注射用的复合溶剂，软膏、栓剂的基质，液体药物的助悬剂、增黏剂、增溶剂，固体分散体的载体，片剂的固态黏合剂、润滑剂，还可用于薄膜片的增塑剂、致孔剂、打光剂及滴丸基质等。

7. 泊洛沙姆

$$HO\left[CH_2CH_2O\right]_a\left[\underset{\underset{CH_3}{|}}{\overset{\overset{CH_3}{|}}{CH}}CH_2O\right]_b\left[CH_2CH_2O\right]_aH$$

泊洛沙姆是聚氧乙烯-聚氧丙烯的共聚物。无味、无臭、无毒，对眼黏膜、皮肤具有很高的安全性。它是静脉乳胶中的合成乳化剂。高分子量的可作为水溶性栓剂、亲水性软膏、凝胶、滴丸剂的基质；在口服制剂中增加药物的溶出度和体内吸收，用作增溶剂、乳化剂和稳定剂；在液体制剂中，可作为增稠剂、助悬剂、分散剂等。

8. 聚乳酸（PLA）

$$H \left[O-CH-\underset{\underset{n}{}}{\overset{\overset{CH_3 \quad O}{|\quad\quad\|}}{C}} \right] OH$$

聚乳酸具有旋光性，所以有聚 D-乳酸，聚 L-乳酸，聚 D、L-乳酸，属聚酯类，均溶于有机溶剂，可发生水解而降解。无毒、无刺激性、有良好的可生物降解性、生物相容性和生物可吸收性，可用作手术缝合线、注射用微球、微囊、埋植剂等制剂的材料。

📊 重点小结

1. 高分子化合物（简称高分子，又称聚合物）是指相对分子质量很大（一万到几百万）的长链大分子化合物。聚合成高分子化合物的小分子称为单体。组成高分子的重复结构单位称为链节。表示链节数目的 n 称为聚合度。

2. 高分子化合物按来源的不同，可分为天然高分子化合物、天然高分子衍生物和合成高分子化合物；按性能不同，可分为塑料、橡胶和纤维；按用途的不同，可分为通用高分子、工程材料高分子、功能高分子等。

3. 高分子化合物具有溶解度差、可塑性、高弹性、良好的机械强度、性能与温度相关、电绝缘性等特性。

4. 高分子化合物在光、热、高能射线等物理因素和氧、水、酸、碱等化学因素的作用下失去弹性、可塑性和机械强度的过程称为老化。

5. 高分子链被分裂成较短链的过程称为降解，又称为裂解。

6. 根据结构和制剂形式的不同，高分子药物分为具有药理活性的高分子药物、高分子载体药物、高分子配合物药物和高分子包埋的小分子药物等。

7. 具有药理活性的高分子药物只有整条高分子链才显示药理活性，与它们对应的低分子模型化合物一般没有药理作用。

8. 高分子载体药物中，高分子起骨架和载体的作用，真正发挥疗效作用的是低分子活性基团。

9. 高分子配合物药物由高分子化合物基团中的氮原子或氧原子与金属离子或小分子发生配位反应而生成，其保持有原化合物的生理活性，又降低了药物的毒性和刺激性，具有低毒、高效和缓释作用。

10. 高分子包埋的小分子药物中，起药理活性作用的是低分子药物，这些低分子药物以物理的方式被包裹在高分子膜中，并通过高分子材料逐渐释放。该类药物的典型代表物为微胶囊。

目标检测

1. 填空题

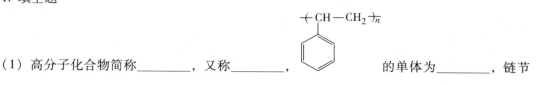

（1）高分子化合物简称_____，又称_____，的单体为_____，链节

为_____，聚合度为_____。

(2) 高分子化合物根据来源的不同，可分为_____、_____和_____。根据性能不同，可分为_____、_____和_____。根据用途的不同，可分为_____、_____和_____。

(3) 高分子化合物在光、热、高能射线等物理因素和氧、水、酸、碱等化学因素的作用下失去弹性、可塑性和机械强度的过程称为_____。

(4) 高分子链被分裂成较短链的过程称为_____，又称为_____。

(5) 根据结构和制剂形式的不同，高分子药物分为具有_____、_____、_____和_____等。

(6) 高分子载体药物是将_____药物结合在本身没有_____活性的水溶性_____载体上而形成的一类药物。其中高分子化合物充当小分子药物的传递系统，而发挥药理作用的仍是_____药物基团。

(7) 高分子配合物药物由高分子化合物基团中的氮原子或氧原子与金属离子或小分子发生_____反应而生成，其保持有原化合物的_____，又降低了药物的_____和_____，具有_____、_____和_____作用。

(8) 具有药理活性的高分子药物，可以直接作为_____，当它被降解为小分子后就不再具有_____。

(9) 经微胶囊化的药物，与空气隔绝，能有效防止药物在贮存、运输过程中发生_____、_____、_____等现象，增加贮存的_____性。

2. 命名下列高分子化合物，并写出其单体的结构式

(1) HO⊢CH₂—CH₂—O⊣ₙH

(2) ⊢CH₂—CH=CH—CH₂—CH₂—CH⊣ₙ
        |
        CN

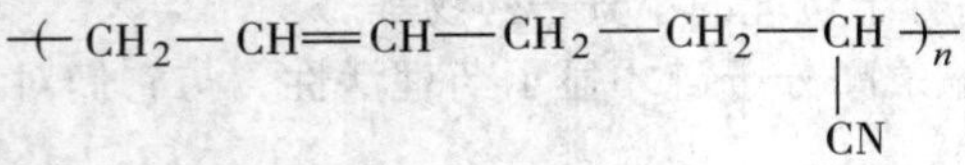

(3) ⊢CH₂—C⊣ₙ （CH₃在C上方，COOH在C下方）

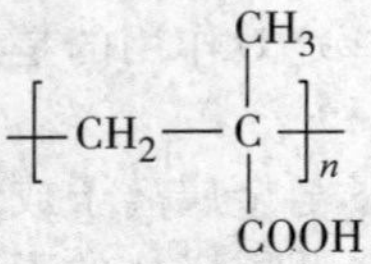

(4) ⊢CH—CH₂⊣ₙ （CH连苯环）

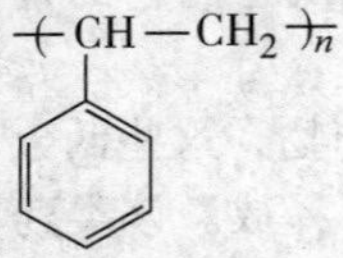

3. 简答题

(1) 说出高分子化合物有哪些主要特性？

(2) 防止高分子化合物老化有哪些措施？引起高分子化合物降解的因素有哪些？

(3) 高分子药物按照结构和制剂形式的不同可分为哪几种？

（张彧璇）

下篇　实训部分

实训室规则

一、实训室工作规则

为了保证实训的顺利进行，培养严谨的科学态度和良好的实训习惯，学生必须遵守下列实训室规则。

1. 实训前，必须做好预习，明确实训目标，熟悉实训原理和实训步骤。未预习不得进行实训。

2. 实训开始前，首先检查仪器是否完整无损，仪器如有缺损，应及时补领登记。再检查仪器是否干净（或干燥），如有污物，应洗净（或干燥）后方可使用，否则会给实训带来不良影响。

3. 实训时，要仔细观察现象，积极思考问题，严格遵守操作规程，实事求是地做好实训记录。

4. 实训时，要严格遵守安全规则与每个实训的安全注意事项。一旦发生意外事故，应立即报告教师，采取有效措施，迅速排除事故。

5. 实训室内应保持安静，不得谈笑，擅离岗位。不许将与实训无关的物品、书报带入实训室，严禁在实训室吸烟、饮食。

6. 服从教师和实训室工作人员的指导，有事要先请假，必须取得教师同意后，方能离开实训室。仪器装置安装完毕，要请教师检查合格后，方能开始实训。

7. 实训时，要经常保持台面和地面的整洁，实训中暂时不用的仪器不要摆放在台面上，以免碰倒损坏。用过的沸石、滤纸等应放入废物桶中，不得丢入水槽或扔在地上。废酸、酸性反应残液应倒入指定容器中，严禁倒入水槽。实训完毕，应及时将仪器洗净，并放入指定的位置。

8. 要爱护公物，节约药品，养成良好的实训习惯。要爱护和保管好发给的实训仪器，不得将仪器携出室外，如有损坏，要填写破损单，经指导教师签署意见后，凭原物领取新仪器。要节约用水、电及消耗性药品。要严格按照规定称量或量取药品，使用药品不得乱拿乱放，药品用完后，应盖好瓶盖放回原处。公用的工具使用后，应及时放回原处。

9. 学生轮流值日，打扫、整理实训室。值日生应负责打扫卫生、整理试剂架上的药品（试剂）与公共器材，倒净废物桶并检查水、电、窗是否关闭。

10. 实训完毕，及时整理实训记录，写出完整的实训报告，按时交教师审阅。

二、实训室安全规则

在化学实训中，经常使用各种化学药品和仪器设备，以及水、电、煤气，还会经常遇到高温、低温、高压、真空、高电压、高频和带有辐射源的实训条件和仪器，若缺乏必要的安全防护知识，会造成生命和财产的巨大损失。

（一）防毒

大多数化学药品都有不同程度的毒性。有毒化学药品可通过呼吸道、消化道和皮肤进入人体而发生中毒现象。如 HF 侵入人体，将会损伤牙齿、骨骼、造血和神经系统；

烃、醇、醚等有机物对人体有不同程度的麻醉作用；三氧化二砷、氰化物、氯化汞等是剧毒品，吸入少量会致死。

防毒注意事项如下。

1. 实训前应了解所用药品的毒性、性能和防护措施。

2. 使用有毒气体（如 H_2S、Cl_2、Br_2、NO_2、HCl、HF）应在通风橱中进行操作。

3. 苯、四氯化碳、乙醚、硝基苯等蒸气长时间吸入会使人嗅觉减弱，必须高度警惕。

4. 有机溶剂能穿过皮肤进入人体，应避免直接与皮肤接触。

5. 剧毒药品如汞盐、镉盐、铅盐等应妥善保管。

6. 实训操作要规范，离开实训室要洗手。

（二）防火

防止煤气管、煤气灯漏气，使用煤气后一定要把阀门关好；乙醚、酒精、丙酮、二硫化碳、苯等有机溶剂易燃，实训室不得存放过多，切不可倒入下水道，以免集聚引起火灾；金属钠、钾、铝粉、电石、黄磷以及金属氢化物要注意使用和存放，尤其不宜与水直接接触。

万一着火，应冷静判断情况，采取适当措施灭火；可根据不同情况，选用水、沙、泡沫、CO_2 或 CCl_4 灭火器灭火。

（三）防爆

化学药品的爆炸分为支链爆炸和热爆炸；氢、乙烯、乙炔、苯、乙醇、乙醚、丙酮、乙酸乙酯、一氧化碳、水煤气和氨气等可燃性气体与空气混合至爆炸极限，一旦有一热源诱发，极易发生支链爆炸；过氧化物、高氯酸盐、叠氮铅、乙炔铜、三硝基甲苯等易爆物质，受震或受热可能发生热爆炸。

防爆措施如下。

1. 对于防止支链爆炸，主要是防止可燃性气体或蒸气散失在室内空气中，保持室内通风良好。当大量使用可燃性气体时，应严禁使用明火和可能产生电火花的电器。

2. 对于预防热爆炸，强氧化剂和强还原剂必须分开存放，使用时轻拿轻放，远离热源。

（四）防灼伤

除了高温以外，液氮、强酸、强碱、强氧化剂、溴、磷、钠、钾、苯酚、醋酸等物质都会灼伤皮肤；应注意不要让皮肤与之接触，尤其防止溅入眼中。

三、实训室意外事故的处理和急救

1. 起火要保持冷静，不能惊慌失措。首先应尽快扑灭火源并移开附近的易燃物质。少量有机溶剂着火，可用湿布、黄沙扑灭，不可用水。细口容器内溶剂或油浴着火，可用湿布或石棉网盖熄。若火势较大，则使用泡沫灭火器。电器设备着火，应先拉开电闸，切断电源，再用四氯化碳灭火器（通风不良的小实训室忌用，因为四氯化碳在高温时生成剧毒的光气）或二氧化碳灭火器灭火。不管用哪一种灭火器，都应从火周围开始向火中心扑灭。衣服着火时，切勿惊慌，应赶快脱下衣服或用石棉布、厚外套覆盖着火处，切忌在实训室内乱跑。情况危急时可就地卧倒打滚，盖上毛毯，或用水冲淋，使火熄灭。

2. 玻璃割伤伤口内若有玻璃碎片，须先取出，然后抹上紫药水并包扎伤口。

3. 烫伤轻者涂以烫伤油膏如蓝油烃等。

4. 酸液或碱液溅入眼中应立即用大量水冲洗，然后相应地再用 1% 碳酸氢钠溶液或 1% 硼酸溶液洗，最后用水洗。如溅在皮肤上，除上述处理外还要涂上药用凡士林。

5. 皮肤被溴灼伤立刻用大量水冲洗，继而用石油醚或乙醇擦洗，再用 2% 硫代硫酸钠溶液洗，然后加甘油按摩，再敷上烫伤油膏。

6. 触电首先应切断电源，必要时进行人工呼吸。

7. 酸、碱入口先用大量水漱口，再饮大量水稀释。酸中毒可服用氢氧化铝凝胶和鸡蛋清，碱中毒则服用食醋和鸡蛋清。然后都饮牛奶，不要服催吐剂。有毒药品入口，先把 5~10ml 稀硫酸铜溶液加入一杯温开水中，内服后用手指刺激咽喉，促使呕吐，然后立即送医院。

8. 吸入少量氯气或溴蒸气可用稀碳酸氢钠溶液漱口，然后吸入少量乙醇蒸气，并到室外空气流通处休息。

中毒患者或其他伤势较重者，经初步处理后应立即送医院急救。

（张雪昀）

实 训 指 导

实训一　玻璃仪器使用基本技能

【实训目标】

1. 掌握普通玻璃仪器的名称、外观特点及用途。
2. 熟悉常用的清洗剂及其特点。
3. 了解标准磨口玻璃仪器的规格。

【实训内容】

（一）玻璃仪器认知

有机化学实训中常用的玻璃仪器一般可分为普通玻璃仪器和标准磨口玻璃仪器。

1. 普通玻璃仪器　有机化学实训室常用的普通玻璃仪器包括锥形瓶、烧杯、漏斗等，如实训图 1-1 所示。

| 锥形瓶 | 抽滤瓶 | 分液漏斗 | 量筒 |

| 烧杯 | 漏斗 | 布氏漏斗 |

实训图 1-1　常用的普通玻璃仪器

2. 标准磨口玻璃仪器　有机化学实训室常用的标准磨口玻璃仪器包括圆底烧瓶、冷凝管等，如实训图 1-2 所示。

| 三颈烧瓶 | 圆底烧瓶 | 茄型烧瓶 |

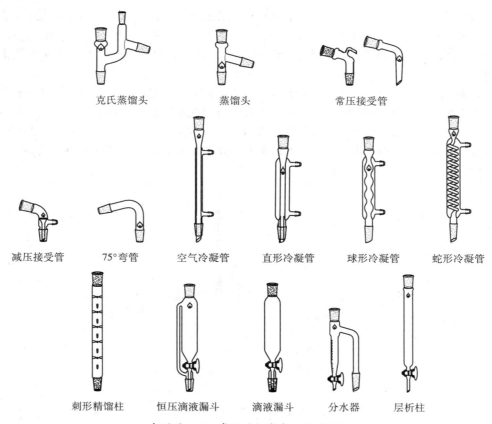

克氏蒸馏头　　蒸馏头　　常压接受管

减压接受管　75°弯管　空气冷凝管　直形冷凝管　球形冷凝管　蛇形冷凝管

刺形精馏柱　恒压滴液漏斗　滴液漏斗　分水器　层析柱

实训图 1-2　常用的标准磨口玻璃仪器

（二）常用装置使用方法

1. 回流装置　在室温下有些反应难于进行，为了使反应尽快地进行，常常需要使反应物质较长时间保持沸腾。在这种情况下，就需要使用回流冷凝装置，加热过程中蒸汽上升到冷凝管内冷凝形成液体而返回反应器中。简单的回流冷凝装置中直立的冷凝管夹套中自下至上通入冷水，使夹套充满水，水流速度不必很快，能保持蒸汽充分冷凝即可。加热过程中需控制蒸汽上升的高度不超过冷凝管的 1/3。实验室常用的回流装置如实训图 1-3 所示。

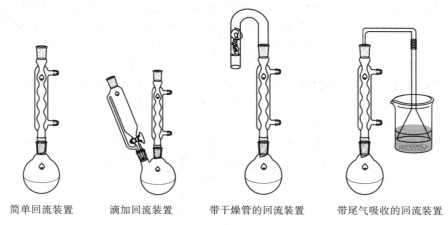

简单回流装置　　滴加回流装置　　带干燥管的回流装置　　带尾气吸收的回流装置

实训图 1-3　常用的回流装置

如果反应物怕受潮，可在冷凝管上端口接上装有干燥剂的干燥管来防止湿气侵入。如果反应中会放出有害气体（如溴化氢），可加接气体吸收装置。有些反应物不能同时加入，可采用滴加回流冷凝装置，将试剂逐渐滴加进去。随着反应物的逐渐加入，反应不断进行。实训开始前，实训者需要根据反应底物性质和实训要求选择合适的反应装置。

2. 蒸馏装置　常压蒸馏是分离提纯有机化合物的常用方法之一。易挥发的组分随温度升高被蒸馏出来，收集到接收瓶中，不易挥发组分留在蒸馏瓶中，进而达到分离目的（实训图 1-4a）。蒸馏时，被蒸液要求在瓶体积的三分之一至三分之二为宜。温度计的位置应使其水银球上线与蒸馏头支管口下线保持水平，被蒸液体沸点低于 140℃应用水冷凝管，大于 140℃可选用空气冷凝管。

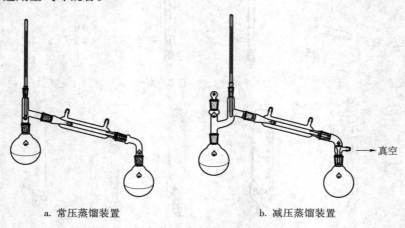

a. 常压蒸馏装置　　　　　　　　　　　b. 减压蒸馏装置

实训图 1-4　常用的蒸馏装置

当被蒸馏液体沸点较高，常压下无法实现分离或温度过高会使液体变质时，可以采用减压蒸馏（实训图 1-4b）。减压蒸馏对于分离和提纯沸点较高或性质不稳定的液体有机化合物具有特别重要的意义，所以减压蒸馏也是分离和提纯有机化合物的常用方法。蒸馏时，当达到所要求压力且压力稳定后，通入冷却水，开始升温，液体沸腾时，调节热源控制蒸馏速度维持在 0.5~1 滴/秒，蒸馏过程中密切注意温度计和压力计的读数，记录压力与温度数值。特别注意整套装置的严密性，切忌不能使用有裂缝或薄壁仪器。控制好加热速度，使蒸馏平稳进行。

3. 萃取装置　萃取是有机化学实训中用来提取或纯化有机化合物的常用操作之一。萃取是利用物质在两种不互溶（或微溶）溶剂中溶解度或分配比的不同来达到分离、提取或纯化目的的一种操作。最常使用的萃取器皿为分液漏斗（实训图 1-5）。操作时应选择容积较液体体积大一倍以上的分液漏斗，将旋塞均匀涂上一层润滑油，在使用前检漏，确认不漏水时方可使用。在振荡过程中应注意不断放气，以免萃取或洗涤时，内部压力过大，使液体喷出。静置分层后，下层液体自旋塞放出，上层液体从分液漏斗的上口倒出，切不可也从旋塞放出。

4. 过滤装置　常用过滤装置分为简单过滤装置和减压过滤装置（实训图 1-6），简单过滤装置即为用内衬滤纸的普通漏斗过滤，滤液靠自身的重力透过滤纸流下，实现分离。减压过滤装置则为滤液在内外压差作用下透过滤纸或砂芯流下，实现分离。

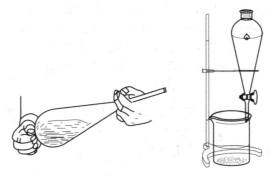

实训图 1-5　萃取装置

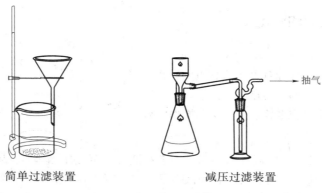

简单过滤装置　　　　　　　减压过滤装置

实训图 1-6　常见的过滤装置

减压过滤前，滤纸用溶剂润湿，开启抽气装置，使滤纸紧贴在漏斗底。过滤时，小心地将要过滤的混合液均匀倒入漏斗中。停止抽滤时，先旋开安全瓶上的旋塞恢复常压，然后关闭抽气泵。减压过滤的优点是过滤和洗涤的速度快，液体和固体分离得较完全，滤出的固体容易干燥。

（三）玻璃仪器清洁方法

1. 常规清洗　洗涤的一般方法是用水、洗衣粉、去污粉刷洗，再用清水冲洗干净。使用与清洗的玻璃仪器相对应的刷子，如烧瓶刷、烧杯刷等，但用腐蚀性洗液时则不用刷子。若难于洗净时，则可根据污垢的性质选用适当的洗液进行洗涤。如果是酸性（或碱性）的污垢用碱（或酸性）洗液洗涤；有机污垢用碱液或有机溶剂洗涤。

2. 铬酸洗液　这种洗液氧化性很强，对有机污垢破坏力很强。倾去器皿内的水，慢慢倒入洗液，转动器皿，使洗液充分浸润不干净的器壁，数分钟后把洗液倒回洗液瓶中，用自来水冲洗。若器壁上粘有少量炭化残渣，可加入少量洗液，浸泡一段时间后在小火上加热，直至冒出气泡，炭化残渣可被除去，但当颜色变绿，表示洗液失效，应该弃去，不能倒回洗液瓶中。

3. 盐酸　用浓盐酸可以洗去附着在器壁上的二氧化锰或碳酸钙等残渣。

4. 碱液和合成洗涤剂　配成浓溶液即可，用以洗涤油脂和一些有机物（如有机酸）。

5. 有机溶剂洗涤液　当有胶状或焦油状的有机污垢，如用上述方法不能洗去时，可选用丙酮、乙醚、苯浸泡。要加盖以免溶剂挥发，或用 NaOH 的乙醇溶液亦可。用有机溶剂作洗涤剂，使用后可回收重复使用。

若用于精制或有机分析用的器皿，除用上述方法处理外，还须用蒸馏水冲洗。

器皿是否清洁的标志是：加水倒置，水顺着器壁流下，内壁被水均匀润湿有一层既薄又均匀的水膜，不挂水珠。有机化学反应过程中多采用有机溶剂，所以要求每位实训人员完成实训后及时清洗仪器，控干水分以保证后续实训人员正常使用，这是实训者应有的基本素质。

【问题与讨论】

1. 为什么冷凝管中冷凝水要采用"下进上出"？若入水口和出水口接反会有什么影响？
2. 减压过滤停止过滤应如何操作？
3. 萃取操作时为何要"上层从上出，下层从下出"？

（王　欣）

实训二　熔点的测定

【实训目标】

1. 理解测定熔点的原理及影响熔点的因素。
2. 会组装和使用测定熔点的仪器装置。
3. 掌握毛细管法测定熔点的方法和操作过程。

【实训原理】

将固体物质加热到一定温度时，当其固态和液态的蒸气压相等时，物质就会从固态转变成液态。在大气压下，物质的固态和液态平衡共存时的温度，称为该物质的熔点。纯净的固体有机物一般都有固定的熔点，即在一定压力下，固液两态之间的变化是非常敏锐的。从开始熔化（始熔）到完全熔化（全熔）的温度变化一般不超过 $0.5 \sim 1℃$，此温度变化范围称为熔程（或熔距）。如有少量杂质存在，则该物质的熔点会下降，熔程也会加大。所以通过测定固体物质的熔点，可以初步判断其纯度。

影响熔点测定准确性的因素很多。如温度计的误差、读数的准确性、样品的干燥程度、毛细管口径的圆匀性、样品的填装是否紧密均匀、所用的传热液是否合适及加热升温的速度是否得当等，都会影响熔点测定的准确性。因此，在实训操作过程中，要注意上述因素，做到耐心、细致、操作正确。

【实训仪器与药品】

1. 仪器　熔点测定管（提勒管）、150℃或200℃温度计、铁架台、毛细管、酒精灯、牛角匙、玻璃管（内径5mm左右，长50cm）、表面皿。

2. 药品　苯甲酸、液体石蜡。

【实训内容与步骤】

1. 传热液的选择　测定熔点为200℃以下的样品，可使用液体石蜡作传热液。样品熔点在220℃以下的。可采用浓硫酸作为传热液。熔点较低的物质，也可用甘油作传热液。

2. 毛细管的熔封　取一根长短适度的毛细管，将毛细管的一端呈45°角插入酒精灯的小火焰边缘处，并不断转动，直到将毛细管的开口端完全封闭为止，底部封口处的玻璃壁尽可能地薄，并且均匀，使其具有良好的热传导性。

3. 样品的填装　取绿豆大小的干燥样品（苯甲酸），置于表面皿上研成细粉，并集中成堆。把毛细管开口一端插入其中，使少许样品进入毛细管管中。取一根玻璃管竖在表面皿上，把装有样品的毛细管（封闭端朝下），从玻璃管口自由落下，这样反复几次，使样品紧密填在毛细管底部（熔封端）。高度控制在2～3mm之间。每个样品填装三根毛细管。

4. 搭建熔点测定装置

（1）将铁架台置于实验台上，将铁夹固定在铁架台上。

（2）将传热液倒入熔点测定管中，并使液面刚好能盖住熔点测定管的上侧支口。将熔点测定管用铁夹夹住。

（3）在温度计上套一橡皮圈，将装有样品的毛细管插入橡皮圈中，使样品部位位于温度

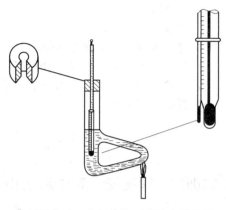

实训图2-1　毛细管法测定熔点的装置

计水银球的中部；橡皮圈位于毛细管的中上部，既能固定毛细管，又不能浸入传热液中，以免污染传热液及橡皮圈被传热液溶胀。

（4）将温度计套入带有缺口的软木塞中，使温度计上的读数朝向软木塞的缺口；将套上软木塞的温度计插入熔点测定管中，使温度计的水银球位于熔点测定管的两侧支口中间，并使温度计上的读数正对自己。实验装置见实训图2-1。

5. 熔点的测定　用酒精灯在提勒管的侧管末端缓缓加热，开始升温速度可以稍快，当距熔点10～15℃时，则控制在每分钟升温1～2℃，越接近熔点，升温速度应越慢。

在加热的同时要仔细观察温度计所示的温度与样品变化的情况，当样品开始塌落并有湿润现象、出现小液滴时，表示样品开始熔化，记下此时的温度即始熔温度。继续微热至固体全部变成澄清的液体，即全熔，记下此时的温度即全熔温度。始熔到全熔的温度范围即为熔程。

每个样品测定3次。第一次为粗测，加热可稍快，测出苯甲酸的大致熔点范围后再进行精测2次，求其平均值。第二次测定前，先待传热液温度冷却到样品的熔点以下30℃左右，取出第一根样品管弃去，再取一根装好样品的新毛细管，按同样方法测定。

6. 拆卸装置　测定完毕后，撤去酒精灯，取出软木塞和温度计，取下温度计上的毛细管。待温度计冷却后，用废纸擦去传热液再用水冲洗，否则温度计易炸裂。待传热液冷却后再倒回原瓶中，一般情况下，提勒管使用前后不能用水洗。拆下其他装置，洗干净表面皿，将所有实验仪器和药品还原到实验前的位置。

【实训结果记录】

	始熔温度	全熔温度	熔程
第一次			
第二次			
第三次			

【问题与讨论】

1. 样品毛细管是否可以重复使用？

2. 有2种样品，测得其熔点数据相同，如何证明它们是相同物质还是不同物质？

3. 测定熔点时，若有下列情况将对测定结果产生什么影响？

（1）毛细管壁太厚。

（2）毛细管不洁净。

（3）样品未完全干燥或含有杂质。

（4）样品研得不细或装得不紧密。

（5）加热太快。

（6）样品装得太多。

（张雪昀）

实训三　常压蒸馏及沸点的测定

【实训目标】

1. 熟悉常压蒸馏技术；沸点测定的方法。

2. 会组装和使用常压蒸馏及沸点测定的仪器装置。

【实训原理】

蒸馏是指将液态物质加热至沸腾，使之变为蒸气，再使蒸气冷却凝结为液体的过程。常压蒸馏是指在一个大气压下进行的蒸馏。

液态物质受热时，其分子会从液体表面逸出形成蒸气，产生蒸气压。温度越高，蒸气压越大。当液态物质的饱和蒸气压等于外界大气压（或指定压强）时的温度就称为该物质的沸点。因此，沸点与外界大气压有关。纯液态有机物在一定的压强下具有固定的沸点，从第一滴出液开始至蒸发完全时的温度范围称为沸点距，又称沸程。纯液态有机物的沸点距很小，一般为 $0.5 \sim 1.0℃$；混合物一般没有固定的沸点（注意：共沸混合物有固定的沸点），沸点距也较长。

当混合液各组分的沸点相差 30℃ 以上时，可利用蒸馏的方法测定各组分的沸点、分离和提纯各组分。蒸馏时，沸点较低的组分先蒸出，较高的组分随后蒸出，不挥发的组分留在蒸馏器内。

为了消除蒸馏过程中的过热现象，并保证沸腾平稳，常加入素烧瓷片或沸石（这些物质又叫止暴剂），以防止加热时的暴沸。如果加热前忘了加入止暴剂，补加时须先移去热源，待液体冷至沸点以下方可加入。如中途停止蒸馏，应在重新加热前加入新的止暴剂。

【实训仪器与药品】

1. 仪器　铁架台（2个）、铁夹、带支管的 125ml 蒸馏烧瓶、温度计（100℃）、小三角烧瓶、直形冷凝管、接液管、100ml 锥形瓶、100ml 量筒、电加热套、温度计套管、橡皮管、沸石。

2. 药品　工业乙醇、沸石（或素瓷片）、丙酮。

【实训内容与步骤】

1. 安装仪器　蒸馏装置主要由蒸馏烧瓶、冷凝管、接受器三部分组成，见实训图 3-1。注意应使温度计水银球的上沿和蒸馏烧瓶的支管下沿在同一水平位置上。

2. 加料　用漏斗将 30ml 工业乙醇加到蒸馏烧瓶中（或沿蒸馏烧瓶颈部没有支管的一面慢慢倒入，不要使液体从支管流出），再加入沸石（或素瓷片），塞好带有温度计的塞子。

3. 加热蒸馏　在加热前，应检查仪器装配是否正确，液体物料、沸石等是否加好，冷凝水是否通入，一切无误后方可打开电加热套开关加热。观察蒸馏烧瓶中的现象和温度计

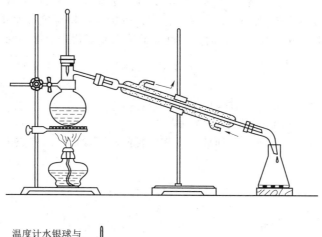

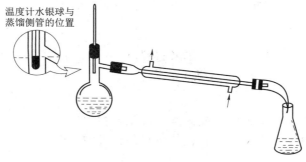

温度计水银球与
蒸馏侧管的位置

实训图 3-1 蒸馏装置示意图

的读数变化。当瓶内液体开始沸腾后，蒸气逐渐上升，温度计显示的温度会急剧上升。此时，应适当调节电压，控制流出液滴的速度以每秒钟 1~2 滴为宜。

4. 收集馏分记录沸程 蒸馏前，至少要准备两个锥形瓶，分别用来收集前馏分和馏分。蒸馏时，在达到所蒸馏物质的沸点前，常有沸点较低的液体先蒸出，这部分馏出液称为"前馏分"。前馏分蒸完，温度趋于稳定后，蒸出的就是较纯的物质，此时须更换锥形瓶。记下这部分液体开始馏出和最后一滴的温度，即该馏分的沸点范围（沸程）。若维持原来的加热速度，温度突然下降，应停止蒸馏。即使杂质很少，也不要蒸干，以防蒸馏烧瓶破裂及发生其他意外事故。

5. 拆除装置 蒸馏完毕，应先关掉电源停止加热，后停止通冷凝水。拆卸仪器的程序和安装时相反，即依次取下接受器、接液管、冷凝管和蒸馏瓶。

【**实训数据记录与处理**】

称量所收集馏分的质量（或量取其体积），计算回收率。

【**注意事项**】

1. 安装装置时，要确保整个装置的严密性，但接液管与接受器之间不可密封。

2. 温度计水银球的上沿与蒸馏烧瓶支管口的下沿应在同一水平线上。

3. 加料后，一定要加沸石或素瓷片等止暴剂，防止暴沸；若遗忘时，必须待温度下降到一定程度后才可添加。

4. 蒸馏烧瓶内，液体体积应占整个蒸馏烧瓶容积的 1/3~2/3，不能过多或过少。

5. 加热前，一定要先通冷凝水，且冷凝水水流方向为"下进上出"，以保证冷却效果。

实训完毕时，应先关掉电源，停止加热，待温度稍微冷却后，再关掉冷凝水。

6. 蒸馏速度不能太快或太慢。在蒸馏过程中，应始终保持温度计水银球上有一稳定的液滴，这是气液两相平衡的象征。这时，温度计的读数便能代表液体的沸点。

7. 绝对不能完全蒸干。

【问题与讨论】

1. 在进行蒸馏操作时应注意什么问题？

2. 蒸馏时，加入沸石的作用是什么？

3. 蒸馏时，温度计的位置应如何放置，其位置偏高或偏低，对沸点测定有何影响？

（张彧璇）

实训四　水蒸气蒸馏

【实训目标】

1. 掌握水蒸气蒸馏装置的安装及其操作过程。

2. 了解水蒸气蒸馏的基本原理及适用范围。

【实训原理】

水蒸气蒸馏是分离和提纯液态或固态有机化合物的一种方法。它是将水蒸气通入含有机物的混合物中，使其达到沸腾，其中一些有机物随着水蒸气一起蒸馏出来的操作或过程。

如果两种液体物质彼此互相溶解的程度很小以至可以忽略不计，就可以视为是不互溶混合物。当与水不互溶的有机物与水一起转化为蒸气时，整个系统的蒸气压，根据道尔顿分压定律，应为各组分蒸气压之和。

$$P_总 = P_水 + P_{有机物}$$

从上式可知任何温度下混合物的总蒸气压总是大于任一组分的蒸气压，因为它包括了混合物其他组分的蒸气压。由此可见，在相同外压下，不互溶物质的混合物的沸点要比其中沸点最低组分的沸腾温度还要低。即有机物可在比其沸点低得多的温度下（一定低于100℃的温度）随水一起被蒸馏而分离出来，从而达到分离或者提纯的目的。

被提纯物必须具备以下几个条件：①不溶或难溶、微溶于水；②共沸腾条件下与水不发生化学反应；③在100℃左右时具有一定的蒸气压［至少不低于666.5Pa（5mmHg）］。

水蒸气蒸馏适用范围：①某些沸点较高，在常压蒸馏分离时易分解的有机物；②混合物中含有大量树脂状杂质或非挥发性杂质，利用萃取、蒸馏等方法都难于分离出所需组分；③从较多固体反应物中分离出少量被吸附的液体。

【实训仪器与药品】

1. 仪器　水蒸气蒸馏装置、分液漏斗、锥形瓶（50ml）、蒸馏瓶（50ml）。

2. 药品　新鲜冬青树叶、蒸馏水、无水 $CaCl_2$、沸石。

【实训内容与步骤】

1. 实训内容　为了体现"绿色化学"实验理念，防止造成环境污染，本实训采用工业上常用的用水蒸气蒸馏的方法从植物组织中获取挥发性成分。植物挥发性成分的混合物统称精油，大都具有令人愉快的香味。如橙皮、八角茴香、生姜、玫瑰花、薄荷等都含有大量的植物精油，有很高的经济价值和实际应用价值。

冬青树叶中含有的水杨酸甲酯（俗称"冬青油"），沸程218~224℃，沸腾时部分分解，很适合水蒸气蒸馏法提取。冬青油作为医用外用药，具有局部刺激作用，可消肿、消炎和镇痛，亦有止痒之效。也常作为医药制剂中口腔药与涂剂等的赋香剂，在口香糖、漱口水等口含用药物中有广泛应用。

本实训采用极其易得的冬青树叶为原料。冬青树叶中所含的冬青油与水不互溶，当受热后，二者蒸气压的总和与大气压相等时，混合液即开始沸腾，继续加热则挥发油可随水蒸气蒸馏出来，冷却静置，即可分离。

2. 实训步骤

（1）安装装置　一套较为系统的水蒸气蒸馏装置包括水蒸气发生器A、蒸馏B、冷凝和接收器四个部分。

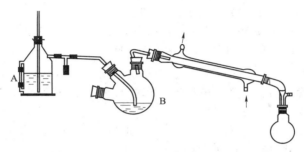

实训图4-1　水蒸气蒸馏装置

水蒸气发生器A（内装约2/3容量的水和数粒沸石）一般用金属制成，呈圆筒状，实验室也常用短颈圆底瓶代替。瓶口配一双孔软木塞，一孔插入长1m，直径约5mm的玻璃管作为安全管（插到底部，但不能接触底部，起调节发生器内蒸气压大小的作用），另一孔插入内径约8mm的水蒸气导出管。导出管与一个T形管相连，T形管的支管套上一短橡皮管，橡皮管上用自由夹夹住，T形管的另一端与蒸馏部分的导管相连。T形管用来除去水蒸气中冷凝下来的水，当发生不正常的情况时，可打开自由夹，使水蒸气发生器与大气相通。

蒸馏部分B通常是采用三颈圆底烧瓶，三颈瓶内盛放待蒸馏的物料，烧瓶斜放桌面成45°，这样可以避免由于蒸馏时液体剧烈跳动引起的液体从导出管冲出沾污馏出液。三颈瓶中口连接蒸气导入管，一侧口作为导出管，连接一直形冷凝管。另一侧口用塞子塞上。水蒸气导入管应正对烧瓶底中央，并尽量接近圆底烧瓶底部，以利提高蒸馏效率。按实训图4-1所示装置装配水蒸气蒸馏装置。

（2）加入被分离提取物　将20g新鲜冬青树叶剪碎，投入250ml三口烧瓶中，加入约100ml水，依序安装水蒸气发生器、圆底烧瓶、冷凝管、接引管和接受瓶等。

（3）加热蒸馏　检查整个装置不漏气后，旋开T形管的自由夹，加热至沸腾。当有大量水蒸气产生从T形管的支管冲出时，立即夹好自由夹，水蒸气便进入蒸馏部分，开始蒸馏。蒸馏速度为2~3滴/秒。当馏出液无明显油珠时，便可停止蒸馏，此时必须先旋开自由夹，然后移开热源，以免发生倒吸。

【实训数据记录与处理】

将接收瓶中的液体一起倒入分液漏斗中，静置，分液得产品。无水硫酸钠干燥后，称重，计算回收率。

【注意事项】

1. 水蒸气发生器中一定要配置安全管。可选用一根长玻璃管作安全管，管子下端要接近水蒸气发生器底部，但不能接触底部。使用时，注入的水不要过多，一般不要超出其容积的 2/3。

2. 实训中，应经常注意观察安全管。如果其中的水柱出现不正常上升，应立即打开 T 形管，停止加热，找出原因，排除故障后再重新蒸馏。

3. 导入水蒸气的玻璃管应尽量接近圆底烧瓶底部，以提高蒸馏效率。

4. 水蒸气发生器与烧瓶之间的连接管路应尽可能短，以减少水蒸气在导入过程中的热损耗。

5. 在蒸馏过程中，如由于水蒸气的冷凝而使烧瓶内液体量增加，以至超过烧瓶容积的 2/3 时，或者蒸馏速度不快时，则将蒸馏部分隔石棉网缓缓辅助加热。要注意瓶内崩跳现象，如果崩跳剧烈，则不应加热，以免发生意外。

6. 停止蒸馏时，一定要先打开 T 形管，然后停止加热。如果先停止加热，水蒸气发生器因冷却而产生负压，会使烧瓶内的混合液发生倒吸。

【问题与讨论】

1. 进行水蒸气蒸馏时，水蒸气导入管的末端为什么要插入到接近于容器的底部，但不能接触底部？

2. 在水蒸气蒸馏过程中，安全管中水位上升很高时，说明什么问题？该如何处理？

3. 如何判断目标化合物是否全部蒸出？

（刘　华）

实训五　重结晶

【实训目的】

1. 学习重结晶法提纯固态有机化合物的原理和方法。

2. 掌握配制饱和溶液、减压过滤、趁热过滤操作和滤纸的折叠方法。

【实训原理】

重结晶是提纯固态有机化合物最常用的一种方法。固体有机化物在溶剂中的溶解度一般随温度的升高而增大。将一固体有机化合物溶解在某一溶剂中，在较高温度时制得饱和溶液，然后使其冷却到室温或降至室温以下，即会有结晶析出。重结晶利用固体混合物中目标组分在某种溶剂中的溶解度不同，或在同一溶剂中不同温度时的溶解度不同，而使它们相互分离。

注意：重结晶只适宜杂质含量在 5% 以下的固体有机混合物的提纯。从反应粗产物直接重结晶是不适宜的，必须先采取其他方法如萃取、水蒸气蒸馏等进行初步提纯，降低杂质含量后，然后再通过重结晶纯化。

【实训仪器与药品】

1. 仪器　抽滤瓶、布氏漏斗、真空泵 、表面皿、滤纸、玻棒。

2. 药品　乙酰苯胺（粗品）、粗苯甲酸、活性炭、70% 乙醇。

【实训内容与步骤】

1. 制备热饱和溶液　称取 2g 粗乙酰苯胺于 200ml 烧杯中，加入 45ml 水，加热使微沸。

若不能完全溶解，再分次加入少量水（每次 5ml 左右）用玻棒搅拌，并使微沸 2~3 分钟，直到油状物质消失为止；若溶液有色，待其稍冷后（降低 10℃ 左右），加入约 0.2g 活性炭，重新加热至微沸并不断搅拌。

2. 热过滤　与此同时，准备好热滤装置（实训图 5-1）和一扇形滤纸（折叠方法见实训图 5-2）。将溶液趁热过滤，滤液用烧杯收集。

3. 结晶干燥　滤毕，将烧杯放在冷水浴中冷却，使结晶完全析出。如果没有结晶析出，用玻棒搅动，促使结晶形成，借布氏漏斗用吸滤法过滤使结晶与母液分离，用少量冷水洗涤结晶一次，吸干后将产品移到滤纸上，置于表面皿上凉干或烘干称重，并将纯乙酰苯胺倒入指定回收瓶中。

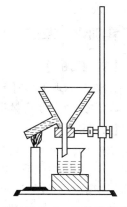

实训图 5-1　热过滤装置

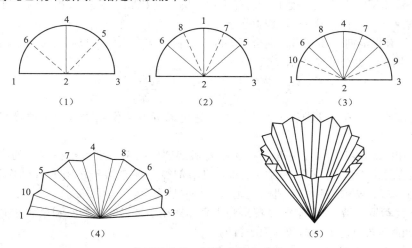

（1）　　　　（2）　　　　（3）

（4）　　　　（5）

实训图 5-2　折叠滤纸次序图

【实训数据记录与处理】

根据称量数据和结果，计算回收率。

【注意事项】

1. 注意选择溶剂和溶剂的量。
2. 掌握好滤纸的折叠方法。
3. 控制好滤液的冷却时间和速度。
4. 活性炭绝对不能加到正在沸腾的溶液中，否则将造成暴沸现象。
5. 滤纸应略小于布氏漏斗的底面。
6. 停止抽滤时先将抽滤瓶与抽滤泵间连接的橡皮管拆开，或者将安全瓶上的活塞打开与大气相通，再关闭泵，防止水倒流入抽滤瓶内。

【问题与讨论】

1. 为什么活性炭要在固体物质完全溶解后加入？又为什么不能在溶液沸腾时加入？
2. 为什么在关闭水泵前，先要拆开水泵和抽滤瓶之间的联接？

（江冬英）

实训六　萃取

【实训目的】

1. 熟悉萃取的原理和提取固态或液态混合物的方法。
2. 学会使用分液漏斗萃取和分离液体有机物的操作技术。

【实训原理】

萃取是利用物质在两种不相溶的溶剂中的溶解度不同，使物质从一种溶液转溶到另一种溶剂中，从而达到分离、提取或纯化目的的一种操作。经过几次反复萃取，极大部分的物质可从溶液中被某种溶剂萃取出来。

萃取通常分为液-液萃取和液-固萃取。

1. 液-液萃取　在一定温度下，某有机化合物在有机相中和在水相中的浓度之比为一常数，这就是分配定律，这一常数称为分配系数。例如：将含有有机化合物 X 的水溶液（溶剂 A）与有机溶剂（溶剂 B）混合振荡时，有机物溶在水中，也会溶在有机溶剂中。分配系数可以用下面的公式来表示：

$$K = \frac{物质\ X\ 在溶剂\ A\ 中的浓度}{物质\ X\ 在溶剂\ B\ 中的浓度}$$

K 为分配系数，在一定温度下为一常数，它可以近似看作此物质在两种溶剂中的溶解度之比。

根据"相似相溶"原则，一般有机物在有机溶剂中的溶解度大于在水中的溶解度，所以有机物能从水中转移到有机溶剂中，即有机溶剂能把原来溶于水中的有机物萃取出来，萃取的次数越多，萃取得到的有机物也越多，萃取越完全。

2. 液-固萃取　液-固萃取的原理是利用固体样品中被提取的物质和杂质在同一液体溶剂中溶解度的不同而达到分离和提取的目的。

【实训仪器与药品】

1. 仪器　125ml 分液漏斗、150ml 烧杯、100ml 锥形瓶、20ml 量筒、点滴板。

2. 药品　5% 苯酚水溶液、乙酸乙酯、1% 三氯化铁溶液。

【实训内容与步骤】

（一）液-液萃取

用乙酸乙酯从苯酚水溶液中萃取苯酚。

1. 实训前的准备工作　取 125ml 分液漏斗，取出玻璃活塞，擦干，在中间小孔两侧沾上少许凡士林（注意勿堵塞中间小孔），把活塞放回原处，塞紧，并来回旋转几下（使凡士林分布均匀），以防止渗漏。

2. 萃取操作

（1）将分液漏斗放在铁圈中（铁圈固定在铁架上），关好活塞。依次从上口倒入 5% 苯酚水溶液 20ml 和乙酸乙酯 10ml（萃取剂的用量一般为溶液体积的 1/3），取下分液漏斗，按实训图 6-1 所示的方法握住分液漏斗进行振摇。

（2）开始时稍慢，每振摇几次，要将漏斗向上倾斜，打开活塞，把分液漏斗中的萃取剂蒸气放出，称为"放气"，关闭活塞，再振摇，如此重复，振摇 2~3 分钟，然后将漏斗放回铁圈中静置。待分液漏斗中两液体层完全分开后，打开上面的塞子，小心旋开活塞，放出下层水溶液，到快放完时，把活塞关紧些，让下层液体逐滴流下，一旦分离完毕，立

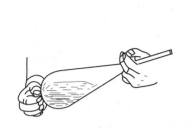

实训图 6-1　分液漏斗振摇握法和静置

即关闭活塞（静置片刻再观察有无分离完全）。将余下的上层乙酸乙酯从分液漏斗的上口倒出，切不可也由活塞放出，以免被漏斗颈中的残液污染，密封储存于小锥形瓶中。

（3）将经分离后的下层水溶液倒回分液漏斗中，用 5ml 乙酸乙酯萃取剂按同法进行萃取。合并两次乙酸乙酯萃取液。

（4）取未经萃取的 5% 苯酚水溶液和萃取后的下层水溶液各 2 滴于点滴板上，各加 1% 三氯化铁溶液 1~2 滴，观察和对比颜色深浅。

（二）液-固萃取

用乙醇提取苦参中苦参总碱（选做内容）。

通常用索氏提取器进行液-固萃取。索氏提取器如实训图 6-2 所示。

1. 正确组装索氏提取器

2. 称取 5g 苦参粉末，用滤纸包好，放在提取器中。量取 100ml 乙醇倒入烧瓶中，加 0.5ml 浓盐酸。

3. 冷凝管通水后，加热水浴，进行回流。

4. 待回流及虹吸数次后（约 0.5 小时），停止加热，冷却溶液，加入氨水使呈碱性，装上蒸馏装置，蒸干溶剂乙醇，将全部溶剂倒入回收瓶中。烧瓶底的残留物即为苦参总碱，

5. 苦参总碱的检验。在烧瓶残留物中加入 2ml 蒸馏水，加 1 滴盐酸溶液后倒入试管中，再加 2 滴碘化铋钾，有红色沉淀生成，证明苦参碱存在。

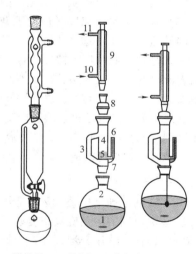

1. 搅拌子；2. 烧瓶；3. 蒸气路径；4. 套管；
5. 固体；6. 虹吸管；7. 虹吸出口；8. 转接头；
9. 冷凝管；10. 冷却水入口；11. 冷却水出口
实训图 6-2　索氏提取器

【注意事项】

1. 分液漏斗主要应用于以下几种情况。

（1）分离两种互不相溶也不起作用的液体。

（2）从溶液中萃取某种成分。

（3）用水、碱或酸洗涤某些物质。

（4）在化学反应中用来滴加液体（代替滴液漏斗）。

2. 使用分液漏斗时的注意事项。

（1）玻璃塞和活塞要用塑料线扎在漏斗体上，以免掉下打破或调错。

（2）活塞要涂上凡士林（上面的玻璃塞可涂可不涂）。

（3）放入液体总量不能超过漏斗容量的四分之三。

（4）不能用手拿分液漏斗的下端。

（5）要放在铁圈上，不能开启下面的活塞。

（6）打开上面玻塞，才能开启下面的活塞。

（7）下层液体通过活塞放出，上层液体从上面的漏斗口倒出。

3. 根据以下规则选择溶剂。

（1）被萃取物在此溶剂中有较大的溶解度。

（2）与被萃取的溶液互不相溶。

（3）与被萃取出来的溶质容易分离（通常是低沸点溶剂）。把所需的溶剂一次全部投入萃取，其效果不如分成 3~5 次进行萃取的好，即应按"少量多次"的原则进行萃取，才能收到好的萃取效果。

4. 萃取的另一种形式是以能与被萃取物发生化学反应的萃取剂进行萃取。方法与前面介绍的相同。例如稀酸或稀碱可以分别萃取或除去有机相中的碱性或酸性物质。在制备乙酸乙酯时，从反应器蒸出的乙酸乙酯中含有乙酸、乙醚和乙醇的杂质，用碳酸钠溶液洗去其中的酸，用氯化钙溶液洗去其中的乙醇，实际上也是萃取过程。

5. 在萃取过程中（尤其是当溶液呈碱性时），常常会产生乳化现象，静置难以分层，影响两相分离。克服的办法如下。

（1）静置时间延长。

（2）加入少量电解质（如氯化钠）以盐析破坏乳化（适用于水与有机溶剂）。

（3）加入少量稀硫酸（适用于碱性溶液与有机溶剂）。

（4）进行过滤（适用于存在少量轻质沉淀时）。

6. 萃取固体物质时，除了把固体物质粉碎后浸泡在适当的溶剂中进行萃取外，还可以采用索氏提取器（或称脂肪提取器）。这是一种连续提取装置。萃取前，先把固体粉碎，放入滤纸套，置于提取器中，提取器下接圆底烧瓶（内盛溶剂），上接回流冷凝管，以水浴加热，煮沸溶剂，蒸气通过玻璃管中冷凝为液体，滴入中间的提取器，再流入下面的烧瓶中。利用溶剂的回流和虹吸作用，使固体中的成分被萃取出来而集中于烧瓶中，然后再经回收溶剂，精制而获得纯的成分。

【问题与讨论】

1. 萃取的原理是什么？萃取适用于那些情况？

2. 萃取所用的溶剂应具备哪些条件？在用量和次数方面应注意什么？

3. 怎样正确使用分液漏斗？怎样才能使两层液体分离干净？

（吕　玮）

实训七　无水乙醇的制备

【实训目标】

1. 掌握纯化试剂的原理和方法。

2. 学会无水乙醇制备的操作方法。

【实训原理】

在实验室中，制备无水乙醇可用氧化钙法、离子交换树脂脱水法或分子筛法。

市售的无水乙醇只能达到 99.5% 的纯度，在许多反应中需用纯度较高的绝对无水乙醇，经常需要自己制备。通常工业用 95.5% 的乙醇不能直接用蒸馏法制备无水乙醇，因为 95.5% 乙醇和 4.5% 的水形成恒沸混合物。无水乙醇的沸点为 78.5℃。

氧化钙法是加氧化钙（生石灰）煮沸回流，使乙醇中的水与氧化钙作用生成氢氧化钙，然后再将无水乙醇蒸出，这样得到的无水乙醇纯度达 99.5%，纯度更高的无水乙醇（绝对乙醇）可用金属镁或金属钠进行处理。

$$2C_2H_5OH + Mg \rightarrow (C_2H_5O)_2Mg + H_2 \uparrow$$
$$(C_2H_5O)_2Mg + 2H_2O \rightarrow 2C_2H_5OH + Mg(OH)_2$$

【实训仪器和药品】

1. 仪器 圆底烧瓶、回流冷凝管、直形冷凝管、无水氯化钙干燥管、蒸馏头、接液管、恒温水浴锅、锥形瓶、温度计套、温度计、电炉、铁架台、铁夹、乳胶管、烘箱。

2. 药品 镁屑、无水乙醇（99.5%）、氧化钙、无水氯化钙、碘片、沸石、无水硫酸铜。

【实训内容和步骤】

1. 无水乙醇的制备 在 100ml 的干燥圆底烧瓶中，加入 0.4g 镁屑，10ml 99.5% 无水乙醇，装上干燥过的回流冷凝管，并在冷凝管上端附加一只无水氯化钙干燥管。在水浴上或用火直接（离开石棉网）加热至微沸，移去热源，立即加入几粒碘片（注意不要振摇），顷刻即在碘片附近发生反应，最后可达到相当剧烈的程度。有时作用太慢则需加热，如果在加碘之后上述反应仍不开始，则可再加入数片碘。待镁屑作用充分后，移去热源，加入 40ml 99.5% 无水乙醇和几粒沸石，小火加热回流 50~60 分钟。

回流完毕，拆下回流冷凝管，改装蒸馏装置，并在接液管支管装上干燥管，小火加热蒸馏，产物收集于 50~100ml 磨口锥形瓶中，用塞子塞住。

2. 水分的检验 取一支干净的试管，加入制得的无水乙醇 2ml，随即加入少量的无水硫酸铜粉末，如果乙醇中含有水分，则无水硫酸铜变为蓝色硫酸铜的水合物。

【注意事项】

1. 实验用到的所有仪器均需预先充分干燥。

2. 所用乙醇若是 95.5% 乙醇，可用氧化钙将 95.5% 乙醇处理成无水乙醇。

3. 加碘片时要熄灭火源后即刻加入，或者在加镁屑时同时加入。加入时烧瓶不要振摇，以免暴沸。

4. 加入碘片后若反应仍不发生，再加碘片。若反应很慢，可用小火（离开石棉网）加热。

5. 镁屑是过量的。

【问题与讨论】

1. 如何判断反应已发生？

2. 蒸馏时在接液管支口处为何要接一干燥管？

（燕来敏）

实训八　醇和酚的性质

【实训目标】

1. 验证醇和酚的主要化学性质；加深对醇和酚主要化学性质的理解。
2. 掌握伯、仲、叔醇，具有邻二醇结构的多元醇及苯酚等物质的鉴别方法。
3. 熟练进行水浴加热和使用点滴板的操作。

【实训原理】

醇的官能团是醇羟基，其化学反应主要发生在羟基及与羟基相连的碳原子上，主要化学性质有：断 O—H 键的弱酸性，断 C—O 键的取代反应，α-H 原子的氧化反应。具有邻二醇结构的多元醇能与新制的氢氧化铜作用生成深蓝色物质。

酚的官能团是酚羟基，由于酚羟基直接连接在芳环上，酚羟基氧原子上的 p 电子和苯环的大 π 键产生 p-π 共轭效应，所以酚具有一些不同于醇的化学性质。如酚的酸性比醇强，极易发生芳环上的取代反应，能和溴水作用生成白色沉淀；由于酚具有烯醇式结构，能和三氯化铁溶液发生显色反应；酚类很容易被氧化。

【实训仪器与药品】

1. **仪器**　试管、烧杯、水浴箱、点滴板。
2. **药品**　无水乙醇、正丁醇、异丁醇、叔丁醇、金属钠、酚酞指示剂、5% $K_2Cr_2O_7$、稀 H_2SO_4、卢卡斯试剂、5% NaOH 溶液、10% $CuSO_4$ 溶液、甘油、苯酚、苯酚饱和溶液、2% 的苯酚溶液、2% 的对甲苯酚溶液、2% 的 α-萘酚溶液、2% 的苯甲醇溶液、溴水、$FeCl_3$ 溶液、2% $KMnO_4$ 溶液、纯化水、pH 试纸。

【实训内容与步骤】

（一）醇的性质

1. 醇与金属钠的反应　在干燥试管中，加入 1ml 无水乙醇，再加入新切的绿豆大小的金属钠一颗，观察现象并解释。待冷却后，向试管中加入纯化水 2ml，然后滴入 2 滴酚酞指示剂，观察现象并解释。

2. 与卢卡斯（Lucas）试剂的反应　在 3 支干燥试管中，分别加入 10 滴正丁醇、异丁醇和叔丁醇，立即各加入 1ml 卢卡斯试剂，试管口塞上塞子，振荡后静置，温度最好保持在 26~27℃，观察其变化，注意在起初 5 分钟及 1 小时后，混合物有何变化？记下混合液变浑浊和出现分层的时间。

3. 醇的氧化　在 4 支试管中，分别加入正丁醇、仲丁醇、叔丁醇、纯化水各 5 滴。加入 5 滴 5% $K_2Cr_2O_7$ 和 5 滴稀 H_2SO_4，振摇，观察 4 支试管中溶液颜色的变化，并解释。

4. 多元醇与 Cu(OH)$_2$ 的反应　在 2 支试管中，各加入 2ml 5% NaOH 溶液及 5 滴 10% $CuSO_4$ 溶液，摇匀，观察现象。然后分别加入乙醇 5 滴、甘油 5 滴，振摇，观察现象，并解释。

（二）酚的性质

1. 酚的溶解性　取一支试管，加入 0.4g 苯酚和 2ml 纯化水，振摇，观察现象；水浴加热，观察现象并解释。

2. 苯酚的酸性　取苯酚的饱和水溶液一滴至点滴板凹穴中用 pH 试纸测定其 pH 值。

取 2 支试管，分别加入少许苯酚和 1ml 纯化水，振摇，观察现象。在一支试管中滴加 10% 的 NaOH 溶液数滴，振摇，观察现象并解释，再继续在该试管中加入稀盐酸溶液数滴，振摇，观察现象并解释；在另一支试管中加饱和 $NaHCO_3$ 溶液 1ml，振摇，观察现象并解释。

3. 苯酚与溴水作用　取苯酚的饱和水溶液 2 滴于试管中用水稀释到 1ml，逐滴加入饱和溴水，观察现象并解释。

4. 苯酚与 $FeCl_3$ 作用　取 4 支试管，分别加入 2% 的苯酚溶液、2% 的对甲苯酚溶液、2% 的 α-萘酚溶液、2% 的苯甲醇溶液数滴，再各加入 1 滴 $FeCl_3$ 溶液，观察颜色变化并解释。

5. 酚的氧化　取一支试管，加入 5% $NaOH$ 溶液 5 滴，2% $KMnO_4$ 溶液 1 滴，再加入 2% 苯酚溶液 3~4 滴，观察现象并解释。

【问题与讨论】

1. 为什么乙醇和金属钠作用时必须使用干燥试管和无水乙醇？

2. 用卢卡斯试剂检验伯、仲、叔醇的实验成功的关键何在？对于六个碳以上的伯、仲、叔醇是否都能用卢卡斯试剂进行鉴别？

3. $KMnO_4$ 的碱性溶液和其酸性溶液在氧化能力上有何不同？酚的氧化实验中，使用的是 $KMnO_4$ 的碱性溶液，说明什么问题？

（申扬帆）

实训九　醛和酮的性质

【实训目标】

1. 验证醛、酮的主要化学性质。
2. 掌握醛、酮的鉴别方法。

【实训原理】

1. 加成反应　醛和酮分子中都含有羰基，能与 2,4-二硝基苯肼发生加成反应，生成不溶于水的 2,4-二硝基苯腙。

2. 碘仿反应　在碱性溶液中，含三个 α-氢的醛、酮能与碘的氢氧化钠溶液反应生成碘仿的黄色结晶，常用碘仿反应鉴别乙醛和甲基酮。

3. 与托伦试剂反应　托伦试剂遇醛或还原糖类即发生氧化还原反应，有金属银沉淀于洁净的试管壁上形成明亮的银镜，可区别醛和酮类、还原糖与非还原糖。

4. 与斐林试剂反应　斐林试剂与脂肪醛或还原糖共热，生成砖红色的氧化亚铜沉淀；与甲醛共热生成铜镜；不与酮或芳香醛反应。利用斐林试剂，可区别脂肪醛和芳香醛、还原糖与非还原糖。

5. 与希夫试剂反应　醛与希夫试剂作用显紫红色，而酮则不显色，可用希夫试剂来鉴别醛类化合物。甲醛与希夫试剂作用生成的紫红色物质，加硫酸后紫红色不消失，而其他醛生成的紫红色物质遇硫酸后褪色，故用此方法也可将甲醛与其他醛区分开来。

6. 与亚硝酰铁氰化钠反应　临床上检查患者尿中是否含有丙酮，常用亚硝酰铁氰化钠的氨水溶液，若有丙酮存在，尿液试验呈鲜红色。

【实训仪器与药品】

1. 仪器　大试管、小试管、水浴箱。

2. 药品　甲醛、乙醛、苯甲醛、丙酮、乙醇、2,4-二硝基苯肼、碘试剂、1.25mol/L 氢氧化钠、0.1mol/L 硝酸银、1.5mol/L 氨水、0.5mol/L 氨水、0.05mol/L 亚硝酰铁氰化钠、斐林试剂 A、斐林试剂 B、希夫试剂。

【实训内容与步骤】

1. 与2,4-二硝基苯肼反应 取4支试管，各加入2,4-二硝基苯肼试剂10滴，分别往4支试管中加入甲醛、乙醛、苯甲醛、丙酮试液2~3滴，振摇试管，静置片刻，观察、记录现象，解释发生的变化。

2. 碘仿反应 取4支试管，各加入碘试剂10滴，分别滴加1.25mol/L 氢氧化钠溶液至碘的颜色刚好褪去，分别往4支试管中加入甲醛、乙醛、乙醇、丙酮试液1~2滴，振摇试管，观察现象，若现象不明显，试管置于60℃左右的水浴箱中，水浴加热数分钟，冷却后观察记录现象，解释发生的变化。

3. 与托伦试剂反应 取洁净的大试管1支，加入0.1mol/L 硝酸银溶液2ml，加入1滴1.25mol/L 氢氧化钠溶液，再逐滴滴加1.5mol/L 氨水溶液，边加边振荡，至生成的氧化银沉淀刚好溶解，就配成了托伦试剂，将配好的试剂分装到4支洁净的小试管中，分别加入甲醛、乙醛、苯甲醛、丙酮试液1~2滴，摇匀，试管置于60℃左右的水浴箱中，水浴加热数分钟，观察记录现象，解释发生的变化。

4. 与斐林试剂反应 在洁净的大试管中加入斐林试剂 A 和斐林试剂 B 各2ml 混合均匀，就配成了斐林试剂，将配好的试剂分装到4支洁净的小试管中，分别加入甲醛、乙醛、苯甲醛、丙酮试液1~2滴，摇匀，试管置于80℃左右的水浴箱中，水浴加热数分钟，观察记录现象，解释发生的变化。

5. 与希夫试剂反应 取4支试管，各加入希夫试剂10滴，分别往4支试管中加入甲醛、乙醛、苯甲醛、丙酮试液2~3滴，摇匀，观察、记录现象，解释发生的变化。

6. 与亚硝酰铁氰化钠反应 取2支试管，各加入0.05mol/L 亚硝酰铁氰化钠溶液20滴，0.5mol/L 氨水溶液10滴，分别往2支试管中加入乙醛、丙酮试液5滴，摇匀，观察、记录现象，解释发生的变化。

【注意事项】

1. 2,4-二硝基苯肼试剂的配制 称取2,4-二硝基苯肼3g，溶于15ml 浓硫酸中，将此溶液缓慢加入到70ml 95% 的乙醇溶液中。再用蒸馏水稀释到100ml，过滤，滤液储存在棕色瓶中。

2. 碘试液的配制 称取5g 碘化钾和2g 碘，溶于100ml 蒸馏水中。

乙醛、甲基酮以及能氧化生成乙醛、甲基酮的醇能发生碘仿反应，生成黄色碘仿沉淀；为防止碘仿溶解或分解，加样品量不宜多、加碱不能过量、加热不能过久。

3. 托伦试剂的配制 往20ml 0.3mol/L 的硝酸银溶液中加入1滴2.5mol/L 的氢氧化钠溶液，再逐滴滴加1.5mol/L 氨水溶液，边加边振荡，至生成的氧化银沉淀刚好溶解。

托伦试剂现用现配，久置会析出黑色的氮化银，受振动会爆炸；溶解氧化银时加入氨水要适量，氨水过量会生成叠氮化银，加热会爆炸。试管内壁要洗干净，否则不易形成光亮银镜；反应时采用水浴加热，实验完毕，可用稀硝酸洗去试管内壁的银镜。

4. 斐林试剂的配制 斐林试剂由两种溶液组成，斐林试剂 A 由3.5g 结晶硫酸铜溶于100ml 水中而成，斐林试剂 B 由17g 酒石酸钾钠溶于20ml 热水中，加入20ml 5mol/L 的氢氧化钠溶液，再加水稀释至100ml，使用前，将两份溶液等体积混合。

斐林试剂与脂肪醛反应，颜色由蓝转绿变黄，而后生成砖红色氧化亚铜沉淀（与甲醛反应生成铜镜）；斐林试剂不与芳香醛或酮反应，如果斐林试剂加热时间过久，会分解产生氧化亚铜的砖红色沉淀，出现假阳性反应。

5. 希夫试剂的配制 0.2g 品红盐酸盐溶于 100ml 热水中，冷却后，加入 2g 亚硫酸氢钠和 2ml 浓盐酸，用蒸馏水稀释至 200ml。

用希夫试剂鉴别醛类化合物时，不能加热，不能含有碱性物质和氧化剂，否则会消耗亚硫酸，溶液变回品红的红色，出现假阳性反应。

【问题与讨论】

1. 哪些物质能发生碘仿反应？进行碘仿反应时要注意什么？
2. 哪些物质能发生银镜反应？进行银镜反应时要注意什么？
3. 哪些物质能与希夫试剂显色？反应时要注意什么？

（郑国金）

实训十 羧酸及其衍生物的性质

【实训目标】

1. 验证羧酸及其衍生物的主要化学性质。
2. 掌握羧酸及其衍生物的鉴别方法。
3. 学会草酸脱羧和酯化反应的实训操作。

【实训原理】

羧酸均有酸性。一元羧酸的酸性小于无机强酸而大于碳酸，都属于弱酸，其中以甲酸酸性较强。多元羧酸（如草酸）的酸性大于饱和一元羧酸。羧酸是不易被氧化的，但甲酸可被氧化，因为甲酸的结构中含有醛基，故具有还原性，能在碱性溶液中将紫色的 $KMnO_4$ 还原为绿色的锰酸盐（MnO_4^{2-}），后者进一步被还原为黄褐色的 MnO_2 沉淀。草酸的结构特点是两个羧基直接相连，导致受热易发生脱羧反应。羧酸和醇在催化剂存在下受热可酯化，酯一般有香味。

羧基上的羟基被其他原子或基团取代生成的产物叫做羧酸衍生物，如酰卤、酸酐、酯、酰胺均为羧酸衍生物，它们都可发生水解、醇解、氨解反应。水解的主要产物是羧酸，醇解的主要产物是酯，氨解的主要产物是酰胺。酰伯胺、酸酐、酯都能与羟胺作用生成异羟肟酸，再与三氯化铁溶液作用生成红到紫色的异羟肟酸铁。

【实训仪器与药品】

1. 仪器 试管（大、小）、试管夹、药匙、酒精灯、玻璃棒等。

2. 药品 甲酸、草酸、乙酸、苯甲酸、无水碳酸钠、冰醋酸、无水乙醇、乙酰氯、苯胺、乙酸酐、2.5mol/L NaOH 溶液、异丙醇、0.5mol/L 高锰酸钾溶液、3mol/L H_2SO_4 溶液、1mol/L 氢氧化钠溶液、石灰水、蒸馏水、1mol/L 碳酸钠溶液、红色石蕊试纸、广泛 pH 试纸、1mol/L 盐酸羟胺甲醇溶液、稀盐酸、0.05mol/L 三氯化铁溶液。

【实训内容与步骤】

（一）羧酸的性质

1. 羧酸的酸性

（1）与酸碱指示剂作用 取 3 支试管，分别加入甲酸、乙酸各 5 滴、草酸少许，再各加入 1ml 蒸馏水，振荡。用广泛 pH 试纸测其近似 pH 值。记录并解释 3 种酸的酸性强弱顺序。

（2）成盐反应 取 1 支试管，加入苯甲酸晶体少许，再加蒸馏水 1ml，振荡。在苯甲酸的混浊液中，滴加 1mol/L NaOH 溶液数滴至溶液澄清。记录现象并写出化学反应式。

（3）与碳酸钠反应　取 1 支试管，加入少量无水碳酸钠，再滴加醋酸数滴。记录现象并写出化学反应式。

2. 甲酸和草酸的还原性

（1）取 2 支试管，分别加入 0.5ml 甲酸、草酸少许，再各加入 0.5ml 0.5mol/L 高锰酸钾溶液和 0.5ml 3mol/L H_2SO_4 溶液，振荡后加热至沸，观察现象，比较反应快慢。记录并解释发生的现象。

（2）取 1 支洁净的试管，加入 2~3 滴甲酸，用 2.5mol/L NaOH 溶液中和至碱性。然后加 1ml 新制备的托伦试剂，摇匀后放进 80℃ 的水浴中加热数分钟，观察有无银镜生成？记录并解释发生的现象。

3. 脱羧反应　取 1 支干燥的大试管，放入约 3g 草酸，用带有导管的塞子塞紧，试管口向下稍倾斜固定在铁架台上。另取 1 只小烧杯加入约 20ml 澄清石灰水，将导管插入石灰水中，小心加热试管，仔细观察石灰水的变化，记录、解释发生的现象并写出化学反应式。

4. 酯化反应　取 1 支干燥试管加入 1ml 异丙醇和 10 滴冰醋酸，混合后再加 10 滴浓 H_2SO_4，振摇试管，并将它放在 60~70℃ 水浴中加热 5 分钟，注意不要使试管内液体沸腾，然后将液体从试管中倒入盛有冷水的小烧杯中，注意生成酯的香味。

（二）羧酸衍生物的性质

1. 水解反应

（1）酰卤水解　取 1ml 水于试管中，加入 4 滴乙酰氯，观察现象。在水解后的溶液中滴加 5% 硝酸银 2 滴，有何现象发生？

（2）酸酐水解　取 1ml 水于试管中，加入 5 滴乙酸酐，先勿摇，观察后振摇，微热，嗅其味，再加入少量无水碳酸钠，观察并解释发生的现象。

2. 醇解反应

（1）酰卤醇解　取 1ml 无水乙醇于干燥试管中，沿管壁慢慢滴入 10 滴乙酰氯（若反应过剧烈，可将试管浸入冷水中）。加 2ml 水，用 1mol/L Na_2CO_3 溶液中和反应液至中性，嗅其味。

（2）酸酐醇解　取 0.5ml 乙酸酐于干燥试管中，加 1ml 无水乙醇，水浴加热至沸，冷却后用 1mol/L 氢氧化钠中和至对石蕊试纸呈弱碱性，嗅其味。

3. 氨解反应

（1）酰卤氨解　取 5 滴苯胺于干燥试管中，慢慢滴入 5 滴乙酰氯，待反应结束后，加入 5ml 水，观察现象。

（2）酸酐氨解　取 5 滴苯胺于干燥试管中，加入 10 滴乙酸酐，混合，加热至沸，冷却后，加入 2ml 水，观察现象（若无晶体析出可用玻璃棒摩擦试管内壁）。

4. 生成异羟肟酸铁的反应　取试管两支，各加 10 滴 1mol/L 盐酸羟胺甲醇溶液，分别加入乙酸乙酯和醋酐 1 滴，摇匀后加 2.5mol/L 氢氧化钠到刚好是碱性，加热煮沸，冷后加稀盐酸使呈弱酸性，再滴加 1~2 滴 0.05mol/L 三氯化铁溶液。观察并解释发生的变化。

【问题与讨论】

1. 甲酸、乙酸、草酸哪一个酸性强？为什么？

2. 试从结构上分析甲酸和草酸为什么具有还原性？

3. 用什么方法可以验证乙酸的酸性比碳酸强，而苯酚的酸性比碳酸弱？

（许玉芳）

📝 实训十一　糖的性质

【实训目的】

1. 验证糖类物质的主要化学性质。
2. 熟悉糖类物质的某些鉴定方法。
3. 会进行蔗糖、淀粉水解、碘与淀粉显色反应的实训操作。

【实训原理】

单糖容易被弱氧化剂氧化，具有还原性。单糖能将斐林试剂、班氏试剂还原成氧化亚铜砖红色沉淀，能将多伦试剂还原生成银镜。利用单糖的还原性可做定性定量测定。蔗糖为非还原性二糖，麦芽糖、乳糖为还原性二糖，多糖无还原性。

单糖具有醛或酮羰基，可与苯肼反应，生成脎，单糖与过量苯肼一起加热，则生成难溶于水的黄色结晶物质——糖脎。糖脎都是不溶于水的黄色晶体，不同的糖脎晶型不同，熔点也不同，在反应中生成的速度也不一样，因此利用该反应可作糖的定性鉴别。不同的糖生成糖脎所需的时间不同。一般来说，单糖快些，二糖慢些。成脎反应有时可用来帮助测定糖的构型。

莫利许反应是用浓硫酸作脱水剂使单糖脱水生成糠醛衍生物，然后再与 2 分子 α-萘酚缩合成醌类化合物而显紫色。由于低聚糖、多糖在此条件下可水解为单糖，故也能发生上述显色反应，所以，莫利许反应被用作糖类的通用检查方法。塞利凡诺夫反应是用浓盐酸作脱水剂使单糖脱水，再与间苯二酚作用生成有色产物，酮糖脱水速度高于醛糖，反应较快，在 2 分钟左右显红色，可以根据显色的快慢与颜色特征来区别醛糖和酮糖。

$$(C_6H_{10}O_5)_n \xrightarrow[H^+或酶]{H_2O} (C_6H_{10}O_5)_m \xrightarrow[H^+或酶]{H_2O} C_{12}H_{22}O_{11} \xrightarrow[H^+或酶]{H_2O} C_6H_{12}O_6$$

淀粉　　　　　　糊精　　　　　　　麦芽糖　　　　　　D-葡萄糖

淀粉是白色无定形粉末，淀粉遇碘变蓝色，在酸或酶作用下淀粉水解，先生成糊精，继续水解得到麦芽糖，最终水解产物是 D-葡萄糖。淀粉的水解过程可借水解产物与碘所显颜色的不同而确定。

【实训仪器与药品】

1. 仪器：试管、试管架、试管夹、水浴锅、点滴板、玻璃棒等。
2. 药品：10% α-萘酚、95% 乙醇、5% 葡萄糖、5% 果糖、5% 麦芽糖、5% 蔗糖、5% 乳糖、2% 淀粉液、滤纸浆、塞利凡诺夫试剂、班氏试剂、托伦试剂、苯肼试剂、10% NaOH、碘试剂、乙醇、1mol/L Na$_2$CO$_3$、浓硫酸等。

【实训内容与步骤】

1. 莫利许反应　取 6 支试管分别加入 1ml 5% 葡萄糖、5% 果糖、5% 麦芽糖、5% 蔗糖、2% 淀粉溶液、滤纸浆，再在每支试管中分别滴入 2 滴 10% α-萘酚和 95% 乙醇溶液，将试管倾斜 45°，沿试管壁慢慢加入 1ml 浓硫酸，观察现象，若无颜色，可在水浴中加热，再观察结果。

2. 塞利凡诺夫反应　取 4 支试管各加入塞利凡诺夫试剂 2ml，分别加入 5% 葡萄糖、5% 果糖、5% 麦芽糖、5% 蔗糖溶液 1ml，混匀，沸水浴中加热 1~2 分钟，观察颜色有何变化？加热 20 分钟后，再观察，并解释。

3. 与班氏试剂反应　取 6 支试管分别加入 1ml 班氏试剂，微热至沸，分别加入 5% 葡萄糖、5%果糖、5%麦芽糖、5%蔗糖、5%乳糖、2%淀粉溶液,在沸水中加热 2~3 分钟,冷却,观察现象。

4. 与托伦试剂反应 取 6 支洁净的试管分别加入 1.5ml 托伦试剂,分别加入 0.5ml 5% 葡萄糖、5%果糖、5%麦芽糖、5%蔗糖、2%淀粉溶液、滤纸浆,在 60~80℃ 热水浴中加热,观察并比较结果,解释原因。

5. 糖脎的生成 取 5 支试管分别加入 2ml 苯肼试剂,分别加入 0.5ml 5%葡萄糖、5%果糖、5%乳糖、5%麦芽糖、5%蔗糖溶液,沸水浴中加热,观察晶体形成及所需时间。

6. 糖类物质水解

(1) 蔗糖的水解 取试管 1 支,加入班氏试剂 2ml 和 0.3mol/L 蔗糖溶液 1ml,在水浴上加热 5 分钟,观察有无变化,说明原因。

另取试管一支,加入 5%蔗糖溶液 1ml 和浓硫酸 2 滴,混匀,置于水浴上加热 5 分钟,冷却,滴入 1mol/L Na_2CO_3 溶液至无气泡为止,加入班氏试剂 2ml,在水浴上加热,观察有何现象?说明原因,写出蔗糖水解的化学方程式。

(2) 淀粉与碘试剂的显色反应 取试管 1 支,加入 2%淀粉溶液 10 滴和蒸馏水 1ml,滴入碘试剂 1 滴,有何现象?

(3) 淀粉的水解 取试管 1 支,加入班氏试剂和 2%淀粉溶液各 1ml,置于水浴上加热数分钟,观察现象,说明原因。

另取试管 1 支,加入 2%淀粉溶液 2ml,再滴入浓硫酸 4 滴,混匀,置于水浴上加热 6 分钟后,每隔 1~2 分钟用玻璃棒蘸取水解液 1 滴于点滴板的凹穴中,滴入碘试剂 1 滴,如果呈蓝色,说明了什么?继续加热,直至遇碘试剂不产生蓝色为止,又说明了什么?取出 2ml 水解液,滴加 1mol/L Na_2CO_3 溶液中和至无气泡产生,加班氏试剂 1ml,在水浴上加热,观察现象,说明原因,写出淀粉水解的化学方程式。

【注意事项】

1. 苯肼毒性很大,操作时,应避免触及皮肤,如不慎触及,应先用 5% 醋酸冲洗,再用肥皂洗涤,为防止苯肼蒸气中毒,要用棉花堵塞管口,以减少苯肼蒸气逸出。

2. 自然冷却有利于获得较大的结晶,便于观察。

3. 所用蔗糖必须纯净。

【问题与讨论】

在糖类的还原实训中,蔗糖与班氏试剂或托伦试剂长时间加热,有时也得到阳性结果,请解释此现象。

(杨智英)

实训十二 含氮有机化合物的性质

【实训目的】

1. 验证胺类化合物的主要化学性质。
2. 熟悉胺类化合物的相关鉴别方法。

【实训原理】

胺类化合物具有碱性。低级胺易溶于水,其水溶液可使 pH 试纸呈碱性反应。胺与无机强酸生成能溶于水的强酸弱碱盐,从而使不溶于水的胺溶于强酸溶液中,再在其盐溶液中加入无机强碱，胺又游离出来，利用此性质可对胺类进行分离提纯。

伯胺、仲胺的氮原子上有氢原子，可以发生酰化、磺酰化反应。而叔胺的氮原子上无氢原子，不能发生酰化、磺酰化反应。

胺可与亚硝酸发生反应，不同结构的胺反应结果各不相同。

苯胺是重要的芳香族伯胺，微溶于水，呈弱碱性，能与无机强酸作用生成可溶性苯胺盐。由于氨基对苯环的影响，具有一些特殊的性质，如容易与溴水反应而产生白色沉淀。苯胺非常容易被氧化为有色物质。

【实训仪器与药品】

1. 仪器　试管，试管夹，白瓷点滴板，滴管，玻璃棒、pH 试纸。

2. 药品　浓 HCl，稀 H_2SO_4，10% NaOH 溶液，亚硝酸钠，乙酐、饱和溴水，饱和重铬酸钾溶液，甲胺，苯胺，淀粉碘化钾试纸，β-萘酚碱液，N-甲基苯胺，N,N-二甲基苯胺，冰水。

【实训内容与步骤】

1. 胺的碱性

（1）碱性检验　用干净的玻璃棒分别沾取甲胺和苯胺溶液于湿润的 pH 试纸上，细心观察比较它们的碱性强弱，记录并解释原因。

（2）与酸反应　在试管中加入 3 滴苯胺和 1ml 水，振摇，观察溶解情况。边摇边向试管中滴加浓盐酸溶液，观察、记录现象并写出反应式。再逐滴加入 10% NaOH，观察、记录现象并解释原因。

2. 与亚硝酸的反应　取 3 支大试管，编号，分别加入苯胺、N-甲基苯胺和 N,N-二甲基苯胺各 5 滴，然后各加入 1ml 浓盐酸和 2ml 水。另取 3 支试管，各加入 0.3g 亚硝酸钠晶体和 2ml 水，振摇使其溶解。并把所有试管放在冰水浴中冷却至 0~5℃。

1 号试管：往其中慢慢边摇边滴加亚硝酸钠溶液，直到取出反应液 1 滴，滴在淀粉碘化钾试纸上，若出现蓝色，停止加亚硝酸钠。加入数滴 β-萘酚碱液，析出橙红色沉淀。

2 号试管：往其中慢慢滴加亚硝酸钠溶液，直到有黄色固体（或油状物）析出，滴加 10% NaOH 溶液到碱性而不变色。

3 号试管：往其中慢慢滴加亚硝酸钠溶液，到有黄色固体生成，滴加 10% NaOH 溶液到碱性，固体变绿色。

观察、记录上述一系列现象并解释原因。

3. 酰化反应　取一支干燥试管，加入苯胺 10 滴，边摇边滴加乙酐 10 滴，并将试管放入冷水中冷却。然后加入 5ml 水，振摇。观察、记录发生的现象并解释原因。

4. 苯胺的特性

（1）与溴水反应　在试管中加入 1 滴苯胺和 4ml 水，振摇后逐滴加入饱和溴水 2~3 滴，观察、记录发生的现象，并写出反应方程式。

（2）氧化反应　在试管中加入 1 滴苯胺和 2ml 水，再加入 3 滴饱和 $K_2Cr_2O_7$ 溶液和 10 滴稀硫酸，振摇。观察、记录现象并解释原因。

【注意事项】

1. 苯胺有毒，可透过皮肤吸收而引起人体中毒，注意不可直接与皮肤接触！

2. 在酸性溶液中，亚硝酸与碘化钾作用析出碘遇淀粉变蓝，因此，混合物中含有游离的亚硝酸可用淀粉-碘化钾试纸来检验。

3. 苯胺与溴水反应时，反应液有时呈粉红色，这是因为溴水有氧化性能将部分苯胺氧化为有色物质所致。

4. 乙酐低毒，有腐蚀性，使用时应避免直接与皮肤接触或吸入其蒸气。

5. 芳伯胺与亚硝酸生成重氮盐的反应与 β-萘酚的偶合反应均需在低温 $0 \sim 5℃$ 下进行，实训过程中试管始终不能离开冰水浴。

6. 小心使用浓硫酸、浓硝酸和溴水，勿滴到皮肤上！

7. β-萘酚有毒，切忌入口。若皮肤接触，应立即用肥皂清洗。

【问题与讨论】

1. 试比较苯胺和苯酚性质的异同。

2. 如何区分脂肪族伯胺和芳香族伯胺？

（李彩云）

实训十三　氨基酸和蛋白质的性质

【实训目的】

1. 验证氨基酸、蛋白质的化学性质。

2. 学会鉴别氨基酸、蛋白质。

【实训原理】

氨基酸分子中同时含有氨基和羧基，因此具有酸碱两性、受热分解、脱羧成胺类、与亚硝酸作用放出氮成羟基酸、脱水成肽等性质，同时还会发生显色反应。

蛋白质是由氨基酸以肽键相连而组成的，所以蛋白质分子的链端和侧链上总有游离的氨基和羧基存在，因此具有酸碱两性；此外蛋白质分子与重金属盐、有机溶剂、某些酸类或生物碱沉淀剂等生成沉淀，蛋白质遇热也会发生凝固；另外，像蛋白质溶液加入无机盐类到一定浓度，蛋白质以沉淀的形式析出，称为盐析，这是一个可逆的过程；蛋白质还可以发生显色反应，比如在蛋白质溶液中加入稀的水合茚三酮溶液共热，呈现蓝色；含有芳环的蛋白质，遇浓硝酸发生黄蛋白反应；蛋白质与新配置的碱性硫酸铜溶液发生缩二脲反应，呈紫色。

【实训仪器与药品】

1. 仪器　试管、酒精灯、烧杯、铁架台、离心试管、离心机。

2. 药品　鸡蛋白溶液、0.5%甘氨酸溶液、0.5%酪氨酸溶液、0.1%茚三酮溶液、0.5%苯丙氨酸、2.5mol/L NaOH、1.0mol/L NaOH、0.06mol/L $CuSO_4$、浓硝酸、2.5mol/L HCl、饱和硫酸铵溶液、硫酸铵结晶粉末、0.03mol/L Pb（Ac）$_2$溶液、0.03mol/L $AgNO_3$溶液、0.03mol/L $CuSO_4$溶液、95%的乙醇、1%醋酸溶液、饱和的苦味酸溶液。

【实训内容与步骤】

1. 颜色反应

（1）茚三酮反应　取3洁净支试管，依次加入0.5%甘氨酸溶液、0.5%酪氨酸溶液、鸡蛋白溶液各1ml，再分别加入茚三酮溶液2～3滴，摇匀，在沸水浴中加热10～15分钟，观察并记录现象，比较异同。

（2）缩二脲反应　取2支干燥洁净的试管，依次加入0.5%甘氨酸溶液、鸡蛋白溶液各

1ml，再分别加入 2.5mol/L NaOH 溶液 1ml，摇匀，再分别滴加 3 滴 0.06mol/L $CuSO_4$ 溶液边滴加边震荡，观察并记录现象，比较异同。

（3）黄蛋白反应　取 3 支干燥洁净的试管，依次加入 0.5% 酪氨酸溶液、0.5% 苯丙氨酸、鸡蛋白溶液各 1ml，各加浓硝酸 5 滴，观察现象，然后沸水浴加热，再观察现象。

2. 蛋白质的两性　取 2 支干燥洁净的试管，编号，各加鸡蛋白溶液 1ml，在 1 号试管中加入 2.5mol/L HCl 10 滴，在 2 号试管中加入 1.0mol/L NaOH 10 滴。再沿 1 号试管管壁慢慢加入 1.0mol/L NaOH，不要振荡，分为上下两层，观察两层交界处发生的现象；在 2 号试管中沿管壁加入 2.5mol/L HCl，观察两层交界处发生的现象并解释原因。

3. 蛋白质的盐析　取 1 支干燥洁净的离心试管，加 2ml 鸡蛋白溶液和 2ml 饱和硫酸铵溶液，混匀。静置 10 分钟，观察球蛋白沉淀析出，将其离心，离心后的上层清液用吸管小心吸出移至另一离心试管中，分次少量加入固体硫酸铵，边加边摇，直至饱和不再溶解，静置数分钟，可见清蛋白沉淀析出。离心并用吸管小心吸出上层清液。向上述两离心试管中的沉淀内各加入蒸馏水 2~3ml，用玻璃棒搅拌，观察沉淀是否复溶。

4. 蛋白质的变性

（1）加热使蛋白质凝固　取 1 支干燥洁净的试管，加入鸡蛋白溶液 2ml，然后在沸水浴中加热 5~10 分钟，观察并记录现象。

（2）重金属盐沉淀蛋白质　取 3 支干燥洁净的试管，编号，各加鸡蛋白溶液 2ml，然后分别加入 0.03mol/L $Pb(Ac)_2$ 溶液、0.03mol/L $AgNO_3$ 溶液、0.03mol/L $CuSO_4$ 溶液各 2 滴，有什么现象？取少量沉淀放入盛有少量蒸馏水的试管里，观察沉淀是否溶解，与盐析结果比较。

（3）有机溶剂沉淀蛋白质　取 1 支干燥洁净的试管，滴加 1ml 蛋白质溶液，然后滴加 1ml 95% 的乙醇，振荡、静置，观察现象。取少量沉淀放入盛有蒸馏水的试管里，振荡、观察现象，然后与盐析结果比较。

（4）有机酸沉淀蛋白质　取 1 支干燥洁净的试管，滴加 1ml 蛋白质溶液及 4~5 滴 1% 的醋酸溶液，再滴加 5~10 滴饱和的苦味酸溶液，观察现象。

【注意事项】

1. 鸡蛋白溶液：将鸡蛋清用 20 倍的水稀释，用纱布过滤即可。

2. 为了取得较好的盐析效果，需要把蛋白质溶液的 pH 调节到等电点附近。

【问题与讨论】

1. 为什么鸡蛋清可以作铅、汞等重金属盐中毒时的解毒剂？

2. 怎么区分氨基酸和蛋白质？

（张爱华）

主要参考文献

［1］张斌，申扬帆．药用有机化学［M］．2版．北京：中国医药科技出版社，2013．

［2］刘斌，陈任宏．有机化学［M］．2版．北京：人民卫生出版社，2013．

［3］张雪昀，徐学泉．药用化学基础（二）——有机化学［M］．2版．北京：中国医药科技出版社，2016．

［4］赵骏，杨武德．有机化学［M］．北京：中国医药科技出版社，2015．

［5］国家药典委员会．中华人民共和国药典（2015年版）［M］．北京：中国医药科技出版社，2015．

［6］田厚伦．有机化学［M］．北京：化学工业出版社，2012．

［7］卢金荣．有机化学［M］．南京：东南大学出版社，2014．

［8］屠呦呦．青蒿及青蒿素类药物［M］．北京：化学工业出版社，2015

［9］曹晓群，张威．有机化学［M］．北京：化学工业出版社，2015．

［10］柯宇新．有机化学基础［M］．北京：化学工业出版社，2013．

［11］陈瑛．有机化学［M］．北京：中国中医药出版社，2015．

［12］郭建民．有机化学［M］．北京：科学出版社，2015．

［13］刘军，张文雯，申双玉．有机化学［M］．3版．北京：化学工业出版社，2015．

［14］李靖靖，李伟华．有机化学［M］．2版．北京：化学工业出版社，2015．

［15］胡春．有机化学［M］．2版．北京：中国医药科技出版社，2013．

［16］李炳诗．医用化学［M］．2版．北京：高等教育出版社，2015．

［17］宋海南，罗婉妹．有机化学［M］．北京：人民卫生出版社，2012．

［18］马祥志．有机化学［M］．4版．北京：中国医药科技出版社，2014．

［19］宋克让．有机化学基础［M］．北京：中国中医药出版社，2015．

［20］John McMurry/Eric Simanek．任丽君，向玉联等译．有机化学基础［M］．北京：清华大学出版社，2008．

教学大纲

(供药学类、药品制造类、食品药品管理类、食品类专业用)

一、课程任务

《有机化学》是高职高专院校药学类、药品制造类、食品药品管理、食品类各专业重要的专业基础课程。本课程的主要内容是介绍有机化合物的结构和性质以及二者之间的关系，与药学、食品药品有关的重要有机化合物的用途。本课程的任务是使学生掌握有机化学基础理论、基础知识和基本技能，为学习专业课程奠定良好的基础。

二、课程目标

1. 掌握常见有机化合物的命名方法，能根据要求正确书写名称和结构式。
2. 熟悉、了解与药学、食品药品有关的化合物的性质、来源及用途。
3. 学会运用有机化合物、官能团的性质，进行相关有机化合物的鉴别。
4. 熟练掌握有机化学基础实训的一般知识和基本操作技能。
5. 能认真观察、记录实验现象，会分析实验结果，并写出实验报告。
6. 具有药学类、药品制造类、食品药品管理类、食品类各专业所应有的良好职业道德，科学工作态度，严谨细致的专业学风。

三、教学时间分配

教学内容	学时数		
	理论	实训	合计
第一章　有机化合物概述	2	2	4
第二章　饱和链烃	4	2	6
第三章　不饱和链烃	4	2	6
第四章　环烃	4	1	5
第五章　卤代烃	2	1	3
第六章　醇、酚、醚	6	2	8
第七章　醛、酮、醌	4	2	6
第八章　羧酸及其衍生物	4	1	5
第九章　取代羧酸	2	1	3
第十章　对映异构	4	1	5
第十一章　含氮有机化合物	4	1	5
第十二章　杂环化合物和生物碱	4		4
第十三章　氨基酸和蛋白质	2	1	3
第十四章　糖类	3	1	4
第十五章　脂类、萜类和甾体化合物	4		4
第十六章　药用合成高分子化合物	1		1
合计	54	18	72

四、教学内容与要求

单元	教学内容	教学要求	教学活动建议	参考学时 理论	参考学时 实践
第一章 有机化合物概述	1. 有机化合物和有机化学 2. 有机化合物的特性 3. 有机化合物的结构 4. 共价键的键参数 5. 共价键的断裂方式与有机化学反应类型 6. 有机化合物的分类 7. 有机化学与药学的关系	1. 掌握有机化合物和有机化学的概念；有机物的特性；有机物结构理论要点；官能团的概念 2. 熟悉共价键的键参数；共价键的断裂方式和有机化合物的分类 3. 了解有机化学的发展简史、与药学、食品药品的联系	理论讲授 讨论	2	
	实训一　玻璃仪器使用基本技能	1. 掌握普通玻璃仪器的名称、外观特点及用途 2. 熟悉常用的清洗剂及其特点 3. 了解标准磨口玻璃仪器的规格	技能实训		2
第二章 饱和链烃	1. 烷烃的结构 2. 烷烃的同系列和同分异构现象 3. 烷烃的命名 4. 烷烃的物理性质 5. 烷烃的化学性质 6. 烷烃的来源和重要的烷烃	1. 掌握烷烃的命名和主要的化学性质；有机化合物中碳原子的类型；σ 键的形成和特点 2. 熟悉烷烃的同分异构、物理性质；有机物中碳原子的 sp^3 杂化 3. 了解烷烃的来源和重要的烷烃	理论讲授 讨论 示教 多媒体演示	4	
	实训二　熔点的测定	1. 理解测定熔点的原理及影响熔点的因素 2. 会组装和使用测定熔点的仪器装置 3. 掌握毛细管法测定熔点的方法和操作过程	技能实训		2

续表

单元	教学内容	教学要求	教学活动建议	参考学时	
				理论	实践
第三章 不饱和链烃	烯烃： 1. 烯烃的结构和命名 2. 烯烃的同分异构 3. 烯烃的物理性质 4. 烯烃的化学性质 5. 诱导效应 6. 重要的烯烃 炔烃： 1. 炔烃的结构 2. 炔烃的同分异构现象和命名 3. 炔烃的物理性质 4. 炔烃的化学性质 5. 乙炔 二烯烃： 1. 二烯烃的分类和命名 2. 共轭二烯烃的结构 3. 共轭二烯烃的性质	1. 掌握烯烃、炔烃、共轭二烯烃的结构和命名；烯烃、炔烃、共轭二烯烃的主要化学性质 2. 熟悉烯烃的同分异构；烯烃的诱导效应；共轭二烯烃的共轭效应 3. 了解重要的烯烃、炔烃、共轭二烯烃	理论讲授 讨论 示教 多媒体演示	4	
	实训三　常压蒸馏及沸点的测定	1. 熟悉常压蒸馏技术；沸点测定的方法 2. 会组装和使用常压蒸馏及沸点测定的仪器装置	技能实训		2
第四章 环烃	脂环烃： 1. 脂环烃的分类和命名 2. 脂环烃的物理性质 3. 脂环烃的化学性质 4. 脂环烃的结构及稳定性 芳香烃： 1. 苯的结构 2. 芳烃的分类、同分异构现象和命名 3. 苯及其同系物的物理性质 4. 苯及其同系物的化学性质 5. 苯环上取代基的定位效应 6. 稠环芳烃 7. 休克尔规则	1. 掌握单环脂环烃、芳香烃的命名和主要化学性质；苯的结构和芳香性；苯环上取代基的定位效应 2. 熟悉桥环烃与螺环烃的命名；萘的结构和性质；芳香烃的同分异构现象 3. 了解脂环烃的结构及其稳定性；蒽、菲等稠环芳香烃；休克尔规则	理论讲授 讨论 示教 多媒体演示	4	
	实训四　水蒸气蒸馏	1. 掌握水蒸气蒸馏装置的安装及其操作过程 2. 了解水蒸气蒸馏的基本原理及适用范围	技能实训		1

续表

单元	教学内容	教学要求	教学活动建议	参考学时 理论	参考学时 实践
第五章 卤代烃	1. 卤代烃的分类、命名和同分异构现象 2. 卤代烃的物理性质 3. 卤代烃的化学性质 4. 卤代烃中卤原子的反应活性 5. 重要的卤代烃	1. 掌握卤代烃的命名及化学性质；卤代烃消除反应中的扎依采夫规则 2. 熟悉卤代烯烃及卤代芳烃的分类；卤代烃的物理性质 3. 了解重要的卤代烃	理论讲授 讨论 示教 多媒体演示	2	
	实训五　重结晶	1. 学习重结晶法提纯固态有机化合物的原理和方法 2. 掌握配制饱和溶液、减压过滤、趁热过滤操作和滤纸的折叠方法	技能实训		1
第六章 醇、酚、醚	醇： 1. 醇的结构、分类和命名 2. 醇的物理性质 3. 醇的化学性质 4. 重要的醇 酚： 1. 酚的分类及命名 2. 酚的物理性 3. 酚的化学性 4. 重要的酚 醚： 1. 醚的分类和命名 2. 醚的物理性质 3. 醚的化学性质 4. 重要的醚	1. 掌握醇、酚、醚的结构和命名；醇、酚、醚的主要性质 2. 熟悉醇、酚、醚的分类 3. 了解重要的醇、酚、醚	理论讲授 讨论 示教 多媒体演示	6	
	实训八　醇、酚的性质	1. 验证醇和酚的主要化学性质；加深对醇和酚主要化学性质的理解 2. 掌握伯、仲、叔醇，具有邻二醇结构的多元醇及苯酚等物质的鉴别方法 3. 熟练进行水浴加热和使用点滴板的操作	技能实训		2

单元	教学内容	教学要求	教学活动建议	参考学时 理论	参考学时 实践
第七章 醛、酮、醌	1. 醛和酮的结构、分类和命名 2. 醛和酮的物理性质 3. 醛和酮的化学性质 4. 重要的醛酮 5. 醌	1. 掌握醛、酮的结构、命名、主要化学性质 2. 熟悉醛、酮的分类、物理性质 3. 了解一些重要的醛、酮；醌的基本结构、性质	理论讲授 讨论 示教 多媒体演示	4	
	实训九 醛和酮的性质	1. 验证醛、酮的主要化学性质 2. 掌握醛、酮的鉴别方法	技能实训		2
第八章 羧酸及其衍生物	羧酸： 1. 羧酸的结构、分类和命名 2. 羧酸的物理性质 3. 羧酸的化学性质 4. 重要的羧酸 羧酸衍生物： 1. 羧酸衍生物的分类和命名 2. 羧酸衍生物的物理性质 3. 羧酸衍生物的化学性质 4. 重要的羧酸衍生物	1. 掌握羧酸及羧酸衍生物的结构和命名；主要化学性质 2. 熟悉羧酸及其衍生物的分类；羧酸的物理性质；羧酸的还原反应和脱羧反应 3. 了解一些常见的羧酸及其衍生物	理论讲授 讨论 示教 多媒体演示	4	
	实训十 羧酸及其衍生物的性质	1. 验证羧酸及其衍生物的主要化学性质 2. 掌握羧酸及其衍生物的鉴别方法 3. 学会草酸脱羧和酯化反应的实训操作	技能实训		1
第九章 取代羧酸	卤代酸： 1. 卤代酸的命名 2. 卤代酸的性质 3. 重要的卤代酸 羟基酸： 1. 羟基酸的分类和命名 2. 羟基酸的物理性质 3. 羟基酸的化学性质 4. 重要的羟基酸 羰基酸： 1. 羰基酸的定义、分类和命名 2. 羰基酸的化学性质 3. 重要的羰基酸	1. 掌握取代羧酸的命名；取代酸的酸性；取代酸的化学特性 2. 熟悉取代羧酸的分类 3. 了解各类重要的取代羧酸的性质及用途	理论讲授 讨论 示教 多媒体演示	2	

单元	教学内容	教学要求	教学活动建议	参考学时	
				理论	实践
第九章 取代羧酸	实训六　萃取	1. 熟悉萃取的原理和提取固态或液态混合物的方法 2. 学会使用分液漏斗萃取和分离液态有机物的操作技术	技能实训		1
第十章 对映异构	1. 偏振光与物质的旋光性 2. 旋光度、比旋光度 3. 手性分子与旋光性 4. 含有 1 个手性碳原子化合物的对映异构 5. 含有 2 个手性碳原子化合物的对映异构 6. 旋光异构体的性质 7. 外消旋体的拆分	1. 掌握手性碳原子、对映异构体及外消旋体等基本概念；对映异构体构型的命名方法 2. 熟悉偏振光、旋光度、比旋光度、手性分子、非对映异构体和内消旋体等基本概念；旋光度与比旋光度的关系 3. 了解旋光异构体的性质差异与生理活性差异；外消旋体拆分的一般方法	理论讲授 讨论 示教 多媒体演示	4	
	实训七　无水乙醇的制备	1. 掌握纯化试剂的原理和方法 2. 学会无水乙醇制备的操作方法	技能实训		1
第十一章 含氮有机化合物	硝基化合物： 1. 硝基化合物的结构、分类和命名 2. 硝基化合物的物理性质 3. 硝基化合物的化学性质 4. 重要的硝基化合物 胺类： 1. 胺的结构、分类、命名 2. 胺的物理性质 3. 胺的化学性质 4. 季铵盐和季铵碱 5. 重要的胺 重氮化合物和偶氮化合物： 1. 重氮化合物的结构 2. 重氮盐的性质 3. 偶氮化合物	1. 掌握硝基化合物和胺的命名及主要化学性质 2. 熟悉硝基化合物和胺的结构、分类方法、物理性质；硝基对芳环性质的影响；季铵盐、季铵碱及重氮化合物的结构和性质 3. 了解常见的硝基化合物和胺类化合物；偶氮化合物	理论讲授 讨论 示教 多媒体演示	4	
	实训十二　含氮有机化合物的性质	1. 验证胺类化合物的主要化学性质 2. 熟悉胺类化合物的相关鉴别方法	技能实训		1

单元	教学内容	教学要求	教学活动建议	参考学时	
				理论	实践
第十二章 杂环化合物和生物碱	杂环化合物： 1. 杂环化合物的结构和分类 2. 杂环化合物的命名 3. 五元杂环化合物 4. 六元杂环化合物 5. 稠杂环化合物 生物碱： 1. 生物碱的分类和命名 2. 生物碱的一般性质 3. 重要的生物碱	1. 掌握杂环化合物的命名及五元、六元杂环化合物的主要化学性质 2. 熟悉杂环化合物的分类；五元、六元杂环化合物的结构特点；生物碱的一般性质 3. 了解一些常见的杂环化合物和生物碱	理论讲授 讨论 示教 多媒体演示	4	
第十三章 氨基酸和蛋白质	氨基酸： 1. 氨基酸的结构、分类和命名 2. 氨基酸的物理性质 3. 氨基酸的化学性质 蛋白质： 1. 蛋白质的组成和分类 2. 蛋白质的结构 3. 蛋白质的性质	1. 掌握氨基酸的结构与命名；氨基酸的化学性质 2. 熟悉氨基酸的分类；氨基酸的物理性质；蛋白质的组成、分类和性质 3. 了解蛋白质的结构	理论讲授 讨论 示教 多媒体演示	2	
	实训十三 氨基酸和蛋白质的性质	1. 验证氨基酸、蛋白质的化学性质 2. 学会鉴别氨基酸、蛋白质	技能实训		1
第十四章 糖类	单糖 1. 单糖的结构 2. 单糖的性质 3. 重要的单糖 低聚糖： 1. 蔗糖 2. 麦芽糖 3. 乳糖 多糖： 1. 淀粉 2. 糖原 3. 纤维素	1. 掌握单糖的结构；单糖的氧化、成脎、显色反应 2. 熟悉糖类化合物的分类；单糖的成苷、成酯反应；二糖的结构及化学性质 3. 了解重要的单糖；淀粉、糖原、纤维素的结构和性质	理论讲授 讨论 示教 多媒体演示	3	
	实训十一 糖的性质	1. 验证糖类物质的主要化学性质 2. 熟悉糖类物质的某些鉴定方法 3. 会进行蔗糖、淀粉水解、碘与淀粉显色反应的实训操作	技能实训		1

单元	教学内容	教学要求	教学活动建议	参考学时	
				理论	实践
第十五章 脂类、萜类和甾体化合物	脂类： 1. 油脂 2. 类脂 萜类化合物： 1. 萜类化合物的结构 2. 萜类化合物的分类 3. 单萜类化合物 4. 倍半萜类化合物 5. 二萜类化合物 6. 三萜类化合物 7. 四萜类化合物 甾体化合物： 1. 甾体化合物的基本结构 2. 甾体化合物的立体结构 3. 甾体化合物的命名 4. 重要的甾体化合物	1. 掌握油脂的结构和性质；萜类和甾体化合物的基本结构 2. 熟悉萜类和甾体化合物的分类 3. 了解类脂；重要的萜类、甾体化合物	理论讲授 讨论 示教 多媒体演示	4	
第十六章 药用合成高分子化合物	高分子化合物的概述： 1. 高分子化合物的基本概念 2. 高分子化合物的分类 3. 高分子化合物的命名 4. 高分子化合物的特征 5. 合成高分子化合物的老化与降解 药用合成高分子化合物： 1. 具有药理活性的高分子药物 2. 高分子载体药物 3. 高分子配合物药物 4. 高分子包埋的小分子药物 5. 药用高分子材料	1. 掌握高分子化合物的概念 2. 熟悉高分子化合物的分类、特性、老化、降解；高分子药物的类型及其特点 3. 了解高分子化合物的命名；常见的药用高分子材料	理论讲授 讨论 示教 多媒体演示	1	

五、大纲说明

（一）适应专业及参考学时

本教学大纲供高职高专院校药学类、药品制造类、食品药品管理类、食品类专业教学使用，各专业可根据本专业实际做适当调整。总学时为 72 学时，其中理论教学为 54 学时，实践教学 18 学时。

（二）教学要求

1. 理论教学部分具体要求分为三个层次。了解：要求学生能够记住所学过的知识要点，并能够根据具体情况和实际材料识别是什么；熟悉：要求学生能够领会概念的基本含义，能够运用上述概念解释有关规律和特征等；掌握：要求在掌握基本概念、理论和规律的基础上，通过分析、归纳、比较等方法解决所遇到的实际问题，做到学以致用，融会贯通。

2. 实践教学部分具体要求分为两个层次。熟练掌握：能够熟练运用所学会的技能，合理应用理论知识，独立进行专业技能操作和实训操作，并能够全面分析实训结果和操作要点，正确书写实训或见习报告；学会：在教师的指导下，能够正确地完成技能操作，说出操作要点和应用目的等，并能够独立写出实训报告或见习报告。

（三）教学建议

1. 本大纲遵循了职业教育的特点，降低了理论难度，突出了技能实践的特点，并强化与专业课程的联系。

2. 教学内容上要注意有机化学的基本知识、基本技能与专业实践相结合，要十分重视理论联系实际，要有重点的介绍有机化学基本知识和基本技能在现代药学、食品药品、日常生活和科学技术中的应用。

3. 教学方法上要充分把握有机化学的学科特点和学生的认知特点，建议采用"互动式"等教学方法，通过通俗易懂的讲解、课堂讨论和实训，引导学生通过观察、分析、比较、抽象、概括得出结论，并通过运用不断加深理解。合理运用实物、标本、录像、多媒体课件等来加强直观教学，以培养学生正确的思维能力、观察能力和分析归纳能力。同时教学中要注意结合教学内容，对学生进行环境保护、保健、防火防毒、安全意识等教育。

4. 考核方法可采用知识考核与技能考核，集中考核与日常考核相结合的方法，具体可采用：考试、提问、作业、测验、讨论、实训、实践、综合评定等多种方法。

（申扬帆）